增補版

金屬組織學

金 文 一 編著

普 文 堂

머 리 말

21세기를 향한 기술개발은 물론 첨단기술의 배양도 중요하겠으나 우리 나라의 입장에서 본다면 우선 기반기술의 확립이 더욱 중요하다. 기반기술 없이 어떻게 첨단기술을 소화할 수 있겠는가?

학문연구에 몰두하는 학자들이나 첨단기술을 다루고자 하는 기술자 모두가 기반기술 없이 첨단이란 말에만 매혹되고 현재의 위치는 생각하지 못하고 있는 것이 아닌가 생각된다. 또한 Know How 의 기술도 중요하겠지만 왜 이렇게, 왜 그렇게 만들었는가 하는 Know Why 의 기술이 더욱 중요하다고 본다.

저자는 이와 같은 점을 고려하여 Know Why 에 관한 기반기술의 일각을 굳히고자 그간 교단에서 강의하던 원고 일부를 정리하여 여기에 편집하여 보았다.

지금까지 금속재료의 조직학을 연구해온 공학도로 느끼는 바는 많았으나, 이 책이 과연 저자의 목적을 충분히 달성할 수 있겠는지는 의심의 여지가 많다. 특히 재료를 다루는 사람들이 너무도 과거의 인습을 따르고 있는 것은 애처로운 일이다. 물론 실제로 재료를 다루는 경험을 무시할 수는 없겠으나 보다 재료의 물성을 알고 다룬다는 것은 대단히 중요한 것으로 본다. 그러므로 여기서는 재료의 물성을 다루는 데 필요한 기초를 기술하였다.

내용적으로 미비한 점도 많고 잘못된 곳도 있으리라고 보나 독자 여러분은 이 점을 깊이 생각하여 지도편달 있기를 기다리는 바이다.

끝으로 이 책을 편집하는 데 많은 노고를 아끼지 않은 이인우 교수와 금속조직학 연구실 여러분에게 감사하며, 또한 출판에 협조해 주신 보문당 김병계 사장님과 편집부 여러분에게 진심으로 사의를 표하는 바이다.

1993 年 3 月

편저자

차　　례

제 I 부　금속조직학

제 1 장 서　　론

제 2 장　결정구조

제 3 장　원소의 결정구조

제 4 장 실재금속의 구조

제 5 장 금속의 응고과정과 그 조직

제 6 장 단결정의 성장

제 7 장 합금에서의 상의 종류

제 Ⅱ 부 상태도 해설

제 8 장 순금속의 공통 성질과 상태도

제 9 장 2 원 합금 상태도 작성법

제 10 장 2 원 합금 상태도의 해설

제 11 장 3 원 합금 상태도 해설

제 12 장 Fe-C 계 상태도와 이에 나타나는 조직

제 13 장 마르텐사이트 변태

제 I 부
금속조직학

제 1 장 서 론

1-1 개 설

여러분은 지금까지 **金相學**(metallography)이란 학문의 이름을 들어 본 일이 없었던 것으로 생각된다. 금상학이란 어떤 학문인지 또한 어떤 역할을 하는 것인지 우선 이의 설명을 하기로 하여 보자.

만약 이 지상에 사람의 관상을 보는 학문이 있다고 하면 이는 인상학이라 하였을 것이다. 금상학은 이와 같이 금속재료의 相을 보는 의미를 가지고 있다.

숙련된 주물기사가 주물의 파단면을 보고 그 면의 조도, 미세도 또는 색을 보고 그 재료의 좋고 나쁨을 판단한다. 그러나 작은 확대경이라도 있다면 판단에 더욱 도움이 될 것이며 이것이 학문화의 첫 걸음이 되었다. 현미경을 사용한다면 더 한층 진보된 것이 될 수 있다.

금상학은 원래 현미경에 의한 금속 또는 합금의 조직을 연구하는 학문의 명칭이였으나 현재는 전자 현미경, 주사 현미경, X선 또는 중성자선을 사용하여 원자의 배열 등을 연구하게 되어 고체물리학, 고체화학 등 재료에 관해 깊이 관여하게 되어 훌륭한 체계를 갖는 학문이 되었다. 그러므로 지금은 금상학이라기 보다 **金屬組織學**이라 하고 있다.

고급 재료는 그의 성질을 잘 음미하여야 하며 이 재질의 실제 연구에 실질적으로 유용하게 이 금속조직학이 설명하여 주고 있다.

금속(합금)은 우리들 일상생활에서 많이 사용되고 있으며 용도에 따라서 강도, 경도, 점성, 비중, 색, 융점, 팽창률, 전기 및 열전도도, 공기 또는 화학약품에 대한 내식성 등 여러 가지 성질이 요구되고 있다. 따라서 순수금속(원소금속)으로서는 이들 성질 중 어느 몇개만을 만족시킬 수는 있어도 요구되는 성질을 모두 만족시킬 수는 없다. 그러나 금속원소는 그 수가 한정되어 있으므로 소요에 충분히 응한다는 것은 거의 불가능하다. 따라서 원소금속을 혼합(합금)함으로써 이 혼합비로서 그들의 요구에 응할 수 있게 된다.

합금(alloy)이란 2 종 이상의 원소금속 또는 원소금속과 비금속을 합성한 것으로서 금속적인 성질을 구비하는 것을 말한다.

금속의 성질은 합금을 만들고 있는 각 성분의 종류에 따라서 달라지며, 동일성분의 것이라 하더라도 성분 상호간의 배합비 또는 가공온도에 따라서도 변화한다. 그러므로 요구되는 성질을 구비한 합금을 얻기 위해서는 원소금속들을 어떤 배합비로 합성시켜 어떤 온도에 어떤 처리를 하여야 되는지를 알 필요가 있게 된다. 이에 관하여 적당한 지침을 세워주는 것이 상태도이다. 즉 **합금 상태도**는 금속조직학에서 가장 중요한 분야를 차지하는 것으로서 상태도를 이해하지 못하고는 합금의 성질과 가장 밀접한 조직을 이해하기가 어렵다. 따라서 용해, 가공, 열처리 등 제조와 사용상의 기초가 되는 실용상의 여러 지식을 얻을 수가 없다.

인류가 금속을 사용하기 시작한 이후 수 천년이 지났으며 그간 금속 및 합금의 제조기술은 경험적 결과만이 전해져 왔을 뿐이다. 한편 연금술사간에는 자기들만의 연구가 되어 왔으나 열역학의 발전으로 물질의 상태에 관한 많은 법칙이 발견되었고 이론 물리학자인 W. Gibbs (미국)는 1875 년에 상률을 발표하였다. 그 후 G. Tammann (독일)은 합금연구에 이를 도입하여 많은 합금 상태도를 발표하였다.

1907 년을 전후하여 250 여종의 상태도가 완성되었으며 이들 대부분이 Tammann 계통의 연구자들에 의해 이루어졌다.

상태도란 상률에 입각하여 주위환경(상태변수)에 의해 물질이 어떤 상태로 존재하는가를 표시한 그림으로서, 합금에서는 이를 구성하는 성분의 배합비와 온도에 의해 어떤 상태에 있는가를 명백히 한 것이다. 이로부터 합금연구에는 우선 상태도를 기본으로 하는 것이 상식화되었다.

현재는 신금속의 순수화, 고온측정 기술, 내화재료, 진공기술 등의 발전으로 지금까지 합금화가 곤란하였던 합금 상태도도 제작할 수 있게 되었으며 이론적으로는 entropy, 자유 에너지 등으로 상태도를 검사하는 연구도 진행되고 있다.

그러면 상태도란 어떤 것인지를 알아 둘 필요가 있게 된다. 따라서 우선 일반적으로 사용되는 몇 가지 용어해설을 하기로 하자.

1. 계(system)

연구대상으로 선정된 하나의 물질군을 **계**라고 한다. 즉, 자연의 사물은 모두 상호관계가 있으며 복잡하게 엉켜 있다. 예로서 우리가 일반적으로 말하는 물(水)은 사실상 순수한 물은 아니다. 수도물이라도 염소외에 여러 가지 광물을 함유하고 있으며 산소도 용해되어 있어 어류는 이것으로 생존할 수가 있다.

또한 물은 여러 가지 물질을 용해시키며 수용액을 만든다. 이들 성질을 조사하는데 있어서는 우선 순수한 물의 성질을 확실히 알아 두어야 한다.

천문학에서도 별(星)의 운행을 알기 위해 은하계라던가 태양계와 같이 하나의 성운을 구별하여 독립된 영역으로서 관측하고 다음에 그 계와 우주와의 상관관계를 연구한다.

물의 상태도라 하면 순수한 물만의 상태도를 말하며 수용액과는 구별하여 취급하여야 한다. 이와 같을 때는 우리는 물이란 1 성분계의 상태도를 조사하게 된다. 물만으로서 타 원소의 혼입이 없는 독립된 1 개의 세계를 만들면 이것이 물만의 1 성분계이다. 계(系)란 이와 같은 의미를 가지고 있다. Cu - Ni 계 합금이라 함은 타원소의 혼입이 없는 Cu - Ni 의 2 성분만으로 된 합금을 말한다.

2. 성　분

1 계를 구성하는 물질을 **성분**이라 한다. 즉 물의 계에서는 물(H_2O)성분만으로 이루어지므로 **1 성분계**이다. 염수계에서는 염(NaCl)과 물(H_2O)의 2 개 성분으로 구성되므로 **2 성분계**이다. 불순물이 없는 황동은 Cu 와 Zn 으로 구성되므로 2 성분계이다. 또한 여러 성분으로 된 계를 **다성분계**라 하며, 이들을 다음과 같이 부른다.

1 성분계 : One Component System
2 성분계 : Two Component System (Binary system)
3 성분계 : Three Component System (Ternary system)
4 성분계 : Four Component System (Quartenary system)
5 성분계 : Five Component System (Quinary system)
6 성분계 : Six Component System (Sexinary system)
7 성분계 : Seven Component System (Septenary system)
8 성분계 : Eight Component System (Octanary system)
9 성분계 : Nine Component Ststem (Nonary system)
10 성분계 : Ten Component System (Decinary system)

3. 농　도

1 계에서 성분 상호간의 관계 분량 즉 상호간의 비율을 **농도**라 한다. 보통 백분율(%)로 표시하나 이에는 중량농도와 원자농도의 두 가지 표시법이 있다. 중량농도는 중량비이며 원자농도는 원자수의 비이다. 일반적으로 원자농도로 표시되며 몇 % 의 농도라고 하는 경우는 주로 중량농도로서의 표현이 된다. 그러나 이론적 계산을 필요로 하는 경우는 원자의 수로 표시하는 것이 편리하므로 이런 경우는 원자농도를 사용한다. 그러나 이들 농도는 서로 쉽게 환산할 수가 있다. 즉 $A-B$ 2 원계에서 A 의 원자량은 a, B 의 원자량은 b 라고 하고 중량농도로서는 n % A, m % B ($m = 100 - n$)의 것을 원자농도로 환산하면

$n/a = A$ 의 원자수에 대응하는 수
$m/b = B$ 의 원자수에 대응하는 수

따라서

$$\frac{n/a}{n/a + m/b} \times 100 = \text{원자농도로서의 } \% A$$

$$\frac{m/b}{n/a + m/b} \times 100 = \text{원자농도로서의 } \% B$$

또한 원자농도로서 n' % A, m' % B ($m' = 100 - n'$)를 중량농도로 환산하는 데는

$n'a = A$의 중량에 대응하는 수

$m'b = B$의 중량에 대응하는 수

따라서

$$\frac{n'a}{n'a + m'b} \times 100 = \text{중량농도로서의 } \% A$$

$$\frac{m'b}{n'a + m'b} \times 100 = \text{중량농도로서의 } \% B$$

또한 간단하게 대략의 값을 구하는데는 그림 1-1 과 같은 그래프를 사용하면 된다. 즉 세로축에 원자량을 취하고 원점에서 2 개의 선을 긋고 W_y (y 성분의 w/o)로부터 A_y (y 성분의 원자 %)를 구하고자 하면 AX 위에 W_y의 조성에 해당되는 점을 잡고 이와 B를 연결하여 AY와 교차하는 조성을 잡으면 A_y가 된다. 원자번호가 인접한 원소끼리의 상태도 (예 ; Cu - Zn 계)에서는 원자 %, 중량 % 어느 것을 이용하여도 거의 변화가 없으나 Ag와 Mg 과 같이 원자량의 차가 심한 경우는 외관적으로도 차가 있는 것과 같이 보인다.

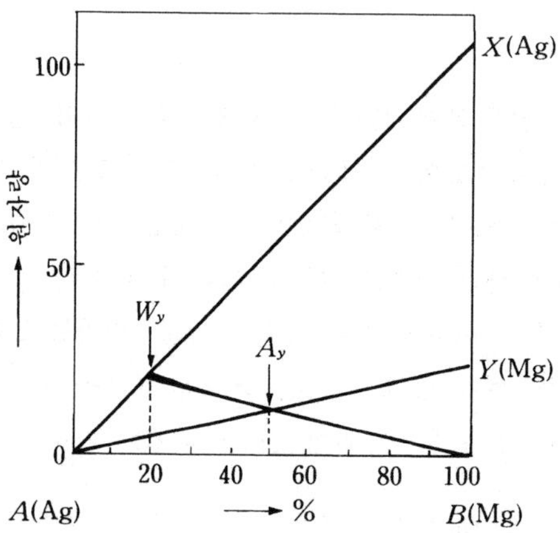

그림 1-1 원자농도와 중량농도의 계산 그래프

4. 상

물질에는 3態라 하여 고체, 액체, 기체의 3상태가 있다. 물에는 각각 얼음(氷), 물(水), 수증기 등 구별되는 말이 있으나, 고체라 함은 얼음만을 뜻하는 것이 아니라 많은 물질에 대한 공통어이다. 액체, 기체에 대해서도 같다. 그러므로 물질을 고려한 3가지 상태를 표시하는 용어가 필요하다. 이것이 **相**이다.

예로서 O_2와 N_2는 같은 기체이나 상으로서는 완전히 다른 상이다. 상이 분자 또는 원자가 집합된 것인 이상 상내는 모두 균일하며 동일 성질의 것이라야 한다. 즉 물(水)과 기름(油)을 잘 혼합하여도 곧 기름은 위에 떠서 물과 기름은 분리된다. 이 때는 물과 기름의 2상이 존재하게 된다.

그러나 물과 에칠알코올은 잘 혼합하면 서로 완전히 용해되어 기계적 분리는 불가능하다. 이러한 경우는 2성분계로서 1개의 상을 만들게 된다. 또한 기체인 O_2와 N_2가 적당한 비율로 완전히 잘 혼합되면 **공기상**이라고 하는 상이 된다.

이와 같이 **상**(相)이라 함은 한 **계**(系)에 있어서의 균일한 부분을 말하며, 상은 원소 또는 화합물인 경우도 있고 또한 용체인 경우도 있을 수가 있다. **용체**라 함은 1물질 중에 다른 물질이 용해되어 균일한 물질을 만들고 있는 것을 뜻하며, 이것이 액체인 경우는 **용액**(solution), 고체인 경우는 **고용체**(solid solution)라 한다.

물질은 일정한 압력에서 온도에 의해 상의 변화를 가질 수 있다. 상의 변화란 그 물질의 집합양식을 바꾸는 것으로써 일반적으로 1상에서 다른 상으로 변화하는 것을 **변태**(transformation)라 하며, 그 온도를 **변태점**(transformation point)이라 한다. 고체에서 액체로, 액체에서 기체로의 변화는 모든 물질에 있어서 공통된 변태이며 고체의 범위내에서도 변태점을 가지는 것이 많다. 순철은 고체에서 910℃와 1410℃에서 변태점을 가지고 있으며, 그 변태는 다음과 같이 표시된다.

$$\alpha\text{-Fe} \underset{910\,℃}{\rightleftarrows} \gamma\text{-Fe} \underset{1410\,℃}{\rightleftarrows} \delta\text{-Fe}$$

즉 910℃와 1410℃에서 원자의 집합양식(결정구조)의 변화가 있는 것이다. 이외의 원소금속 또는 합금에서 볼 수 있는 변태로서는 규칙격자 변태와 자기변태가 있다.

규칙격자 변태(order-disorder transformation)란 Cu-Zn계의 β황동(대표조성 50% Zn)에서 볼 수 있는 것과 같이 변태점(460℃) 이하에서는 Cu와 Zn원자는 정해진 배열위치에 있으나 이보다 위의 온도에서는 어느 위치에 있는지 그 분포는 통계적인 것이 되어 불규칙적인 것이 된다. 이와 같은 변태는 Cu_3Au, CuAu, $CuAu_3$, Mg_3Cd, FeCo, Fe_3Al, Ni_3Fe 등에서 그 예를 볼 수가 있다.

자기변태는 Fe, Ni, Co 및 이들 합금계에서 볼 수 있는 것으로서, 어떤 온도에서 강자성의 성질을 잃어버리는 변태로서 변태점을 **Curie 점**이라고 한다.

5. 평 형

평형이란 원래 막대저울로서 무게를 측정할 때 분동과 물건의 무게가 균형을 이룰 때 저울의 막대가 수평을 이룸으로써 이를 표현하는데서 생겼다. 이 용어는 물질의 상태에도 사용된다. 이 때 분동이 압력과 온도에, 물건이 물질의 상태에 해당하게 된다.

예로서 대기압하에서 10℃의 물을 9℃로 떨어뜨려 충분한 시간을 두면 9℃에서 평형상태의 물이 얻어진다. 이 상태의 물의 온도를 극히 서서히 떨어뜨려 0℃에 도달한 시간에 열의 방출을 정지시키면 0℃에서 평형상태의 물이 된다. 이 물에서 다시 열을 빼앗으면 물은 응고되어 얼음을 생성하게 된다. 도중에서 열방출을 정지시키면 물과 얼음의 2상이 공존하는 상태가 평형으로서 유지된다. 외부에서의 열의 흡수가 없으므로 물의 일부가 얼음이 되어도 응고열(79.7 cal/g)을 방출하고 이 열은 얼음의 일부를 녹이기 위한 같은 양의 융해열(79.7 cal/g)로서 얼음에 흡수된다. 결과적으로 물과 얼음이 공존하고 그 양의 비율도 일정하여 대기압 0℃의 평형상태로 유지된다.

이 상태에서 다시 극히 서서히 열을 빼앗으면 물은 전부 얼음이 되고 그때부터 온도는 다시 떨어지기 시작한다. 또 도중에서 열의 방출을 정지시키면 그 온도에서 얼음은 평형상태로써 유지된다.

이상은 대기압은 그대로 유지하고 온도만을 변화시킨 경우의 평형상태이나 온도를 그대로 하고 기압을 서서히 변화시킨 경우 또는 기압과 온도 모두를 서서히 변화시킨 경우도 당연히 그때의 평형상태가 나타난다. 즉, 외부로부터의 압력 또는 온도의 변화가 없는 경우 그 계의 상태가 시간에 따라 변화하지 않는 안정된 상태를 **평형상태**라 한다. 이를 열역학적으로 표현하면 '계의 자유 에너지가 최소가 되는 상태이다.'

물질의 상태도를 그릴 때는 평형상태도를 그리는 것이 보통이며, 비평형상태의 경우는 실용상 열처리로서 구별되며, 강의 급냉경화 등은 비평형상태를 실용적으로 이용하는 방법이다.

6. 자유도

물은 어느 정도 온도를 변화시켜도 물이며 또한 어느 정도 압력을 변화시켜도 물이다. 온도와 압력 양쪽을 시간에 따라 어느 정도 변화시켜도 물이다. 즉 그림 1-2의 물의 상태도에서 A 상태의 물을 어느 화살표방향으로 어느 정도 변화시켜도 물이다. 이와 같이 물은 압력과 온도의 어떤 범위내에서의 변화에서도 물이다. 그러나 물과 수증기가 공존하는 2상의 상태를 고집하는 경우에는 압력을 변화시키면 이에 따라서 온도를 변화시키지 않으면 공존상태를 지속할 수가 없다. 얼음과 물과 수증기의 3상이 공존하는 상태가 되면 0.0075℃에서 4.58 mmHg 압력과 일정조건에서만 가능하게 되며 자유로운 정도가 완전

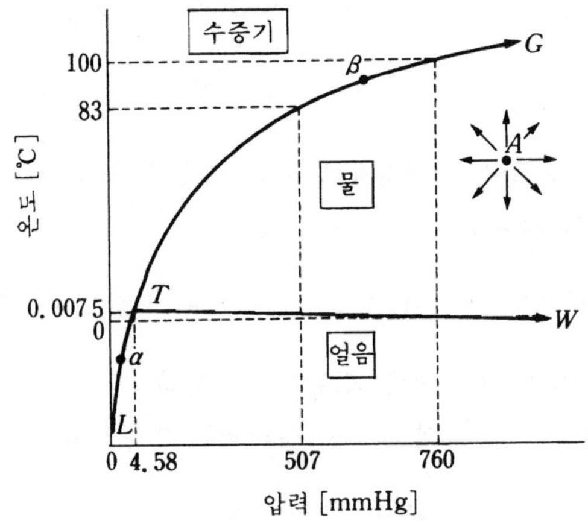

그림 1-2 물의 상태도(정점부근을 확대하였음)

히 없어진다. 이와 같이 그 상태를 변화시키지 않고 환경을 변화시킬 수 있는 수를 **자유도**(degree of freedom)라 한다.

그러면 환경의 수는 몇 개 있을까? 지금 물의 1성분계에 관해 설명하였으나 염수(鹽水)와 같이 용액인 경우는 농도라고 하는 환경의 수가 가해진다. 염수의 경우는 어느 정도 농도, 온도, 압력을 변화시켜도 또는 이들을 시간에 따라 변화시켜도 염수임에는 틀림이 없다. 즉 염수와 같이 1상은 온도, 압력 및 농도의 3개의 자유도를 가지고 있다. 즉 환경의 수는 3이다. 이들 환경은 물질의 상태를 좌우하는 조건으로서 알려져 있으며 **열역학적 평형상태**라고도 한다.

7. 상 률

자유도가 한 물질을 구성하고 있는 성분의 수 또는 상의 수와 어떤 관계가 있는 가를 명백히 할 필요가 있다.

물의 경우 성분은 1성분이며 상도 1상이며 변화시킬 수 있는 환경은 온도와 압력 2개 즉 자유도는 2이다. 염수의 경우 성분은 염과 물의 2성분이고 상은 염수라고 하는 분자적으로 잘 혼합된 1상이며 변화할 수 있는 환경은 온도와 압력 및 농도로서 자유도는 3이다.

또한 물과 얼음이 열역학적인 평형상태에 공존하는 경우 물 1성분이며 상은 물과 얼음의 2상이며 변화되는 환경은 온도와 압력 중 1개이다. 어느 쪽이든 변화시키면 그림 1-2와 같이 다른 하나는 필연적으로 그에 적합하도록 변화되어야 한다. 따라서 자유도는 1이 된다.

이와 같은 관계의 일반 법칙을 1875년경 J. W. Gibbs가 열역학적인 표현을 제시하였으며 지금은 이를 **상률**(phase rule)이라 부르고 있다. 자유도를 F, 그 물질을 구성하는 성분(component)의 수를 C, 그 물질의 상의 수를 P라고 하면

$$F = C + 2 - P$$

가 된다. 이를 상률이라 부르며, 평형상태에 있는 물질은 모두 이 상률에 따르게 된다. 물은 1 성분이고 1 상이므로 자유도는

$$F(\text{자유도}) = 1(\text{성분수}) + 2 - 1(\text{상수}) = 2$$

로서 2 가 된다. 즉 온도와 압력 2 개의 자유도를 갖는다.

그림 1-2의 얼음과 물과 수증기의 3 상이 공존하는 3 중점의 경우는

$$F = 1 + 2 - 3 = 0$$

으로서 자유도는 0 이다. 즉 0.0075 ℃ 에서 4.58 mmHg 압력의 경우만이 이 3 상의 공존이 가능하다.

1-2 응축계의 상률

기체인 수증기로부터 물이 되던가 또는 물에서 수증기가 되는 온도는 압력의 영향을 크게 받는다.

높은 산 정상에서는 대기압은 떨어지며 물의 비등점도 100 ℃ 이하가 된다. 그러나 액체인 물에서 고체인 얼음이 되고 또는 고체인 얼음으로부터 액체인 물이 되는 온도는 압력의 영향을 덜 받는다. 약 1 기압의 변화에서 0.0075 ℃ 의 변화만이 일어난다.

금속 및 합금에서는 대체로 액체와 고체만을 취급하며 이를 취급하는 경우를 **응축계**라 부른다. 이와 같은 경우 압력의 변화에 따른 온도변화는 극히 작아서 일반적으로 무시할 수 있다. 기압의 변화가 있더라도 변태점의 변화는 문제가 되지 않을 정도로 작다. 이 때의 상률은 압력을 고려하지 않기로 하면

$$F = C + 1 - P$$

로 표시된다.

금속과 합금의 상태도를 해설하는 경우는 일반적으로 이 응축계의 상률을 이용한다. 그러나 최근에는 최고 압력하에서의 재료의 연구가 차차 진행되고 있어 이러한 경우는 압력변화의 영향을 무시할 수 없게 된다. 따라서 당연히 $F = C + 2 - P$의 상률을 이용해야 한다.

1-3 온도측정법

금속과 합금의 상태도에는 온도축이 들어 있다. 물의 경우에는 수은 온도계나 착색 알코올 온도계로 비등점이나 융점의 측정이 가능하므로 일단 안심이 된다. 그러나 금속 또는 합금은 Al 에서 660 ℃, Cu 에서 1083 ℃, Fe 에서 1538 ℃ 등 이들의 융점은 일반적으로 높으며, 100 ℃ 이하에서 녹는 것은 퓨즈(fuse)에 사용되는 저융점 합금(Pb - Sn - Cd - Bi 계) 또는 Hg 정도의 것이다.

금속이나 합금의 상태도 연구가 궤도에 오른 것은 1900 년대의 일이다. 금속 또는 합금의 상태도를 알지 못하면서 금속재의 엔진을 부착시킨 자동차나 비행기가 있었다. 그러나 그 당시는 산업의 발전기로서 설계도 엉성하였을 것이며 주먹구구식 금속지식으로서도 충분하였을 것이다. 또한 대장간에서 도끼나 식칼을 열처리하는데 화염의 색깔로 온도를 판단하고 튀는 불꽃으로 탄소량을 추정하였을 것이다.

그러나 이와 같은 온도의 판단을 이루기까지는 장시간의 훈련이 필요하였으리라 볼 수 있다.

금속의 상태도 작성이 늦은 것은 온도측정법이 확립되지 못한 것이 큰 원인 중의 하나가 된다. 이 온도측정에 중요한 구실을 한 것이 **열전대**이다. 두 개의 서로 다른 금속선의 양끝을 서로 접합시켜 양 접점의 온도를 다르게 하면 기전력을 발생하여 회로에 전류가 흐른다. 이 이종금속선의 1 쌍이 열전대이며 이 때의 기전력은 **열기전력**이다.

이 열전대의 한 접점은 온도를 측정하고자 하는 물체 중에 놓고 다른 저온 접점간에 전압계(mV meter)를 연결하여 측정한 열기전력치로부터 온도를 결정한다. 이 때 회로에 발생하는 열기전력은 양 접점의 온도차의 함수이며 저온 접점은 일반적으로 얼음물을 넣은 보온병내에서 정확히 0 ℃ 로 유지한다.

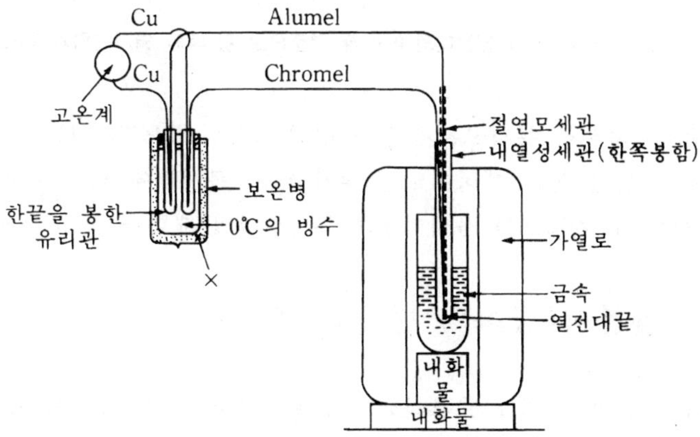

그림 1-3 온도측정장치의 예

이와 같은 방법으로 온도를 측정하는 장치도는 그림 1-3 과 같다. 고온 접점은 용융금속 내에 넣을 경우 일반적으로 보호관을 씌워 장입한다. 열전대 구성재료로써 사용되는 일반적인 것은 표 1-1 과 같은 것이 있다. 이들의 열기전력치와 온도와의 관계는 그림 1-4 와 같다.

표 1-1 열전대의 종류

열 전 대	합 금	측정온도 범위
白金 - 白金 로듐	Pt - 13 % Rh · 87 % Pt, Pt - 10 % Rh · 90 % Pt	1600 ℃ 이하
알루멜 - 크로멜	Alumel(2% Al - Ni) - Chromel(10%Cr - Ni)	1100 ℃ 이하
銅 - 콘스탄탄	Cu - Constantan(45% Ni - Cu)	−253 ℃ ~ 400 ℃
鐵 - 콘스탄탄	Fe - Constantan(45%Ni - Cu)	600 ℃ 이하
텅스텐 - 텅스텐 合金	W - 50%W · 50%Mo	2500 ℃ 이하
炭素 - 炭化硅素	C - SiC	2500 ℃ 이하

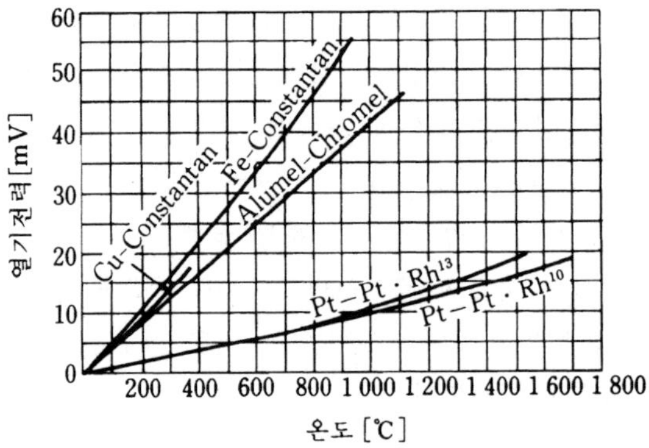

그림 1-4 시판 열전대의 0 ℃ 를 기준으로 할 때의 열기전력과 온도와의 관계

기타의 열전대로서는 복사고온계 또는 광고온계가 있으며, 이들은 공업용으로 사용되며 이들은 흑체에 의한 복사 에너지와 그렇지 않은 복사체에 의한 차이나 물체의 흡수능의 차이가 존재하므로 정밀도를 올리기에는 복사법칙의 제한을 잘 고려하여야 한다.

1-4 열분석(금속의 변태점 측정)

얼음이 물로 될 때는 결정이 붕괴되고 융해열로서 79.7 cal/g 를 흡수하고 체적도 약 10 % 감소한다. 기타 전기전도도, 열전도도, 비열 등 물리적 성질이 전부 변한다. 이 때 물질은 어느 변태점을 경계로 하여 모든 성질이 비연속적으로 변화한다.

변태점의 측정은 그 물질을 연속적으로 서서히 가열 또는 냉각하면서 성질의 변화를 측정 추적하여 성질의 비연속 변화점을 찾는다. 변태점에서 그 물질의 성질은 변화한다고 하더라도 크게 변화하는 것도 있고 약간 변화하는 것도 있으므로 일반적으로는 2～3회 성질을 측정하여 비연속 변화점을 확인한다.

이 성질 측정시 금속분야에서 가장 많이 이용되는 것은 **열분석**이며, 기타 경우에 따라서 전기저항, 체적변화, 자기변태, 비열변화, X선 회절 등 여러 가지 방법이 사용되고 있다.

지금 물의 열분석을 하여보자. 비커에 물을 넣고 온도계를 꽂은 다음 이를 냉각시켜 보자. 그리고 10초 또는 20초 간격으로 온도를 읽어서 온도와 시간을 그래프로 그리면 그림 1-5와 같은 곡선이 얻어진다. 여기서 0℃에 큰 정지점이 생긴다. 물의 경우는 일반적으로 과냉도 현상이 일어나므로 0℃ 이하에서 얼음을 생성하기 시작하여 그림 1-5와 같이 된다. 얼음이 생성되기 시작하면 전부 얼음이 될 때까지 온도계의 눈금은 0℃를 유지

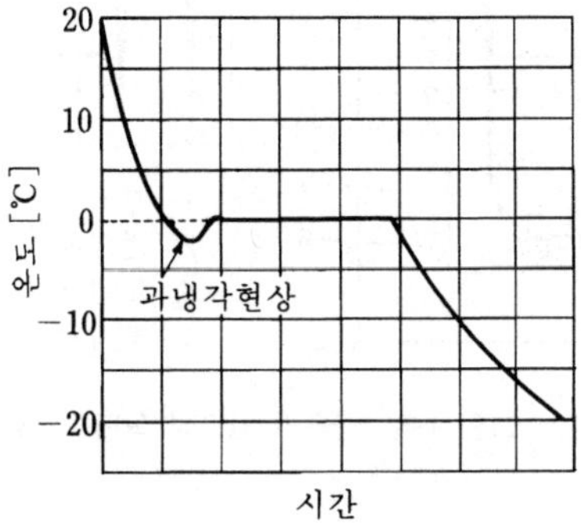

그림 1-5 물의 열분석 곡선

하고 전부 얼음으로 되면 온도는 다시 떨어지기 시작한다. 이 0℃가 물에서 얼음으로의 상변태점이다. 이 0℃에서 온도가 일정하게 되는 현상을 상률에서 조사하여 보자.

물은 1성분으로서 압력은 대기압으로 일정하므로 응축계 상률을 이용하면

$$F = C + 1 - P = 1 + 1 - 1 = 1$$

즉, 물의 경우는 자유도가 1이며 온도는 떨어진다. 그러나 물에서 얼음이 생성되기 시작하면 상이 물과 얼음의 2개가 된다. 따라서 상률로서

$$F = C + 1 - P = 1 + 1 - 2 = 0$$

자유도는 0 즉 물과 얼음의 2상 공존의 경우는 온도는 일정한 0℃를 유지하여야 한다. 전부 얼음이 되어 물이 없어지면 1상이 되어 다시 자유도는 1이 되고 온도는 떨어지기

시작한다.

금속의 경우도 현상은 동일하나 다만 온도측정에는 열전대를 사용한다. 고체인 철 또는 코발트에 존재하는 동소변태도 원자배열의 변화가 있으므로 열분석에서와 같은 변태점이 나타난다. 이렇게 열분석에서 얻은 변화곡선을 **냉각곡선**이라고도 한다.

열분석에는 다음 3 가지 방법이 있다.

① 냉각곡선을 측정하는 방법
② 시차곡선을 측정하는 방법
③ 비열곡선을 측정하는 방법

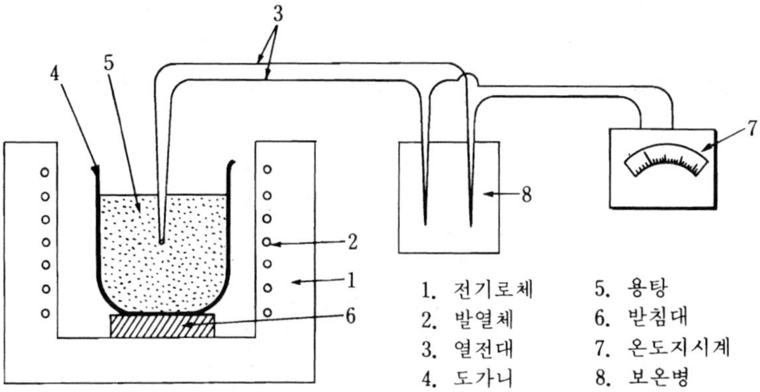

그림 1-6 금속의 열분석 실험장치의 예

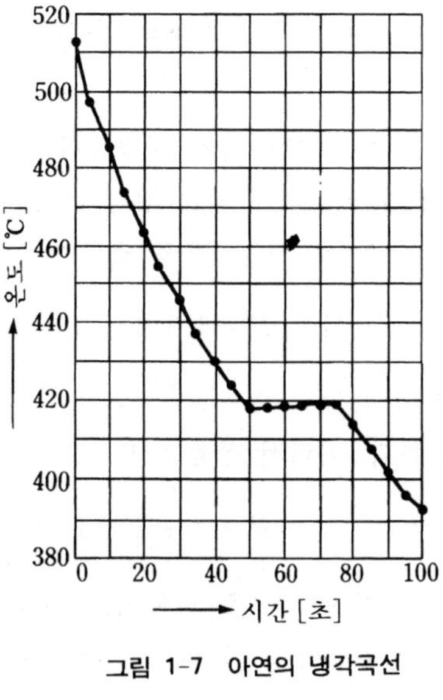

그림 1-7 아연의 냉각곡선

지금 금속 아연(Zn)을 사용하여 그림 1-6과 같이 열분석 실험을 하여보자. 우선 도가니에 작게 자른 Zn 을 넣고 전기로에 장입한 다음 通電하여 가열한다. 어느 정도 가열되면 도가니 속의 Zn 은 용해되어 액체상태로 된다. 이 때에 온도지시계에 연결된 열전대를 이 용탕에 꽂는다. 그러면 지시계의 바늘이 움직이면서 그때의 온도를 가리키게 된다. 이리하여 모든 것이 장치되면 다음에는 전기 스위치를 끊고 냉각을 시작한다. 이때부터 5초 간격으로 온도의 강하를 기록하여 본다. 이렇게 하여 기록된 것의 예를 표 1-2 에 표시하였다. 그리고 이 표에 의한 그래프는 그림 1-7 에 표시하였다.

표 1-2

시 간[sec]	온 도[℃]	시 간[sec]	온 도[℃]
0	513	55	419
5	498	60	419
10	486	65	419
15	474	70	419
20	465	75	419
25	455	80	415
30	447	85	408
35	438	90	402
40	431	95	396
45	423	100	392
50	419		

[參考] 示差熱分析法

앞에서 설명한 열분석법은 외계의 조건에 따라 영향을 받으나 이는 상변화가 없는 중성체 N을 사용하여 시료 S와 동일조건에서 냉각 또는 가열하여 양자의 온도차를 측정하는 방법이다.

만약 중성체와 시료와의 열용량과 방열특성이 동일하다고 하면 상변화점 이외에서는 양자의 온도차는 없으나 상변화점에서 냉각할 때는 발열되므로 시료의 온도는 중성체보다 온도가 높아진다. 이와 같은 N, S 간에 생기는 온도차를 다른 온도계로 측정하면 상변화점이 구해진다. 이 원리에 의해 변태점을 구하는데는 그림 1-8 과 같은 Austin 법과 Le Chatelier 법이 있다.

후자의 경우는 그림 중의 A-B 간을 Pt-PtRh 합금으로 연결하므로 사용되는 백금량을 표시하고 있다. G 는 검류계로서 S, N 간에 온도차가 발생하면 움직이므로 M 의 온도계로써 이 때의 온도를 측정한다. 또한 이를 자동기록식으로 하여 S, N 의 온도차를 M 에서 표시하는 온도와의 관계를 그래프로 그릴 수 있는 장치도 있다. 그림 1-9 는 자동기록식 시차 열분석장치에 의하여 얻은 곡선의 한 예이다.

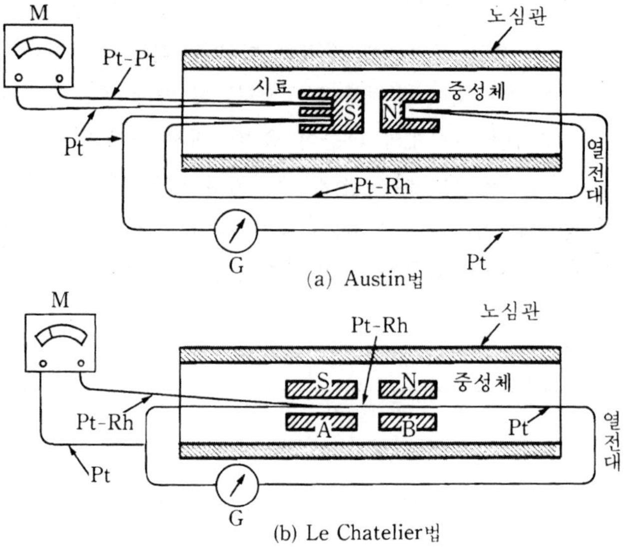

그림 1-8 시차 열분석법의 2가지 형식

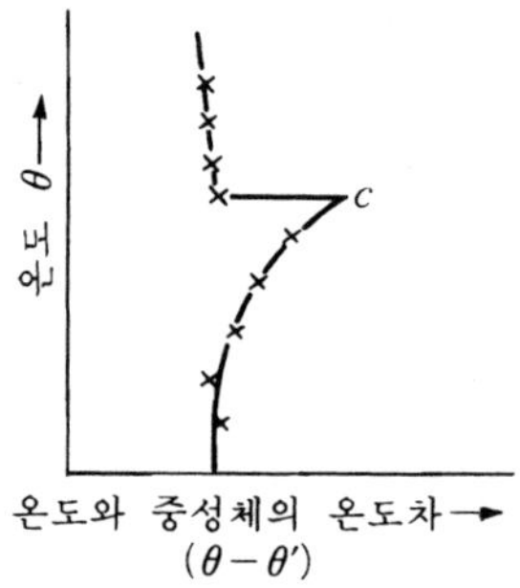

그림 1-9 자기식 시차 열분석장치가 그린 온도-시료 중성체간의 온도차 곡선

1-5 물의 상태도

그림 1-2는 물의 상태도이다. 세로축에 온도를, 가로축에 압력을 표시하고 온도와 압력의 미소변화를 구별하기 쉽게 하기 위하여 그림 자체를 부분적으로 확대하였다. 압력축의 760 mmHg에서 세로로 점선을 그렸으며 이는 평지에서의 대기압 점이다. 물의 융점은 0 ℃, 비점은 100 ℃이다. 압력축 507 mmHg의 점에서는 물의 융점은 약 0 ℃, 비점은 83 ℃이다. 기압이 낮아지면 융점과 비점이 일치한다. 그 이하의 기압에서는 온도를 변화시키면 얼음에서 수증기를 수증기로부터 얼음으로의 변화가 일어난다. 이와 같이 고체에

서 기체로의 변화를 **승화**라 한다.

그림에서 물이 상태변화를 하는 곳은 실선으로써 TG, TW, TL 과 같이 표시하였다. TL 및 TG 의 2 개의 선은 각각 얼음과 물의 **증기압 곡선**이라고도 한다.

그림 1-2 에서 TL 상의 α 점에 해당하는 물은 반드시 그 α 점에 해당하는 수증기와 공존하고 있다. α 점부터 압력이 높아지면 얼음이 되고 압력이 낮아지면 전부 수증기가 된다. 또한 TG 상의 β 점에 해당하는 물은 반드시 β 점에 해당하는 수증기와 공존하고 있다. β 점보다 압력이 높아지면 전부 물이 되며 압력이 낮으면 전부 수증기가 된다.

T 점은 온도 0.0075 ℃, 압력 4.58 mmHg 에 해당하는 점으로써 **3 중점**(triple point)이라 부르며, 여기에서는 수증기와 물과 얼음의 3 상태가 평형적으로 공존하는 유일한 장소가 된다. 이 점에서 조금이라도 벗어나면 3 態의 공존은 불가능하다. 또한 3 중점부터 고압측에서는 압력이 변화하여도 융점의 변화는 극히 작으며 비점은 크게 변화한다. 고체로부터 액체로의 변화에 있어서는 압력이 다소 변화하여도 융점으로의 영향은 극히 작다. 이는 금속 및 합금의 상태도에서도 동일하다.

제 2 장
결정구조

2-1 결정의 성질

많은 고체는 자연에서 결정으로 존재한다. 이는 고체를 만들고 있는 원자가 규칙적으로 배열되었음을 말하며, 원자반경의 몇 배에 걸쳐 규칙성이 존재하며 결정의 형태는 많은 물리적 성질에 영향을 미치고 있다.

X-선, 전자선, 중성자선은 결정내의 원자의 규칙적인 면에 의해 산란되며 산란된 방사선은 특정 방향에 따라 결정에서 나온다. 이 산란선의 강도와 위치를 측정하여 고체내의 원자배열을 결정할 수 있다. 결정의 원자는 규칙적인 배열을 하고 있음으로 원자간격은 방향에 따라 특유한 주기를 가지게 된다. 그러므로 많은 물리적 성질은 측정되는 결정의 방위에 의존하게 된다. 이와 같은 성질이 **결정의 이방성**(anisotropy)을 나타낸다.

결정에서 방향 의존성을 나타내는 성질의 예로서는 굴절률, 전기전도도, 홀계수, 자화율 등 많은 것을 들 수 있다.

대개의 고체물질은 일반적인 경우 여러 가지 입도의 미세결정으로 되어 있다. 또한 이들은 불규칙적 집합체를 이루고 있다. 이들 결정간의 경계를 **결정립계**라 부르며 이 입계의 존재는 고체의 물성에 영향을 끼친다. 많은 결정으로 구성된 물질은 **다결정체**라고 한다.

단결정에서는 방향에 의존하는 물성이라도 다결정 집합상태로 되어 각각의 결정이 무질서하게 배열되면 이방성은 없어진다.

공학적으로 중요한 금속, 이온결정 및 반도체에서 볼 수 있는 결정구조를 설명하기 위해서는 원자의 위치를 나타내는 좌표를 고려할 필요가 있다.

모든 결정에는 단위격자라고 하는 결정구조의 단위가 있으며 이것이 3차원적으로 적층되어 한 물체가 되는 것이다.

2-2 단위격자

그림 2-1 (a)에서 원자배열을 생각하자. 먼저 P점을 고려하고 이와 같은 경우의 위치에 있는 다른 점을 주목하자. 이들의 등가점의 집합은 1개의 공간격자를 형성하고 있다. 3차원 공간에서는 각 점을 연결하는 선에서 완전히 같은 평행육면체를 이루고 있게 된다. 이 하나 하나의 평형육면체가 **단위격자**(unit lattice)이다.

공간격자의 각 점은 반드시 원자의 위치와 일치할 필요는 없으나 결정에 따라서는 특히 1개의 원자가 모양의 단위가 되어 있는 결정에서는 공간격자의 점과 원자의 위치를 일치시켜 생각하는 것이 편리하다. 그림 2-1 (b)는 1개의 원자의 모양의 단위로 된 도형으로서 이것도 (a)와 같은 공간격자로 표시됨을 알 수 있다. 1개의 원자배열에 대한 기준단위로서 여러 가지 공간격자나 단위격자를 선택할 수 있다. 그림 2-1 (c)에서는 원자배열은 (b)와 같으나 단위격자를 취하는 방법이 틀리다. 그러나 그림 (a), (b), (c) 모두 격자점 즉 공간격자의 선이 마주치는 점과 단위격자간에는 1대 1의 대응관계가 있음을 알 수 있다. 이와 같은 성질을 가지는 단위격자를 **기본 단위격자**(primitive unit lattice)라 한다.

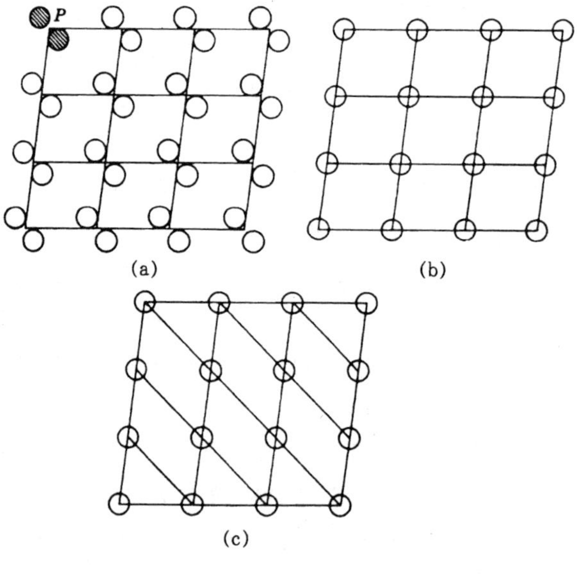

그림 2-1 공간격자. (a), (b)에서는 같은 단위격자, (c)에는 다른 단위격자 배열

지금 그림 2-2에서 가장 일반적인 단위격자를 설명하자. OA, OB 및 OC의 길이를 **격자상수**(lattice parameter)라 하며, a, b, c (vector 표시 때는 대문자)로 표시하고 $\angle BOC$, $\angle AOC$ 및 $\angle AOB$를 각각 α, β, γ로 표시한다.

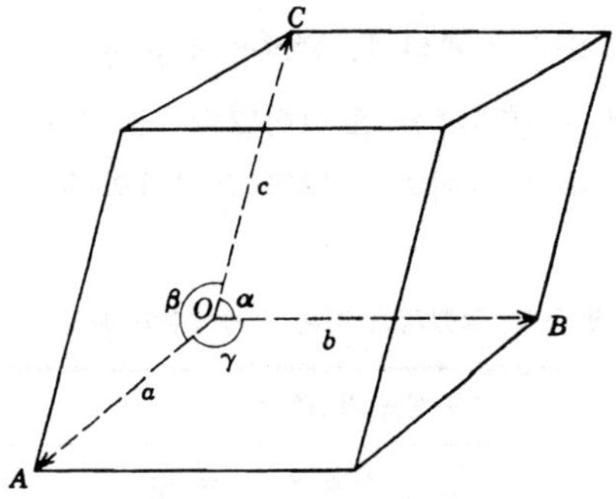

그림 2-2 일반적인 단위격자

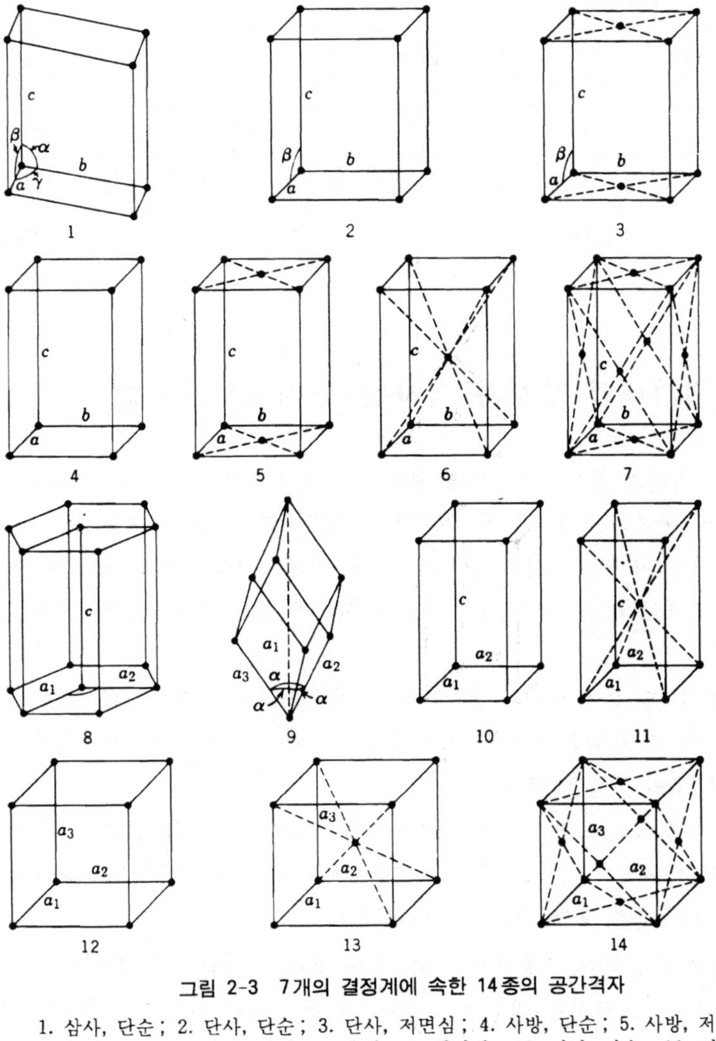

그림 2-3 7개의 결정계에 속한 14종의 공간격자

1. 삼사, 단순; 2. 단사, 단순; 3. 단사, 저면심; 4. 사방, 단순; 5. 사방, 저면심
6. 사방, 체심; 7. 사방, 면심; 8. 육방; 9. 맥면체; 10. 전방, 단순; 11. 정방, 체심;

축에 평행하게 측정된 좌표(x, y, z)를 갖는 격자 내의 점에 대해서는 항상 $(x+pa, y+qb, z+rc)$에 같은 종류의 점이 존재한다. 여기에서 p, q, r은 임의의 정수이다.

그림 2-3에는 14개의 기본 단위격자를 표시하였다. 표 2-1에는 7개의 결정계를 표시하고 격자상수 사이의 관계와 축각 사이의 관계를 표시하였다.

표 2-1 결정계에 따른 격자상수와 축각

결 정 계	격자상수와 축각		예
삼 사	$a \fallingdotseq b \fallingdotseq c$	$\alpha \fallingdotseq \beta \fallingdotseq \gamma \fallingdotseq 90°$	K_2CrO_7
단 사	$a \fallingdotseq b \fallingdotseq c$	$\alpha = \gamma = 90° \fallingdotseq \beta$	β-Si, $CaSO_4 \cdot 2H_2O$
사 방	$a \fallingdotseq b \fallingdotseq c$	$\alpha = \beta = \gamma = 90°$	α-S, Ga, Fe_3C
정 방	$a = b \fallingdotseq c$	$\alpha = \beta = \gamma = 90°$	β-Sn, TiO_2
입 방	$a = b = c$	$\alpha = \beta = \gamma = 90°$	Cu, Ag, Au, Fe, Nacl
육 방	$a_1 = a_2 = a_3 \fallingdotseq c$	$\alpha = \beta = 90°, \gamma = 120°$	Zn, Cd, NiAs
능 면 체	$a = b = c$	$\alpha = \beta = \gamma \fallingdotseq 90°$	As, Sb, Bi, 방해석

2-3 격자내의 방향과 격자면(원자면) 표시법

격자내의 한 직선의 방향은 이 선에 평행하고 원점을 지나는 직선을 그어 이 직선 위의 임의의 한 점의 좌표를 정함으로써 결정할 수 있다. 지금 단위격자의 원점과 U, V, W의 좌표를 갖는 점을 지나는 직선을 생각해 보자. 여기서 U, V, W는 반드시 정수가 아니라도 좋다. 그리고 $[U, V, W]$로서, [ ]로 표시하여 선의 방향지수를 나타내는 기호로 쓰기로 약속한다.

이 지수는 또한 이 선에 평행한 모든 선의 지수를 나타낸다. 이와 같이 [1/2 1/2 1], [112], [224] 등 모두 같은 방향을 표시하나, 이 때는 가장 작은 정수로서 표시할 수 있는 지수 [1 1 2]로써 이들을 대표한다.

음의 방향은 $[\bar{u}\bar{v}\bar{w}]$로 표시한다. 대칭관계에 있는 방향을 **형방향**이라 하며, 이들 조는 그 중의 지수로 대표되고, $\langle uvw \rangle$로 표시한다. 예로서, 입방체의 4개의 체심대각선 [111], $[11\bar{1}]$, $[1\bar{1}1]$, $[\bar{1}11]$은 모두 ⟨111⟩로 대표된다.

격자면의 방향도 영국의 결정학자인 Miller에 의해서 일반화된 표현법에 의해 기호로서 표시할 수가 있다. 그 방향을 결정하는 데는 그 면의 3개 결정축과 만나는 각 점과 원점

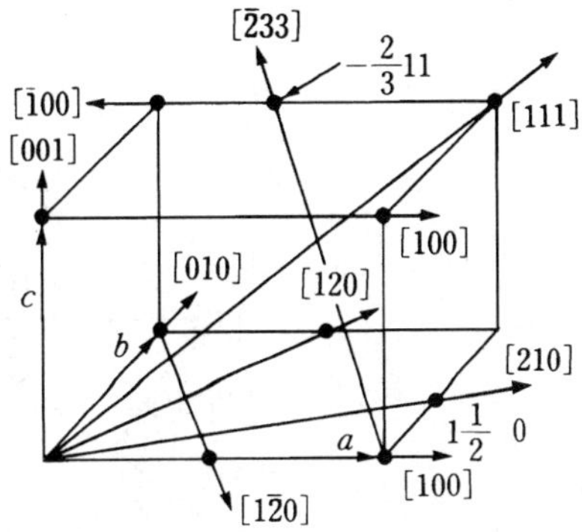

그림 2-4 방향지수

과의 거리로서 나타낼 수 있다. 그러나 이들 거리를 각 축의 단위길이에 대한 비로써 표시하는 것이 편리하다. 만약 면이 어느 축과 평행한 경우는 그 축과의 교점은 무한대에 있으므로 원점부터 교점까지의 거리는 축의 단위길이에 대한 역수로써 표시한다. 이와 같이 하여 격자면을 기호로 표시할 수가 있으며, 이 값을 **Miller 지수**라고 한다.

지금 어떤 격자면의 Miller 지수가 (hkl)이라 하면, 이 격자면은 결정축과 각각 $1/h$, $1/k$, $1/l$의 비를 갖는 곳에서 만나게 된다. 만일 축의 각 단위길이가 a, b, c 이면 면은 원점에서 각각 a/h, b/k, c/l의 점에서 축과 만나게 된다[그림 2-5(a) 참조].

그림 2-5에 표시된 면의 Miller 지수는 다음의 예와 같이 하여 결정할 수가 있다.

축의 길이 ·································	4A	8A	3A
교점까지의 길이 ·························	1A	4A	3A
교점까지의 길이의 비 ·····················	1/4	1/2	1
Miller 지수 ······························	4	2	1

Miller 지수는 항상 정수로 표시하기로 하며, 면이 축에 평행하면 이들의 교점은 무한대로 $1/\infty$로 표시되므로 이의 역수는 0이 된다. 또한, 지수가 서로 음의 값을 갖는 면은 평행하며, 서로 원점의 반대축에 있게 된다. 즉, $(\bar{2}10)$면과 $(2\bar{1}0)$의 경우가 그러하다. 지수가 (nh, nk, nl)인 면은 (hkl)면에 평행하며, 그 면과의 거리는 $1/n$이다. 면의 한 조의 Miller 지수는 다른 조의 Miller 지수의 배수가 되어 있으므로 한 면이 2개 조의 Miller 지수를 갖는 일이 있다. 즉 한 면이 (210)과 (420)에 속한다. 그리고 실제로도 (210)면은 (420)면으로 표시되는 제2의 면을 가질 수 있다. 특히 입방정계에서는 방향 $[uvw]$는 항상 같은 지수의 면 (hkl)에 수직이다. 그림 2-6에서 Miller 지수는 한층 더 잘 이해가 갈 것이다.

6방정계에 관해서는 약간 다른 표시법을 사용한다. 6방격자의 단위격자는 120°의 내각을 가진 같은 평면 위의 같은 벡터 $\mathbf{a}_1$ 및 $\mathbf{a}_2$와 이에 수직한 제 3 축 $\mathbf{c}$에 의해 결정된다 [그림 2-7(a)].

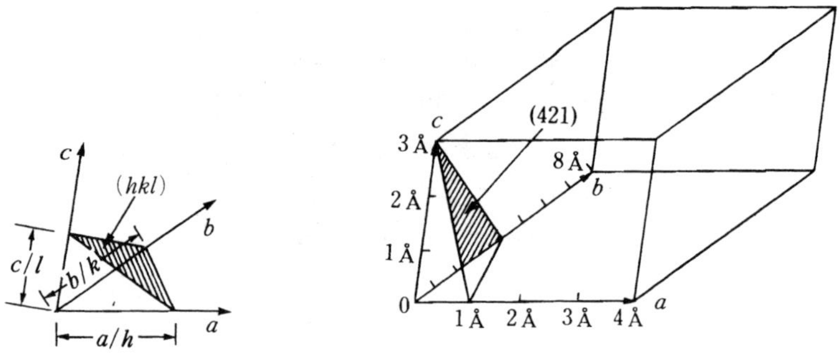

(a) (b)

그림 2-5 Miller 지수로 표시되는 면의 기호

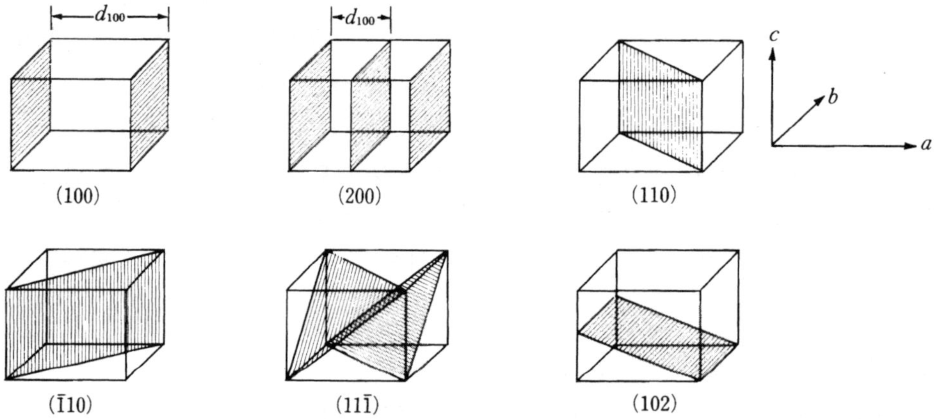

그림 2-6 격자면의 Miller 지수

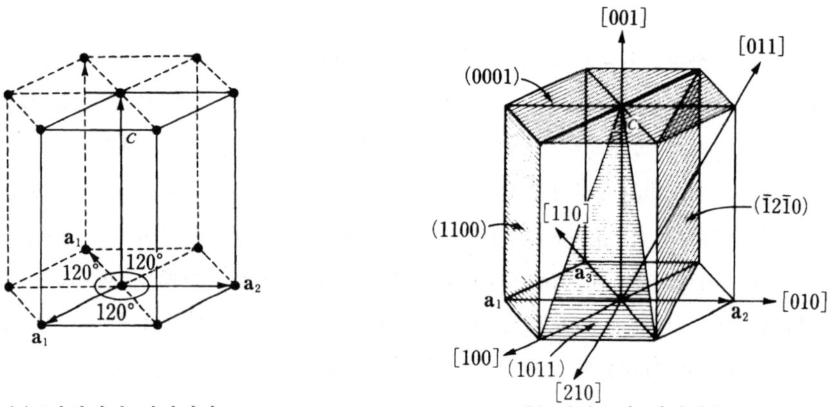

(a) 6방정계의 단위격자 (b) 면지수와 방향지수

그림 2-7

완전한 격자는 다른 격자와 같이 격자점을 $\mathbf{a}_1$, $\mathbf{a}_2$, $\mathbf{c}$ 만큼 반복하여 병진시킴으로써 만들어진다. 이와 같은 점은 그림에서 점선의 교점으로 표시되어 있다. 이 그림에서 6방정계의 대칭은 $\mathbf{c}$ 축에 평행한 6회 회전축을 갖는 결정임을 알 수 있다.

6각주의 기저면에 있는 제3축 $\mathbf{a}_3$는 $\mathbf{a}_1$ 및 $\mathbf{a}_2$와 대칭적으로 관계하고 있으므로 이들 2개 축과 동시에 사용된다. 이와 같이 Miller-Bravais 지수라고 하는 6방정계의 면지수는 4개의 축에 의해 $(hkil)$로 표시한다. 지수 i는 $\mathbf{a}_3$축의 교점까지의 길이에 대한 비의 역수이다. 어느 면과 $\mathbf{a}_3$축과의 교점까지의 길이는 2면과 $\mathbf{a}_2$축과의 교점까지의 각각의 길이에 의해 결정되며, i는 h와 k에 의해 결정된다. 그 관계는 다음과 같다.

$$h + k = -i$$

이와 같이 i는 h와 k에 의해 결정되므로 i대신에 점으로 $(hk \cdot l)$로도 표시한다. 즉, 같은 종류의 지수를 줄 수는 없다. 그림 2-7(b)의 6각주의 측면은 모두 같은 종류이고, 대칭적으로 배열되어 있다. 그리고 서로의 관계는 지수를 생략하지 않은 Miller-Bravais 표현법, 즉 $(10\bar{1}0)$, $(01\bar{1}0)$, $(\bar{1}100)$, $(\bar{1}010)$, $(0\bar{1}10)$, $(1\bar{1}00)$ 으로 표시되나 생략된 표현법, 즉 $(10 \cdot 0)$, $(01 \cdot 0)$, $(\bar{1}1 \cdot 0)$, $(\bar{1}0 \cdot 0)$, $(0\bar{1} \cdot 0)$, $(1\bar{1} \cdot 0)$은 이 관계를 직접 표시하지 않는다. 6방격자의 방향은 3개의 기본벡터 $\mathbf{a}_1$, $\mathbf{a}_2$, $\mathbf{c}$에 의해 가장 잘 표현된다. 그림 2-7(b)에는 면과 방향지수의 예가 표시되어 있다.

어떠한 결정계에도 몇 개의 조의 대칭관계에 있는 동등한 격자면이 있다. 이것을 **형면**이라 하며, 그 중 한 개의 지수를 { }로 묶어서 $\{hkl\}$과 같이 표시한다. 일반적으로 형면은 모두 같은 면간거리를 가지고 있으며, Miller지수는 다르다. 즉, 입방체의 표면 (100), (010), $(\bar{1}00)$, $(0\bar{1}0)$, (001), $(00\bar{1})$은 $\{100\}$의 형면이다. 이것은 이들 모든 면은 그들 가운데 어느 면에서 입방체의 표면에 수직한 4회 회전축의 조작에 의해 만들어지기 때문이다. 그러나 정방정계의 경우 (100), (010), $(\bar{1}00)$, $(0\bar{1}0)$의 4개의 면은 $\{100\}$에 속하고 (001), $(00\bar{1})$은 $\{001\}$ 형면에 속한다. 처음 4개면은 4회축에 관계하며, 다른 2개면은 2회축에 관계한다.

정대면이란 정대축이라고 하는 한 개의 선에 평행한 모든 면을 말한다. 정대면은 이와 같은 정대축의 지수에 의해 정해진다. 이러한 면들은 서로 전혀 다른 지수를 가지며, 또 서로 다른 면사이 거리를 갖지만 다만 한 개의 선에 대해서 평행이다. 그림 2-8에 그 예를 표시하였다.

만일 정대축의 지수가 $[uvw]$라면, 그 정대축에 속하는 어떤 면 (hkl)은 다음 관계를 만족시킨다.

$$hu + kv + lw = 0$$

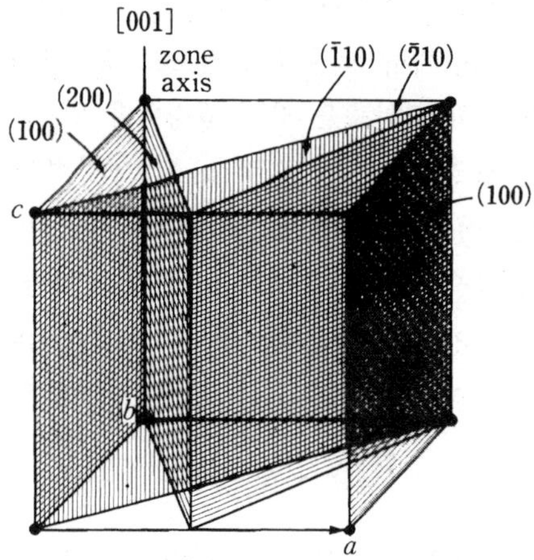

그림 2-8 표시된 면들은 모두 정대축 [001]의 면임(입방정계에서)

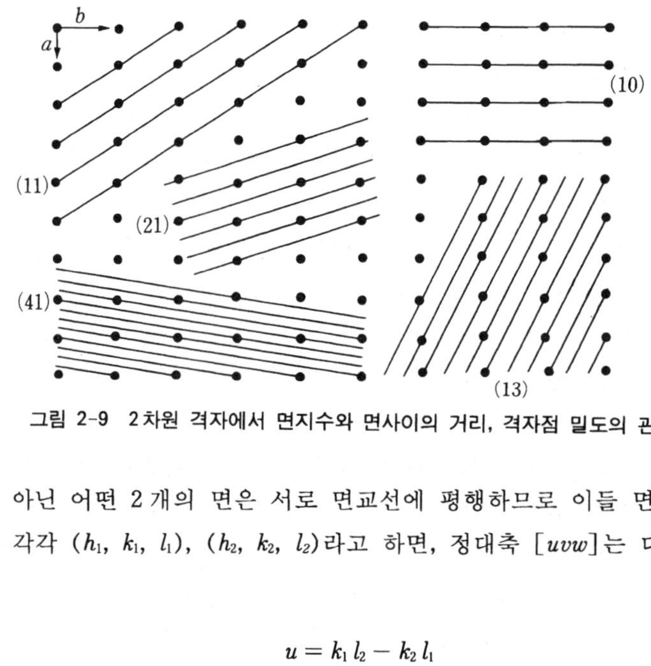

그림 2-9 2차원 격자에서 면지수와 면사이의 거리, 격자점 밀도의 관계

서로 평행이 아닌 어떤 2개의 면은 서로 면교선에 평행하므로 이들 면은 정대면이다. 이들 면지수를 각각 (h_1, k_1, l_1), (h_2, k_2, l_2)라고 하면, 정대축 $[uvw]$는 다음 관계식으로 표시된다.

$$u = k_1 l_2 - k_2 l_1$$
$$v = l_1 h_2 - l_2 h_1$$
$$w = h_1 k_2 - h_2 k_1$$

격자내의 여러 면은 각각 그들의 면간거리를 가지고 있다. 면간거리가 큰 면은 지수가 간단하고 격자점의 밀도가 크다. 그러나 면간거리가 작은 면은 그 지수가 복잡하고 밀도가 작다. 그림 2-9는 2차원적으로 이를 설명하고 있으며, 3차원에 대해서도 똑같은 관계를 갖는다.

2-4 간단한 결정구조

공업적으로 중요한 고체에서 가장 간단한 결정구조 몇 가지를 설명하자.

(1) 체심입방격자 (body-centered cubic)

가장 간단한 구조는 체심입방구조라 하는 것으로(그림 2-10), 원자가 입방체의 3면이 교차하는 점과 체 중심점에 존재한다.

1개의 corner 원자는 8개의 단위격자로 공유되어 있으므로 1개의 단위격자에는 1/8개가 소속되며 이와 같은 원자가 8개 있다. 그리고 체 중심의 원자 1개가 있으므로 전체적으로는 1 + 1/8(8) = 2개의 원자가 체심입방격자내에 존재한다. 따라서 이 원자의 격자좌표는 (000), (1/2 1/2 1/2) 임을 알 수 있다.

이 때 1개의 원자는 $a\sqrt{3}/2 = 0.866a$의 거리에 있는 8개의 최인접 원자와 a거리에 있는 6개의 제 2인접 원자를 갖는다. 그러므로 배위수는 8이다(그림 2-11).

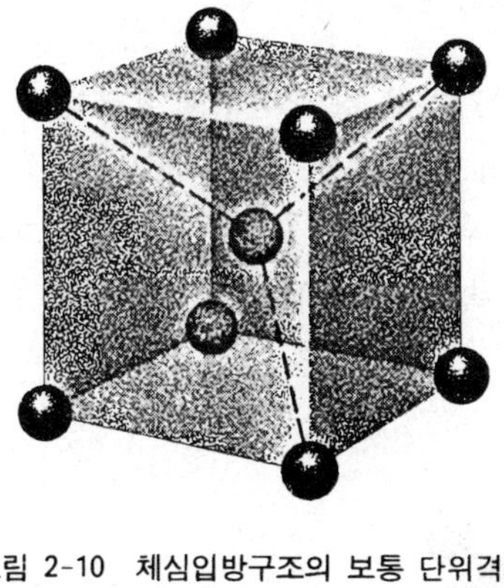

그림 2-10 체심입방구조의 보통 단위격자

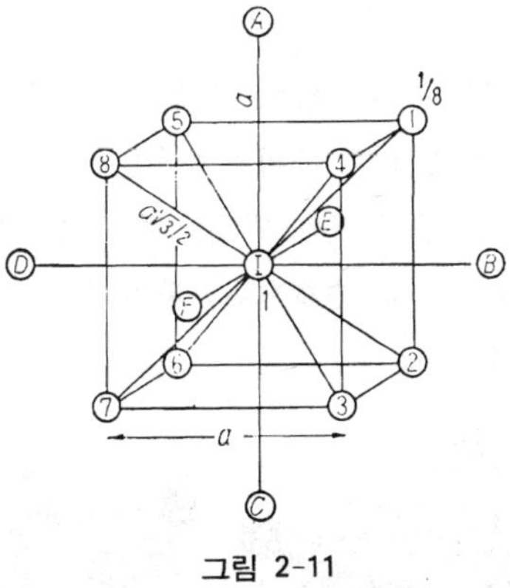

그림 2-11

제 2인접 원자간의 거리가 최인접 원자간 거리에 대해 약 13.4 % 차이 밖에 없으므로 원자간의 상호작용에 대해 제 2인접 원자를 고려할 필요가 있게 된다.

체심입방격자에는 2종의 공간(space void)이 있다. 이 중 하나는 그림 2-12(a)에 표시한 것과 같이 단위격자의 면심과 모서리의 중간점에 존재하는 공간으로서 6개의 원자에 의해 구성되는 8면체의 중앙에 있으며 이를 **8면체 공간**이라 한다. 다른 하나는 그림 2-12(b)에 표시한 공간으로서 이를 **4면체 공간**이라 한다. 원자를 $r = a\sqrt{3}/4$의 강체구로 볼 때 8면체 공간과 4면체 공간에 들어갈 수 있는 강체구의 최대 반지름은 각각 $0.155r$, $0.281r$로 4면체 공간의 공간이 크다.

(2) 면심입방격자 (face centered cubic)

면심입방격자의 단위격자는 그림 2-13(a), (b)와 그림 2-14에 표시한 것과 같이 원자

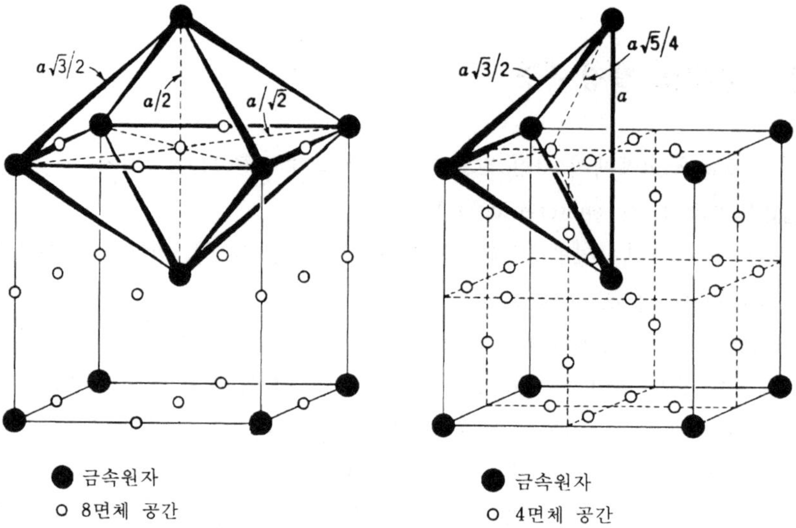

(a) 8 면체 공간 (b) 4 면체 공간

그림 2-12 체심입방격자에서 침입형 공간

가 코너와 면심에 존재한다. 1개의 코너원자는 체심입방격자의 경우와 같이 8개의 단위격자로 공유됨으로 1개 단위격자에는 1/8이 속한다. 그리고 이같은 코너원자가 8개 있다. 1개의 면심원자는 2개의 단위격자로 공유됨으로 1개 단위격자에는 1/2이 속한다. 그리고 이같은 원자는 6개 존재한다. 따라서 1개 단위격자에 속하는 원자수는 $(1/8) \times 8 + (1/2) \times 6 = 4$개이다.

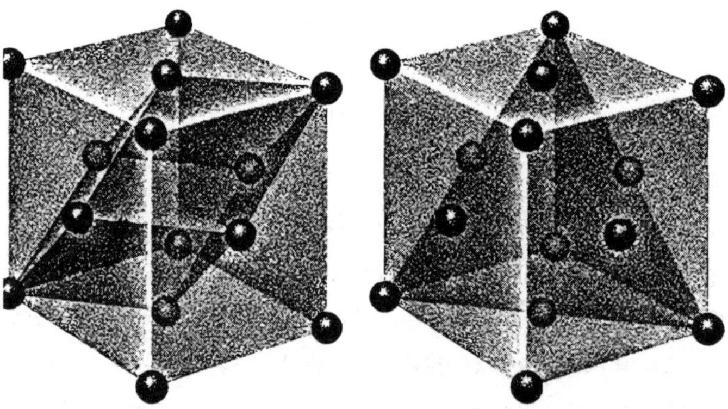

(a) (b)

그림 2-13 (a) 면심입방 단위격자, 내부는 기본 단위격자. (b) 조밀면을 표시

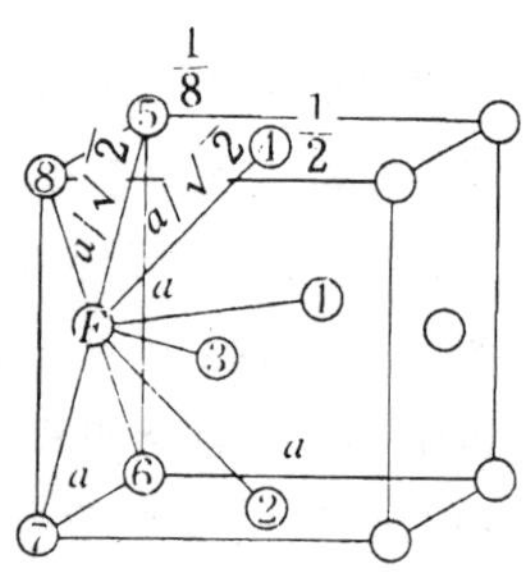

그림 2-14

격자좌표는 (000), (0 1/2 1/2), (1/2 0 1/2), (1/2 1/2 0)이다. 그림 2-14에서와 같이 1개의 원자가 12개의 최인접 원자를 갖는다. 즉 배위수는 12이다. 격자의 모서리의

길이를 a라 하면 최인접 원자간 거리는 $a/\sqrt{2}$이며, 제2인접 원자는 a의 거리에 6개 존재한다. 또한 원자의 반지름을 $r=a/(2\sqrt{2})$의 강체구로 본다면 역시 원자간에는 공간이 있으며 최대의 공간은 그림 2-15(a)와 같이 단위격자의 체심과 각 모서리의 중앙에 위치하고 있다.

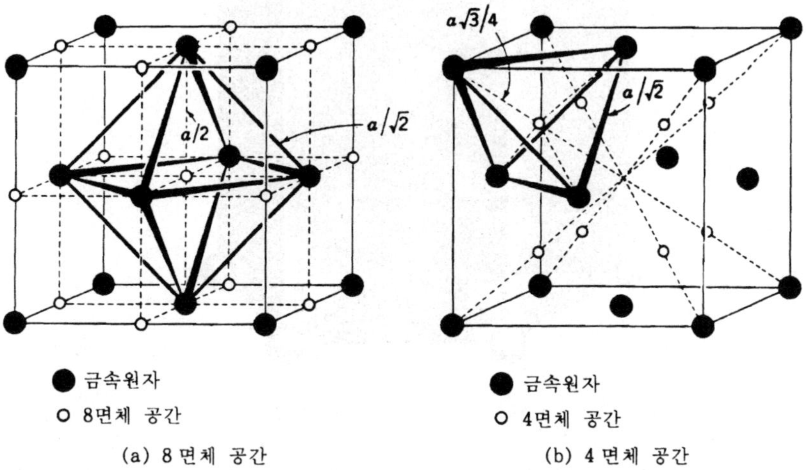

그림 2-15 면심입방격자에서 침입형 공간

이 공간은 6개의 원자로 구성되는 정8면체의 중앙에 있으므로 8면체 공간이라 한다. 8면체 공간점으로 구성되는 공간의 부격자도 격자상수 a인 면심입방격자이다. 또 하나의 공간은 그림 2-15(b)와 같이 4개 원자로 구성되는 정4면체의 중심점의 공간으로 4면체 공간이라 한다. 이 4면체 공간의 부격자는 격자상수 $(a/2)$인 단순입방격자이다. 8면체 공간 및 4면체 공간에 들어갈 수 있는 강체구의 최대 반지름은 각각 $0.414\,r$, $0.225\,r$이다.

(3) 조밀6방격자 (close-packed hexagonal)

조밀6방격자의 단위격자를 그림 2-16에 표시하였다. 이 단위격자에 속하는 원자수는 6개이다. 그러나 일반적으로 조밀6방격자의 단위 3개 지수표시에 대응하는 단위격자 즉, a_1, a_2, c의 3축을 주축으로 하는 모서리의 길이 a, a, c의 6면체 단위격자로 되며 이 단위격자에 속하는 원자수는 2개이다. 격자좌표는 (000), (2/3 1/3 1/2)의 2개의 원자가 1개의 단위격자에 속한다고 생각된다(결정학적으로는 이것이 단위격자이며, 조밀6방격자에서는 이것이 3개 모인 것으로 생각된다).

조밀6방격자는 축비 c/a가 $c/a=\sqrt{8/3}\simeq 1.6330$ 일 때 조밀충진구조가 된다.

조밀6방격자에서 축비는 $c/a=1.6330$의 이상적 조밀충진의 경우 배위수는 12이다. 그러나 실재 금속결정에서는 c/a가 1.6330에 근사한 것은 α-Co(1.632), Mg(1.624), Re(1.615)에 한정돼 있다. 기타 금속에서는 $c/a<1.6330$의 것이 많으며 Zn, Cd만은 c/a

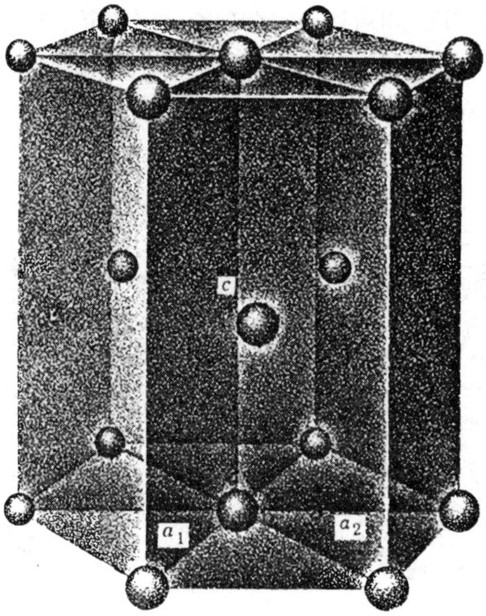

그림 2-16 조밀육방 단위격자

> 1.6330이다. Zn과 Cd는 특히 c/a가 크며 배위수는 6으로 $(8-N)$규칙에 따르며 (0001)면내에서의 원자결합은 등극결합에 대한 기여가 크다.

조밀6방격자에서도 체심입방격자와 면심입방격자의 경우와 같이 8면체 공간과 4면체 공간이 있다[그림 2-17(a), (b)]. 완전조밀구조인 경우 원자를 반경 $r=a/2$의 강체구로 본다면 이들 공간에 들어갈 수 있는 강체구의 최대 반경은 각각 $0.414\,r$, $0.225\,r$로서 면심입방격자의 경우와 같게 된다.

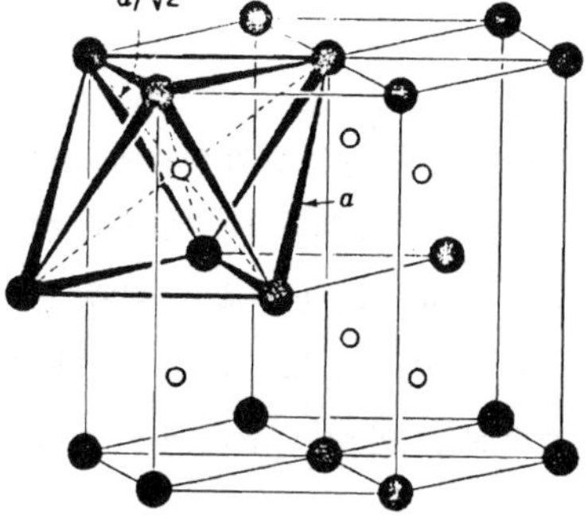

(a) 8 면체 공간

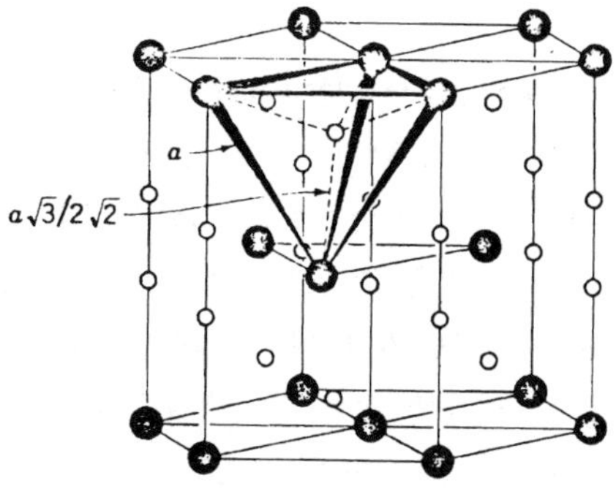

(b) 4 면체 공간

그림 2-17 조밀육방격자의 $c/a=\sqrt{8}/3$ 일 때 침입형 공간

제 3 장
원소의 결정구조

원소의 결정구조를 표 3-1에 표시하였다. 이들 결과를 원소의 주기율표에 대입 검토하면 이들 원소의 결정구조는 주기율표와 아무런 관계가 없는 것같이 보인다. 그러나 Hume-Rothery(영국, 1936)는 이들 사이에 존재하는 관련성을 발견하여 원소를 표 3-2와 같이 3종의 군으로 분리하였다.

표 3-1 원소의 결정구조

원소	결정구조	비고
Li	b. c. c.	
Na	b. c. c.	
K	b. c. c.	
Rb	b. c. c.	
Cs	b. c. c.	
Cu	f. c. c.	
Ag	f. c. c.	
Au	f. c. c.	
Be	c. p. hex $c/a = 1.568$	
Mg	c. p. hex $c/a = 1.623$	
Ca	f. c. c. c. p. hex $c/a = 1.638$	$<$ 440℃ $>$ 440℃
Sr	f. c. c.	
Ba	b. c. c.	
Zn	c. p. hex $c/a = 1.856$	
Cd	c. p. hex $c/a = 1.886$	
Hg	simple rhombohedral	
Al	f. c. c.	
Sc	f. c. c. c. p. hex $c/a = 1.585$	

표 3-1 (계 속)

원 소	결 정 구 조	비 고
Y	c. p. hex $c/a = 1.588$	
La (α)	c. p. hex $c/a = 1.613$	< 350℃
La (β)	f. c. c.	> 350℃
Ga	orthorhombic	
In	f. c. tetragonal $c/a = 1.075$	
Tl (α)	c. p. hex $c/a = 1.598$	< 230℃
Tl (β)	b. c. c.	> 230℃
Ti (α)	c. p. hex $c/a = 1.587$	< 880℃
Ti (β)	b. c. c.	> 880℃
Zr (α)	c. p. hex $c/a = 1.592$	< 862℃
Zr (β)	b. c. c.	> 862℃
Hf (α)	c. p. hex $c/a = 1.587$	< 1960℃
Hf (β)	b. c. c.	> 1960℃
Th	f. c. c.	
C 다이아몬드	diamond cube	
C (흑연)	graphite	
Si	diamond cube	
Ge	diamond cube	
Sn (灰)	diamond cube	< 16℃
Sn (白)	tetragonal $c/a = 0.546$	> 16℃
Pb	f. c. c.	
V	b. c. c.	
Nb	b. c. c.	
Ta	b. c. c.	
Pa	b. c. tetragonal $c/a = 0.825$	
P (黑)	orthorhombic	
As	rhombohedral	
Sb	rhombohedral	
Bi	rhombohedral	
Cr	b. c. c.	
Mo	b. c. c.	
W	b. c. c.	
U (α)	orthorhombic	< 668℃
U (β)	tetragonal	668℃ ~ 774℃
U (γ)	b. c. c.	> 774℃

표 3-1 (계 속)

원 소	결 정 구 조	비 고
Se	hex	
Te	hex	
Po	monoclinic	
Mn (α)	cubic	< 718 ℃
Mn (β)	cubic	718 ℃ ~ 1100 ℃
Tc	c. p. hex $c/a = 1.604$	
Re	c. p. hex $c/a = 1.614$	
Fe (α)	b. c. c.	< 910 ℃
Fe (γ)	f. c. c.	910 ℃ ~ 1400 ℃
Fe (δ)	b. c. c.	> 1400 ℃
Co (α)	c. p. hex $c/a = 1.623$	< 440 ℃
Co (β)	f. c. c.	> 440 ℃
Ni	f. c. c.	
Ru	c. p. hex $c/a = 1.582$	
Rh	f. c. c.	
Pd	f. c. c.	
Os	c. p. hex $c/a = 1.579$	
Ir	f. c. c.	
Pt	f. c. c.	
Ce (α)	c. p. hex $c/a = 1.62$	
Ce (β)	f. c. c.	
Pr (α)	c. p. hex $c/a = 1.613$	
Pr (β)	f. c. c.	
Nd	c. p. hex $c/a = 1.613$	
Eu	b. c. c.	
Gd	c. p. hex $c/a = 1.587$	
Tb	c. p. hex $c/a = 1.580$	
Dy	c. p. hex $c/a = 1.579$	
Ho	c. p. hex $c/a = 1.580$	
Er	c. p. hex $c/a = 1.582$	
Tm	c. p. hex $c/a = 1.580$	
Yb	f. c. c.	
Lu	c. p. hex $c/a = 1.584$	

표 3-2 **Hume-Rothery에 의한 원소의 조**

	IA	IIA	IIIA	IVA			
Electroneqativity (Pauling's) →	Li	Be	B	C			
	1.0	1.5	2.0	2.5			
	Na	Mg	Al	Si	P	S	Cl
	0.9	1.2	1.5	1.8	2.1	2.5	3.0

		IIIB	IVB	VB	VIB	VIIB				IB	IIB	IIIA				
K	Ca	Sc	Ti	V	Cr	Mn	Fe	Co	Ni	Cu	Za	Ga	Ge	As	Se	Br
0.8	1.0	1.3	1.5	1.6	1.6	1.5	1.8	1.8	1.8	1.9	1.6	1.6	1.8	2.0	2.4	2.8
Rb	Sr	Yt	Zr	Nb	Mo	Tc	Ru	Rh	Pd	Ag	Cd	In	Sn	Sb	Te	I
0.8	1.0	1.3	1.4	1.6	1.8	1.9	2.2	2.2	2.2	1.9	1.7	1.7	1.8	1.9	2.1	2.5
Cs	Ba	La	[Ce 희토류]													
0.7	0.9	1.1	Hf	Ta	W	Re	Os	Ir	Pt	Au	Hg	Tl	Pb	Bi		
			1.2	1.5	1.7	1.9	2.2	2.2	2.2	2.4	1.9	1.8	1.8	1.9		
			Th		U											
			1.3		1.7											
				(제 1 군)								(제 2 군)			(제 3 군)	

3-1 1 군(class)

주기율표에서와 같이 제 2, 제 3의 단주기(short periods)의 Li, Be, Na, Mg, Al, 제 4～6의 장주기(long periodes)의 I-B족보다도 좌측의 모든 원소가 1군에 속하고 있다. 이 군의 원소는 몇 가지 예외는 있으나 대부분이 다음의 3종의 결정구조의 하나이다.

표 3-3

구 조	기 호
면심입방격자	(A_1)
체심입방격자	(A_2)
조밀육방격자	(A_3)

이 군의 원소는 결정내에서 원자의 결합형식이 주로 금속결합(metallic bond)이며, 이들 금속원소는 위의 3가지 구조가 전형적인 것으로 되어 있다.

원소 중에는 고체에서 **격자변태**(allotropic transformation)를 하는 것이 있다.

3-2 2군

2군에는 Ⅱ-B족의 Zn, Cd, Hg, ⅢA족의 Ga, In, Tl, ⅣA족의 β-Sn, Pb를 포함한다.

Zn, Cd, α-Tl은 조밀육방격자, Pb는 면심입방격자로 결정구조상 1군에 속하는 것처럼 보이나 이들의 결정축의 비 또는 최단 원자간 거리가 1군 원소와는 다르다.

Zn, Cd의 축비는 표 3-4와 같이 각각 1.856, 1.886으로 1군의 조밀육방격자(h. c. p)의 축비보다 크다.

완전한 조밀충진구조의 경우의 축비는 **1.633**이다. 그러나 Zn, Cd는 이보다 큰 축비를 가지며 따라서 1개의 원자의 최인접 원자의 수 즉, **배위수**(coordinate number)는 (0001)면 내에 있는 6개가 된다. Zn, Cd의 족번호(N)는 2로서 배위수 $6 = 8 - N$이 되며 $(8 - N)$ 규칙이 성립하게 된다.

α-Tl(h. c. p)은 표 3-4에서와 같이 축비가 **1.599**로 1구조의 조밀육방격자와 큰 차가 없으나 표 3-5에서와 같이 격자상수가 크며 최단 원자간 거리가 3.408Å으로 I-B족 원소의 경우보다 대단히 크다. 또한 Pb(fcc)도 최단 원자간 거리가 **3.501**Å으로 크다.

표 3-4 조밀육방격자의 금속결정의 축비 c/a

(완전 조밀충진구조의 축비 = 1.633)

원자번호	원 소	축비 c/a(20°C)	원자번호	원 소	축비 c/a(20°C)
4	Be	1.568	64	Gd	1.591
12	Mg	1.624	65	Tb	1.583
21	Sc	1.589	66	Dy	1.574
22	α-Ti	1.587	67	Ho	1.571
27	α-Co	1.632	68	Er	1.571
30	Zn	1.856	69	Tm	1.572
39	Y	1.571	71	Lu	1.583
40	α-Zr	1.593	72	α-Hf	1.587
43	Tc	1.604	75	Re	1.615
44	Ru	1.582	76	Os	1.580
48	Cd	1.886	81	α-Tl	1.599

표 3-5 **Class Ⅱ와 I-B족의 원소의 결정구조, 격자상수, 최단 원자간 거리**

족	원 소	결정구조 기 호	격자정수			축 비 c/a	최단원자간 거리 (Å)
			a(Å)	c(Å)	온도(℃)		
ⅠB	Cu	A_1	3.6150		25°		2.556
ⅡB	Zn	A_3	2.6649	4.9468	25°	1.856	2.665
ⅢB	Ga	$O(A_{11})$	$a=4.524$, $b=4.523$ $c=7.661$		25°		2.44 ~ 2.80
ⅠB	Ag	A_1	4.08621		25°		2.889
ⅡB	Cd	A_3	2.9793	5.6181	26°	1.886	2.979
ⅢB	In	A_6	3.2517	4.9459	26°	1.521	3.252
ⅣB	β-Sn	A_5	5.8313	3.1812	25°		3.022
ⅠB	Au	A_1	4.0786		25°		2.884
ⅡB	Hg	A_{10}	3.005		−46°		3.005
ⅢB	α-Tl	A_3	3.4560	5.5248	20°	1.599	3.408
ⅣB	Pb	A_1	4.9505		25°		3.501

Hg, Ga, In, β-Sn는 1군에서는 볼 수 없는 구조를 갖는다.

Hg는 단순능면격자(A_{10})로 배위수는 6으로 $(8-N)$의 규칙이 성립하고 있다. Ga은 복잡한 사방정계의 구조를, In은 체심입방격자로 최단 원자간 거리는 3.252 Å으로 크다. β-Sn은 정방정계의 구조로 최단 원자간 거리는 3.022 Å으로 이것도 약간 크다. 이는 원자가 완전히 이온상태로 되지 않았음을 암시하고 있다. Sn도 동소변태로 회색 Sn(α-Sn) 다이아몬드 구조로 $(8-N)$규칙에 따르나 백색 Sn(β-Sn)은 복잡한 결정으로 완전히 이온이 되어 있지 않은 것으로 본다. Al의 경우도 처음에는 2군에 넣었으나 1940년에 다시 1군에 넣었다.

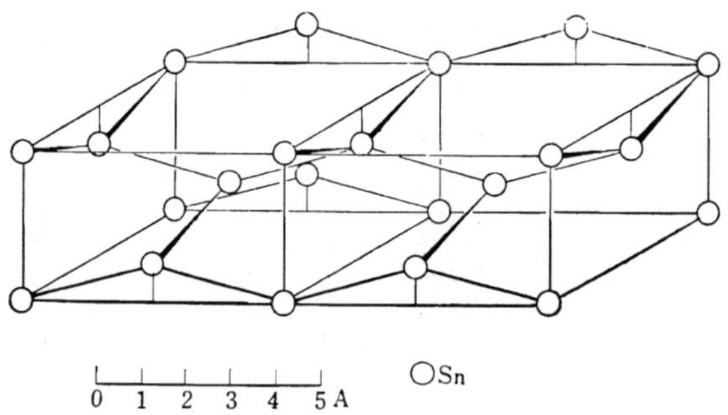

그림 3-1 β-Sn의 결정구조

3-3 3군

3군에는 불활성가스 원소와 N, O, P를 제외한 주기율표 우측원소가 해당된다.

이 군의 원소의 결정내에서의 원자의 결합형식은 주로 공유결합으로 $(8-N)$규칙에 따르고 있다. $(8-N)$규칙이란 N를 원소가 속한 주기율표의 족번호라 할 때 그 원소는 고체 결정구조에서 각 원소는 $(8-N)$개의 최단 원자간 거리(배위수)를 갖는다는 규칙이다. 예로서 Se, Te는 $N=6$이므로 $8-N=2$로서 이 결정구조는 그림 3-2와 같이 2개씩의 원자가 한 쌍으로 된 구조로 되어 있다. 또한 C(다이아몬드)의 경우는 $N=4$로 배위수는 $8-N=4$로 그림 3-3의 구조를 갖는다.

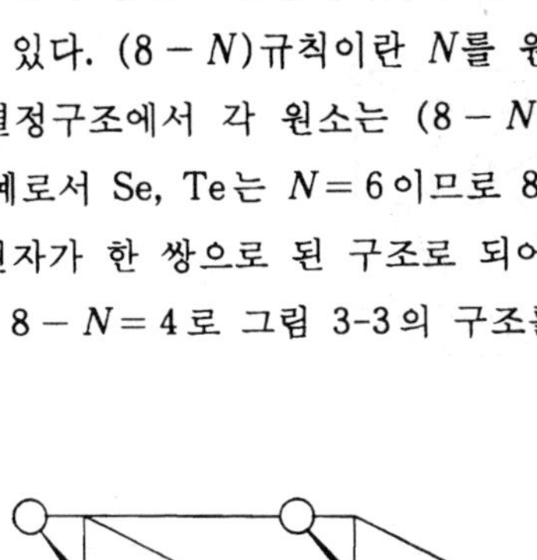

그림 3-2 Te의 결정구조

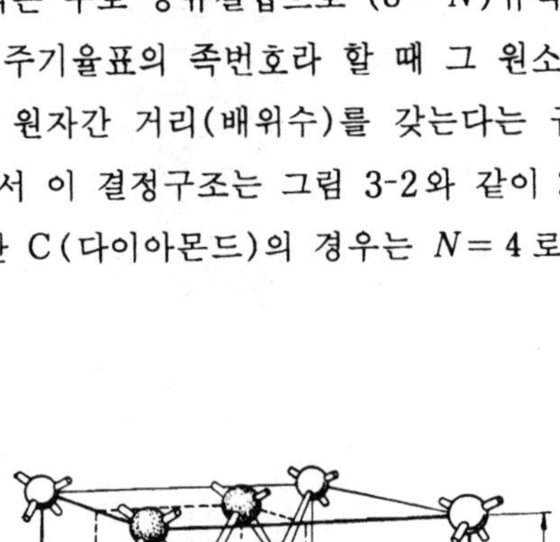

그림 3-3 다이아몬드의 결정구조

I_2의 격자는 그림 3-4와 같이 원자쌍 즉 I_2분자가 격자점에 배치되 사방정계로 배위수는 $(8-N)=8-7=1$이다. 금속 Se와 Te는 (b)(그림 3-2)와 같이 원자가 나선체인형으로 결합한 육방정계의 격자로서 배위수는 $(8-N)=8-6=2$이다. Se는 217℃에 체인형 분자간 결합으로 주로 금속결합인 약한 힘이 풀려서 Tangled chain(鎖相분자)의 액체가 된다. 이를 급냉하면 무정형 Se(vitreous)가 된다. 또한 Se에서는 α, β의 적색의 Se이 있으며 이들은 8개의 원자로 된 환상(環狀)분자가 집합한 단사정계의 결정이다.

As, Bi, Sb는 (c)와 같이 육방정계의 안티몬형 격자를 가지며, 배위수는 $(8-N)=8-5=3$, C, Si, Ge, α-Sn는 (d)와 같이 다이아몬드형 격자로 배위수는 $(8-N)=8-4=4$이다. C는 그림 3-5와 같은 육방정계의 α-graphite구조를 취하기 쉽다. 이 때의 축비 c/a는 2.725로 대단히 크며 배위수는 3이다. 또한 β-graphite(능면체격자)가 있으며 이는 단위격자내에 6개의 원자를 갖는다.

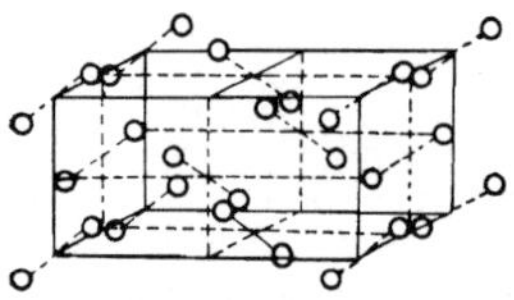

(a) I_2-type

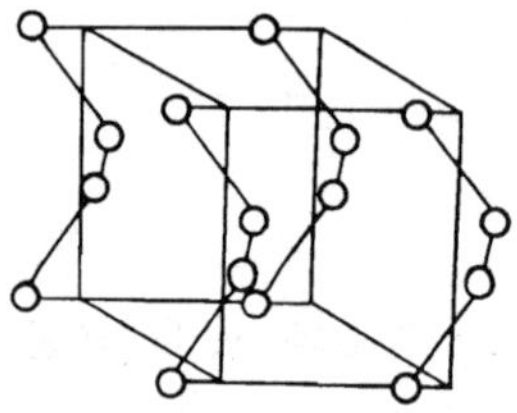

(b) A_8

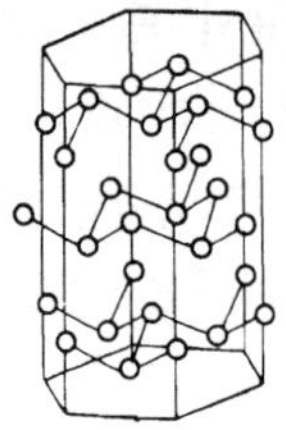

(c) A_7

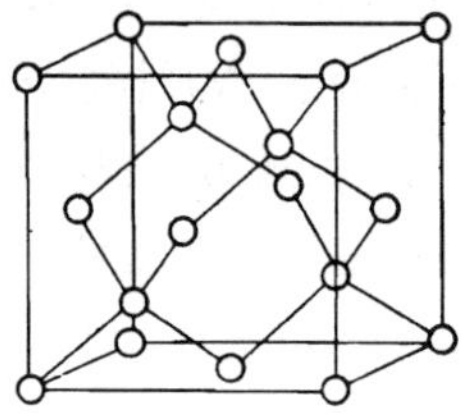

(d) A_4

그림 3-4

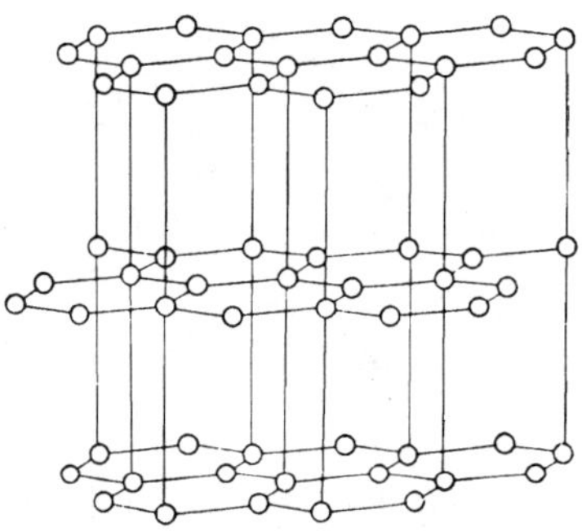

그림 3-5 *α*-**graphite** 격자

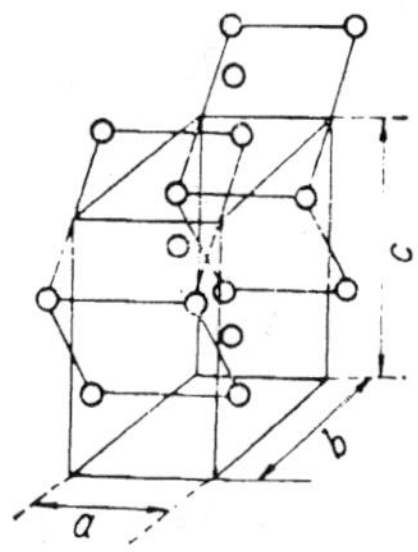

그림 3-6 *α*-U 격자

3-4 Actinide계 원소

Ac, Th은 금속의 결정구조를 가지나 Pa는 축비 $c/a = 0.825$인 체심정방격자이며 U, Np, Pu는 고온에서만 금속결정구조를 갖는다. *α*-U는 그림 3-6과 같이 파(wave)형 원자면을 갖는 거대분자가 중첩된 사방격자이다.

제 4 장
실재금속의 구조

4-1 결 정 립

현실적으로 볼 때 순금속이라 하더라도 단결정은 아니며 이들은 많은 미세한 결정의 집합체로 구성되어 있다. 이들 집합체에서 결정입자의 경계를 **결정립계**라 하며, 집합체의 단위 부위를 **결정립**이라 한다(그림 4-1).

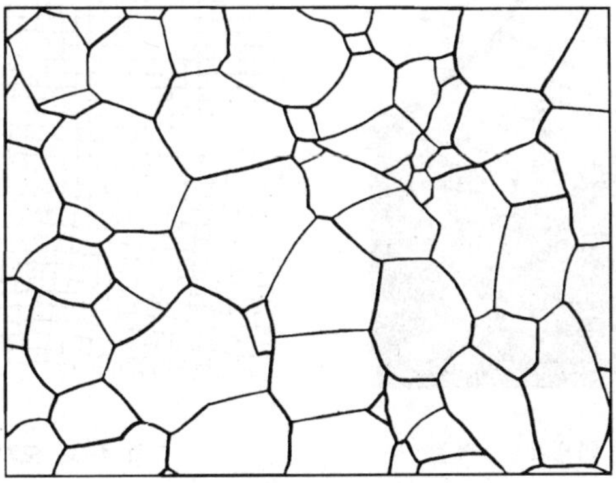

그림 4-1 현미경으로 본 결정립

한 개의 결정립은 단결정이다. 그러므로 각 결정립내에서 원자는 규칙적인 배열을 하고 있다. 따라서 이들 각 결정립의 방향성이 다르므로 경계가 만들어진 것이다. 이러한 의미에서 보통 금속은 **다결정체**(polycrystalline aggregate)라고 한다. 그러나 입계라고는 하나 양쪽 결정립의 결합이 대단히 경고함을 알 수 있는 데 이는 금속을 실온에서 인장파괴하였을 때 입계에서 끊어지는 일이 거의 없다는 것으로도 알 수 있다.

또한 한 결정립내에서 희미한 입계가 확인될 때가 있다. 이를 **아경계**(sub-boundary)라 한다. 아경계의 양측에서는 극히 작은 결정방위의 차가 나타나며 이 때의 방위차는 1°이

하라 한다(그림 4-2).

실재의 결정에서의 X선 회절강도가 결정을 완전하다고 생각할 때보다 강도가 크며 Darwin(1914년)은 이런 사실로부터 실존결정은 그림 4-3과 같이 모자이크(mosaic) 구조를 가지고 있다고 예상하였다. 하나 하나의 모자이크 사이에는 극히 작은 방위차가 있으며 이 경계를 **모자이크 경계**라 부르며 이것도 아경계의 일종이다. 이 모자이크 경계로 둘러싸인 부분을 **모자이크 블록**(mosaic block)이라 하며, 이 크기는 원자간 거리의 1,000 ~ 10,000 배로 추정하고 있다.

그림 4-2 Al의 아경계(× 75)

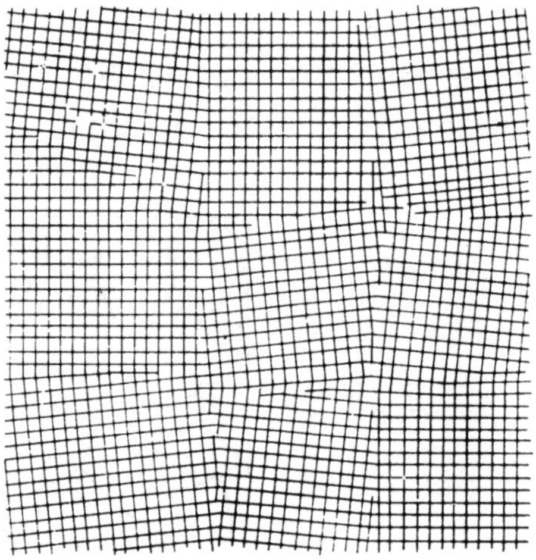

그림 4-3 모자이크 구조의 설명도

4-2 결정립계

앞에서 설명한 바와 같이 금속의 각 결정립의 결정격자는 서로 다른 방위(orientation)를 가지고 있으므로 결정립내에서는 원자의 배열이 규칙적이나 경계에서는 배열이 산란되어 있다.

또한 실용금속에서는 불순원자를 함유하고 있으며 이들 원자는 결정립계에 편재하기 쉽다. 결정립계의 불순물상은 응고과정에서 액체내에 농축되어 최종적으로 결정립계에 석출된 것과 응고 후 냉각과정에서 결정립계에 우선적으로 석출한 것 등 여러 원인의 것이 있다.

이상적으로 정련한 금속의 결정립계의 모형은 다음과 같이 분류되어 있다.

ⓘ tilt boundary (경각 입계)

ⓘⓘ twist boundary (트위스트 입계)

ⓘⓘⓘ general boundary (일반 입계)

(1) 경각 입계는 입계에 [*uvw*] 축을 포함하고 그 양측의 결정격자는 [*uvw*] 축에 대해 각 θ 만큼 회전된 방위관계를 갖는 입계를 말한다. 이 때 θ 의 대소로 소경각 입계와 대경각 입계로 부른다.

소경각 입계에서는 입계의 양측 결정의 원자배열이 입계에 대해 대칭인 경우와 비대칭인 경우가 있다(이들 입계는 모두 평행한 칼날 전위의 별이 있는 것으로 설명할 수 있는 구조로 되어 있다).

대경각 입계는 이곳이 빈틈이 많은 것으로 되어 있다. 그렇다고 1 개의 원자가 들어갈 수 있는 크기는 아니다. 다만 1 원자 이하의 작은 공간이 있는 것으로 느껴지는 상태일 뿐이다.

2 개의 결정방위가 크게 다를 때는 선상의 격자결함(전위)을 경계로 하여 서로 결합이 불가능하기 때문이다. 이와 같은 형의 것을 **공공형 입계**(vacancy boundary)라 부른다.

2 개의 결정이 한 축에 대해 어느 정도 기울어 졌을 때 공공형 입계가 되는지는 알 수 없다. 그러나 Bragg(1947 년)에 의한 비누방울 모형실험에 따르면 3 가지 형이 있음을 알 수 있다.

1 형은 입계를 만드는 양측의 비누방울의 집합방향이 극히 적게 변화할 때이다(이 때 입계는 칼날전위의 예로 되어 있다).

2 형은 입계 양측에서 비누방울의 집합방향이 크게 다를 때이며, 이 때 입계는 1 개의 비누방울 크기 이하의 작은 공간이 있는 구조가 된다.

3 형은 방향은 그다지 변하지 않으나 복잡한 선상결함을 이루고 있는 경우가 되겠다.

입계 양측의 방위차와 입계형을 정리한 것이 다음 표 4-1 이다.

표 4-1

종류	명 칭	형	비누방울 집합 방위차
1형	대칭성 소경각 입계	전위형	$< 15°$
2형	대경각 입계	공공형	$30° \pm 10°$
3형	비대칭성 소경각 입계	전위형	$< 15°$

(2) 트위스트 입계는 입계 양측의 결정격자가 입계면에 수직하게 세운 [*uvw*] 축에 각 θ 만큼 회전한 방위관계에 있는 것을 말한다.

이것은 한 결정의 위 절반을 그림 4-4 와 같이 입계면에 수직한 1 개의 주축주위에 약간

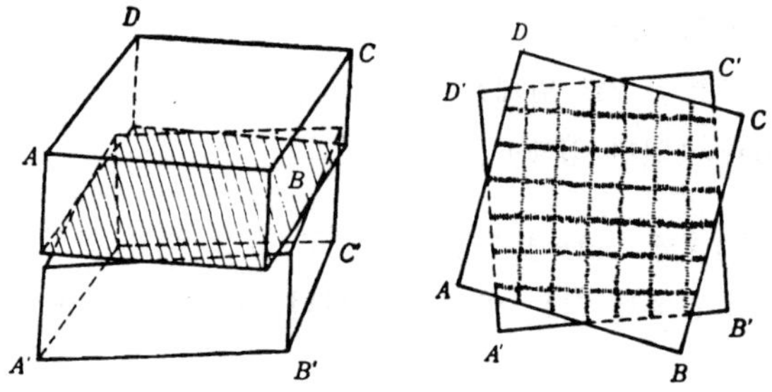

그림 4-4 트위스트 경계

회전시킴으로써 생기는 경계면이다. 이 때의 입계에는 전위론적으로 나선(screw)전위의 망으로 치환되는 것으로 생각되며 회전각도가 클수록 나선전위의 망목은 작게 된다.

이상은 간단한 트위스트 입계의 경우이며, 실재 결정에서는 회전시킨 후 기울임으로서 생기는 경계도 있다. 이러한 경우도 회전방법, 기울이는 방법이 작으면 모두 전위망으로 표시될 수 있다. 이와 같이 각종 전위에 의해 생긴 경계는 실재로 관찰되며 이 종류의 경계를 **전위형 입계**(dislocation boundary)라 한다(이 부분은 전위론을 참조하기 바란다).

4-3 실재 결정격자의 불완전성

앞에서 설명한 바와 같이 실재 금속재료에서 1 개의 결정립(단결정)을 분리 채취한다던가 또는 단결정으로 크게 성장하였을 때 이들 결정에서는 아결정립계를 무시한다면 정의상 원자의 배열은 3 차원적으로 완전히 규칙적인 것이 되어 있어야 한다. 그러나 실재는 그렇지 못하다. 즉 상당한 구조적인 불완전성을 가지고 있다. 이와 같은 결정격자상의 불완전성을 **격자결함**(lattice imperfection 또는 defect) 이라 하며 이들 결함에는 다음과 같은 것이 있다.

ⓘ 원자배열이 선상으로 결함을 이룬 것 : 전위
ⓘⓘ 원자배열이 점상으로 결함을 이룬 것 : 점결함
ⓘⓘⓘ 원자배열이 면상으로 결함을 이룬 것 : 적층결함

이와 같이 실재의 결정은 반드시 격자결함을 가지고 있다. 다만 체적적으로 결함부분이 비교적 적은 비율이므로 단결정은 규칙적인 배열을 하고 있다고 하게 된다. 또한 어떤 온도에 있는 실재 결정에서는 원자가 계속적으로 그의 평균위치를 중심으로 진동(열진동)하고 있다. 그러나 이것은 결함으로 간주하지 않는다. 이것은 결정구조에서 생각하는 원자의 위치는 열진동 때문에 그의 시간적 평균위치이기 때문이다.

또한 결정의 제작방법에 따라서는 탄성적 내부응력을 가지는 경우도 있다. 이와 같은

경우는 1개의 결정내에서 압축응력 부분과 인장응력 부분이 있으며 이들이 균형있게 존재하므로 외관적으로는 알 수 없으나 표면층을 취해 조사하면 변형이 나타나고 있다. 그러나 이것도 결함으로는 취급되지는 않는다.

(1) 점결함의 종류

결정격자 중에는 점상(원자단위)의 결함이 존재한다. 이것을 간단히 **점결함**(point defect 또는 point imperfection)이라 한다. 격자결함이란 말은 좁은 뜻에서는 이 점결함을 뜻하는 경우가 많다.

점결함에는 원자공공(vacancy), 격자간 원자(interstitial atom 또는 interstitialcy) 및 불순물 원자가 있다. 원자공공이란 결정격자점에서 꼭 있어야 할 원자가 빠져 있는 공간을 말한다. 즉 그림 4-5 에서 결정내에서 1개의 원자를 표면으로 몰아냈다고 할 때 생기는 공간을 **원자공공**이라 할 수 있다. 원자공공은 Shottky가 처음으로 생각해 낸 것이므로 **Shottky 결함**(Shottky defect)이라고도 부른다. 간단히 공공이라 할 때도 있으나 이것의 크기는 원자단위이므로 대단히 작다. 이것에 비해 보다 큰 공간을 **공동**(void)이라고 하여 구별하기도 한다. 그런데 공공이 2개 또는 3개가 인접하여 존재할 때도 있다. 그러나 이 정도의 크기는 공동이라 하지 않는다.

격자간 원자란 원래 있을 수 없는 격자점 사이에 원자가 무리하게 끼어 들어간 것이 된다. 따라서 이 때는 격자점 사이에서 빈틈이 크게 생겨 있는 곳에 들어가는 것이 일반적이다(그림 4-6). 이와 같은 격자간 원자가 원자공공과 쌍을 이루고 있을 때가 있다. 즉 원자간의 1개의 원자를 다른 격자내에 이양했을 때 한 쌍의 격자간 원자와 공공이 형성된다. 이 때 이들 한 쌍의 점결함을 **Frenkel 결함**(Frenkel defect) 이라고 한다(그림 4-7).

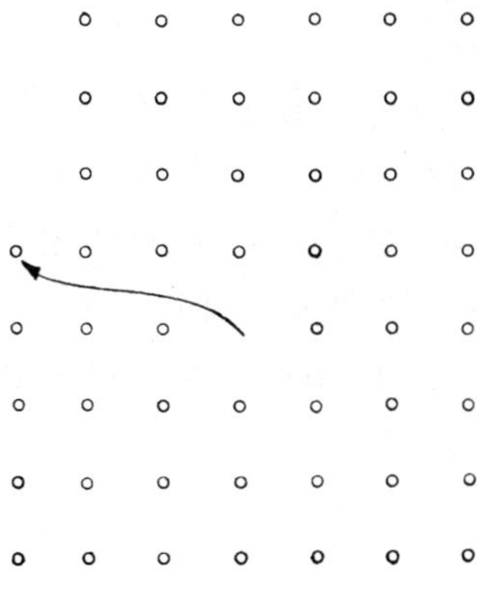

그림 4-5 원자공공(Shottky 결함)

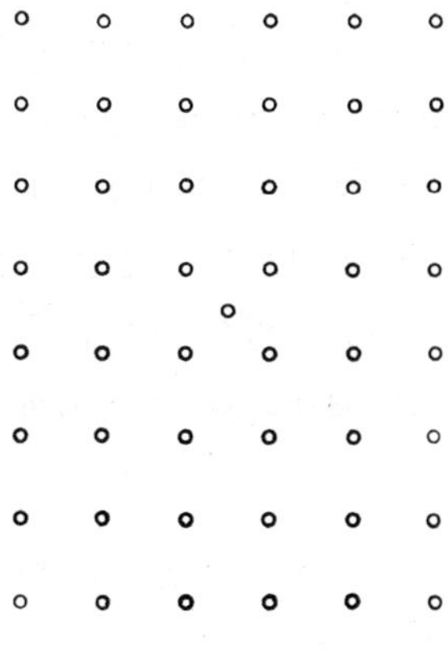

그림 4-6 격자간 원자

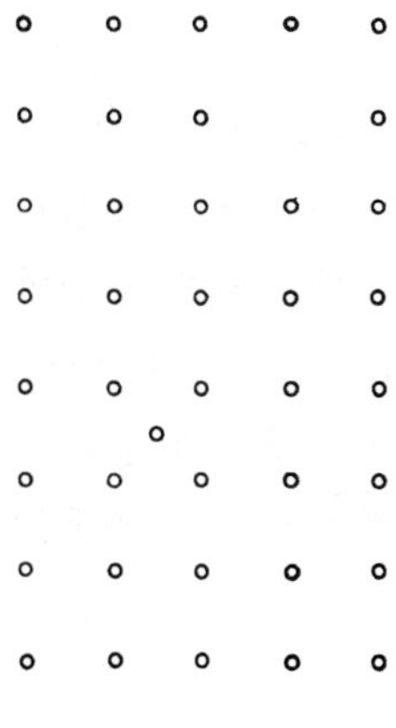

그림 4-7 Frenkel 결함

또한 이종원자가 격자점의 원자와 치환되던가 결정격자간에 침입하던가 할 때 이들 이종원자는 크기에 따라 격자를 확대 또는 수축시키므로 점결함의 1종이 된다. 그러나 결정격자 자신에는 이상이 있는 것이 아니고 다만 조성상의 문제이므로 점결함으로 취급되지 않는 것이 일반적이다.

엄밀한 점에서는 2개 또는 그 이상의 공공의 집합공공과 불순물 원자의 쌍, 복합된 점결함의 존재가 최근에 와서 문제가 되고 있다.

알카리(Alkali) 금속(주기율표상에서 1형 족에 있는 금속)에서는 가장 조밀한 방위에 1개의 원자가 여분으로 들어가 있는 **Crowdion**이라 하는 일렬의 결함이 존재하는 것으로 생각된다. 그림 4-8은 Crowdion(흑점)을 모형적으로 표시한 것이다.

그림 4-8 **Crowdion**

(2) **원자공공의 농도**

원자공공의 존재는 결정의 물리적 성질에 기여함이 밝혀졌으나 한편 고체내의 원자이동(확산)에 대해서도 기여한다. 즉 공공은 결정내를 움직이는 전자(전도전자)에 대해 산란효과(scattering)을 일으켜 그 만큼의 저항증가를 가져오게 된다.

또한 결정내의 공공은 그 만큼 결정의 체적증가(공공의 유효체적은 원자 한 개 체적의 0.1∼0.6 정도임)를 가져온다. 따라서 원자공공의 생성정도(농도)는 대단히 큰 의미를 가지게 된다. 그런데 원자공공은 열적으로 평형상태에 존재한다. 즉 절대온도가 아닌 결정은 어떤 수의 공공을 가지게 되며 그럼으로써 안정하게 된다. 안정하게 존재하는 공공의 수는 온도의 상승으로 급증한다. 절대온도 T일 때의 공공의 농도 C(원자수 N에 대한 공공의 수 n의 비율)는

$$C = n/N = e^{-Ws/kT} \tag{1}$$

로 주어진다.

이 식에서 k는 Boltzmann상수, Ws는 1개의 Shottky 공공을 형성하기 위해 필요한 에너지로서 **공공형성 에너지**(vacancy formation energy)이다. 이와 같이 T°K에 있는 결정

은 (1)식으로 주어지는 공공을 가질 때 안정한 평형상태에 있게 된다. 이는 공공을 가진 결정의 자유 에너지를 구함으로써 증명된다.

열역학에서 자유 에너지 F는 내부 에너지(E)와 엔트로피(S)에 의해

$$F = E - TS \tag{2}$$

로 표시된다. 여기서 E와 S를 구해보자.

***E*의 변화** : N개의 원자로 구성된 결정내에 n개의 공공을 만들기 위해서는 n개의 원자를 결정표면에 이동시켜야 하므로 이 때문에 일(work)을 해야 한다. 따라서 공공이 있는 결정의 내부 에너지는 그 만큼 높은 상태에 있게 된다. 즉 1개의 공공을 만드는 데에는 Ws인 에너지를 필요하다고 하면 n개의 공공에서는 nWs의 에너지 상태가 된다. 그러나 여기서 주의해야 할 것이 있다. 즉 Ws는 결정내에 형성된 공공수에 의존하지 않는다는 반증이다. 최초의 한 개의 공공이 만들어질 때의 Ws나 n개의 공공이 형성된 결정에서 최후에 형성되는 공공도 Ws를 가진다는 것이다. 2형의 가정은 온도상승으로 공공수가 증가하고 결정은 열팽창으로 커짐으로써 공공형성(원자의 이동)이 다소 쉬워지므로 W_S는 작아질 것이나 이것은 무시한다는 가정이다.

엔트로피 *S*의 변화 : n개의 공공의 도입으로 결정은 N개의 원자와 n개의 공공의 혼합물이 된다. 따라서 결정의 엔트로피는 증가한다. 이 때의 엔트로피를 **혼합 엔트로피**(mixing entropy)라 하여 다음과 같이 구해진다.

혼합 엔트로피는 일반적으로 $(N+n)$개의 위치(격자점)에 N개의 원자와 n개의 공공을 분배하는 방법의 수 W로부터 Boltzmann식으로 구한다.

$$S = k \ln W \tag{3}$$

이 때 분배방법의 수 W는

$$W = \frac{(N+n)!}{N!n!} \tag{4}$$

로 주어지며,

$$S = k \ln \frac{(N+n)!}{N!n!} \tag{5}$$

가 된다.

이 식은 Stirling의 근사식

$$\ln x! \simeq x \ln x - x \tag{6}$$

를 이용하여

$$S = K\{(N+n)\ln(N+n) - N\ln N - n\ln n\}$$

가 된다.

엔트로피는 공공의 존재로 이에 접근하는 원자의 열진동수에 변화가 있게 되면 이에 의한 엔트로피도 고려해야 하나 일단 여기서는 무시하겠다. 즉 공공의 도입에 의한 원자의 진동수에는 전혀 영향이 없는 것으로 가정한다.

이상과 같이 하여 내부 에너지와 엔트로피 변화를 구했으므로 자유 에너지는 다음 식으로 얻어진다.

$$F = nWs - kT\{(N+n)\ln(N+n) - N\ln N - n\ln n\} \tag{7}$$

온도 T에서 n개의 공공을 가진 결정이 평형으로 존재한다는 것은 이 때 자유 에너지가 최소 상태에 있음을 뜻한다. 이 조건은 (7)식을 미분하여 0 으로 놓음으로써 구할 수 있다.

즉

$$dF/dn = 0 \tag{8}$$

이므로

$$Ws - kT\{\ln(N+n) - \ln n\} = 0$$

이로부터

$$n/(N+n) = e^{-Ws/kT} \tag{9}$$

일반적으로 $n' \ll N$이므로 (9)식은

$$n = Ne^{-Ws/kt} \tag{10}$$

공공의 농도 C는 n/N으로 정의하므로

$$C = n/N = e^{-Ws/kT} \tag{11}$$

이 식으로부터 공공의 농도는 절대온도에서는 0 이 되나 온도상승으로 급격히 증가됨을 알 수 있다. 공공형성 에너지는 Cu 등에서는 약 1 eV 라고 한다. 이 값을 이용하여 공공 농도를 구하면 다음과 같다.

온　도	0 ℃	500 ℃	1000 ℃
농　도	10^{-18}	$10^{-0.5}$	$10^{-3.9}$

즉 1000 ℃에서는 10,000개의 원자에 대해 1개의 공공이 형성되는 것을 알 수 있다. 그림 4-9는 이 관계를 도시한 것이다.

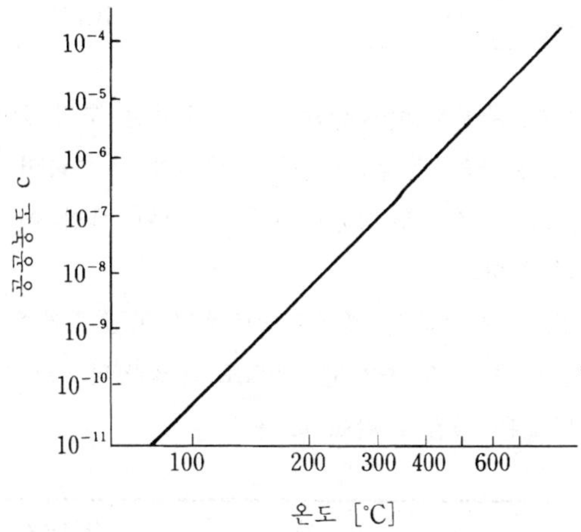

그림 4-9 온도의 계수로서 표시한 공공 농도

Frenkel 결함에 대해서도 동일한 계산을 할 수 있다.

즉

$$n = \sqrt{NN'}\ e^{-W_F/2kT} \tag{12}$$

여기서, N : 원자수

N' : 원자가 침입할 수 있는 격자간의 위치 수

n : Frenkel 결함의 쌍의 수

W_F : 한 쌍의 Frenkel 결함 형성에 필요한 에너지

만약 $N = N'$ 이면

$$n = Ne^{-W_F/2kT} \tag{13}$$

또한 격자간 원자만의 경우에 있어서도 공공수 n 및 농도 C는

$$n = Ne^{-W_I/kT}, \quad C = e^{-W_I/kT}$$

로 N은 침입가능한 격자간의 위치수, W_I는 격자간 원자의 형성 에너지이다. W_I는 4 eV 또는 10 eV(2.5 eV 정도의 설이 강함)라고 한다.

격자간 원자도 열적 평형상태에서 가능한 존재로 보더라도 실제 농도는 극히 작으며 다음과 같다.

온 도	0 ℃	500 ℃	1000 ℃
W_l : 4 eV 때	10^{-67}	10^{-25}	10^{-15}
W_l : 10 eV 때	10^{-180}	10^{-65}	10^{-39}

또한 공공 2개가 인접한 공공쌍(di-vacancy)도 생각할 수가 있으며 몇 개가 공공쌍이 되는가 하는 것은 2개의 공공의 결합 에너지의 세기에 의존하며 이것이 대단히 강하면 전부가 쌍을 이루는 것으로도 생각할 수가 있다. 그러나 결합 에너지의 크기를 알 수 없으므로 실제로는 알 수가 없다.

다만 결합 에너지 E_b를 가정하면 열역학으로부터 공공 1개에 대해 가장 가까운 Z개의 부근에 공공이 형성되는 수는 $Ze^{-E_b/kT}$로 되므로 공공쌍의 농도는 $ZCe^{-E_b/kT}$가 된다. 따라서 공공쌍과 공공의 비율은 다음과 같이 된다.

결합에너지	0.2 eV		0.3 eV		0.4 eV	
공공의 농도	10^{-5}	10^{-4}	10^{-5}	10^{-4}	10^{-5}	10^{-4}
공공쌍과 공공의 비율	0.056	0.56	1.4	14	22	220

Seeger-Bross는 Cu에 대해 공공쌍의 결합 에너지를 0.3 eV로 계산하였다. 이에 따른다 하더라도 공공쌍의 수는 상당수가 있음을 알 수 있다. 또한 2개 이상의 공공의 집합체에 대해서도 생각할 수 있을 것이다.

(3) 결정구조의 결함과 조밀성

예로서 이미 설명한 면심입방격자에서 볼 때 원자의 좌표는 (0, 0, 0), (0, 1/2, 1/2), (1/2, 0, 1/2), (1/2, 1/2, 0)이다. 이들 구조에서는 다음과 같이 적층된다고 생각된다.

그림 4-10(a)에서 제 1층으로서 1면내에서 ○ 표시점의 위치에 원자를 꽉 채웠다고 하자. 그러면 제2층을 이 제1층 위에 채우는 데는 2가지 방법이 가능해진다. 제2층의 한 원자 중 1개를 제1층의 + 표시의 공간에 놓으면 나머지의 + 표시 공간 위에 반드시 제2층의 원자가 놓이게 된다. 물론 제1층에는 다른 공간이 있으며 + 표시 공간대신 이 공간을 이용할 수도 있다. 그러나 원자의 크기를 고려하면 제2층이 이들 2가지 공간을 혼합하여 사용할 수는 없다.

다음에 제3층의 원자가 점할 수 있는 위치를 고려하면 두 가지 방법이 가능하다. 하나는 제2층의 □ 표시의 공간을 택하는 방법으로서 이 때는 제3층의 원자는 제1층의 원자 바로 위에 오게 된다. 이것이 바로 조밀 6방격자이다[그림 4-10(b)].

두 번째의 방법은 △ 표시의 위치에 제3층 원자를 놓는 방법이다. 이 때는 면심입방구조가 된다.

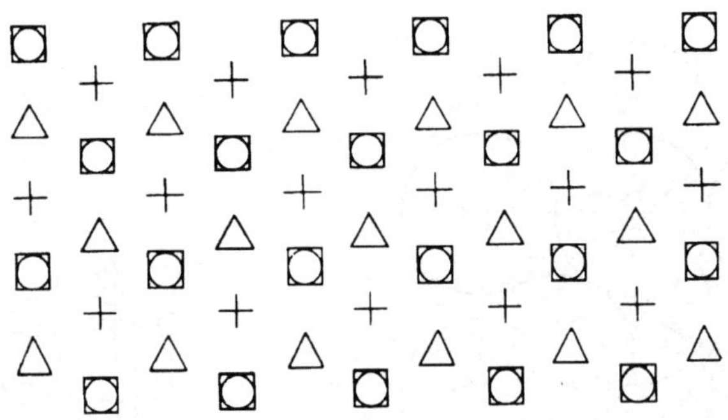

(a)

(b)

그림 4-10 원자의 조밀구조의 설명

(a) ○는 제 1 층의 원자, +는 제 1 의 방법에 따른 제 2 층 원자, □는 6방정밀구조에 따른 제 3 층 원자, △는 면심입방구조에 따른 제 3 층 원자. (b) 조밀한 8 면체면

그림 4-11 과 그림 4-12 는 면심입방격자에서의 원자배열을 체대각선 방향[111]에서 바라본 것이다.

제일 밑의 A 원자가 놓인 면을 A 면이라 하면 이 위의 면은 B_1, B_2, B_3, B_4, B_5, B_6 원자가 놓인 면이 된다. 이 면을 B 면이라 하자. 다시 B 면 위에 놓이는 원자는 C_1, C_2, C_3, C_4, C_5, C_6 로 이 면을 C 면이라 하자. 이 C 면 위에는 다시 A 면이 놓이게 되어 면심입방격자는 [111] 방향으로 A 면 위에 B 면, B 면 위에 C 면, C 면 위에 A 면으로 주기적으로 적층됨을 알 수 있다. 따라서 이를 *ABCABCABCBC*………, 또는 *CBACBACBACBA*……로도 표시할 수 있다. 한편 조밀 6 방격자에서는 *ABAB*……, 또는 *BCBCBC*……, 또는 *ACACAC*………로 적층되며 이는 그림 4-13 에서 이해될 것이다. 이 때 쌓아 올리는 층은 6 방정계의 **밑면**(basal plane)이다.

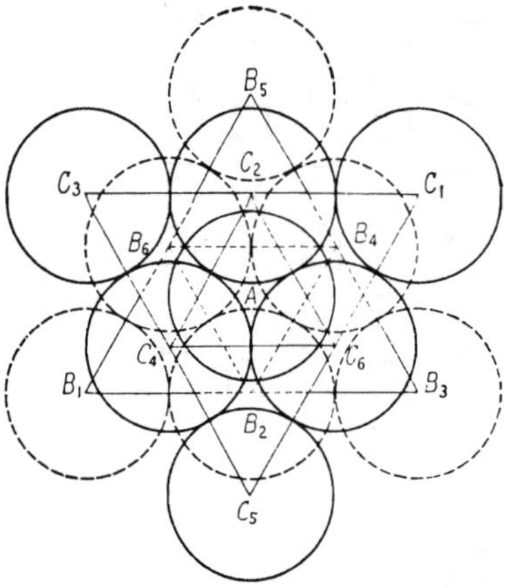

그림 4-11

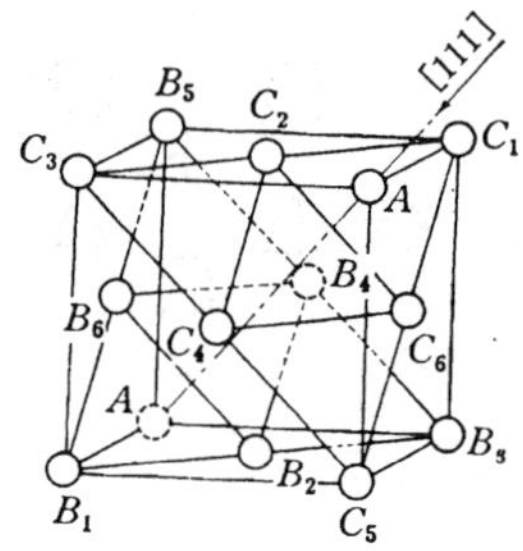

그림 4-12

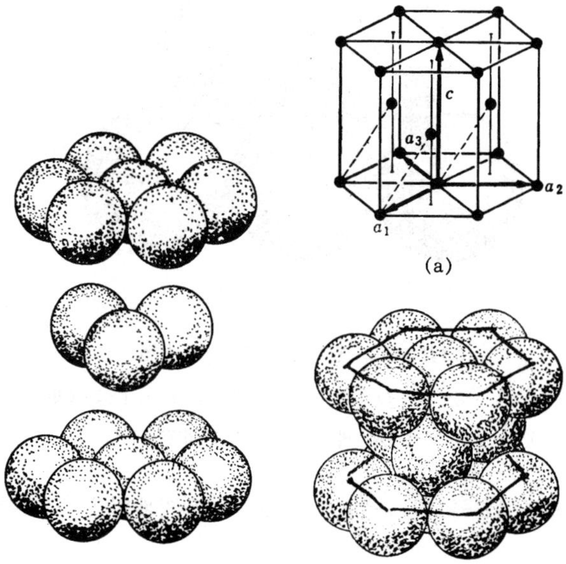

(a)

(b)

그림 4-13 조밀 6 방격자

쌓아 올리는 방법의 표시에는 다음과 같이 표현하는 경우도 있다.

A 에서 B, B 에서 C, C 에서 A 로의 순서로 쌓는 방법을 ▽, B 에서 A, A 에서 C 의 순서의 것을 △ 로 표시한다. 이렇게 하면 면심입방격자는 ▽▽▽▽▽ …… 또는 △△△△△ …… 로 표시되며, 조밀 6 방격자는 △▽△▽△▽ …… 로 표시된다. 만약 적층방법이 잘못되어 $ABCABABCA$ …… 와 같은 곳(면)이 생겼을 때 이곳을 **적층결함**(stacking fault)이라 한다. 변형표시법에 따르면 이 적층결함은 ▽▽△▽▽ …… (Frank 의 stacking fault operator)로 표시된다.

적층결함에는 두 가지 형이 있다. 하나는 intrinsic 형이고, 또 하나는 extrinsic 형이 있다.

지금 면심입방격자에서의 완전한 배열은 *ABCABCABCABC* …… 로 표시된다. 만약 이 적층방법에서 중간의 *B*층이 제거(결함)되었다고 하면 *ABCABCACABC* …… 로 될 것이다. 이 때 적층은 *ABC* 와 *CABC* 로 구분되며 적층결함은 한 결정면으로 결정을 양분하며 그 양측이 같은 결정방향을 가지면서 이곳(결함)에서 불연속됨을 알 수 있다. 위에서와 같이 계면의 양측의 결정배열이 이 계면까지 연장된다. 이러한 형의 결함을 **intrinsic 형**이라 한다.

또 다른 예를 들어보면 만약 면심입방격자의 완전배열에 *C*층이 삽입되었다면 다음과 같이 될 것이다.

ABCABCACBCABCAB ………

이 때는 이 *C*면은 양측이 결정면 배열과는 전혀 무관한 것이 된다. 이런 형의 결함을 **extrinsic 형**이라 한다.

이상과 같은 적층결함 표시에는 Frank 가 제창한 기호(operator)를 사용하는 것이 좋다. 즉 앞에서 설명한 바와 같이 같은 적층법이 n회 또는 m회 계속될 때는 n△, m▽ 와 같이 표시한다. 이 방법에 따르면 면심입방격자구조는 △ 또는 ▽ 를, 조밀6 방격자구조는 △▽ 로 표시한다. 몇 가지 예를 표시하면

면심입방격자의 쌍정　p △ q ▽
intrinsic 형 적층결함　p △ ▽ q △
extrinsic 형 적층결함　p △ ▽ ▽ q △

이들 기호법으로 많이 연속하는 p△, q△ 등의 약속을 생략하여 표시할 수도 있다. 즉 연속된 적층은 생략하고 특이층만을 표시한다.

표시방법	약식기호
p △ ▽ q ▽	1 ▽
p △ ▽ ▽ q △	2 ▽

정상 조밀6 방격자구조는 △▽△▽△▽ …… 이다. 여기에 여분의 ▽ 또는 △ 를 삽입하면 다음과 같은 적층결함이 된다.

1 ▽ ··· *ABABACACAC* ······
2 ▽ ··· *ABABACBCBC* ······
3 ▽ ··· *ABABACBABA* ······

이와 같은 적층결함 에너지는 작으므로 간단한 외부조건으로 만들 수 있다. 첫째는 기계적 변형에 의한 것으로 이를 **변형 적층결함**(deformation stacking fault)이라 한다. 둘째는 증기상으로부터의 결정성장 또는 전착에 의한 것으로 이를 **성장 적층결함**(growth stacking fault)이라 한다. 이들은 생성원인에 의해 결함형이 다르다.

예를 들어 보면 조밀 6 방격자의 성장 적층결함은 (1 ▽), 면심입방격자의 변형 적층결함은 (1 ▽), 조밀 6 방격자의 변형 적층결함은 (2 ▽), 조밀 6 방격자의 마텐사이트(martensite)반응에 의한 것은 (1▽)라 한다. 이들 적층결함의 열적 안정성은 점결함과 같지 않으며 전위와 같이 불완전한 것이라 한다. 또한 위에서와 같이 면심입방격자 또는 조밀 6 방격자에서는 비교적 잘 알려져 있으나 체심입방격자에서는 결함생성이 없는 것으로 알려져 왔다. 그러나 최근 Nb 등에서 발견되었다고도 한다.

제 5 장
금속의 응고과정과 그 조직

5-1 용융금속의 응고

용융금속의 응고는 용융금속이 냉각도중 융점보다 약간 낮은 온도(과냉상태)에서 결정의 핵이 발생하여 이 핵이 성장하여 주위의 핵에서 또한 성장한 결정(립)끼리 충돌하여 성장이 중지되는 과정을 거치며 이리하여 응고된다. 응고 후는 많은 결정의 집합체가 된다.

결정립의 발생장소는 일반적으로 이물질과의 접촉면(몰드의 벽 또는 용융금속 중에 현탁된 미세한 고체 불균질과의 접점)에서 일어난다.

단위체적 중에서 단위시간에 생성되는 핵의 수 즉, 핵의 생성속도 N과 냉각온도와의 관계는 그림 5-1 에서 N곡선과 같이 된다.

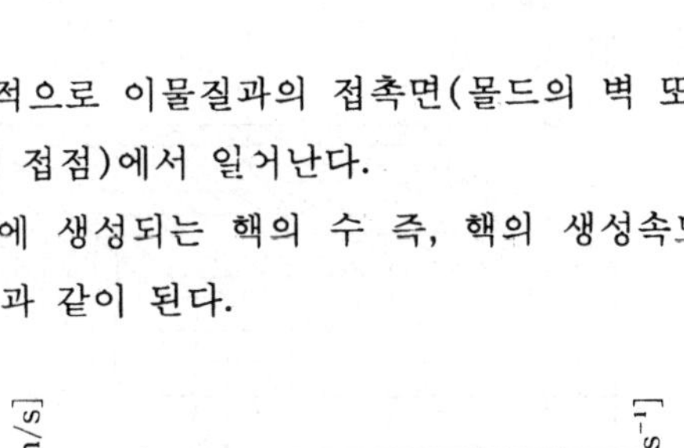

그림 5-1 결정핵의 생성과 성장

가로축은 원점을 융점(T_m) 좌측에 T_m부터 냉각된 온도를 취하였다. 핵발생 후의 결정성장속도는 G곡선과 같으며 G는 과냉도가 커지면 커진다. 어느 온도범위내에서는 대략 일정치를 유지하며 과냉이 더욱 커지면 다시 작아지고 최종적으로는 영이 된다.

결정의 성장은 어느 한 방향에 선택적으로 일어나는 것이 일반적이다. 예로서 입방정계에서는 입방체면에 대해 직각으로 성장하기 쉽다.

즉 결정성장은 핵을 중심으로 하여 온도구배의 대소에 따라서 속도를 규제하면서 진행하나 성장은 특히 잘 일어나는 방향이 있다. 철의 경우와 같이 입방정계에서는 그림 5-2와 같이 입방체면에 수직한 방향(X, Y, Z 방향) 이 된다.

그림 5-2 는 어느 정도까지 Fe 원자(작은 입방체로 표시)가 집합하여 결정성장이 진행되는 것을 표시한 것으로서 Z 축에 수직한 면에는 배열의 어긋남(나선축 위)이 생긴다고 생각하면 주위의 융액 중에서 부유하고 있는 원자가 이 면에 계속 부착되어 결정성장을 일으키기 위해서는 그림 5-2의 A와 같이 평탄한 부분에 갑자기 부착되는 것보다 어긋남이 생긴 B 부분에 부착하는 것이 용이하다. B 와 같은 위치에 Fe 원자가 순차적으로 부착되어도 어긋남의 시점(나선축 위의 축의 위치) 은 변화하지 않으며 어긋난 위치를 표시하는 선 CD 의 위치가 C 를 중심으로 회전하게 될 뿐이다. 따라서 1 회전하면 Z 방향의 원자층은 1 원자층만큼 높아지게 될 뿐이다.

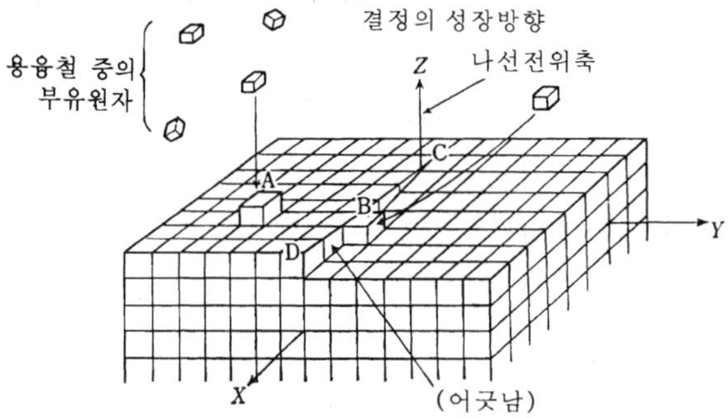

그림 5-2 결정표면의 수직방향으로의 결정성장

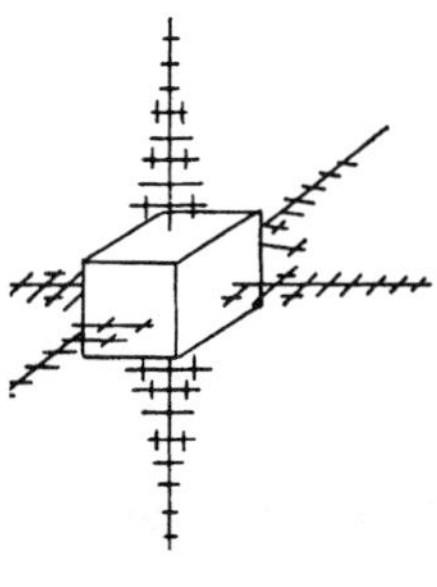

림 5-3 수지상 결정의 성장

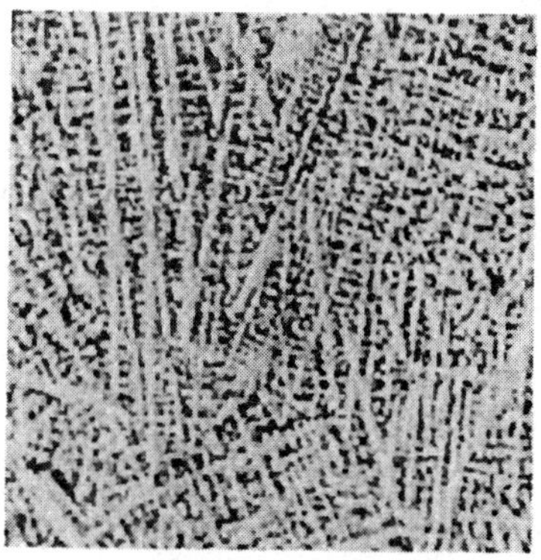

그림 5-4 동괴의 수지상 조직(×3.5)

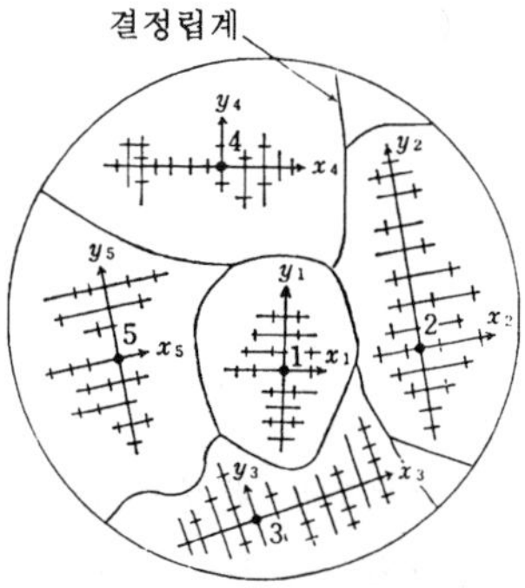

그림 5-5 많은 핵(·)으로부터 성장하는 금속결정

따라서 Z 방향으로 결정이 성장한 것이 된다. 이와 같은 어긋남이 대략 같은 방향으로 향해 많은 양이 존재한다. 면 결정의 성장은 더욱 빨라지게 될 것이며 이와 같은 현상은

X 및 Y 방향에 대해서 동일하게 일어나게 된다.

이상과 같은 결과 그림 5-3과 같이 수지상으로 큰 가지가 서로 직각으로 성장한다. 이것을 **수지상정**(그림 5-4) 또는 **덴드라이트**(dendrite)라 한다.

하나하나로 성장한 수지상정은 가지 사이가 계속 메워지면서 서로 접촉하게 되나 각각의 결정방위가 다르므로 합체되어 단일결정이 되는 일은 거의 없으며 그림 5-5와 같이 다결정체가 되어 결정립의 경계가 생긴다. 이 결정립계는 결정립의 내부와 여러 가지 점에서 다르다. 즉 입계에는 입내에 고용될 수 없는 불순물이 많이 모여 있다. 또한 결정립계에 있는 원자는 결정방향이 다른 양측 결정의 결합력을 받음으로 어느 한 결정방향에 배열될 수 없으며 중간적인 산란된 배열을 가지게 된다.

이와 같은 상태는 금속 전체에 대단한 영향을 미치게 되며 결정립도와 형태 등은 특히 기계적 성질에 영향을 크게 미친다.

응고 후의 결정립의 크기는 핵생성속도 N와 성장속도 G의 영향을 받으며 N/G이 클수록 결정은 작다. 결정립의 형상은 결정의 성장방향에 지배되며 이 성장방향은 열류방향과 반대방향이 되는 것이 일반적이다.

즉 기벽에 발생한 핵의 결정은 벽에 직각으로 가늘고 긴 형상인 **주상정** 또는 **주상조직**(columnar structure)이 생긴다.

여기서 앞에서 설명한 것을 기초로 주상정이 형성되는 과정을 살펴보자.

그림 5-5에서 계면이 그림 5-2의 Z축 방향에 수직한 XY평면에 평행하다고 하자. 그림 5-5에서 1, 2, 3, ... 은 결정성장의 중심점 핵이며 각각 x_i 및 y_i 방향으로 결정이 성장하는 모습을 표시하고 있다.

결정이 성장함에 따라 잔액부분에는 고용되지 못한 황(S), 산화물(MO), 수소 등의 농도가 높아진다. 이리하여 최후에는 인접부에 성장한 결정과 결정과의 경계부에 다량의 편석(농도차)을 가지게 된다. 결정립계는 인접한 결정의 방향차에 의해 형성되는 것이므로 원자의 배열도 산만하여 불순물도 많이 있다.

5-2 주괴(ingot)의 조직

고체에서 격자변태가 없는 순금속 또는 단일상 합금(예; 3% Li-Fe합금)의 주괴의 결정립 조직은 그림 5-6, 5-7과 같이 3개의 영역으로 구별된다. 즉 주형의 냉각면에 접하고 있는 최외부 벽에는 조대한 **등축정**(equiaxed grain) 조직이 있으며 그 내부에 응고과정에서 온도구배가 최대인 방향에 장축을 가지는 주상정(columnar grain) 조직이 발달하여 중심부에는 비교적 조대한 등축립 조직이 나타난다. 주괴의 단면이 작을 때는 중심부에 등축립 조직의 발달이 없는 경우도 있다. 이와 같은 주괴의 결정립 조직은 금속의 순도, 냉각과 응고조건에 따라 차이가 있으며 불순물이 많을 때는 주상정이 전혀 발달하지 않는

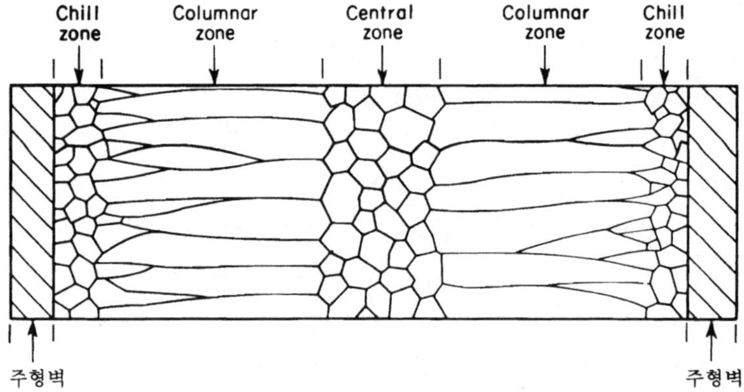

그림 5-6 주괴의 단면

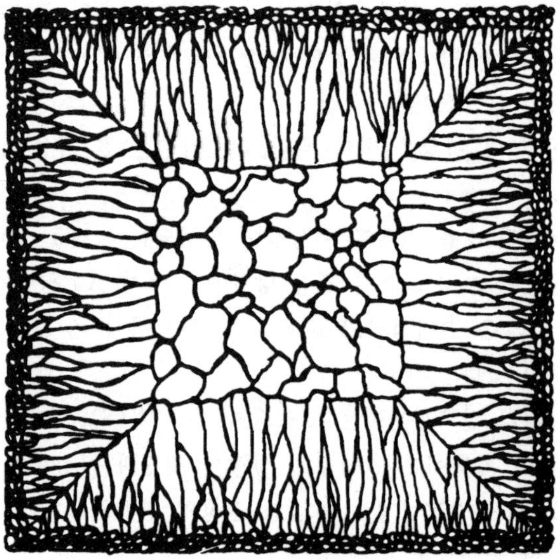

그림 5-7 개략적인 주조 조직

경우도 있다.

주상정의 장축방향에는 금속의 종류에 따라서는 일정한 결정축이 평행하게 존재할 때가 많다. 이와 같이 결정의 일정한 지수축이 재료의 일정한 방향에 대해 작은 각도 차로 분리정렬된 상태를 **섬유조직**(fiber texture)이라 한다.

일정한 지수축 [*uvw*] 가 일정한 방향에 대해 평행하게 배열된 경우는 **단순섬유조직**, [*uvw*] 가 일정한 방향에 대해 직각을 이루고 있을 때는 **환섬유조직**, [*uvw*] 가 일정한 방향에 대해 0°, 90° 이외의 일정각을 이루고 있을 때는 **나선섬유조직**이라 한다. 각종 금속 및 합금의 주괴의 주상정에 대한 섬유조직을 표 5-1에 표시하여 보았다.

표 5-1 주괴의 주상정에서의 섬유조직

결정구조	금속 또는 합금	주상정의 섬유조직
체심입방격자	Fe-3%Si, Mo, Cr, β 황동	[100] 단순섬유조직
면심입방격자	Al, Ni, Cu, Ag, Au, Pb, α 황동, Fe-Ni-Al계 자석합금(α_1+α_2)	
조밀육방격자	Cd, Zn	[0001] 환섬유조직 [10$\bar{1}$0] 단순섬유조직
	Mg	[11$\bar{2}$0] 단순섬유조직 [20$\bar{2}$5] 단순섬유조직
삼 방 정 계	Bi	[111] 단순섬유조직
정 방 정 계	β-Sn	[110] 단순섬유조직

일반적으로 입방정계의 금속과 합금의 주상정은 [100] 단순섬유조직을 갖으나 대용정제(zone rifining)한 고순도(99.998 %)의 Pb에서는 [111] 단순섬유조직이 나타난다.

조밀육방격자의 금속에서는 최외부층의 미세한 등축립의 영역에서 섬유조직이 나타날 때가 있다.

응고시 Ga, Sb, Bi(Ge)와 같이 팽창하는 금속도 있으나 대개의 금속은 일반적으로 수축한다.

금속이 융해될 때의 체적변화를 표 5-2에 표시하였으며 일반적으로 면심입방격자와 조밀육방격자인 조밀충진구조인 금속에서는 융해시의 체적증가는 약 4～6%, 체심입방격자

표 5-2 금속이 융해할 때의 체적변화(△V %)

금 속	△V	금 속	△V
Li	1.65	Zn	4.2
Na	2.5	Cd	4.7
K	2.55	Hg	3.7
Rb	2.5		
Cs	2.6	Al	6.0
		Ga	−3.2
Cu	4.15		
Ag	3.8	Sn	2.8
Au	5.1	Pb	3.5
Mg	4.1	Sb	−0.95
		Bi	−3.35

인 금속에서는 2.5% 정도이다.

액체상태에서 용해된 가스가 응고시 외계에 방출되지 못하고 남게 되면 주괴내에 이 가스에 의한 공간(blow hole)이 발생한다.

또한 액체내에 함유된 각종 불순물은 주괴내에서 편석(segregation)되며 산화물, 유화물, 질화물, 탄화물 등은 비금속 개재물(non-metallic inclusion)로 되며 응고 후의 금속에서 결정립계 및 수지상정 사이에 존재하게 된다. 또한 응고온도에서 결정립계, 격자결함, 일정한 지수의 결정면에 따라서 석출한다. 그림 5-8 은 주괴의 편석모양을 나타낸 것이다.

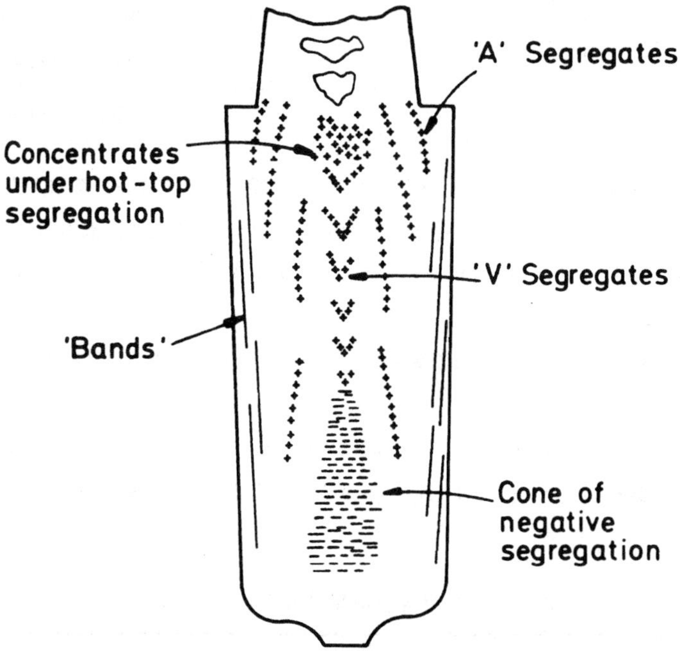

그림 5-8 대형 킬드강 (killed steel)주괴에서의 편석모양

5-3 수지상정(dendrite skeleton)

액체금속이 냉각하여 융점 T_m보다 약간 낮은 온도 ($T_m-\Delta T$)에 도달하면 고상의 핵이 생성되고 이 핵이 성장하게 된다.

액상에서 고상으로의 변태(응고)시 응고잠열(L)이 방출된다. 만약 이 열이 신속히 외계로 방출되지 못하면 이 열은 액상에 머무르게 되어 계의 온도는 다시 T_m까지 상승하여 고상의 성장은 중지되게 된다. 따라서 고상의 성장이 연속적으로 진행하기 위해서는 고상에서 액상에 걸쳐 적당한 온도구배가 있어야 한다. 따라서 응고현상은 본질적으로는 비평형 현상이 된다.

그림 5-9 (a)와 같이 액상의 과냉도가 작은 경우는 응고잠열은 주로 고상내의 열전도에 의해 방출되며 이 때는 고상의 성장속도는 고상내의 온도구배와 고상의 열전도도에 의해 결정된다. 또한 그림 5-9(b)와 같이 액상이 충분히 과냉되었을 때는 응고잠열의 일부는 액상에 흡수되며 만약 액상이 전범위에 걸쳐 과냉각되어 있을 때는 고상은 연속적으로 급속히 성장하게 된다.

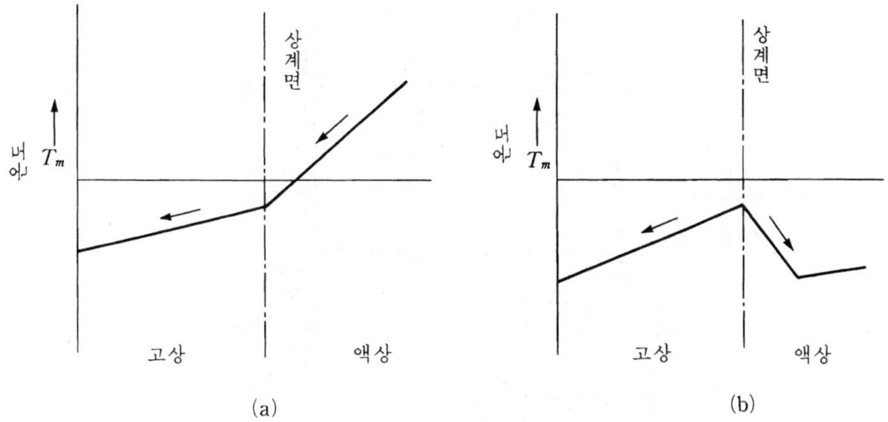

그림 5-9

핵생성도 N'(단위체적에서 단위시간내의 핵의 생성수)는 과냉도에 의해 증가하나 과냉도가 커서 온도가 지나치게 낮으면 액상의 점성이 커지므로 N' 는 감소한다. 결정의 성장속도(G) 가 일정하게 될 때는 과냉도가 크고 응고잠열이 과냉액체에도 흡수되는 경우로서 이 때의 응고를 **단열응고**(adiabatic solidification)라고도 하며, 결정은 수지상 또는 주상으로 성장하게 된다(그림 5-10 참조).

성장이 진행하는 고상의 선단에서는 우선 이와 같은 수지상이 형성되며, 이 가지가 길어짐에 따라 이들의 표면은 불안정하게 되어 두 번째 가지가 발달하고 다시 세 번째 가지가 발달하게 된다. 이리하여 초기에 형성된 수지상정의 공간을 충만시켜가며 고상의 성장방향에 평행하게 발달하는 최초의 가지를 **1 차 수지상정**(primary dendrite), 성장방향에 직각 또는 일반각을 이룬 가지결정을 **2 차 수지상정**이라 한다(그림 5-10).

순수한 금속에서는 응고완료 후의 결정립내에서의 수지상정의 존재의 확인이 어려우나 불순물을 함유하고 있는 금속에서는 불순물의 수지상정간의 편석 때문에 관찰되는 경우가 있다.

또한 응고가 진행되고 있는 금속의 액상을 재빨리 국자로 떠내면 고상계면으로 생성되어가는 수지상정을 관찰할 수가 있다.

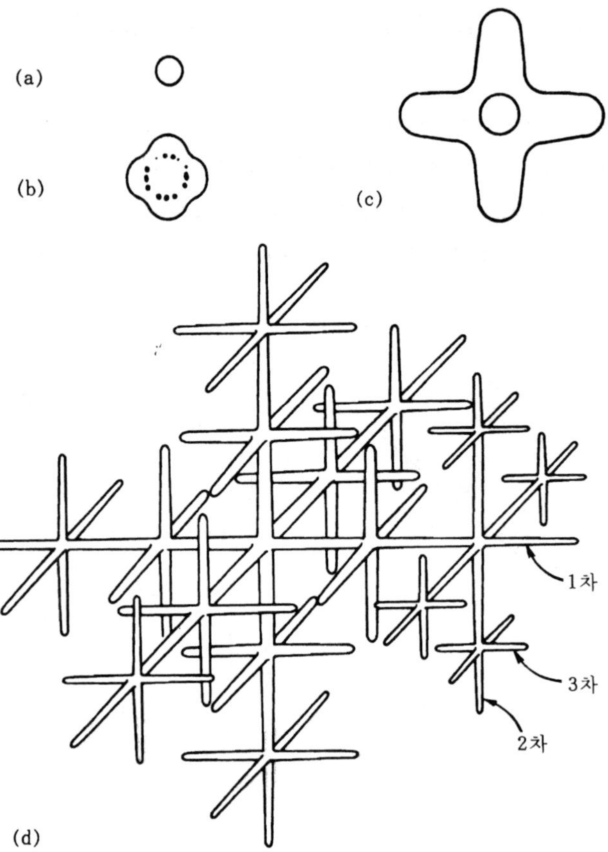

그림 5-10 열적 수지상의 발달 : (a) 구상핵 (b) 불완전한 계면 (c) 결정학적 방향(Cubic에서는 <100>)에서 발전하는 1차 수지상 (d) 2차, 3차 수지상 팔의 발달

수지상정의 축은 입방정계의 금속에서는 [100], 조밀육방정계 금속에서는 [1010], Sn은 [110] 으로서 보고되고 있다.

그리고 고상-액상 계면에서 생성되는 1차 수지상정의 평균관계는 액상의 과냉도가 클수록 커진다. 그림 5-11 은 이 관계를 Pb 에 대해 실험한 결과이다.

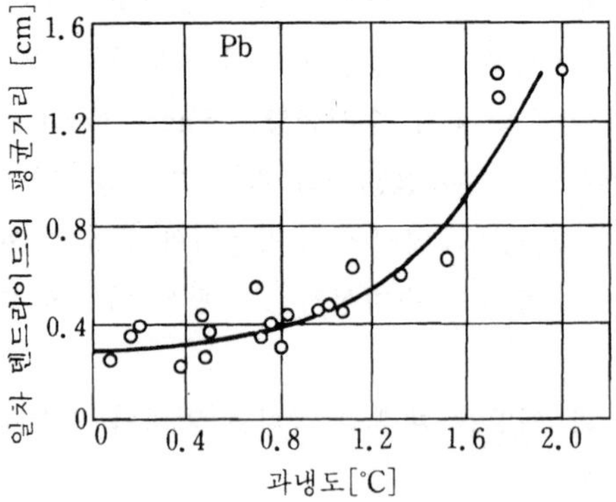

그림 5-11 과냉도에 따른 덴드라이트의 평균거리

5-4 용융금속이 응고될 때의 결정성장 형태

(1) 순금속의 응고방법

순금속의 융점은 일정하여 응고부와 융액부의 성분은 항상 동일하다. 따라서 고상과 액상계면은 대략 융점(온도)을 유지한다(정확히는 약간 과냉). 이 때의 응고방법은 다음과 같은 2 가지 방법이 있다.

① 고상과 액상계면 전방의 융액내의 온도구배가 정(+) 이고 응고에 따른 잠열은 응고된 고상을 통해 서냉되며 잠열의 전도가 계면의 성장속도를 지배한다.

② 계면전방의 융액내의 온도구배가 부(−) 이고 온도반전(temperture inversion) 을 가지고 있으며 응고잠열은 응고부와 전방의 융액내로 전도에 의해 서냉된다.

①에 의한 응고에서는 응고계면이 평활(평활계면, plain interface) 하게 된다. 이 때는 성장속도가 작고 이의 성장방향에는 우선방위가 존재한다.

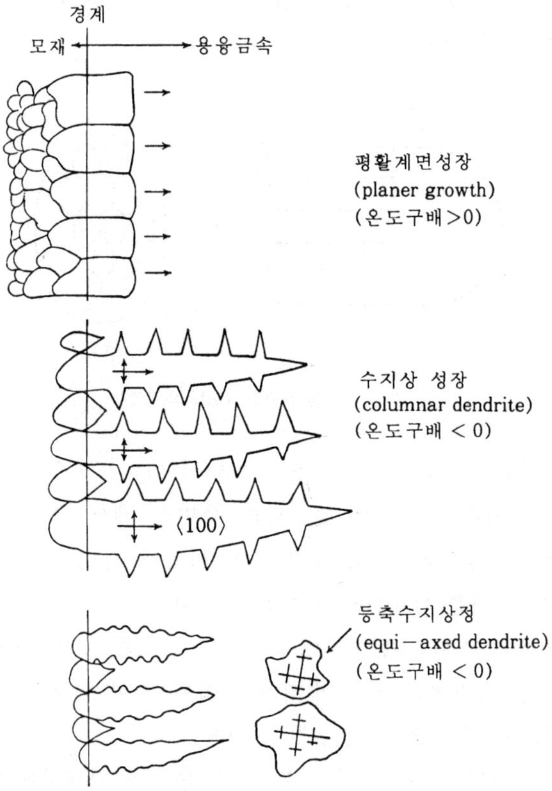

그림 5-12 순금속의 응고형식

② 에서는 계면전방에 과냉각부가 존재하므로 계면에 우발적으로 돌기부가 형성되면 이 선단부에는 보다 큰 과냉영역의 발생으로 액상 중에 깊이 성장해간다.

이 성장으로 방출되는 응고잠열이 돌기부 주위의 계면의 열적 과냉을 적게 하여 이 부분에서의 결정성장속도를 느리게 한다. 따라서 이 돌기부는 스파이크(spike) 상으로 발달한다. 그리고 발달과정에서 이에 가지가 생성되며, 이를 **수지상정**이라 한다.

스파이크와 그 후 성장한 수지에는 분명히 결정학적 성장방위가 있으며 앞에서 설명한 바와 같이 이의 우선방위는 면심입방체 금속과 체심입방체 금속에서는 [100], 조밀육방체 금속에서는 [2130] 방향이다.

수지상정의 성장속도는 전방의 과냉도가 클수록 크다. 또한 액상의 과냉이 충분하면 실제의 핵생성 및 성장이 진행되고 주위에서의 성장에 방해를 주지 않을 때는 등축상의 수지상정(equi-axed dendrite)이 발달한다. 그림 5-12 는 이를 도시한 것이다.

(2) 합금의 응고방법

합금의 경우라 하더라도 조성적으로 과냉각이 수반되지 않을 때는 결정의 성장계면은 순금속의 경우와 같이 평활계면을 이룬다.

조성적으로 과냉각 중인 경우는 그림 5-13 과 같이 육각형상의 단면을 가지는 **셀상계면**(cellular interface)이 된다.

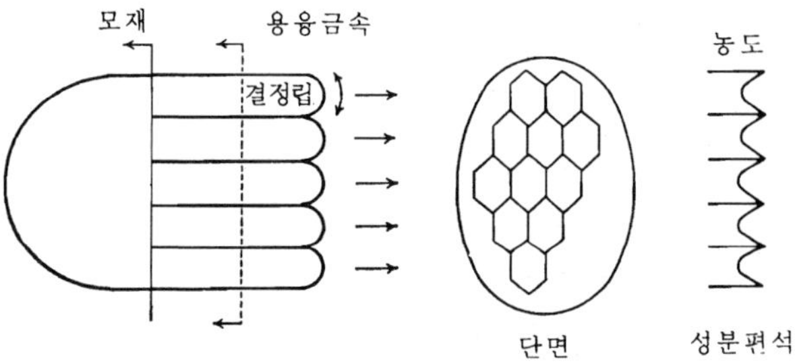

그림 5-13 Cell 상 계면

이 셀의 중앙부는 셀 경계보다 다소 돌기되어 있다. 그리고 각 셀의 결정방위는 미소한 가로로 기울어져 있다. 또한 이 결정립의 측면은 셀의 축에 평행한 파상면(corrugated surface) 을 이루는 경우가 많다. 셀과 같이 미소한 각도의 방위차를 가지는 결정의 작은 영역을 일반적으로 **아결정**(subgrain)이라 부른다.

다시 말해서 셀 조직이란 단결정내에 가늘고 긴 봉이 평행으로 밀집된 것과 같은 외관을 가지며 단면은 육각형(실제는 형태가 변화된 것이 많다.)의 세포구조를 가진 것이다. 그림 5-14 는 Sn 의 셀 구조를 나타낸 것이다.

그림 5-13 에 표시한 바와 같이 보통 셀의 중심은 액상내에 돌출되어 있다. 그리고 이 점에서의 용질원자의 이동으로 가로방향의 농도구배가 생기며 셀 경계로 향한 용질원자의

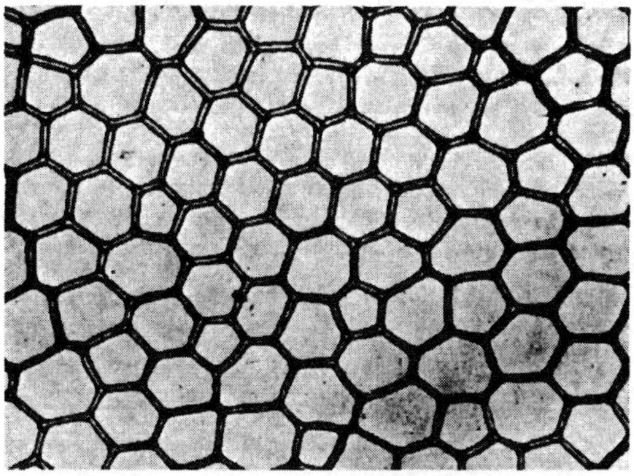

그림 5-14 계면에 수직하게 보여진 **Sn**의 셀 구조

확산이 일어난다. 이것은 셀의 전방경계의 융액의 온도를 저하시켜 셀 표면의 돌기형을 안정화시킨다. 따라서 용질원자의 분배계수(K_0) 즉 $K_0 < 1$ 때는 셀 경계는 중심보다 높은 용질농도를, $K_0 > 1$ 때는 역으로 낮은 농도가 된다.

과냉도가 증가하면 이에 따라 셀 사이의 홈은 깊어진다(그림 5-15).

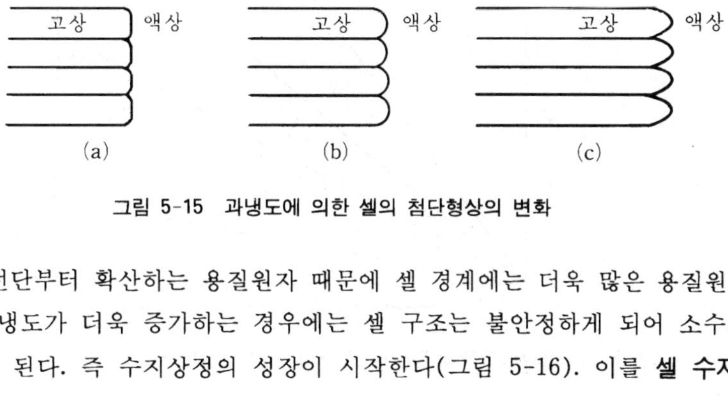

그림 5-15 과냉도에 의한 셀의 첨단형상의 변화

그리고 셀의 선단부터 확산하는 용질원자 때문에 셀 경계에는 더욱 많은 용질원자가 존재하게 된다. 과냉도가 더욱 증가하는 경우에는 셀 구조는 불안정하게 되어 소수의 셀은 가지를 형성하게 된다. 즉 수지상정의 성장이 시작한다(그림 5-16). 이를 **셀 수지상정**이라 부른다.

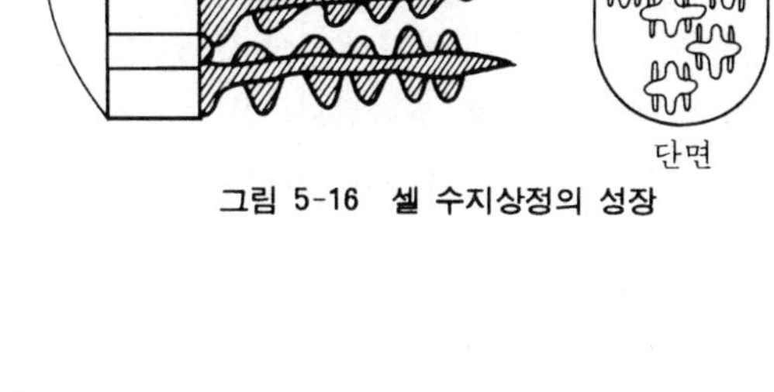

그림 5-16 셀 수지상정의 성장

합금에 있어서의 수지상정과 순금속에 있어서의 수지상정은 다음과 같은 차이를 가지고 있다. 즉 합금에서는

① 수지상정의 성장점 부근의 액상내에서 일어나는 조직변화는 고상의 성장을 늦게 하는 경향이 있다.

② 조성적인 과냉각의 경우에는 부(−)의 온도구배는 존재하지 않는다.

일반적으로 수지상정의 성장은 조성적인 과냉각의 영역을 넘어서 확산될 수는 없다. 또한 수지상으로 응고되는 액상의 양은 한도가 있고 이는 과냉각의 정도에 따라 결정된다.

융액 전체의 온도가 액상선(상태도에서)까지 상승되기 위한 많은 양의 잠열이 방출될 때는 이 이상의 열의 방출이 고체를 통해 일어나지 않는 한 응고는 진행하지 않는다. 따라서 일반적으로는 응고의 최종 단계는 수지상정간의 공간을 통한 평활계면의 형성이 된다.

또한 합금의 수지상정의 성장에서도 우선방위가 고려된다. 조성적인 과냉각이 셀 수지상정 조성의 경우보다 더욱 커지면 계면 전방의 융액 중에 새로운 핵(이것은 불균일 핵생성임)을 발생하며 주위가 융액으로 충분히 발달한 **등축 수지상정**(equi-axed dendrite)이 형성된다.

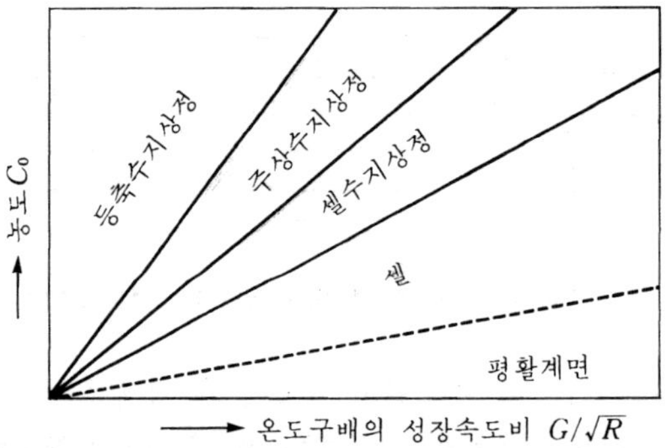

그림 5-17 응고형식과 용질원자농도(C_0)에 따른 농도구배(G)와 성장속도(R)의 비의 관계

그림 5-17은 응고조직과 용질원자농도(C_0), 성장속도(R) 및 액상 중의 온도구배(G)의 관계를 경험적으로 조사, 표시한 것이다. 이에 따르면 $G/\sqrt{R}$가 작은 응고조건에서는 조성적인 과냉각이 증가하므로 수지상정 조직이 형성된다.

(3) 응고조직에서의 용질원자의 편석과 가공

(가) 용융금속 중에서 기체의 용해

금속의 용해에는 반드시 이 때의 분위기가 작용한다. 이 때의 분위기는 반드시 기체이며 진동도 극히 저압의 기체 분위기로 생각된다. 이 기체는 용융금속에 용해되고 이 용입된 기체는 조괴, 주괴, 가공, 나아가서는 제품의 성질까지 큰 영향을 끼치게 되는 경우가 있

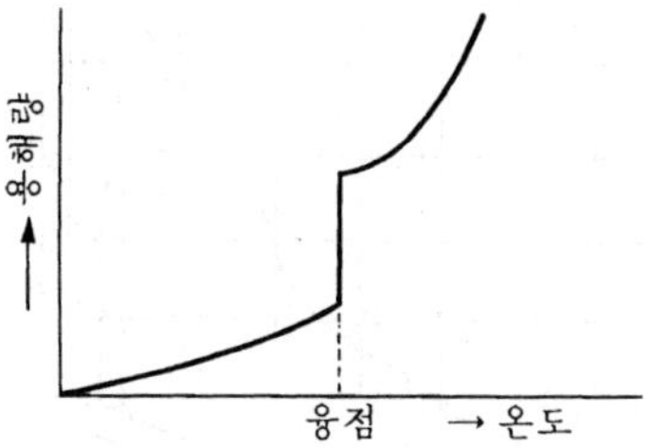

그림 5-18 기체의 용해량의 온도변화

용융금속이 기체와 접하면 이 기체분자는 표면에서 원자로 해리되고 원자상태로 용해된다고 보고 있다. 이 용해작용은 온도 및 압력의 영향이 크다.

그림 5-18 은 기체의 용해도와 온도와의 일반적인 관계를 표시한 것으로 온도의 상승에 따라서 용해도는 증가하고 있다. 그림에서 알 수 있듯이 고체에서의 용해는 적으나 융점에서는 급격히 불연속적으로 증가하고 융체에서는 더욱 증가한다. 따라서 융체에서 용해된 기체가 금속이 응고될 때 대부분이 방출되며 미처 방출되지 못한 기체에 의해 기공(hole)이 발생된다.

일반적으로 기체의 용해량 m과 절대온도 T사이에는 다음과 같은 관계가 성립하고 있다.

$$m = k_1 \exp\left(\frac{-Q}{2RT}\right)$$

여기서 k_1 : 상수, Q : 분자용해도, R : 기체상수

또한 압력과의 관계를 살펴보면 기체의 분압을 p라 하면 다음 식으로 표시된다.

$$m = k_2\sqrt{p}$$

여기서 k_2 : 온도로써 결정되는 상수이다.

예로서 1600°C에서의 순 Fe에 용해되는 기체 양을 식으로 표시하면 다음과 같이 된다.

$$N_2 : m = 0.0040\sqrt{p}$$
$$H_2 : m = 0.027\sqrt{p}$$

H_2가 금속에 용해될 때 금속이 종류에 따라서 단순한 용해의 경우와 수화물 형성의 경우 두 가지 기구를 생각할 수 있다.

단순용해에 의한 H_2 흡수금속은 Co, Ni, Cu, Al, Mg, Mn 등이며, 그림 5-19 에 흡수곡선을 표시하였다.

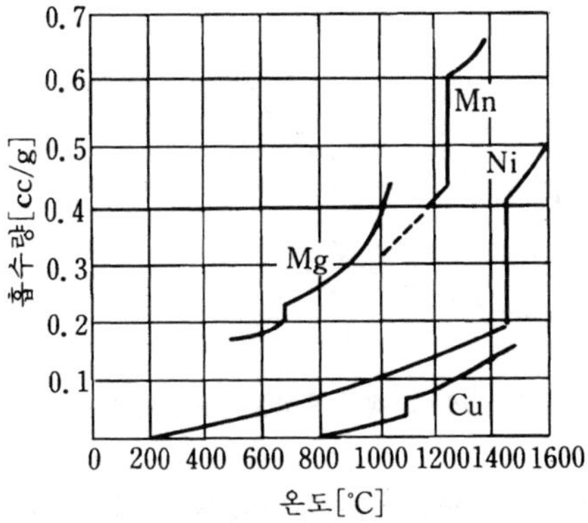

그림 5-19 비철금속의 수소흡수(단순흡수, P = 1atm)

수화물 형성의 경우는 Ti, Zr, Ta, V 등으로 각각 TiH_2, ZrH_2, TaH, VH 등의 화합물을 만든다. 즉 이들 금속은 H_2를 용해하여 우선 고용체를 만드나 고용한도 이상에 도달하면 수화물을 형성한다. 이들 화합물은 온도가 상승하면 분리하는 경향을 가지며 금속이 용융 상태가 되면 용해량은 감소한다.

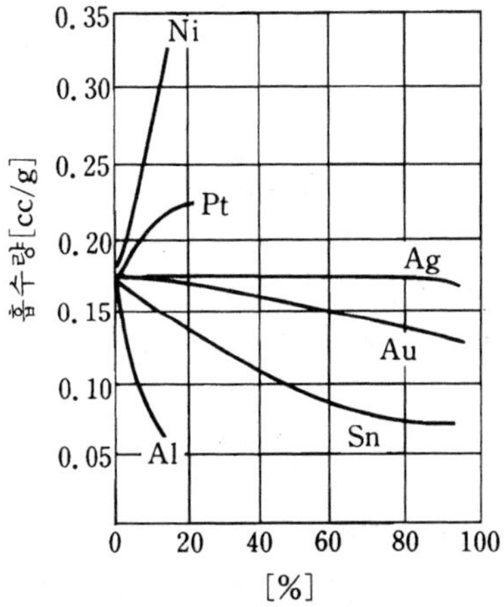

그림 5-20 용융 Cu의 수소흡수에 따른 합금원소의 영향(1500°C/atm)

합금의 경우는 그림 5-20 에 표시하였다. N_2는 질화물을 만들기 쉬운 Fe에는 흡수되기 쉬우나 Cu, Ni, Co, Au, Ag 등에 대한 용해량은 적다. O_2는 금속과 작용하여 산화물을 만드므로 산화물과 금속의 평형관계에 따라 결정된다.

(나) 입내편석

주조의 경우와 같이 비교적 냉각속도가 크면 합금상태도와 같이 평형관계가 이루어지기 어렵다. 그러므로 자주 개개의 결정립내에 또는 주물 전체에 걸쳐 성분이 불균일하게 분포되는 일이 있다. 이것이 소위 말하는 **입내편석**(crystal segregation)과 **주괴편석**(ingot segregation)이다.

입내편석 발생현상을 그림 5-21 에서 설명하자. 그림에서 온도 p인 합금은 평형상태에서는 온도 t_0에서 응고가 시작되고 농도 s_0인 결정핵(고체)이 발생한다. 온도강하에 따라서 고체결정의 농도는 $s_0 \rightarrow s_1 \rightarrow s_2 \rightarrow s_3$로 변화하며 이에 대응하는 액상의 농도는 $l_0 \rightarrow l_1 \rightarrow l_2 \rightarrow l_3$로 변화한다.

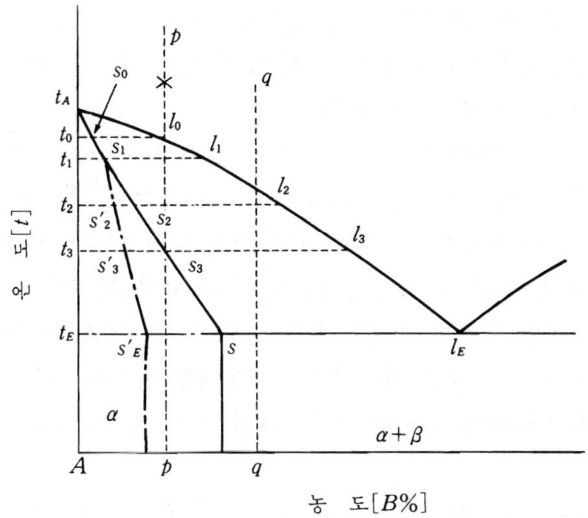

그림 5-21 입내편석의 설명

온도 t_3에서 잔액의 양은 영으로 응고가 완료되어 농도 p인 합금은 균일고용체가 된다. 이 응고과정이 완전히 진행되기 위해서는 온도강하에 따라 고상과 액상의 농도는 상호확산에 의해 계속 균일하게 변화되어야 한다.

확산은 액상내에서는 비교적 쉽게 진행되나 고상내에서는 일반적으로 극히 서서히 진행하므로 평형응고가 진행되기 위해서는 서냉되어야 한다.

주물의 경우와 같이 평형응고에 비해 빠른 냉각속도인 경우는 고상확산의 진행이 늦어지므로 즉 t_2 온도에서는 고상결정의 온도는 $s'(s_1 < s'_2 < s'_3)$가 되며 평형상태보다도 A 성분이 많은 것이 된다.

따라서 최초에 발생한 결정핵 부근(수지상정의 출발점 부근)과 발달한 가지의 말단부와는 동일결정립내라 하더라도 농도차가 생기게 된다. 계속적으로 이와 같은 과정이 일어난다면 평형상태에서는 t_3 온도에서 응고가 완료되어야만 되는 것이나 확산이 더욱 지연되면 고상의 농도는 s'_3가 되어 이 때까지도 액상이 남게 된다. 무확산에 가까운 상태에서 온도는 강하하여 공정온도 t_E에 도달하면 고상의 농도는 평균적으로 $s'_E(<p)$이므로 잔재액

상의 농도는 L_E에 해당될 것이다.

L_E농도의 액상은 이 온도에서 $\alpha+\beta$의 공정으로 응고는 완료한다. 따라서 최초의 농도 p의 합금의 응고 후 조직에는 농도차가 있는 초정 α의 주위에 α(평형농도 S'_E)와 β로 구성되는 공정조직이 된다. 다시 말하면 조성 p인 합금이 급냉될 때의 조직은 겉보기로는 평형응고한 조직 q합금에 유사한 것이 된다.

요컨대 합금이 확산현상없이 급냉되는 경우(극단적인 경우)에는 이론상 액상선 최저점까지 응고는 완료하지 않으며 이 때문에 평형상태에서는 나타나지 않는 상이 나타날 뿐만 아니라 초정립내의 각 부분의 농도도 불균일하게 된다.

실제의 주물에서는 평형응고와 무확산과의 양 극단이 중간의 여러 조직이 나타나며 즉 냉각속도에 의해 조직은 지배된다고 하겠다.

예를 들어보면 Al-Cu 합금에서 Al 쪽에서는 그림 5-21과 같은 상태도를 이루고 공정온도(548°C)에서의 고용체의 평균농도(S'_E)는 5.7% Cu 이나 Cu 2% 전후를 함유하는 Al 합금의 주물에서도 공정조직의 존재가 확인될 때도 있다. 기타 Al-Zn, Al-Mg 합금 등도 같은 경향을 나타낸다. 또한 Cu 합금에서는 Cu-Sn 합금이 현저한 편석을 이룬다. 즉 서냉하면 당연히 α고용체인 단상이 되어야할 조성(약 Sn < 14%)의 합금에서도 주물에서는 간혹 β상이 나타나며 이 β상은 저온에서 공석분해를 일으켜 취약한 δ상이 나타나며 충격치를 부분적으로 저하시킨다. 또한 α상 자체도 심한 입내편석을 일으켜 수지상 조직을 이룬다.

이상과 같은 입내편석은 합금을 적당한 고온에서 장시간 가열로 확산처리를 함으로써 그 온도에서의 평형상태로 접근시킬 수도 있다. 이 때 확산의 추진을 위해 가공에 의한 변형을 주는 것도 좋은 방법이라 하겠다.

(다) 주괴편석

입내편석과는 달리 주괴 전체에 거시적인 성분의 불균일성이 사형주물 특히 금형주물에서 잘 일어난다. 이의 주 원인의 하나는 액상의 응고시 주물 각부의 온도차(열편석)에 의한 것과 또 하나는 고상과 액상의 비중차(중력편석)에 의한 것이다.

① 열편석(thermal segregation)

순금속과 공정조성의 합금은 응고구간이 없으므로 주물의 부분에 따른 온도차가 있더라도 성분의 불균일화는 일어날 수가 없다. 그러나 응고구간이 있는 합금(그림 5-21)에서는 초정의 농도는 그 합금성분보다도 A 성분이 많으므로 최초에 응고하는 주괴의 주위(주형에 접하고 있는 부분)는 내부보다 평균적으로 A 성분이 많아질 것이다. 이와 같은 형식으로 발생하는 열편석을 특히 **정상편석**(normal segregation)이라 한다.

그러나 합금 종류에 따라서는 이와 정반대로 최후에 응고하는 성분이 주물주위에 많아지는 경우가 있다. 그림에서 설명하면 B 성분이 많고 중앙부가 A 성분이 많아지는 경향이 있게 된다. 이런 편석은 **역편석**(inversion segregation)이라 한다.

정상편석의 발생원인은 의문의 여지가 없으나 역편석의 원인에 관해서는 여러 가지 설이 있다. 그러나 이 현상은 응고시 최후에 응고되어야할 융액이 무엇인가의 작용으로 주괴의 표면으로 이동하는 현상으로 이때의 원동력이 응고시에 방출되는 가스의 압력으로 생각하는 것과 수축현상에서 원인을 구하는 착상도 있다.

그림 5-22 는 Al-Cu-Mg(Duralumin) 을 원통상 금형에 주조한 후 그림과 같은 단면상에서의 Cu 의 분포를 조사한 결과이다. 즉 Cu 의 함유량은 밑 부분과 주변에서 많으며 최후에 응고하는 상부중심에는 Cu 량이 가장 작은 것을 알 수 있다. Cu 합금의 경우 황동에서는 편석이 비교적 적으나 청동은 역편석으로 주물표면에 Sn 량이 많아진다(이를 Sweating라 함).

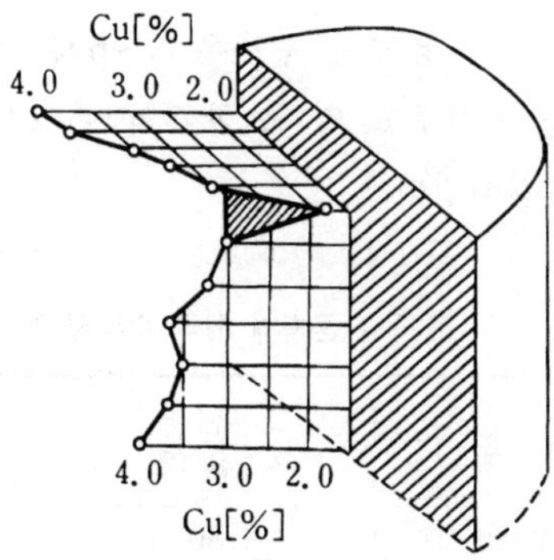

그림 5-22 **Al-Cu-Mg 합금주괴 각 부분에 있어서의 Cu 의 편석**

이와 같은 현상은 초정의 수축에 의해 융액이 흡수되므로서 일어난다. 즉 공정조성에 가까운 융액이 주물표면에 발생하여 마치 땀방울과 같이 둥근 작은 입자로서 응고하는 현상으로서 Al-Cu합금에서 특히 현저하며 응고 후 이 작은 입자를 분석해보면 4.4%의 Al 합금주물에서 10% 까지 된다. 또한 Cu-Sn-P 합금에서도 이와 같은 현상(sweating) 이 발견되고 있다.

② 중력편석(Gravity Segregation)

합금이 응고할 때 고상과 액상이 공존할 경우 이들 양 상의 비중은 일반적으로 다르다. 따라서 비중이 큰 상은 밑으로 작은 상은 위로 뜨게 되어 주괴 전체로서의 성분에 불균일 분포가 일어난다. 이것이 **중력편석** 현상이다. 그러나 응고점 부근에서의 액체금속의 점성은 비교적 크므로 주조작업의 경우와 같이 응고가 비교적 급속히 일어나는 경우라도 그다지 문제는 되지 않는다.

그러나 응고구간이 비교적 긴 합금, 예로 Pb-Cu(Kelmet) 및 Pb-Sn-Cu 계 베어링용 합금의 경우는 심한 중력편석이 일어난다.

Kelmet 합금의 편석감소를 위해서는 성분적으로는 1～2 % Ni 또는 Ag 를 첨가하여 초정의 형태를 변화시키던가 또는 주물을 급냉시키는 방법이 행해지고 있다. 기타 Pb-Sb-Sn 합금(베어링용, 활자용) 및 Pb-Sn 합금(땜납) 등도 중력편석이 일어나기 쉽다.

③ 수축공 (shrinkage pipe)

주조시에 일어나는 금속의 수축에는 다음 3단계 즉,

가) 용탕온도부터 응고시작까지의 액체의 수축

나) 고상액상 공존구간에서의 수축

다) 응고 후 상온까지의 고체의 수축이 있다.

여기서 수축공의 발생에 가장 큰 영향을 주는 것은 나)의 응고시의 수축으로 가)의 액체 수축은 액상면의 저하를 가져올 뿐이고, 다)의 고체수축은 수축공의 상대적 위치 또는 형상에는 영향이 없다.

표 5-1은 중요한 비철금속의 응고시 수축은 3~6%이나 Bi나 Sb는 오히려 팽창하므로 수축공의 발생은 없음을 보여주고 있다. 합금의 응고시 수축은 조성이 다른 고상과 액상이 존재하므로 대단히 복잡해진다.

표 5-1 금속의 체적 수축률(%)

금 속	융 점	응고시의 수축률 ②	고체의 수축률 ③	② + ③
Sn	232	2.80	1.41	4.21
Bi	271	−3.32	1.01	−2.31
Pb	327	3.44	2.63	6.07
Zn	419	6.50	4.50	11.00
Sb	631	−0.95	2.10	1.05
Al	660	6.26	5.19	11.45
Ag	960	5.00	5.83	10.83
Au	1063	5.17	4.50	9.67
Cu	1083	4.05	5.97	10.02
Fe	1530	4.40	5.98	10.38

그림 5-23은 그림 5-22와 같은 응고과정시 수축에 의해 발생하는 수축공(shrinkage cavity)의 위치를 표시한 것이다. 주물 전체로서는 고체의 수축에 해당하는 양만큼 내부에 공동을 가진 상태로 수축한다. 이것이 **수축여유**(shrinkage allowance)이다. 주물의 상부가 관통되어 외기와 통해있는 경우는 수축공은 주괴의 상부, 중앙부의 탕면강하로 나타나며 이것이 파이프(pipe)로 나타난다.

주물의 내부에 발생하고 외기와 직접 연결되지 않는 빈 부위를 **수축공**(shrinkage cavity)이라 한다. 어떠한 경우라도 수축공의 체적은 대략 응고시의 수축량에 해당한다.

용탕이 다량의 가스를 함유하고 있는 경우는 탕구에 파이프가 생기지 않고 반대로 볼록하게 올라올 수도 있다. 이와 같이 주물의 내부에는 다수의 기포(pin hole) 가 있음을 의미한다.

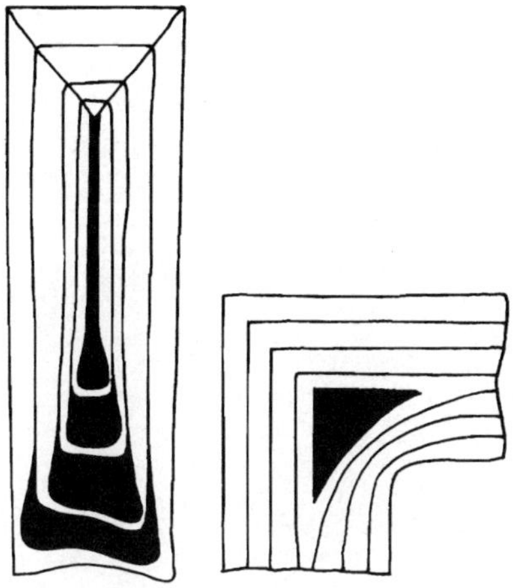

그림 5-23 수축공의 발생

제 6 장 단결정의 성장

6-1 액체금속으로부터의 단결정 제작법

일반적으로 말하는 주괴(ingot)는 응고과정에서 많은 핵을 중심으로 성장한 등축정(equiaxed grain)과 주상정(columnar grain)으로 이루어진 다결정체이다.

만약 주형의 옆면을 보온하고 밑면만을 냉각할 때는 주로 수직한 주상정으로 이루어지는 주괴가 얻어진다. 입방정계의 금속에서는 이러한 방법으로 밑면에 수직한 [100] 단순 섬유조직의 주괴를 만들 수 있다.

그림 6-1 은 단결정 성장방법의 몇 가지를 그림으로 표시한 것이다. 그림 6-1 (a) 는 한 끝을 뾰족하게 만든 도가니속의 금속을 관상로 내에서 용해하고 이 끝부분부터 서서히 냉각시키면 이 끝 부분에 한 개 또는 아주 적은 수의 고상의 핵이 생성되고, 이것이 도가니

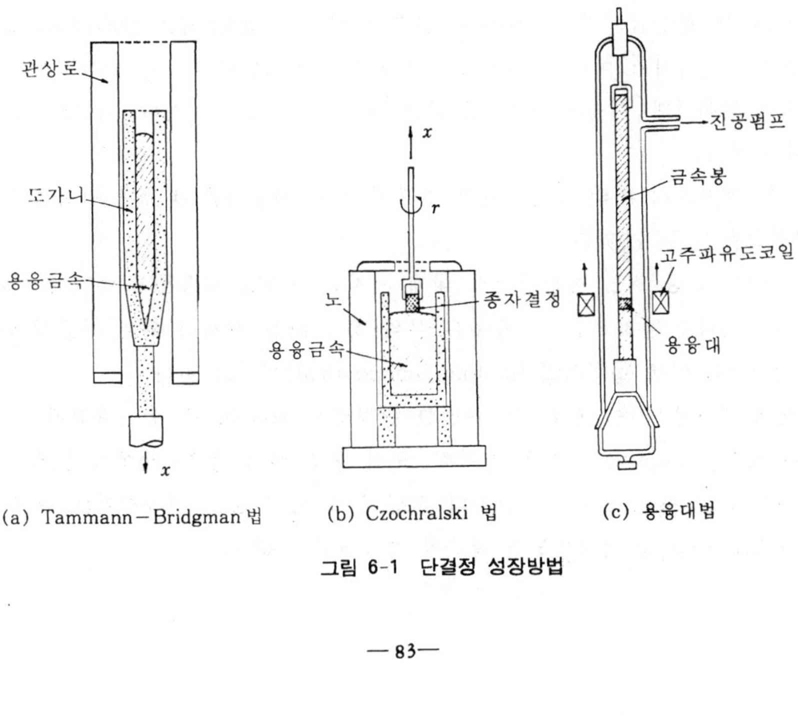

(a) Tammann－Bridgman 법 (b) Czochralski 법 (c) 용융대법

그림 6-1 단결정 성장방법

내의 용융금속 전체에 걸쳐 결정으로서 성장하여 주괴 전체를 한 개 또는 몇 개의 결정으로 만들 수 있다. 주괴 전체가 한 개의 결정으로 된 것을 **단결정**이라 한다. 그리고 이와 같은 단결정 성장법을 **Tammann-Bridgeman 법**이라 한다.

금속의 단결정의 외형은 광물결정과 같이 규칙성이 있는 것이 아니라 도가니의 형상에 의존한다. 그리고 단결정의 외형에 대한 결정방위는 Laue X 선 회절법 등으로 결정된다.

다음 그림 6-2 의 사진은 저자가 결정성장(Tammann-Bridgeman) 연구(1959년)에서 제작한 Zn 의 단결정으로서, 백색면은 벽개면⟨cleavage plane(0001)⟩이다.

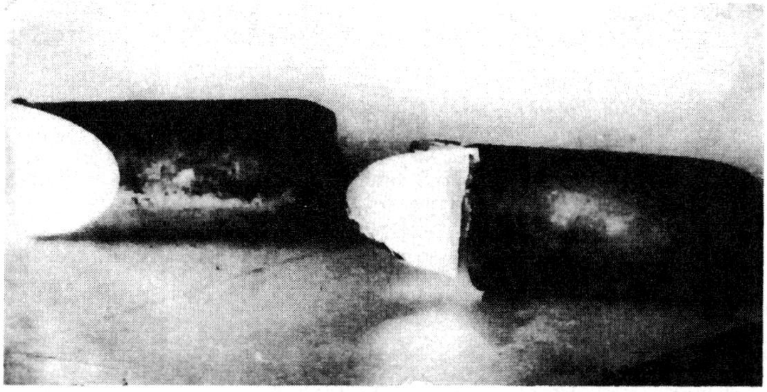

그림 6-2 Zn 의 단결정

그림 6-1 (b) 는 용융금속의 표면에 그 금속의 작은 단결정[이를 **종자결정**(seed crystal)이라 함.]을 접촉시켜 이를 서서히 회전시키면서 끌어올릴 때 이 종자결정에 연결되어 연속성장이 일어나며, 이렇게 하여 긴 단결정의 봉을 얻을 수 있다. 이 방법을 **Czochralski법**이라 한다.

이 때 종자결정으로서 미리 결정방위가 결정된 것을 사용하면 봉축에 원하는 결정방향을 갖는 단결정을 얻을 수 있다.

그림 6-1 (c)는 진공 또는 불활성가스 내에 지지된 단결정 금속봉의 하단에 가까운 곳을 고주파 유도가열로 용해하고 이 용해된 부위(용융대)를 서서히 위로 이동시키면 단결정을 얻을 수 있다. 이를 **용융대법**(floating zone method)이라고 한다.

위 방법으로 제작된 금속 단결정은 완전한 단결정은 아니다. 즉 응고과정에서 셀(cell)과 같은 아결정립(subgrain) 조직을 가지며, 또한 응고 후의 냉각과정에서 열적 응력, 공격자점의 응집 또는 동결, 불순금속원자의 혼입 등에 의한 많은 격자결함을 내포하고 있으며, 일반적으로 응고 및 냉각속도가 클수록 격자결함이 많다.

6-2 고체금속에서부터의 단결정 제작법

금속은 많고 작은 무질서한 방위를 가지는 것이므로 이것을 단결정으로 만들 때 처음 상태가 괴상(bulk)의 경우는 일반적으로 재결정과정을 이용할 수 있다(재결정법).

또한 비 마텐사이트형 동소변태를 가지는 금속에서는 이 변태를 적당히 제어함으로써 단결정을 만들 수 있다(동소변태법).

한편 초기 상태가 분말금속의 경우에는 이에 적당한 결합제를 가하여 소결(sintering)함으로써 단결정을 만들 수 있다(소결법).

이들 중에서 가장 일반적인 것이 재결정법이다.

(1) 재결정법

고체를 냉간가공 즉 소성변형을 시키면 물성변화와 동시에 가공을 위해 사용된 에너지의 일부가 변형 에너지로 되어 금속내에 저장된다. 그 후 이 금속을 적당한 온도로 가열(어닐링)하면 변형 에너지는 방출되며 변화되었던 물성의 대부분이 회복된다. 그리고 다결정체에서는 결정립 조직도 변화한다. 이 냉간가공 후 어닐링으로서 일어나는 과정은 여러 단계로 나누어지나 이는 뒤에서 자세히 설명하겠다.

이 어닐링시 변형된 소지내에서 새로운 결정의 핵이 생성, 성장하여 최후에는 완전히 새로운 결정립의 조직이 된다(1차 재결정).

이 과정에서 어떤 조건하에서는 약간의 결정립이 성장을 계속하여 다른 결정립을 삼켜가면서 성장해서 최후에는 시료 전체가 1개 내지는 수 개의 비교적 큰 결정립이 되는 일도 있다. 이를 **연속성장**(continuous growth)이라 하며, 가열초기에 결정립이 갑자기 성장하여 시료 전체에 이루는 경우도 있다. 이를 **불연속성장**(discontinuous growth)이라 한다.

1차 재결정된 후 선택된 결정립을 연속 또는 불연속성장으로 단결정을 만드는 방법을 보통 **변형 어닐링법**(strain anneal method)이라 한다. 이 방법으로 만들어지는 단결정의 방위는 우연히 지배된다고 해도 과언은 아니다.

또한 시료의 순도에서 개재물의 존재는 결정립 성장을 방해하는 한편 고순도의 것에서는 결정립 성장이 일어나기가 어렵다.

그림 6-3은 Al의 가공법에 따라 단결정 성장이 일어나는 양상을 나타낸 것이다.

이 방법은 Al, Al-Zn, Al-Cu, Fe, Fe-Si, Fe-Al, W, β황동, Mg, Mg-Al, Mg-Zn, Mg-Mn, Mg-Al-Zn, Zn, Ti 등에 응용되고 있으나 Al 이외의 면심입방정 금속 Ni, Cu, α황동 등에는 응용할 수 없다. 왜냐하면 어닐링 쌍정이 많이 생성되기 때문이다(이때는 2차 재결정법을 이용함).

그림 6-3 재결정입 크기는 냉간압연도에 따라 다르며, 압연도가 클수록 입자는 작아진다 (99.9% Al).

제 7 장
합금에서의 상의 종류

7-1 고용체의 종류

금속원소를 모체로 하여 다른 금속원소 또는 비금속원소를 함께 용해한 경우, 이 물질(금속)구조는 어떻게 될 것인가를 생각해 보자.

이 때 첨가되는 원소가 균일하게 용입되어 소위 고용체를 만드는 경우와 불균일하게 혼합되어 물질 내에서 국부적으로 농도의 차가 생기는 부분으로 나누어지는 경우가 있다.

여기서는 균일하게 혼합되는 경우를 다루겠으나 이때도 농도 또는 온도변화에 의해 결정형이 급격히 바뀐다던가 또는 석출현상 때문에 복잡한 경우를 수반하는 경우가 많다. 상태도는 합금의 상태변화를 그림으로 표현한 것이므로 고용체의 성질을 연구하는데 반드시 참고해야 할 것이다.

합금 고용체는 모체 금속의 결정내에 첨가원소의 원자가 어떻게 들어가느냐에 따라서 침입형 고용체, 치환형 고용체 또는 금속간 화합물로 분류된다.

(1) 침입형 고용체 합금

침입형 합금의 대표적인 예 중에는 Fe 에 C, N 이 고용되는 경우로서 철의 원자배열은 체심입방격자를 가지고 있다. 이 속에 C 또는 N 원자가 들어가는 경우에는 Fe 격자점간의 공간에 침입된다.

그림 7-1 에 표시한 것과 같이 체심입방격자내에 단위격자의 각 모서리의 길이(격자상수)는 원자의 지름에 비해 길므로 이들 모서리에 따라서 원자사이에 공간이 있으며 그들 중앙에 비교적 원자 반지름이 작은 C, N 의 원자가 침입한다.

따라서 침입형 고용체는 모체 금속의 원자가 크고 용질원자가 작을 때 일어나는 것이다. 이 형의 금속에서는 이종원자가 모든 격자공간을 점유하는 것은 아니고 대단히 낮은 농도에서 포화고용도를 가지는 것이 보통이다.

(2) 치환형 고용체 합금

이 형태의 합금은 원자의 크기가 대략 같고, 원자가도 큰 차가 없는 금속원소 사이에서

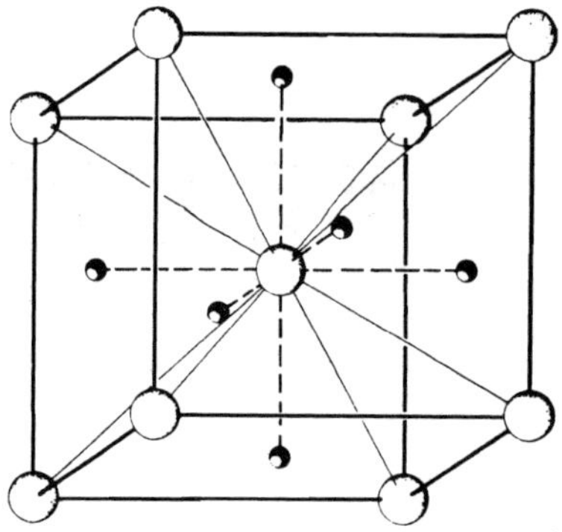

그림 7-1 체심입방격자의 격자간 극점

형성되는 것이 보통이다. 예로서 Ni와 Cu 합금에서 Cu 농도가 증가함에 따라 면심입방격자점의 Ni 원자는 차차 Cu 원자에 의해 치환되어 간다. 이에 따라 격자상수, 전기전도도, 자성 등 여러 가지 물성값이 연속적으로 변화한다.

치환형 합금 중에는 Cu-Ni 합금과 같이 조성 전역에 걸쳐 단일상의 결정구조를 가지며 따라서 상태도도 간단한 것이 된다[그림 7-2 (a)]. 그러나 Cu 합금이라도 Zn과의 합금과 같이 조성에 따라 다른 결정형을 가지고 상태도도 복잡한 것이 있다[그림 7-2 (b)].

2 종류의 금속으로 합금을 만들 때 서로 용해 혼합되던가 또는 혼합되지 않고 분리되는

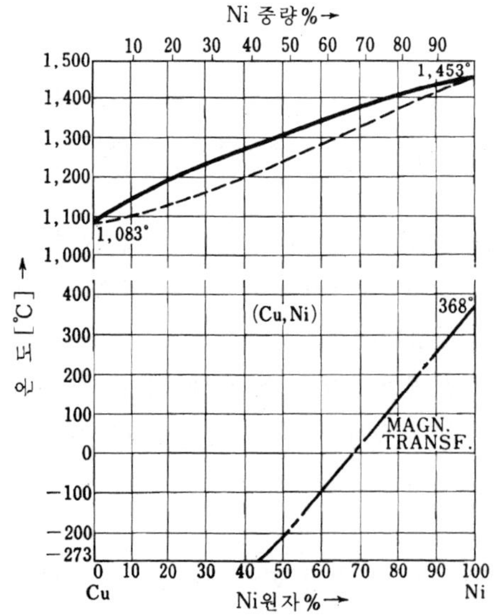

(a) Cu-Ni 합금의 상태도

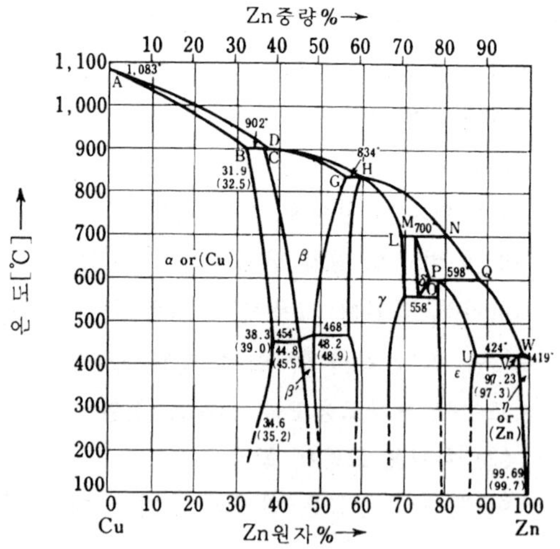

(b) Cu-Zn 합금의 상태도

그림 7-2

가 하는 문제는 이론적으로 예측한다는 것이 현재로서는 대단히 어려운 일이다.

경험적으로는 Hume-Rothery(영국)의 법칙이 있으나 결정적인 원자론적 해석은 되지 않는다.

(3) 규칙격자

지금 치환형 금속의 한 예로 Cu-Zn 금속의 조성이 원자비로 1 : 1 의 것[그림 7-2 (b)]을 생각해 보자. 이 합금(β-황동)의 결정격자는 조성 성분인 순동과 순아연의 결정격자와는 완전히 다른 체심입방격자를 가지며, 용융점 약 870 ℃ 이하의 온도에서는 결정격자형의 변화를 볼 수 없다. 이 합금을 서냉한 후 다시 실온에서 서서히 가열해가면 여러 물성이 468 ℃ 를 경계로 변화함을 알 수 있다. 그림 7-3 은 이와 관계되는 예들을 표시한 것이다.

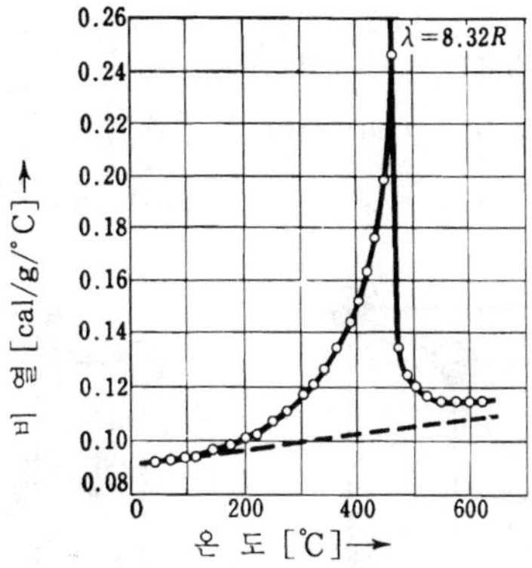

그림 7-3 **CuZn** 의 비열 : 470 ℃에서 λ 점을 나타냄

또한 Cu-Au 합금에서 조성이 원자비로 3 : 1(Cu_3Au)은 구조가 면심입방체이며, 이 합금도 390 ℃를 경계로 하여 물성값이 급격히 변화한다. 그림 7-4 는 이의 예를 표시한 것이다.

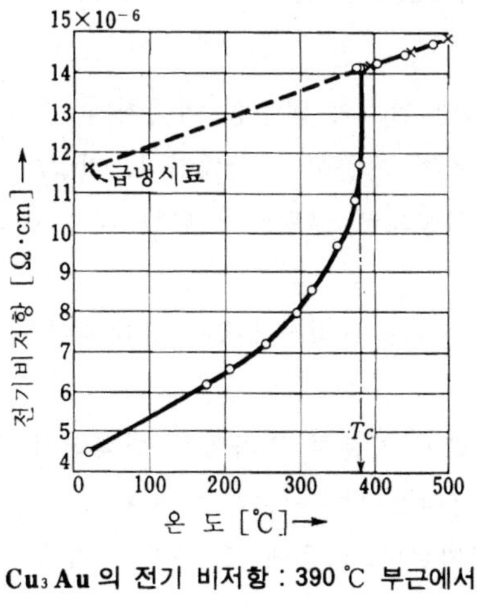

그림 7-4 **Cu_3Au** 의 전기 비저항 : 390 ℃ 부근에서 급격히 변화

이 그림에서 알 수 있는 바와 같이 급냉된 시료에서는 비저항이 온도에 따라서 직선적으로 변화하나 서냉시료의 가열과정에서는 390 ℃ 이하에서는 비저항이 작고 390 ℃ 에 가까이 갈수록 급히 증가하여 390 ℃ 이상에서는 급냉시료의 비저항과 일치함을 알 수 있다.

이 합금의 서냉시료를 X 선분석법으로 조사해 보면 격자점의 원자와 면심점의 원자가 서로 다른 것을 알 수 있다.

이와 같은 관찰로부터 어떤 치환형 합금, 특히 조성이 원자비로 1 : 1 또는 3 : 1 등 화학양론적(stoichiometric)이든 또는 이에 가까운 조성일 때는 고온과 저온에서는 서로 다른 원자배열을 가짐을 알 수 있다. 즉 특정온도 이상에서는 2 종의 원자가 특정한 격자점을 가지지 않고 불규칙 배열을 가지나 그 온도 이하에서는 규칙적 배열로 변화함을 알 수 있다. 즉 CuZn 합금에서는 730 ℃ 이하에서는 Cu 원자가 체심입방체의 격자점을 취한다면 Zn 원자는 체심점을 취한다.

또한 Cu_3Au 합금에서는 390 ℃ 이하에서 Au 원자가 면심입방체의 격자점을, Cu 원자는 면심점을 점하게 된다(그림 7-5). 이와 같이 특정온도 이하에서 이종원자의 배열이 규칙적으로 된 상태를 **규칙상태**라 하며, 이와 같은 구조를 **규칙격자**라 한다.

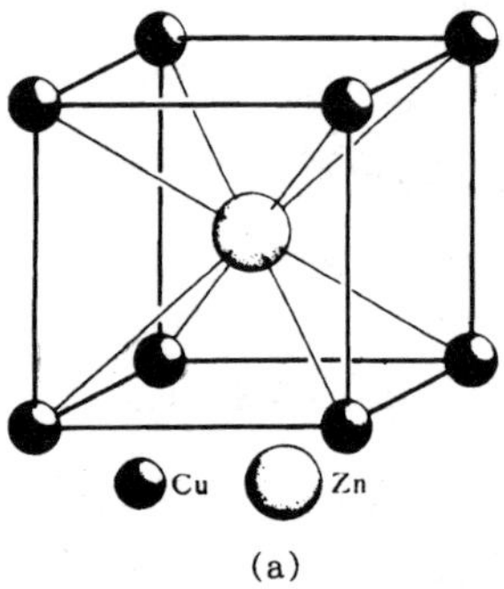

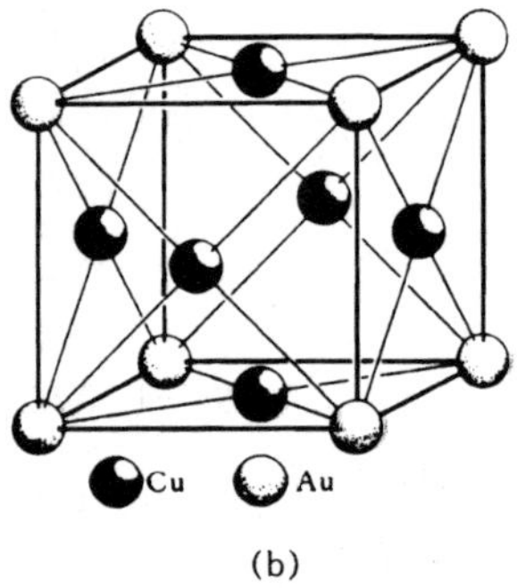

그림 7-5 (a) **CuZn** 규칙격자의 구조 (b) **Cu_3Au** 규칙격자의 구조

규칙상태의 합금을 가열하면 원자의 열운동 에너지가 증가하여 인접원자간의 위치의 교환이 왕성해지고 따라서 규칙적 배열이 난잡해진다. 비열의 λ형 변화(그림 7-3)는 규칙적 원자배열이 깨지고 불규칙상태로 이동하기 위한 내부 에너지의 급격한 증가를 표시하고 있다.

또한 전기저항의 급격한 증가는 규칙상태에서 유지되던 주기성이 불규칙상태에서는 혼란을 일으키기 때문이다.

규칙격자의 특징은 위와 같이 기본적 격자형은 변화하지 않고 원자의 배열이 규칙상태부터 특정온도를 경계로 불규칙상태로 이동하는 것으로, 격자형 그 자체가 변화하는 일반적인 상 전이와는 명백히 구별된다. 다음에 몇 가지 규칙격자의 종류와 예를 들어보자.

(가) **CuZn 형** : [그림 7-5 (a)]

이 형은 단위격자가 체심입방격자로 되어 있으며 2종류의 원자가 1 : 1의 원자비로 되어 있다. 한 원자는 격자점을, 다른 원자는 체심점을 점유한다. 2종류의 원자배치가 어떻게 되는 가는 본질적인 문제는 아니며 요컨대 1개의 원자를 8개의 이종원자가 포위하는 배치가 에너지적으로 가장 안정해야 한다는 것이다. 이 종류에 속하는 합금의 예로서는 CuZn, FeCo, FeAl, CuPd 등이 있다.

(나) **Cu_3Au 형** : [그림 7-5 (b)]

면심입방체의 단위격자의 격자점을 한 원자가 점하고 면심점을 다른 종류의 원자가 점하는 구조를 가진다. 면심입방체의 단위격자에는 1개의 격자점과 3개의 면심점이 속하므로 이 규칙격자는 원자비 3 : 1의 합금에서 볼 수 있다. 예로는 Cu_3Au 외에 Ni_3Fe, Ni_3Mn, Ag_3Pt 등이 있다.

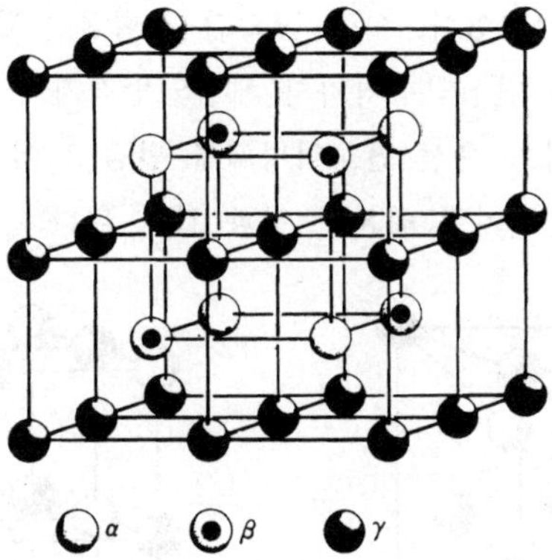

그림 7-6 Fe_3Al 규칙격자

(다) **Fe_3Al 형** : [그림 7-6]

Fe_3Al의 완전규칙상태는 단위격자가 8개의 체심입방격자로 이루어지며 그림 7-6과 같은 구조를 이룬다. 체심점 α와 β, 정점 γ에서 α와 γ점을 Fe 원자가, β점은 Al 원자로 이루어진다. 이 Fe_3Al 규칙격자에서 가열되면 우선 α와 β격자점간의 원자의 교환이 일어나며 520℃ 이상에서는 α와 β의 구별이 없어지고 Al 원자의 반은 α점에, 반은 β점을 점한다. 그러나 γ점은 여전히 Fe 원자로 점하게 된다. 750℃에 가까우면 α, β 및 γ점간의 원자교환은 활발해져서 이 온도에서 비로소 전체가 불규칙상태로 된다. 즉 Fe_3Al은 규칙-불규칙 변태를 2단계로 이루는 특이한 합금이다.

이상은 단위격자가 등축정형에 속하는 것이며 이외에 특정형의 예로서 CuAu와 같이 불규칙 변태에서는 등축정계(면심입방체)이나 규칙상태에서는 정방정계에 변하는 것이 있다. CoPt, NiMn은 이에 속한다.

(4) 금속간 화합물

특정온도를 경계로 규칙-불규칙 변태를 하는 합금을 **규칙격자 합금**이라 하였다. 만약 이 규칙-불규칙 변태 온도가 대단히 높은 데에 있고, 원소물질의 용융점보다도 더 높은 온도에 있는 고용체를 생각한다면 어떻게 될 것인가.

이 고용체에서는 어느 온도에서 원자배열이 거의 안정한 규칙상태에 있으며 이종원자의 출입이 일어날 수 없는 구조로 되어 있을 것이다.

이와 같이 2종 금속원소의 고용체에서 조성이 간단한 원자비로 표시되고, 더욱이 특정한 결정격자내에서 각기 원자의 위치가 분명히 결정돼 있는 것(물질)을 **금속간 화합물**이라 한다. 이러한 물질은 어떤 의미에서는 합금이고, 다른 의미에서는 화합물로 볼 수 있다. 이유인즉 조성이 특정값에서 약간 변하면 결정구조와 물성이 갑자기 변화하기 때문이다.

예로서 Mg를 모체로 하는 합금에서 Mg_2Si, Mg_2Ge, Mg_2Sn, Mg_2Pb 등은 금속간 화합물의 대표적 예이다. 이들은 상태도상에서 2 : 1의 조성에서 단일상 고용체를 만들며 그 양쪽에서는 2상으로 분리되어 있다. 이들 금속간 화합물은 CaF_2 구조에 유사한 등축정계에 속하며, 그림 7-7과 같이 면심입방격자와 체심입방격자의 조합과 같이 되어있다.

즉 Mg_2Pb의 경우 Pb 원자가 우선 면심입방체를 만들고 이 단위격자를 8개의 입방체로 분리하면 이들의 체심에 Mg 원자를 배치한 것과 같이 된다.

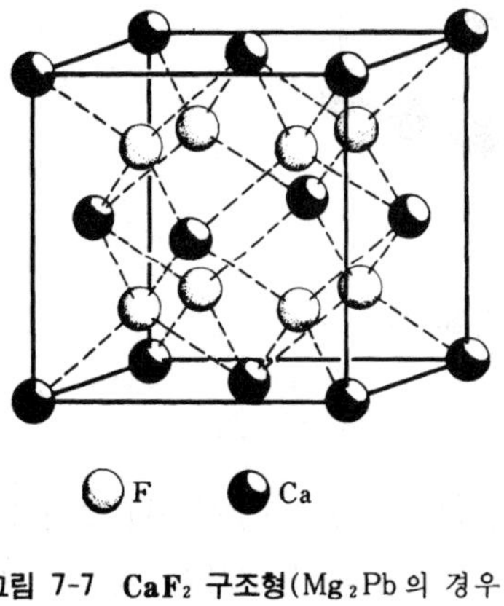

그림 7-7 CaF_2 구조형(Mg_2Pb의 경우)

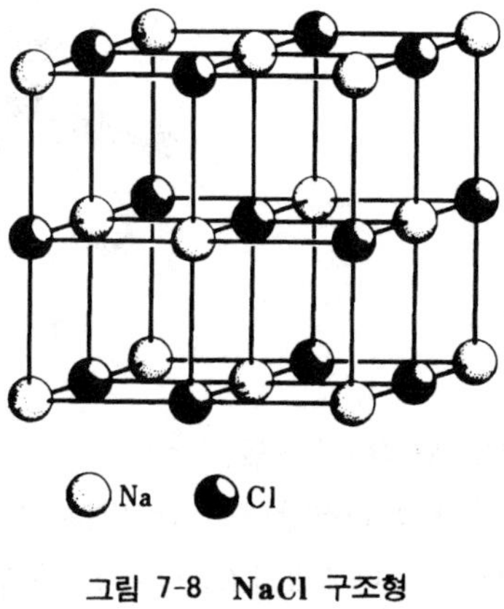

그림 7-8 NaCl 구조형

또한 $AuAl_2$ 합금에서는 CaF_2 구조에서 Ca를 Au로, F를 Al로 치환한 형태로 되어 있다. Se를 함유하고 원자비 1 : 1의 고용체 중에는 MgSe, MnSe, PbSe 등과 같이 NaCl형(그림 7-8)인 Se로서 만들어지는 면심입방격자가 격자상수의 반이 어긋나는 구조를 만드는 것이 있다.

또한 BeSe, CdSe, BaTe, ZnTe 등은 **섬아연광**(Zinc-Blende)**형**이라 하여 기본적으로는 다이아몬드 입방격자이나 단위격자의 면심입방격자의 위치를 한 종류의 원자가 점하고 그 외 1/8의 입방체의 체심점을 다른 종류의 원자가 하나 건너씩 점하는 구조 즉, CaF_2 구조

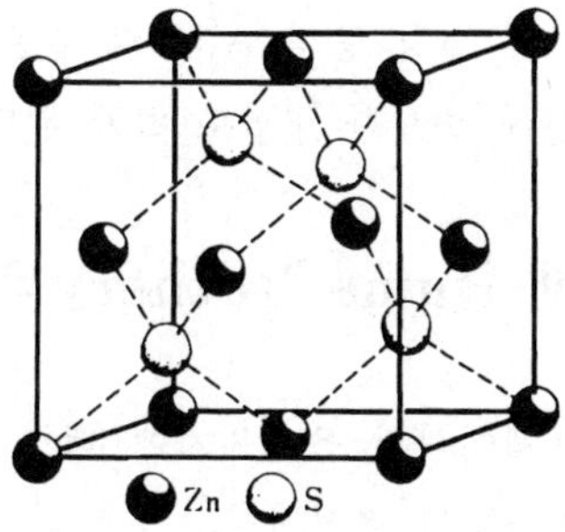

그림 7-9 섬아연광(ZnS) 구조형

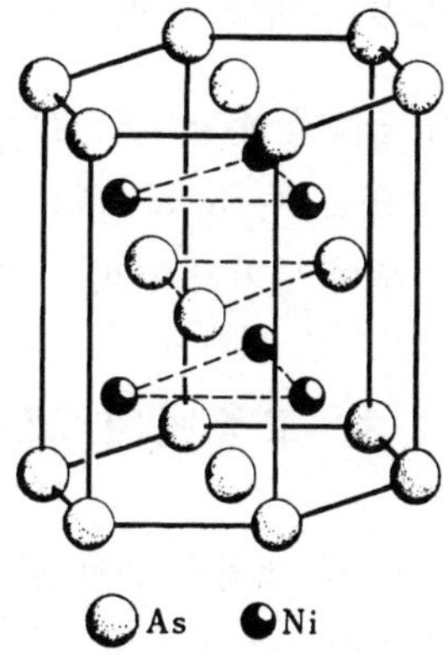

그림 7-10 NiAs 구조형

의 F 원자가 하나 건너씩 빠져 있는 배열(그림 7-9)을 취한다.

금속간 화합물에는 NiAs 형이라는 또 하나의 형이 있다. 이것은 그림 7-10 과 같이 조밀 6 방격자를 기본으로 하고 *c* 축의 1/4 과 3/4 점을 가로지르는 *c* 면내에 다른 원자가 층상으로 배열되는 구조를 가진다. 이것은 침입형으로도 볼 수 있으며 이 종류에는 FeSn, CoSb, NiAs 등이 있다.

이외에도 금속간 화합물에는 보다 복잡한 결정구조를 하고 있는 것이 많이 있으며, 이들의 성질도 금속과 반도체 또는 이온결정의 중간에 속하고 있다.

이상에서 설명한 금속간 화합물은 일반 화합물과는 대단히 다르며 일반적 화학결합에서의 원자가 법칙에 적용되지 않는다. 또한 일반 화합물보다 결합력이 약하고 고체에서만 존재한다. 금속간 화합물은 고용체를 만드는 것이 많으므로 이 때 금속간 화합물과 중간 고용체는 이들의 격자형만으로는 구별하기가 곤란하다.

그러나 금속간 화합물과 고용체의 차이점은 다음과 같다. ( )내에는 규칙격자와 비교하여 놓았다.

① 성분금속의 원자가 결정의 단위격자내에서 일정한 자리를 점유하고 있다.

② 복잡한 결정구조를 가지며 소성변형이 어렵다. 이는 경하고 취성이 있기 때문이다 (규칙격자는 성분금속과 동일하며 간단한 결정구조를 가지고 소성변형능이 있다).

③ 전기저항이 크다(규칙격자는 일반 고용체보다 전기저항이 작음).

④ 규칙 · 불규칙 변태가 없다(규칙격자는 규칙 · 불규칙 변태를 함).

⑤ 주기율표 중의 동족원소는 서로 거의 화합물을 만들지 않는다(규칙격자는 동족원소끼리도 결합 형성된다).

⑥ 일반적으로 성분금속의 융점보다 높다.

⑦ 성분금속의 특성은 없어진다.

⑧ 일반 화합물에 비해 결합력이 약하므로 고온에서는 불완전하여 분해한다.

이상과 같이 금속간 화합물은 금속적인 성질을 잃고 있으나 듀랄루민(Duralumin) 중의 $CuAl_2$, Mg_2Cu 또는 超 Duralumin 중의 Al_2CuMg 및 철강 중의 Al_3C 와 같은 것은 합금의 구성요소가 되어 열처리에 따른 재료강도의 향상에 중요한 구실도 하게 된다.

7-2 1차 고용체의 고용도에 관한 Hume-Rothery 의 법칙

Hume-Rothery 의 법칙은 2원 합금의 1차 고용체에서의 용매원자에 대한 용질원자의 고용도에 관한 정성적인 법칙으로서 다음 3가지 인자로서 결정된다.

(1) 원자반경 인자(atomic size factor)

원소 B(용질)가 원소 A(용매)에 첨가될 때 A 의 격자는 B 원자를 수용하기 위해 변형하게 될 것이다. A 가 B 를 수용하기 위해서 수용정도는 당연히 이들 원자반경의 차에 의존될 것이 예상된다.

원소의 유효 원자반경은 대개의 경우 순수한 결정 중에서 최인접 원자간 거리의 1/2 로 생각된다. 위에서 설명하는 인자들이 고용체를 만드는데 좋은 조건들이라면 A 의 원자반경 r_A 와 B 의 원자반경 r_B 의 차가 클수록 A 원자의 변형이 크게 되므로 1차 고용체에서의 B 의 고용도는 작게 될 것이다.

즉

$$|(r_A - r_B)/r_A| < 0.14 \sim 0.15$$

일 때는(원자반경차가 15 % 이내) 넓은 범위의 고용도가 기대된다.

예로서 Ag 와 Au 의 원자는 거의 같은 반경을 가지고 있으므로 연속적인 고용체를 형성한다.

반대로

$$|(r_A - r_B)/r_A| > 0.14 \sim 0.15$$

일 때는 고용도가 작게 된다. 이것을 Hume-Rothery 의 15 % 법칙이라고 할 때도 있다.

$|(r_A - r_B)/r_A| < 0.14 \sim 0.15$ 일 때를 원자반경 인자가 favourable 하다고 하고, $|(r_A - r_B)/r_A| > 0.14 \sim 0.15$ 일 때를 unfavourable 하다고 한다.

침입형 고용체를 만드는 조건은 용매, 용질원자의 반경비로 결정한다는 것은 어렵다.

일반적으로 침입형 원자 C, H_2, N_2, B, O_2(원자반경 1 Å 이하)는 고용체 중에서 이온이 되므로 이의 유효 원자반경이 정확치 않다.

그러나 많은 경우 용질원자의 반경이 용매원자의 약 60 % 이하이면 넓은 범위의 침입형 고용체를 만드는 것으로 생각된다.

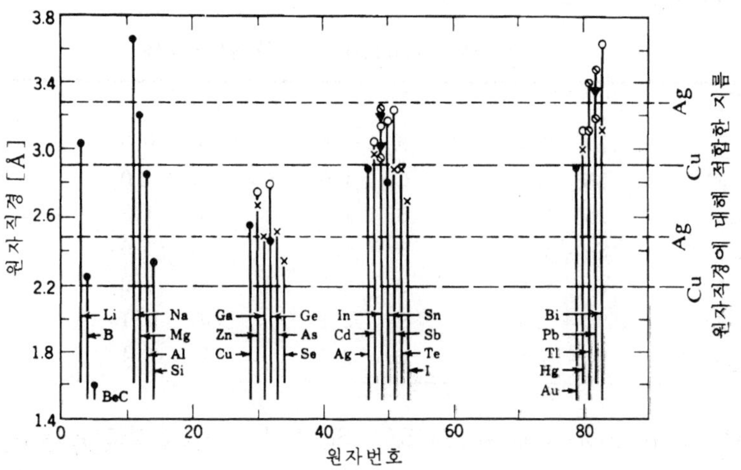

그림 7-11 원소의 원자번호에 대한 원자직경과 **Cu** 및 **Ag**에 대해 고용되기 쉬운 원자직경

그림 7-11 은 원소의 원자반경을 원자번호에 대해 plot 한 것으로서 그림에 Cu 와 Ag 의 고용에 favourable 한 원자가 표시되어 있다. 그림 중에서 결정구조의 인접원자가 모두 같은 거리에 있는 경우에는 그 원자반경으로 표시하였다. 2 종류의 인접원자를 가지는 구조에서는 작은 쪽의 원자간 거리를 X 로 표시하고 Gold schmidt 원자반경(뒤에 설명)의 계산값은 ○ 로 표시하였다.

원자가 고용상태에서 불완전하게 이온화된 경우는 그 원소의 결정내에서의 원자간 거리를 ⊘ 로, 완전 이온화 상태에서의 원자반경의 추정치를 ↓ 로 표시하였다.

(2) 음의 원자가 효과(electronegative valency factor 또는 electrochemical factor)

원자반경 인자가 favourable 할 때 고용체의 형성을 방해하는 인자가 무엇인지를 알아보자. 때에 따라서는 1 차 고용체 대신 안정한 중간 화합물이 형성된다. 이와 같이 화합물 형성에서의 일반적 법칙은 용질원자가 전기적으로 음성이고 용매가 전기적으로 양성이던가 또는 이의 역이 성립할 때이다. 즉 2 원자간의 결합에 대해 전기음성도(electronegativity)란 양의 이온결합성의 파라미터로 사용된다. 한 원자의 전기음성도 x는 대략 그 원자의 이온화 포텐셜과 전기친화력의 합의 1/2 즉 양자의 평균과 같다. x 자체의 물리적 의미는 서로 다른 종류의 양의 합이므로 잘 모른다. 그러나 2 원자 A, B가 서로 접근했을 때 $x_A > x_B$면 B에서 전자가 나와 A로 갈 것이라 생각된다.

즉 원소의 전기음성도의 표가 있다면 2 개 원소의 화합물 결합이 이온에 의한 것인지를 쉽게 알 수 있을 것이다. 표 7-1 은 Pauling 에 의한 것이다. 즉 NaCl 에서 $x_{Na} = 0.9$, $x_{Cl} = 3.0$ 으로 차는 2.1이다. 다이아몬드에서는 같은 원소(C)이므로 그 차는 0 이다.

이 표에 따라 화합물 AB의 결합이 이온결합인가 공유결합인가의 추정이 가능하다. 즉 x_A와 x_B와의 차가 크면 이온결합, 작으면 공유결합으로 생각한다. 그러나 이 차가 얼마일 때 그 경계가 되는가는 별 의미가 없다.

표 7-1 **Pauling**에 따른 전기음성도의 예

H	2.1								
Li	1.0	Na	0.9	K	0.8	Rb	0.8	Cs	0.7
Be	1.5	Mg	1.2	Ca	1.0	Sr	1.0	Ba	0.9
B	2.0	Al	1.5	Sc	1.3	Y	1.3	Ge	1.7
C	2.5	Si	1.8	Ti	1.6	Zr	1.6	Sn	1.7
N	3.0	P	2.1	As	2.0	Sb	1.8		
O	3.5	S	2.5	Se	2.4	Te	2.1		
F	4.0	Cl	3.0	Br	2.8	I	2.4		

그렇다면 주기율표 Ⅵ-A 족 원소인 $S^{2.5}$, $Se^{2.4}$, $Te^{2.1}$는 음성도가 크므로 안정된 황화물, Se 화물, Te 화물을 만든다. 그러므로 이들 원소원자가 금속으로 용매에 들어가는 고용도는 낮아진다.

또한 Ⅴ-A 족의 $P^{2.1}$, $As^{2.0}$, $Sb^{1.9}$는 Ⅵ-A 족의 음성도보다 낮으므로 Ⅴ-A 족이 만드는 화합물의 안정도는 낮다. 따라서 용매금속에 대한 고용도는 다소 커진다. Ⅳ-A 족의 원소도 생성화합물의 안정성에 따라 고용도는 늘어난다. 이와 같은 화합물이 형성될 때 일반적으로 원소의 고용도는 온도에 비례한다. 따라서 온도가 떨어지면 고용체에서 화합물을 석출하게 된다. 이와 같은 현상은 3 원합금에서 일어난다.

Mg 와 Si 는 고온에서 Al 에 고용하나 온도가 떨어지면 안정한 화합물 Mg_2Si 를 석출한다. 화합물의 석출량이 적당히 분산되어 금속을 경화시키게 되며, 이를 **시효경화**(age hardening)라 하여 공업적으로 대단히 중요하다.

한 예로서 $|(r_A - r_B)/r_A| < 0.15$ 로 원자반경 인자가 favourable 한 4 종의 Cu 합금의 1 차 고용체 범위를 비교하기 위해 그림 7-12 를 도시하였다. 그림에서 Cu, Zn, Ga,

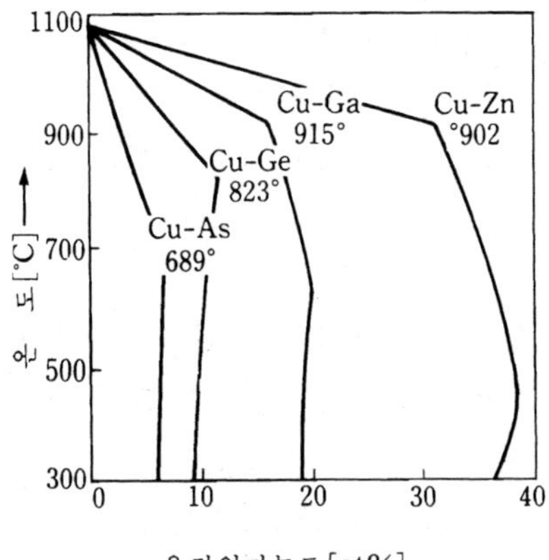

그림 7-12 Cu합금의 고용도 비교

Ge, As 의 가전자수는 각각 1, 2, 3, 4, 5 로 고용도는 Zn 이 최대이며, As 가 최소로 되어 있다.

(3) 상대적 원자가 효과(relative valency factor)

제 3 의 중요인자는 상대적 원자가 효과로서 다른 인자가 같은 경우에는 2원합금에서 낮은 원자가의 금속 *A* 에 대한 높은 원자가의 금속 *B* 의 1 차 고용도는 이의 역의 경우보다 크다.

이 법칙은 특히 Cu, Ag, Au 합금에서 성립하고 있다. Cu 합금의 경우의 예를 표 7-2 에 표시하였다. 지금 Cu-Si 계를 생각하면 원자가가 높은 쪽 즉, Si 는 각 원자가 4 개의 인접 원자를 갖는 구조를 갖는다. Si 의 1 개 원자를 1 개의 가전자를 가진 Cu 의 1 개 원자로 치환하면 4 면체형의 결합을 만드는데는 전자가 부족하게 되므로 그 고용체는 대단히 좁은 범위로 한정될 것이다. 한편 1 가 원소 Cu, Ag, Au 는 보다 원자가가 큰 원소를 쉽게 고용시킬 수 있다.

이상은 1 개의 원소를 다른 원소 중에 고용시킬 때 고용도를 한정시키는 인자에 관해 설명하였다.

표 7-2 Cu 합금에서 1 차 고용체의 고용한계

합금계	원자반경인자	저원자가 금속(Cu)에 대한 고용한계	고원자가 금속(Cu)에 대한 고용한계
Cu-Be	적 합	16.5 at % Be	< 2 at % Cu
Cu-Mg	부적합	7. at % Mg	0.01 at % Cu
Cu-Zn	적 합	38.5 at % Zn	2.5 at % Cu
Cu-Cd	부적합	2.1 at % Cd	0.1 at % Cu
Cu-Al	적 합	19.6 at % Al	2.5 at % Cu
Cu-Ga	부적합	19.9 at % Ga	미 소
Cu-In	중 간	11. at % In	소
Cu-Si	적 합	11.3 at % Si	미 소
Cu-Ge	적 합	11.8 at % Ge	미 소
Cu-Sn	중 간	9.1 at % Sn	미 소
Cu-Pb	부적합	0.01 ~ 0.02 at % Pb	미 소

7-3 고용체의 상

한 합금원소 *A* 의 결정내에 이종금속원소 또는 비금속원소를 첨가할 때 결정의 내부 에너지의 변화는 *B* 의 종류에 따라 다르다. *A* 와 *B* 가 서로 유사한 원자인 경우는 내부 에너지의 변화는 거의 없으나 A 와 B가 서로 결합하기 쉬운 경우는 내부 에너지는 감소하고, 역으로 A 와 B가 서로 반발하는 경우는 내부 에너지는 증가한다. A 와 B의 원자반지름, 원자가 등이 유사한 경우에는 결정격자내에서 인접원자가 $A-A$, $B-B$ 또는 $A-B$로 배열되어 내부 에너지의 변화는 작다. 또한 A 원소와 B 원소가 같은 결정구조인 경우는 합금의 전 조성범위에 거쳐 **불규칙 치환형 고용체**(random substitutional solid solution)를 형성하는 경우가 많다[그림 7-13 (a)].

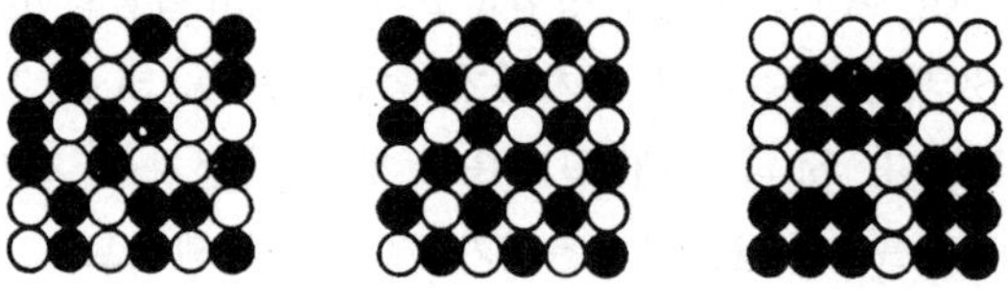

(a) 불규칙격자형 (b) 규칙격자형 (c) 석출형

그림 7-13

이와 같이 전 조성에 걸친 고용체 합금을 **전율고용체계 합금**이라 한다.

고용체에서 A 와 B가 서로 결합하기 쉬운 경우는 결정격자내에서 인접원자가 $A-B$로 배열되는 것이 $A-A$ 또는 $B-B$ 로 배열되는 것보다 안정하다. 이와 같은 경우는 그림 7-13 (b)와 같은 **규칙 치환형 고용체**(orderd substitutional solid solution)를 만든다. 이와 같이 원자가 규칙적인 배열을 한 격자를 **규칙격자**(ordered lattice, super lattice)라 한다.

A, B 각 원자의 원자가가 현저히 다를 때에는 $A-B$ 결합에 부분적으로 이온결합 성분이 포함된다. 그러므로 금속간 화합물(intermetallic compound)을 형성한다. 금속간 화합물에는 여러 가지 생성인자에 의한 것이 있으나 이는 뒤에서 설명하겠다.

A, B 가 서로 반발하는 경우에는 결정 내에서 인접하는 원자가 $A-A$ 또는 $B-B$로 배열되는 것이 $A-B$로 배열되는 것보다 안정하다. 이 때 A 와 B가 각각 독립한 집합대를 만들고 A의 집합대와 B의 집합대의 혼합물이 된다. 그림 7-13 (c) 는 이의 2 차원적인 모형이다.

2 원합금의 치환형 고용체에서도 규칙격자는 2 차원 정방격자로서 그림 7-9 (b) 와 같이 표시되었다. 이 때는 A 원자와 B 원자가 각각 50% 존재할 때 1 개의 완전한 규칙격자를 만든다. 조직이 이와 다르게 되면 규칙격자 영역의 면적이 작게 되든가 또는 배열형식이 다른 규칙격자를 만들게 된다.

3 차원적 격자의 경우를 면심입방격자에서 생각해 보자.

이 때는 간단한 추론 범위 내에서 그림 7-14 와 같은 A_3B, AB, AB_3의 규칙격자가 존재함을 알 수 있을 것이다.

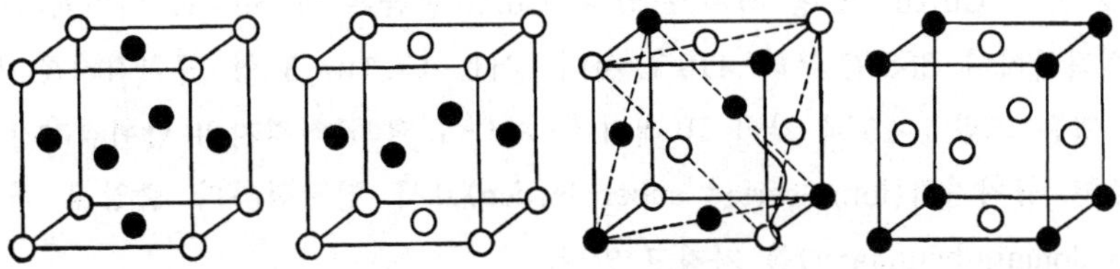

(a) A_3B, O_h^1-$Pm3m$　(b) AB(CuAu-Ⅰ형), D_{4h}^1-$P4/mmm$　(c) AB(CuPt형), D_{3d}^5-$R\bar{3}m$　(d) AB_3,

● A 원자
○ B 원자

그림 7-14 면심입방격자의 2원합금의 규칙격자

이미 설명한 것과 같이 면심입방격자에서는 격자점의 한 개 원자와 면심원자 3개가 1개의 격자에 속하고 있으므로 그림 7-14 (a), (d) 의 규칙격자의 조성은 각각 A_3B, AB_3가 된다.

그림 7-14 (b) 의 AB형(CuAu-Ⅰ형 규칙격자라 함)은 A만으로, 또한 B원자만으로 구성된 (002)면이 교대로 적층된 구조로 A와 B원자의 반경은 다르므로 이 격자는 정확히 면심입방격자를 만들 수 없다. 따라서 이 때는 약간 변형되어 면심입방격자를 만들게 된다.

또한 (c)의 AB형(CuPt형 규칙격자라 함)은 A 또는 B원자만으로 이루어진 (111)면이 교대로 적층된 구조로서 능면체형으로 변형된 격자가 된다.

표 7-3 CuAu-Ⅰ 형 규칙격자

합 금	전이점 T_c(℃)	축 비 (c/a)
CuAu-Ⅰ	385	0.93
NiPt	645	0.94
MnNi	650	0.94
FePd	～700	0.97
CoPt	825	0.97
FePt	～1300	0.97

(축비는 면심정방격자로서의 축비이다)

표 7-4 Cu_3Au 형 규칙격자

합 금	전이점 T_c(℃)	합 금	전이점 T_c(℃)
Ag_3Pt-α''	785	$FePt_3$	650
$AgPt_3$-γ	～600	$FeNi_3$	497
Au_3Pt-α'	～960	Ir_3Cr-α'	
Cu_3Au	390	Mn_3Rh-γ'	～800
$CuAu_3$	～200	Mn_3Pt-γ'	～1000
$CoPt_3$	～750	$MnPt_3$	～1000
Cu_3Pt	580	Ni_3Mn	510
$FePd_3$	780	Ni_3Pt	578
Fe_3Pt	835		

그림 7-14 (a), (d)의 A_3B, AB_3형(Cu_3Au형 규칙격자)과 AB형(CuAu-Ⅰ 형)을 표 7-3, 표 7-4 에 표시하였다.

위에서 설명한 규칙격자외에 더욱 복잡한 구조를 갖는 격자도 있다. 특히 자세한 연구가 된 것을 보면 CuAu-II 형 격자가 있다. CuAu 합금은 약 385 ℃ 이하에서는 CuAu-I 형 규칙격자이나 385 ℃ 부터 410 ℃ 사이에서는 CuAu-II 형 규칙격자를 갖는다. 이 CuAu-II 형은 그림 7-15 와 같이 10 개의 CuAu-I 형 규칙격자의 단위격자가 1 열로 배열된 장주기 규칙격자(long-period super lattice)로서 단위격자의 중앙에 역위상 경계(antiphase domain boundary)를 가지고 있다.

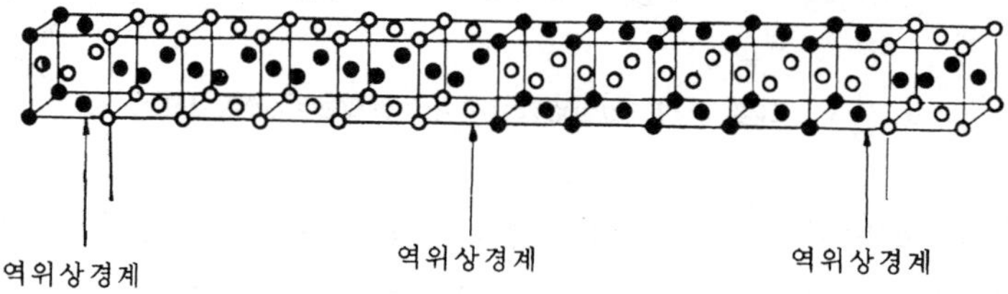

그림 7-15 **CuAu-II 형 규칙격자의 단위격자**

체심입방격자의 경우는 그림 7-16 (a) 와 같은 *AB* 형 규칙격자가 있다. 이것은 CsCl 형 격자(FeAl 형 격자라고도 함)라고 한다.

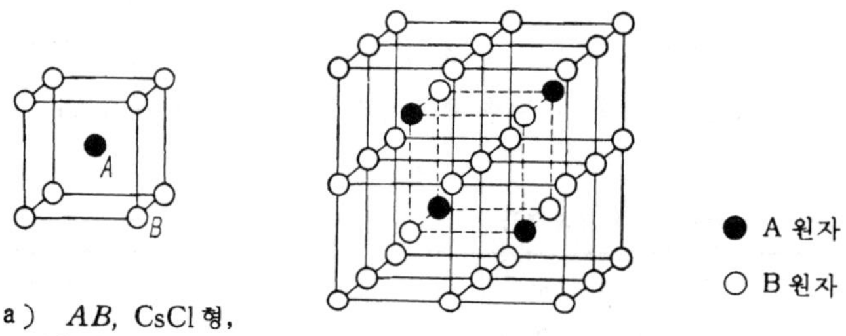

(a) *AB*, CsCl 형, O_h^1-*Pm*3*m*, (B_2)　(b) AB_3, O_h^5-*Fm*3*m*

그림 7-16 **체심입방격자의 2 원합금의 규칙격자**

A 원자의 농도가 낮을 때는 이와 같은 단위격자가 전체 결정에서 만들어질 수가 없고, AB_3 의 조성에서는 그림 7-16 과 같이 CsCl 형 격자가 교대로 조합된 Fe_3Al 형 격자로 불리우는 규칙격자가 된다. CsCl 형 규칙격자의 예를 표 7-5 에 표시하였다.

용질원자의 원자반경이 용매원자의 원자반경보다 훨씬 작을 때는 용질원자가 용매금속의 결정격자의 공간에 침입하여 침입형 고용체를 만들게 된다.

원자반경이 작은 원자로서는 H, O, N, C, B 등 주로 비금속원자들이 있으며 이들은 천이금속(transition metal)에 침입 고용되기 쉽다. 이들 비금속원소의 원자반경은 일반적으로 공유결합 반경(covalent radius)으로 표시하며, 표 7-6 에 이를 나타내었다.

침입형 합금에서 공업적으로 중요한 것은 Fe 에 대한 C, N, B 의 효과이다.

다음 그림은 체심입방체에 대한 침입원자의 위치를 표시한 것이다(그림 7-17).

표 7-5 체심입방격자의 AB형 규칙격자

합 금	전이점 T_c(℃)
AgCd-β'	240
AgZn-β'	110
AuCd-β	(고온상)
AuMn-β_1	615
CuPd-β	~ 600
CuZn-β'	460
FeAl	~ 800
FeCo	730
NiZn-β	(890 ℃ 이상, 저온상(β_1)의 CuAu 형 격자)

표 7-6 비금속원소의 공유결합 반경

원자번호	원 자	반경(Å)
1	H	0.53
5	B	0.80
6	C	0.771
7	N	0.74
8	O	0.74
9	F	0.72
15	P	1.10
16	S	1.04
17	Cl	0.99

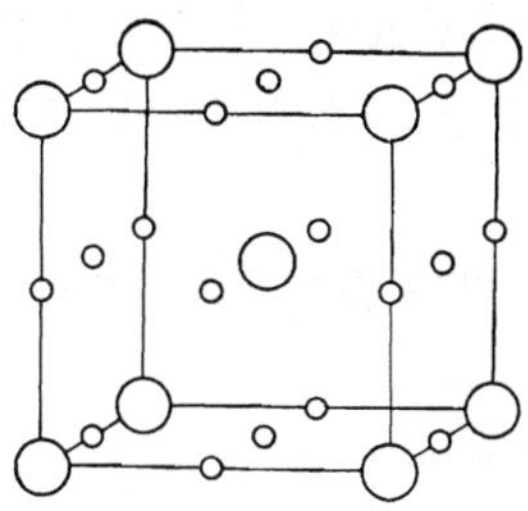

그림 7-17 체심입방격자에 대한 침입원자의 위치

r-Fe(면심입방격자)는 Fe 원자의 Goldschmidt 원자반경을 (r_r = 1.26, r_a = 1.28 Å)라 하면 면심입방체의 8 면체 공간에 들어갈 수 있는 강체구의 최대 반경은 0.414 r($\simeq$ 0.529 Å)이며 4 면체 공간에서의 수용 가능한 강성체의 최대 반경은 0.225 r_r($\simeq$ 0.284 Å)이다. C, N, B 등 침입원자의 반경은 0.529 Å보다 대단히 크다. 따라서 이들 원자가 침입하면 격자는 변형을 받게 된다.

다음 표 7-7 은 비금속원소 원자의 Goldschmidt 반경을 표시한 것이다.

이상과 같이 침입형 고용체 원자는 α-Fe(체심입방체)에서는 0.155 r_a의 8 면체 공간, r-Fe 에서는 0.414 r_r의 8 면체 공간에 침입하므로 기하학적인 판단에 의한 것과 같이 r-Fe가 α-Fe 보다 많은 침입원자를 고용할 수 있다. 조밀충진구조의 r-Fe가 조밀충진구조가 아닌 α-Fe 보다도 다량의 침입원자를 고용할 수 있는 것은 격자공간의 크기가 크기 때문이다.

이와 같이 침입형 용질원자에 의한 격자변형은 합금의 경도를 증가시켜줌으로 특히 철합금(강)의 공업적 이용에도 대단히 유익하다.

표 7-7 침입 가능한 원소의 **Goldschmidt** 원자반경

원자번호	원 자	Goldschmidt 반경 (Å)
1	H	0.46(c. p. h)
5	B	0.97(−)
6	C	0.77(다이아몬드 구조)
7	N	0.71(Cubic)
8	O	0.60(orthorhombic)

7-4 고용체에서의 규칙-불규칙 변태

규칙격자에 관해서는 이미 설명하였다. 이 규칙격자의 존재는 물리적 성질의 측정으로서 간접적으로 알 수도 있다. 물론 고용체에서의 규칙격자의 존재확인은 X선 회절법을 이용한다.

물리적 성질 측정에 의한 간접법을 좀더 살펴보면 다음과 같다.

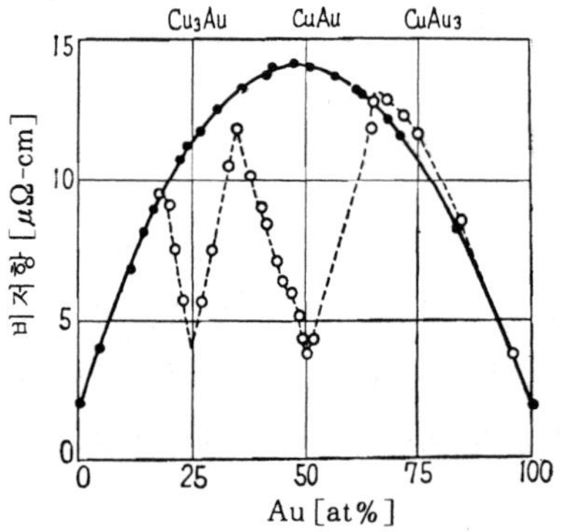

실선 : 600 ℃ 부터 퀜칭(불규칙격자)
점선 : 200 ℃ 에 템퍼링(규칙격자)

그림 7-18 **Cu-Au 합금의 전기 비저항**

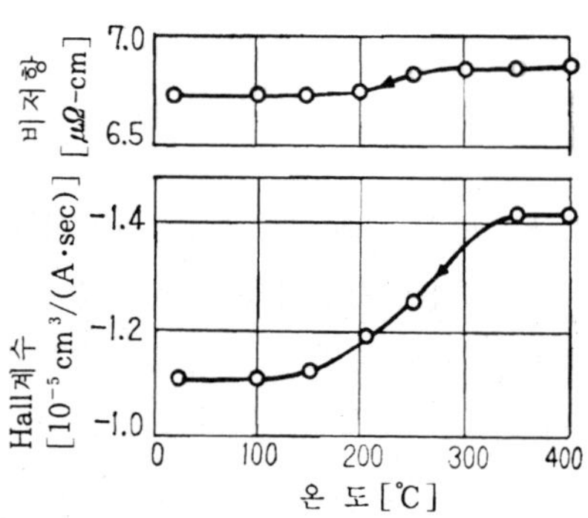

그림 7-19 **36 % Zn-64 % Cu 합금(α 황동)의 전기 비저항과 Hall 계수의 온도에 따른 변화**

그림 7-18은 Cu-Au 합금의 조성과 전기 비저항 관계를 나타낸 곡선이다. 규칙격자의 출현에 의한 비저항의 변화를 알 수 있다. 규칙격자로부터 불규칙격자로의 변화는 Hall 계수를 측정함으로써 검출할 수 있다. 그림 7-19는 α 황동에 있어서의 단범위 규칙격자(short-range ordered lattice)의 출현을 명백히 한 실험 결과의 예이다.

여기서도 알 수 있는 바와 같이 규칙격자는 저온에서 안정하고 고온에서는 불규칙화한다. 규칙격자로부터 불규칙격자로의 **전이점**(critical temperature) T_C는 **규칙-불규칙 변태 온도**(order disorder transformation temperature)라 하며, 이를 표 7-8, 7-9, 7-10에 표시하였다.

여기서 체심입방격자의 2원계 합금 규칙격자 중 가장 간단한 CsCl형 격자에 관해 규칙도의 정의를 생각해 보자. 규칙도 표시에는 두 가지 방법이 있다. 그림 7-20과 같이 2종 원자 *A*와 *B*로 구성된 완전한 CsCl형 격자는 격자좌표 (000)에 1개의 격자점을 *A*원자만으로 구성된 단위입방격자 α와 격자좌표 (1/2 1/2 1/2)에 1개의 격자점을 점한 *B*원자만으로 구성된 단순입방격자 β와 조합된 격자이다. 이 때 단순입방격자 α, β를 **소격자**(sublattice)라 한다. 여기서 이들 소격자로의 *A*, *B*의 분포율로 규칙도를 정의할 수 있으며 이들 **Bragg-Williams의 장범위 규칙도**(degree of long range order)라 한다.

또한 규칙격자를 형성하는 용이도는 결정격자내에서 *A-B*의 쌍이 형성되기 쉽다는 것을 의미한다. 그러나 격자내의 인접원자쌍 *A-A*, *B-B*, *A-B* 3종류의 쌍이 존재율에 따라서 규칙도를 정의할 수도 있으며, 이를 **Bethe의 단범위 규칙도**(degree of short range order)라 한다(이들 규칙도에 관해서는 별도 공부하기 바란다.).

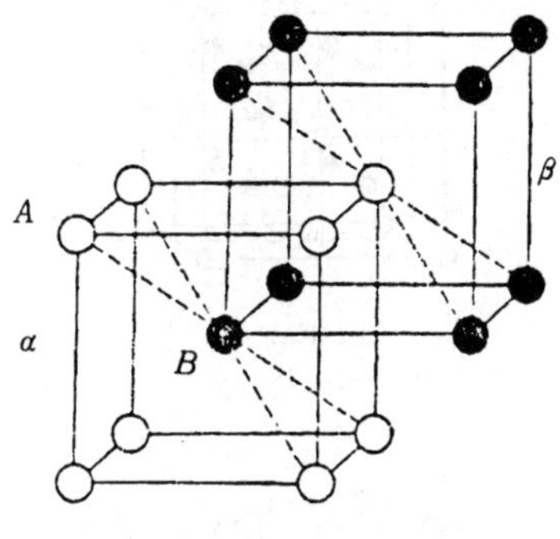

그림 7-20 CsCl형 규칙격자에 따른 소격자

7-5 금속간 화합물

금속에서 일정한 조성비 또는 일정한 조성범위내에서 성분금속 *A*의 결정구조 또는 성분금속 *B*의 결정구조와 다른 결정구조를 가지는 상(phase)이 나타나는 경우가 많다. 이 상은 *m* 및 *n*을 정수라 할 때 A_mB_n의 화학식으로 표시되는 조성근처에서 나타나며 이는 특유한 결정구조를 가지고 있다. 이러한 상을 **금속간 화합물**(intermetallic compound)이라 한다. 금속간 화합물에 관해서는 이미 고용체의 구조에서 간단히 설명하였으나 좀더 자세한 설명을 하기로 한다.

금속 화합물에서 조성원자인 *A*와 *B*의 결합방식에는 이온결합, 등극결합, 금속결합이 복잡하게 관여하고 있으며 이온결정으로의 전환이 큰 것부터 금속적 성질이 큰 것까지 여러 가지 종류가 있으며 이를 대별하면 다음과 같다.

① 원자가 효과 화합물(normal valency compounds)
② 원자가 반경효과 화합물(size factor compounds)
③ 전자 화합물(electron compounds)

그러나 이들 화합물의 구별을 위한 경계는 명확하지 않으며 이들 중간에 속하는 것으로 생각되는 화합물이 많다. 원자가 효과 화합물에는 이온결합의 성질이 강한 전기화학적 화합물(electrochemical compounds) 또는 등극결합의 성질이 강한 화합물도 포함되어 있다. 전자 화합물은 금속적인 성질을 가지며 비교적 넓은 조성에 걸친 고용영역(2차 고용체)을 가지는 것이 많으며 규칙격자에는 이에 속하는 것이 있다.

(1) 원자가 효과 화합물

이에 속하는 대표적인 화합물이 이온 화합물로서 NaCl은 그림 7-21 (a)와 같이 입방체 격자의 격자점에 Na^+와 Cl^- 이온이 교대로 치환된 결정구조(NaCl형 격자)를 갖는다.

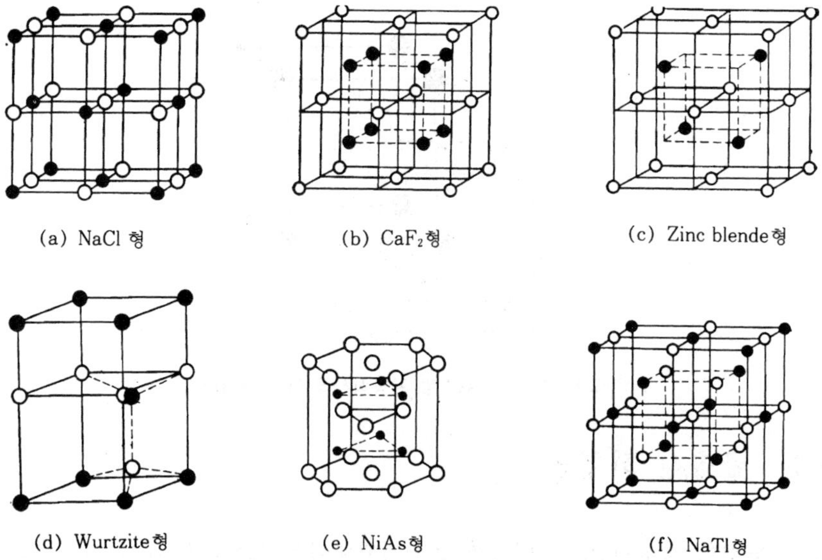

(a) NaCl형 (b) CaF_2형 (c) Zinc blende형
(d) Wurtzite형 (e) NiAs형 (f) NaTl형

그림 7-21 원자가 효과가 강한 금속간 화합물의 결정구조

이 격자는 Na^+만으로 구성된 면심입방격자와 Cl^-만으로 구성된 면심입방격자로 조합되어 있으며 이와 같은 조합으로 최조밀충진구조인 면심입방구조를 형성한다. 주기율표상의 Ⅵ-B족의 S, Se, Te와 Ⅱ-A 족의 Mg, Ca, Sr, Ba 사이의 원소원자들 사이에는 NaCl형 격자의 금속간 화합물을 만든다.

이외에도 V-B 족의 P, As, Sb, Bi 와 희토류 및 Actinide 계 원소사이에서도 NaCl 형 화합물이 발견되고 있으며, 이들 예를 표 7-8 에 표시하였다.

표 7-8 원자가 효과가 강한 금속간 화합물

결정구조	금속간 화합물
NaCl 형	BaS, BaSe, BaTe, CaS, CaSe, CaTe, CeAs, CeBi, CeP, CeS, CeSb, CeSe, CeTe, EuS, EuSe, EuTe, LaAs, LaBi, LaS, LaSb, LaSe, LaTe, MgS, MgSe, α-MnS, α-MnSe, NdAs, NdP, NdS, NdSe, NdTe, PbS, PbSe, PbTe, PrAs, PrBi, PrP, PrS, PrSb, PrSe, PuAs, PuBi, PuP, PuS, PuTe, SnAs, SnSe, SnTe, SrS, SrSe, SrTe, ThAs, ThS, ThSb, ThSe, UAs, UBi, UP, US, USb, USe, UTe, YbSe, YbTe
역 CaF_2 형	Be_2C, Cu_2S, Cu_2Se, Ir_2P, K_2S, K_2Se, K_2Te, Li_2S, Li_2Se, Li_2Te, Mg_2Ge, Mg_2Pb, Mg_2Si, Mg_2Sn, Na_2S, Na_2Se, Na_2Te
CaF_2 형	$AuAl_2$, $AuGa_2$, $AuIn_2$, $CoSi_2$, $IrSn_2$, $MgPu_2$, $PtAl_2$, $PtGa_2$, $PtIn_2$, $PtSn_2$
Zinc blende 형	AlAs, AlP, AlSb, BeS, BeSe, BeTe, CdS, CdSe, CdTe, GaAs, GaP, GaSb, HgS, HgSe, HgTe, InAs, InP, InSb, β-MnS, β-MnSe, β-ZnS, ZnSe, ZnTe
Würtzite 형	AlN, CdS, CdSe, GaN, InN, MgTe, β′-MnS, γ-MnSe, α-ZnS
NiAs 형	CoS, CoSb, CoSe, CoTe, CrS, CrSb, CrSe, CrTe, CuSn, FeS, FeSb, FeSe, FeSn, FeTe, MnAs, MnBi, MnSb, MnSn, MnTe, NiAs, NiBi, NiS, NiSb, NiSe, NiSn, NiTe, PdSb, PdTe, PtSb, PtSn, PtTe, RhTe, TiSb, TiSe, TiTe, VP, VS, VSe, VTe

NaCl 형, CaF_2 형, 역 CaF_2 형의 격자를 가지는 금속간 화합물은 그의 결정구조면에서는 이온화합물에 유사하나 성질은 이온화합물에 가까운 것부터 금속적 성질에 가까운 것까지 넓은 범위에 걸쳐있다.

역 CaF_2 형 격자인 Mg_2Sn 의 예를 들어보면 이의 전기저항은 온도상승에 따라 지수함수적으로 감소하여 반도체적인 성질을 가지게 되며 같은 구조인 Mg_2Pb 는 전기저항이 Mg_2Sn 의 1/188 로 온도상승에 따라 직선적으로 증가하여 금속적인 성질을 가진다. 또한 CaF_2 형 격자인 $PtSn_2$ 등은 금속적 성질을 가지고 있다.

위에서 설명한 각 격자를 가지는 금속간 화합물은 전기화학적 화합물이라고 총칭될 때도 있다. 이들 3 종 격자 외에 A_3B_2 형 격자로서 역 Sc_2O_3 형 격자(예 : Mg_3P_2, Mg_3As_2), 역 La_2O_3 형 격자(예 : Mg_3Sb_2)가 있다.

성분금속 원자의 원자가에 의해 결합형식을 설명할 수 있는 또 하나의 화합물로는 등극결합형식 화합물이 있다. 원소의 등극결합 결정에는 Ⅳ-B족의 원소인 C, Si, Ge, α-Sn 의 다이아몬드형 격자가 있다. 그림 7-21 (c)와 같이 다이아몬드형 격자에서 좌표(1/4 1/4 1/4), (1/4 3/4 3/4), (3/4 1/4 3/4), (3/4 3/4 1/4)의 각 격자점에 이종원자로 치환된 격자구조가 Znic blende 형(섬아연 ZnS)격자이다. 이 격자는 좌표 (0 0 0)에 Zn 원자만을 가지는 면심입방격자와 좌표 (1/4 1/4 1/4)에 S 원자만을 가지는 면심입방격자와의 결합으로 되어 있다. 다이아몬드형 격자에서는 C, Si, Ge, α-Sn 원자가는 4 로서 1 원자당 가전자수는 4 이다. ZnS 에서는 Zn 의 원자가는 2, S 의 원자가는 6 으로 1 원자당의 원자가전자수는 (2 + 6)/2 = 4 로 된다. 따라서 Znic blende 형 격자구조의 금속간 화합물은 등극결합적인 성질의 결정이라고 생각할 수 있다.

그림 7-21 (d) 의 Wurtzite 형 격자도 1 개의 *A* 원자에 대해 최인접 원자는 4 개의 *B* 원자이므로 이것도 등극결합적인 성질의 것이라 할 수 있다.

Ⅵ-B 족의 S, Se, Te 의 화합물과 Ⅱ-B 족의 Be, Zn, Cd, Hg 화합물, Ⅴ-B 족의 P, As, Sb 및 Ⅲ-B 족의 Al, Ga, In 의 화합물은 Zinc blende 형 또는 Wurtzite 형의 결정구조를, Al, Ga, In 의 질화물은 Wurtzite 형의 결정구조를 가진다(표 7-8). 등극결합형 화합물은 반도체적인 성질을 가지는 것이 많다.

천이금속과 음성원소의 화합물에는 그림 7-21 (e) 의 6 방정계의 NiAs 형 격자의 것이 많다. 이 격자는 As 원자로 구성된 조밀 6 방격자의 8 면체 공간에 Ni 원자가 침입한 구조로서 Ni 원자는 단순 6 방격자를 형성하고 있다. 표 7-8 과 같이 Ⅵ-B 족의 S, Se, Te, Ⅴ-B 족의 As, Sb, Bi Ⅳ-B 족의 Sn 는 제 1 천이원소 Cr, Mn, Fe, Co, Ni, Cu, 제 2 천이원소 Rh, Pd, 제 3 천이원소 Pt 와의 화합물은 NiAs 형 격자를 취한다.

NiAs 형 격자는 As 의 6 방격자면과 Ni 의 6 방격자면이 교대로 적층된 구조이다. 그러나 Ni 의 6 방격자면을 하나 건너 빼므로서 얻어지는 AB_2 형 격자(CdI_2 형, 예 : $NiTe_2$), As 의 6 방격자면내의 3 각 공간(trigonal holes)에 Ni 원자를 추가시켜 얻은 A_2B 형 격자(예 : Ni_2In)의 동소군도 있다.

이들 NiAs 형의 격자형성 조건은 제 1 천이금속의 3d 및 4s 전자의 수와 다음과 같은 관계가 있는 것이 추정되고 있다.

ⓘ S, Se, Fe(폐각 외에 2 개의 s 전자, 4 개의 p 원자를 가짐)는 폐각 외에 4 개 이상의 3 d- 및 4 s- 전자를 가지는 제 1 천이원소(Ti 이하)와 NiAs 형 격자군의 화합물을 만든다.

ⓘⓘ As, Sb, Te(폐각 외에 2 개의 s 원자, 3 개의 p 전자를 가짐)은 폐각 외에 6 개 이상의 3d- 및 4 s-전자를 가지는 제 1 천이원소(Cr 이하)와 NiAs 형 격자군의 화합물을 만든다.

ⓘⓘⓘ Sn(폐각 외에 2 개의 s 원자, 2 개의 p 원자를 가짐)은 폐각 외에 7 개 이상의 3d- 및 4s-원자를 가지는 제 1 천이원소(Mn 이하)와 NiAs 형 격자군의 화합물을 만든다. NiAs 형의 금속간 화합물 중 MnAs, MnBi, MnSb 는 강자성 합금으로서 자세히 연구되고 있다.

(2) 원자가 반경효과 화합물

성분원자의 원자반경비가 중요한 인자로서 작용하는 것으로 생각되는 금속간 화합물로서

① 성분원자의 반경비가 1.225 에 가까운 경우(Laves 상)

② $CuAl_2$ 형 격자의 화합물

③ 성분원자의 하나가 C, N 와 같이 원자반경이 극히 작은 경우

의 3 가지가 있다.

(가) **Laves 상**

성분원자 A, B의 원자반경비가 약 1.2 인 AB의 2 형 금속간 화합물의 결정구조는 $MgCu_2$ 형 격자, $MgZn_2$ 형 격자, $MgNi_2$ 형 격자의 3 종의 격자를 하고 있는 것이 많다. 이들을 총칭(?)하여 Laves 상이라 부른다. 이 종류의 금속간 화합물이 나타나는 이유는 성분원자의 원자반경비에 따른 것으로 원자반경비가 $\sqrt{3/2} = 1.225$ 일 때 AB_2 조성에서 조밀충진구조를 가지기 때문이다(표 7-9 참조).

표 7-9 Laves 상

결정구조	금속간 화합물
$MgCu_2$ 형	$AgBe_2$, $BiAu_2$, $CaAl_2$, $CeAl_2$, $CeCo_2$, $CeFe_2$, $CeMg_2$, $CeNi_2$, $CuBe_2$, $GdFe_2$, $GdMn_2$, $HfCo_2$, $HfFe_2$, $HfMo_2$, HfV_2, HfW_2, KBi_2, $LaAl_2$, $LaMg_2$, $LaNi_2$, $NaAu_2$, $NbCo_2$, $NbCr_2$, $PbAu_2$, $PrNi_2$, $TaCo_2$, $TaCr_2$, $TiBe_2$, $TiCo_2$, $TiCr_2$, UAl_2, UCo_2, UFe_2, UMn_2, $ZrCo_2$, $ZrCr_2$, $ZrFe_2$, $ZrMo_2$, ZrV_2, ZrW_2, YAl_2, YIr_2, YPt_2, YRh_2
$MgZn_2$ 형	$BaMg_2$, $CaAg_2$, $CaCd_2$, $CaLi_2$, $CaMg_2$, $CrBe_2$, $FeBe_2$, $HfFe_2$, KNa_2, $MnBe_2$, $MoBe_2$, $MoFe_2$, $NbFe_2$, $NbMn_2$, $ReBe_2$, $SrMg_2$, $TaCo_2$, $TaCr_2$, $TaFe_2$, $TaMn_2$, $TiCr_2$, $TiFe_2$, $TiMn_2$, UNi_2, VBe_2, WBe_2, WFe_2, $ZrCr_2$, $ZrIr_2$, $ZrMn_2$, $ZrRe_2$, $ZrRu_2$, $ZrOs_2$, ZrV_2, YOs_2, YRe_2, YRu_2
$MgNi_2$ 형	$HfCr_2$, $HfMn_2$, $HfMo_2$, $ReBe_2$, FeB_2, $MoBe_2$, $NbCo_2$, $TaCo_2$, $TiCo_2$, WBe_2, $ZrFe_2$

$MgCu_2$ 형의 결정구조는 그림 7-22 와 같이 1 개의 단위격자내에 24 개의 원자를 가지는 입방정계의 결정이다. Mg 원자는 다이아몬드형 격자를 형성하고 그 격자의 최대 공간점 (1/4 1/4 1/4), (3/4 1/4 3/4), (3/4 3/4 1/4), (1/4 3/4 3/4)에 Cu 원자의 정 4 면체 소격자가 침입한 조밀충진구조이다. 1 개의 Mg 원자는 12 개의 최인접 Cu 원자와 4 개의 최인접 Mg 원자로 포위되어 16 개의 배위수를 가진다. Mg-Mg 원자거리는 $a\sqrt{3/4}$, Cu-Cu 원자거리는 $a\sqrt{2/4}$ (a = 격자상수)이므로 만약 (Mg 원자반경)/(Cu 원자반경) = $\sqrt{3/2} \fallingdotseq 1.225$이면 최조밀충진구조가 된다. 실제의 원자반경비는 이 값과 약간 다르다.

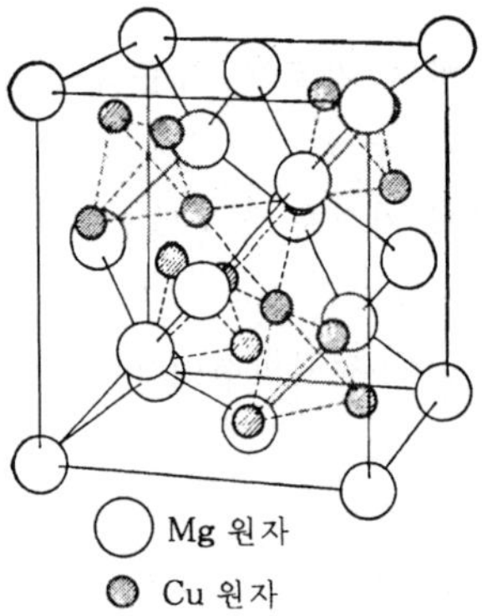

그림 7-22 **$MgCu_2$형 Laves 상의 결정구조** $O_h^7 - Fd3m(C_{15})$

$MgZn_2$형의 결정구조는 그림 7-23 과 같이 단위격자내에 12 개의 원자를 가지는 6 방정의 결정으로 Mg 원자는 Wurtzite 형 격자 [그림 7-21 (d)] 와 같은 원자위치를 취하고, 2 격자 공간을 Zn 원자의 4 면체 소격자로 충진되어 있다.

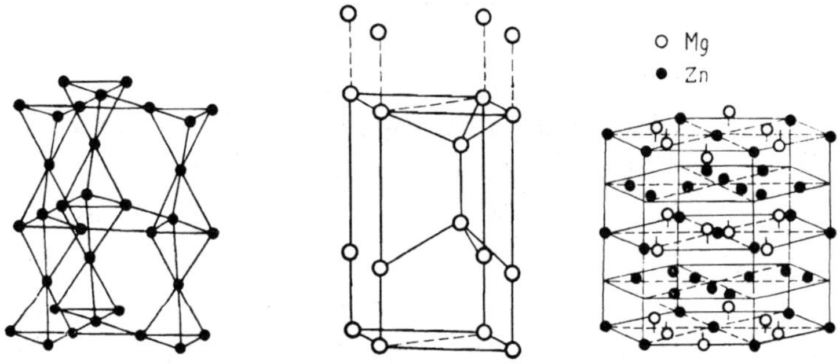

(a) Zn원자의 사면체소격자 (b) Mg 원자의 소격자 (c)

그림 7-23 **$MgZn_2$형 격자**

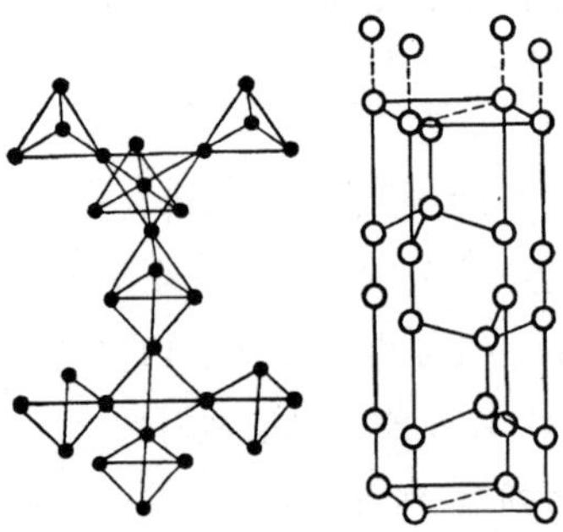

(a) (b)

그림 7-24 **$MgNi_2$형 격자**

$MgNi_2$형은 더욱 복잡한 구조로서 단위격자내에 24개의 원자를 가지는 6방정계로서 이의 소격자는 그림 7-24에 표시하였다.

(나) **$CuAl_2$ 격자**

Al과 Cu의 2원합금 상태도에서 Al쪽의 2차 고용체 상은 일반적으로 θ로 표시한다. 이 θ상은 400 ℃에서 53.25 ~ 53.90 %(32.65 ~ 33.2 at%)Cu의 조성범위에 있으나 이 상의 기본 결정구조는 그 조성범위보다 약간 Cu 농도가 높은 54.08%(33.33 at%)Cu인 $CuAl_2$식으로 주어지는 금속간 화합물이다. 조성범위 θ내에 $CuAl_2$의 조성이 포함되지 않는 것은 각 상의 자유 에너지 곡선으로 설명할 수 있다. 각 상의 자유 에너지 곡선으로부터 공통접선 작도법에 의해 상의 경계선이 결정된다. 이 때 공통 접선이 자유 에너지 곡선상의 두 접선사이에 *AmBn*의 조성이 포함되지 않을 때가 있기 때문이다.

$CuAl_2$형 격자는 그림 7-25와 같이 단위격자에 12개의 원자를 가지는 정방정계의 구조이다. 이 격자는 Cu 원자로 구성된 면심입방격자인 단위격자를 상하로 2개 겹치고 측면의 면심격자점(F로 표시)을 Al 원자로 치환하고 격자 전체를 상하로 찍어 누른 것과 같다.

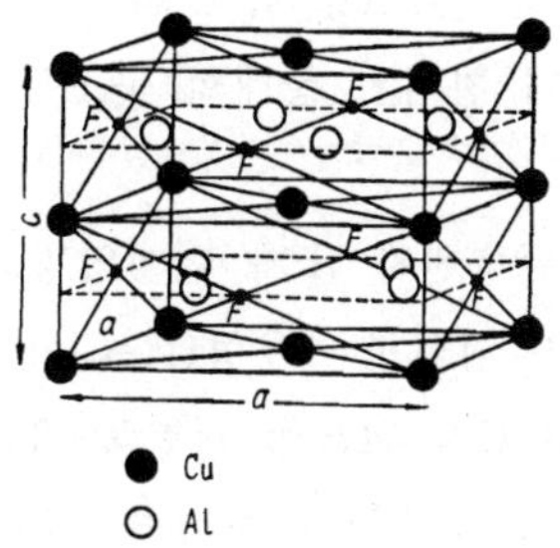

그림 7-25 **$CuAl_2$형 격자**

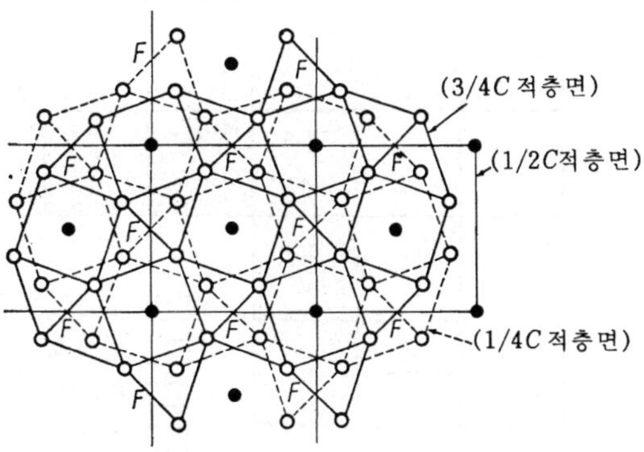

그림 7-26 **$CuAl_2$형 격자의 (001)면 투영도**

Al 원자는 그림 7-26 과 같이 배열하고 있다. 1 개의 Cu 원자는 8 개의 최인접 Al 원자로 둘러싸여 있다.

$CuAl_2$ 격자는 Cu 원자만으로 이룬 (001)격자면과 Al 원자만으로 된 (001)격자면이 교대로 적층되어 있으며, Cu 원자층은 조밀충진을 이루나 Al 원자층은 그 자체만으로 그렇지 못하다(비조밀). 실제의 θ 상에서는 Al 원자가 역순으로 들어가 있다.

성분원자간에는 주기율표상에서 상대위치에 특정한 제약이 없고 성분원자 반경비도 비교적 넓은 범위에 걸쳐 있으나 그림 7-26 의 원자위치 상태로 볼 때 원자반경효과 화합물의 1 종으로 생각되고 있다.

표 7-10 $CuAl_2$ 형 격자의 금속간 화합물

$AgIn_2$, $AgTh_2$, $AlTh_2$, $AuNa_2$, $AuPb_2$, $AuTh_2$, BCo_2, BFe_2, BMn_2, BMo_2, BNi_2, BTa_2, BW_2, $CoSn_2$, $CuAl_2$, $CuTh_2$, $FeGe_2$, $FeSn_2$, $MnSn_2$, $PdPb_2$, $RhPb_2$, $RhSn_2$, $SiTa_2$, $SiZr_2$, $TiSb_2$, VSb_2, $ZnTh_2$

(다) 침입형 화합물

앞에서 설명한 바와 같이 원자반경이 작은 H, N, C 등 비금속원자는 금속결정의 격자공간에 침입하여 고용된다. 금속과 H, N, C 의 화합물도 금속원자에 의해 구성되는 격자의 공간에 이들 비금속원자가 침입된 상태의 구조를 취하며, 이를 **침입형 화합물**(interstitial compound)이라 한다.

가장 간단한 구조로서는 금속원자 A 가 면심입방격자를 형성하고 이 격자내의 모든 8 면체 공간에 비금속원자 B 가 침입한 AB 형(NaCl 형 격자)의 침입형 화합물이 있다.

Ti, Zr, Hf, V, Nb, Ta 와 C 의 AB 형 화합물, Ti, Zr, V, Cr 와 N 의 AB 형 화합물은 NaCl 형 격자구조(표 7-11, 표 7-12)를 취하며, 이들은 대단히 높은 융점(표 7-13)을 가지므로 초내열재료로서 이용된다.

표 7-11 탄화물의 결정구조

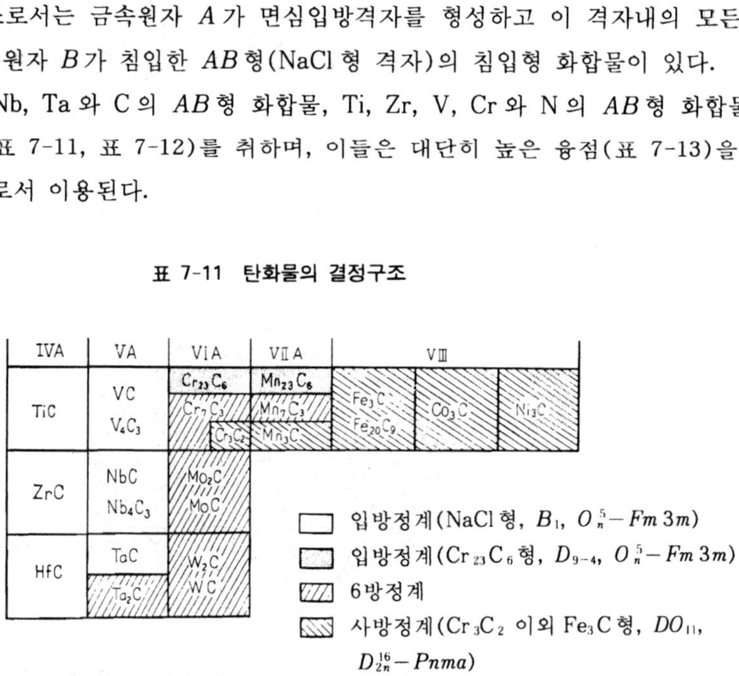

표 7-12 NaCl 형의 침입형 화합물

탄 화 물	HfC, NbC, NpC, PuC, TaC, ThC, TiC, UC, VC, ZrC
수소화합물	LiH, NaH
질 화 물	CeN, CrN, DyN, ErN, EuN, GdN, HoN, LaN, LuN, NdN, NpN, PrN, PuN, ScN, SmN, TbN, ThN, TiN, TmN, UN, VN, YbN, ZrN

표 7-13 NaCl 형 화합물의 질화물의 융점

탄화물	융점(℃)	질화물	융점(℃)
TiC	3150	TiN	2940
ZrC	3530	ZrN	2980
HfC	3890		
VC	2830	VN	2050 ~ 2300
NbC	3500		
TaC	3880		

MoC, WC(융점 2630 ℃)는 그림 7-27 (a)와 같이 6 방정계의 WC 형 격자구조를 αTa_2C, Mo_2C(융점 2690 ℃), W_2C(융점 2730 ℃)는 그림 7-27 (b)와 같은 6 방정계의 W_2C 형 격자구조를 가진다. Mn_3C, Co_3C, Ni_3C, Fe_3C(cementite)는 단위격자내에 16 개의 원자를 가지는 복잡한 사방정계의 결정구조를 가진다.

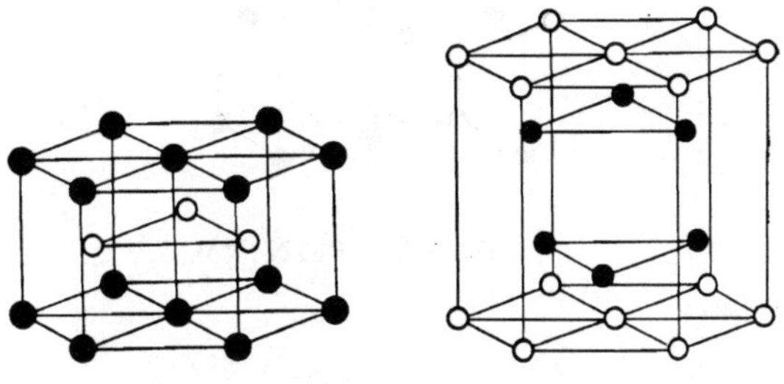

(a) WC 형 격자 (b) W_2C 형 격자

그림 7-27 ●: W, ○: C

그림 7-28 은 Fe_3C 격자에서 1 개의 C 원자와 인접원자 Fe 의 위치를 WC 격자의 것과 비교한 것이다.

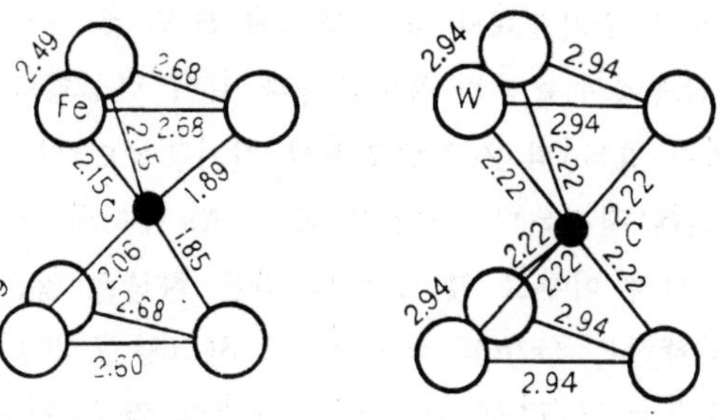

(a) Fe_3C (b) WC

그림 7-28 Fe_3C 격자와 WC 격자에서 C 원자 1 개당 최인접 원자의 배위수의 비교

Mn_3C, Co_3C, Ni_3C, Fe_3C 는 준안정화합물이다. Fe 와 N 의 화합물은 표 7-14 와 같이 4 종이 있으며, Fe_4N 는 Fe 원자의 면심입방격자인 단위격자의 중심에 위치한 8 면체 공간에 N 원자가 침입한 구조인 것으로 추정되고 있다(그림 7-29).

표 7-14 Fe 와 N 의 화합물

화 합 물	결 정 계	공 간 군
Fe_2N	사 방	D^1_{3d} − $P\bar{3}im$
Fe_3N	육 방	
Fe_4N	입 방	O^1_h − $Pm3m$
α''-$Fe_{16}N_2$	정 방	

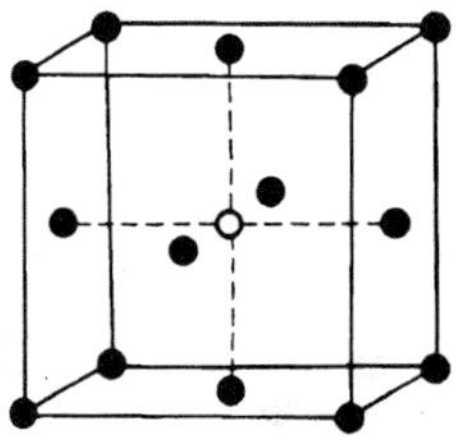

그림 7-29 Fe_4N 격자

(라) 전자 화합물(Hume-Rothery 상)

전자 화합물은 원자당의 원자수(전자농도 또는 e/a 비라고도 함)에 따라 3/2 형(CuZn 등), 21/13 형(Cu_5Zn_8 등) 및 7/4 형($CuZn_3$ 등)의 3 종으로 분류된다.

이들 화합물은 1926 년경 W. Hume-Rothery 에 의해 확인됨으로써 **Hume-Rothery 상** 이라고도 한다(표 7-15).

먼저 Cu, Ag, Au 와 주기율표의 Ⅱ-B 족, Ⅲ-B 족 등 소위 "B 금속"과의 합금에 관해 고찰해보자. 이들 금속에서 α 상은 용매금속과 같이 면심입방구조이며, 이 α 상의 넓이는 파라미터 δ (원자치수 효과)와 $\triangle EN$(원자의 전기음성도)의 값이 적당하다면(즉 작으면) e/a (원자농도)에 의해 결정된다. 그림 7-30 은 Ag 에서의 B 금속의 용해도 즉 α 의 안정도가 $(e/a)_\alpha = 1.4$ 까지 이루고 있다. 이와 같은 현상은 많은 2 원계 합금에서 성립하고 있다[예 : Au 에 대해서는 $(e/a)_\alpha \simeq 1.2 \sim 1.3$(그림 7-30)]. B 원자의 농도가 더욱 높아지면 $(e/a)_\beta = 1.5 = 21/14$ 에 대응하여 대개의 경우 체심입방정인 β 상(그림 7-31) 또는 조밀 6 방정의 ε 상이 나타난다.

표 7-15 전자 화합물

가전자농도	결정구조	전자 화합물
3/2	체심입방격자 (CsCl 형 격자, 기호 B_2, $O_h^1 - Pm3m$)	CuBe, CuZn, Cu_3Al, βCu_3Ga^{++}, $Cu_3I_n^+$, Cu_5Sn, AgMg, $\beta AgZn^{++}$, $\beta' AgCd^{++}$, βAg_3Al(고온)$^{++}$, βAg_3In^{++}, AuMg, AuZn, AuCd, FeAl, CoAl, NiAl, NiIn, PdIn.
	복잡한 입방격자 (β-Mn형격자, 기호 A_{13}, $O^7 - P4_132$)	Cu_5Si, βAg_3Al, Au_3Al, $CoZn_3$
	조밀육방격자 (기호 A_3, $D_{6h}^4 - P6_3/mmc$)	$\beta' Cu_3Ga$, Cu_5Ge, ζAgZn, ζAgCd, βAg_3Al, Ag_3Ga, δAg_3In, Ag_5Sn, Ag_7Sb, Au_3In, Au_5Sn
21/13	복잡한 입방격자 (γ-황동형 격자, 기호 D_{8-2}, $T_d^3 - I\bar{4}3m$)$^{+++}$	Cu_5Zn_8, Cu_5Cd_8, Cu_5Hg_8, δCu_9Al_4, Cu_9Ga_4, Cu_9In_4, $Cu_{31}Si_8$, $Cu_{31}Sn_8$, Ag_5Zn_8, Ag_5Cd_8, Ag_5Hg_8, Ag_9In_4, Au_5Zn_8, Au_5Cd_8, Au_9In_4, Mn_5Zn_{21}, Fe_5Zn_{21}, Co_5Zn_{21}, Ni_5Be_{21}, Ni_5Zn_{21}, Ni_5Cd_{21}, Rh_5Zn_{21}, Pd_5Zn_{21}, Pt_5Be_{21}, Pt_5Zn_{21}, $Na_{31}Pb_8$
7/4	조밀육방격자 (기호 A_3, $D_{6h}^4 - P6_3/mmc$)	$CuZn_3$, $CuCd_3$, Cu_3Sn, $AgZn_3$, $AgCd_3$, Ag_3Sn, Ag_5Al_3, $AuZn_3$, $AuCd_3$, Au_3Sn

$^+$ Cu-In합금의 β중간상의 평균조성은 Cu_4In이나 Cu_3In의 조성 가까이까지 고용범위가 있다.

$^{++}$ 일정한 가전자농도의 화합물이 변태를 가질 때가 있다. 예로 Ag_3Al은 고온에서 b.c.c. 중간온도에서 h.c.p 저온에서 β-Mn형을 가짐.

$^{+++}$ Cu-Si, Au-Al, Cr-Al합금에서는 변형된 γ- 황동형 격자인 중간상이 나타남. Au-Ga, Au-Hg 합금의 가전자농도(21/13)의 중간상의 구조는 미결정이다. Pd-In, Ni-In, Ni-Ga 합금에서는 공격자점을 가지는 γ-황동형 격자의 중간상이 있다.

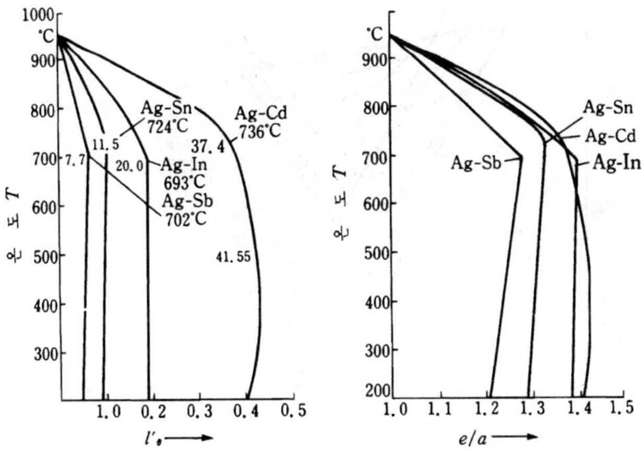

(a) 몰분율에 대한 plot (b) 전자농도에 대한 plot

그림 7-30 고용체 화합물 중 α상의 범위

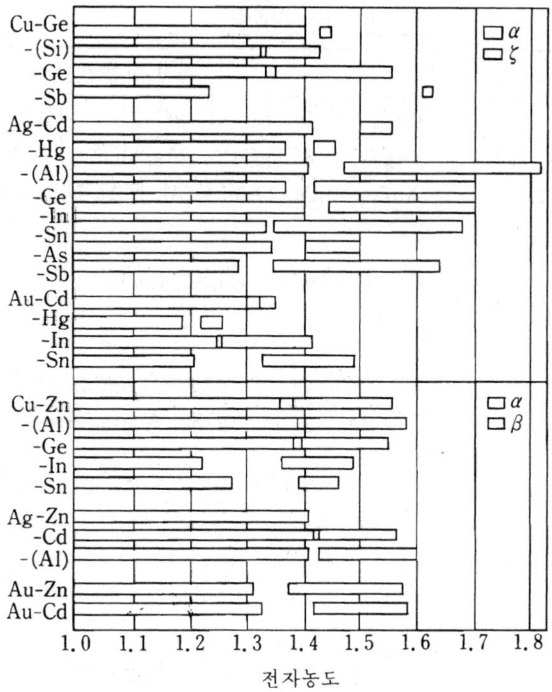

그림 7-31 Cu, Ag, Au의 *B*금속과의 고용체에 대한 α상, ξ상, β상 범위

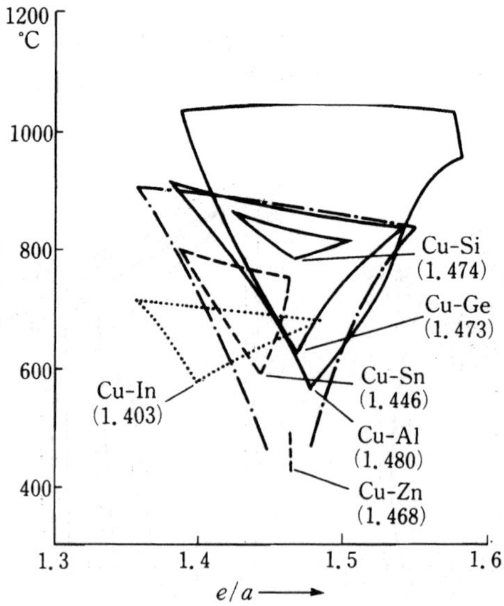

그림 7-32 Cu 고용체에서의 불규칙 α상의 존재영역

(3) 금속간 화합물의 특징

금속간 화합물은 그간 학문연구의 미숙으로 그의 가치 인정에 많은 어려움이 있었고 학문적으로 그의 존재를 인정받게 된 것은 얼마되지 않는다. 그러면서도 금속간 화합물은 학문적으로 흥미있는 대상물로 취급돼 왔으나 이의 응용 예는 극히 드물다.

단체 금속간 화합물 내지는 이를 기초로 하는 실용재료의 예는 한정되고 있으며 이의 원인으로서는 금속간 화합물의 실체에 관해서 불명확한 점이 아직 많이 있으며, 결정구조가 일반적으로 복잡하고 조성범위가 한정되어 경하고 취약한 것이 많다. 그리고 취급에 불편함으로써 사용을 기피하는 경향이 있었다.

보통 금속재료의 특징으로 하는 점이 적당한 강도와 연성에 있으므로 이런 점에서 볼 때 금속간 화합물은 이단적인 것이라 하겠다.

금속간 화합물의 특징은 이를 구성하는 금속과는 전혀 다른 결정구조를 가지며 그의 종류는 대단히 많다. 그리고 결합양식에 따라 전자 화합물, 공유결합 화합물, 이온결합 화합물 등으로 구별되나 결정구조와 결합양식이 서로 밀접한 관계를 가질 경우도 있고, 역으로 동일 결정구조라 할지라도 결합양식이 완전히 다른 경우도 있다.

금속간 화합물의 특성에는 항상 결정구조와 결합양식의 두 인자가 관여하고 있다.

2 원자 합금의 평형상태도는 천차만별이나 이들에서 나타나는 금속간 화합물의 기본형태를 대별하면 그림 7-33 과 같은 3 종으로 나눠진다.

그림 7-33 (a)는 고온에서 균일 고용체이나 냉각도중에 결정구조가 규칙변태하여 조성 AB를 중심으로 하는 규칙상을 형성하는 것으로서, Cu_3Au, CuAu, Fe_3Al, Ti_3Al 등이 이에 해당되며 이를 **쿠르나코브**(Kurnakov)**형**이라 한다.

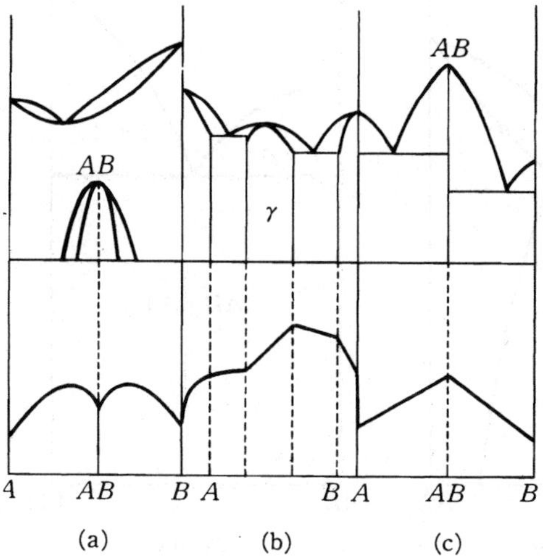

그림 7-33 금속간 화합물의 상태도 분류

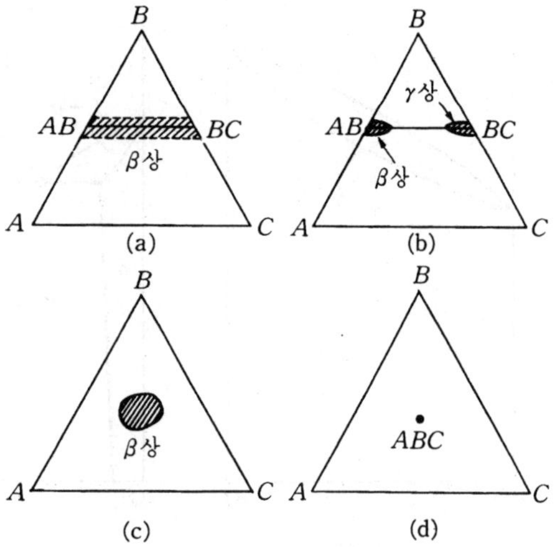

그림 7-34 3 원계 합금에 따른 금속간 화합물

그림 7-33 (b)는 γ인 동일 결정구조를 가지면서 어느 조성 폭을 가지는 금속간 화합물로서 **베르소라이드**(Berthollide)**형**이라 부르며, 이에 속하는 화합물의 종류는 대단히 많다. 그리고 규칙구조를 가지는 것, 즉 $L1_2$형(Ni_3Al)과 같이 온도상승에 따라 강도가 상승하는 이상성질을 가지는 것도 있다.

그림 7-33 (c)는 조성 폭이 없으며, AB의 구조식으로 형성되는 금속간 화합물로서 구성원소 A와 B의 성질차가 큰 경우 즉, 주기율표상에서 좌우로 나누어져 존재하는 원소의 결합으로 형성되기 쉬운 것이 있다. 이를 **달토나이드**(Daltonide)**형**이라 한다.

이상의 분류법은 극히 간단한 모형도로서 실제 상태도에서는 그 형태가 더욱 복잡하다.

이와 같은 것은 3원계 이상의 다원소 금속간 화합물에서도 설명할 수가 있다(신재료 개발을 위해서는 오히려 다원소가 주목을 끌고 있다).

그림 7-34는 3원 금속간 화합물을 그림으로 분류한 것이다. (a)는 2종의 금속간 화합물 AB와 BC가 擬2원계(psudo binary system) 전율고용체를 형성하는 경우이고, (b)는 2종의 금속간 화합물이 어느 범위의 고용도를 갖고 있는 경우이다. (c)는 3원계 베르소라이드(Berthollide)형 금속간 화합물을 형성하는 경우이고, (d)는 3원계 달토나이드(Daltonide)형의 경우이다. 그러나 예상되는 이들 많은 종류의 금속간 화합물은 거의가 자세히 알려져 있지 않고 있다.

금속간 화합물끼리 형성하는 擬2원계 상태도의 전형적인 예를 그림 7-35에 표시하였다.

(a)는 전율고용체의 경우로서 금속간 화합물 AB와 AC의 결정구조, 결합양식, 구조식 등의 성격이 유사한 경우 형성된다.

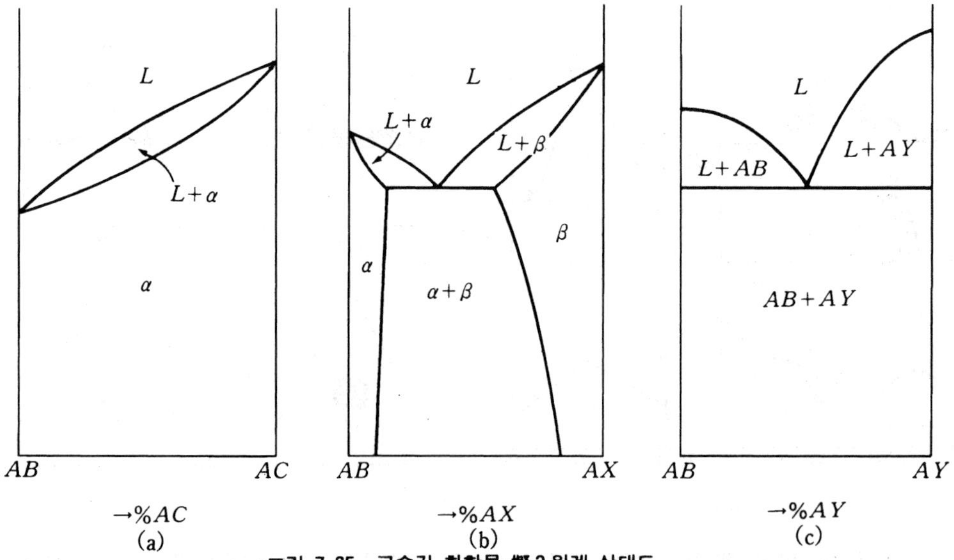

그림 7-35 금속간 화합물 擬2원계 상태도

(b)는 서로 고용범위를 가지고 공정을 이루는 경우이며, (c)는 서로 고용되지 않는 경우이다. 그러나 전율고용체에서는 상태도상에서 아무런 변화도 없다고 속단함은 금물이다.

예를 들면 Fe_3Al-Fe_3Si 擬 2 원계 전율고용체는 $Fe_3(Al_{0.35}Si_{0.65})$인 조성에서 놀랄만한 고투자율 특성이 나타난다.

또한 공정을 형성하는 경우에는 일방향 응고에 의해 Ni_3Al - Ni_3Nb, Ni_3Al - Ni_3Ta 와 같은 내열복합재료, InSb-NiSb 및 InSb-MnSb 등의 전자복합재료로서의 적용이 기대되고 있다.

Berthollide 형 금속간 화합물은 조성폭을 가지며, 이 범위 내에서 조성이 변하여도 결정구조에는 변화없다. 다만 화학양론적 조성으로부터 이탈되면 일반 합금의 경우와 같이 한 원자 위치에 다른 원자가 치환되며 또한 전자 화합물의 경우에는 단위격자당의 전자농도를 유지하기 위해 높은 원자가측의 조성에서 원자공공이 발생한다. 이들 원자공공은 금속간 화합물의 특성에 영향을 주게 된다.

예를 들면 실온에서는 강도가 상승하며 고온에서는 공공에 의한 확산의 활성화를 들 수 있다. 또한 금속간 화합물은 구조식이 같다하더라도 결정구조에는 여러 가지 형태가 나타난다. 그림 7-36 은 이 관계를 도시한 것이다.

즉 같은 AB의 구조식이라 하더라도 형태는 다양하며 이 다양성이 특이성을 나타낸다. 구조식이 AB_3인 Ni_3Al($L1_3$형)은 온도상승에 따라서 강도가 증가하는 성질 때문에 내열재료로서, 또한 구조식은 같으면서 결정식이 다른 Nb_3Sn(Al_5형)은 우수한 초전도 특성 때문에 핵융합로 재료로서 개발되고 있다.

금속간 화합물에는 규칙구조를 갖는 것이 많다. 원칙적으로 규칙화에는 원자간 결합력

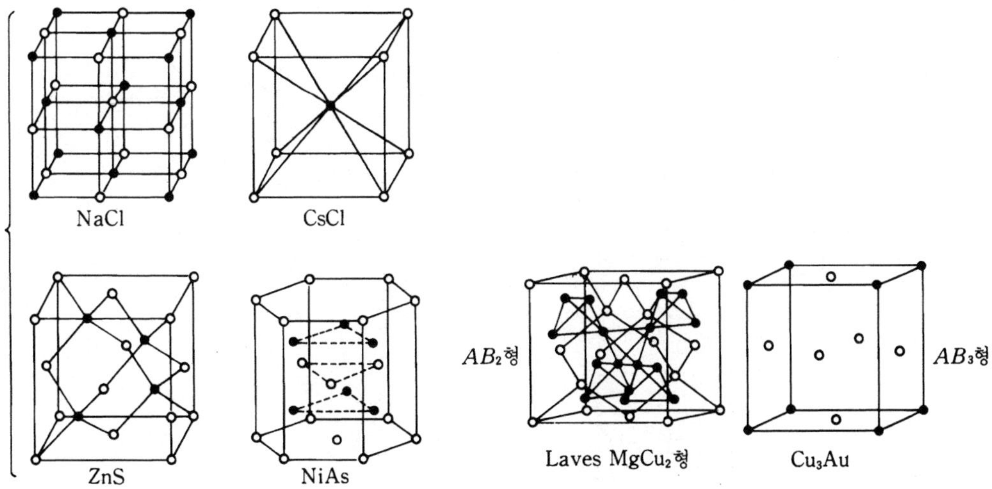

그림 7-36 금속간 화합물의 구조식에 따른 결정구조

이 강한 것에서 일어나기 쉽다. 따라서 이온결합 화합물에 규칙화된 것이 많다. 또한 공유결합물에서도 규칙화는 쉽게 일어나며 금속결합에서도 규칙화는 일어난다. 그리고 융점에 이르기까지 규칙화된 것(NiAl, CoAl) 및 중간에서 규칙-불규칙 변태의 임계온도(T_C)가 존재하는 것(CuZn, Tc ≃ 470 ℃)도 있다.

규칙화의 정도(규칙도)는 합금계, 온도, 열처리 등에 의해 변화하여 규칙화 영역(Antiphase domain, APD)이 서로 접하는 면을 **역위상경계**(Antiphase domain boundary, APB)라 하며, 기계적 성질과 밀접한 관계가 있다. 즉 이들 계면 에너지의 대·소(이방성)의 초격자전위(superlattice dislocation)로 구성되는 APD와 상대상작용하여 전위의 이동도 즉 변형응력(강도)에 강한 영향을 미치기 때문이다.

제 Ⅱ 부
상태도 해설

제 8 장
순금속의 공통 성질과 상태도

8-1 금속의 속성

금속의 예를 든다면 철, 알루미늄, 금, 은, 동……을 들 수가 있다. 그러나 이들 금속의 공통성을 설명한다면

(1) 열전도도가 크다.
(2) 전기전도도가 크다.
(3) 소성변형을 한다.
(4) 특유한 금속광택을 가진다.
(5) 가시광선의 반사능력이 높다.
(6) 결정체이다.

라고 할 수 있으나 흑연은 분명히 비금속이며 전극 등에 사용할 수 있으며, (1), (2)의 성질을 가지고 있으나, 황동광 또는 황철광 등 유화물은 (4), (5)의 성질을 가지고 있다. (6)의 결정은 금속 뿐만이 아니라 수정, 다이아몬드, 방해석 등 非鐵物에도 결정체를 이루는 것이 많다. 또한 Sn은 저온에서는 금속적 성질이 없어지는 등 고체상태에서는 대단히 애매하다. 또한 액체가 되면 Hg와 같이 (3)의 성질은 소멸되며, 기체가 되면 공기나 탄산가스와 같이 기체반응에 따르는 것이 되어 버린다. 따라서 일반적 해답은 고체금속의 공통 성질로서는 의미가 있겠으나 금속 특유의 성질이라고는 할 수가 없다.

금속에는 Li 및 Na와 같이 연한 금속에서부터 W나 Co 및 Ir와 같이 경한 것이 있으며, 화학반응이 쉬운 Zn이나 Mg과 같은 금속, 금 또는 백금과 같은 불활성적인 금속도 있다. 화학적으로는 금속과 酸이 반응하여 鹽을 만드는 원소라 할 수 있으나 이는 금속원자로서의 금속결정은 아니다.

표 8-1에는 각 원자의 정상상태에서의 전자배치를 표시하였다.

표 8-1 원자의 정상상태에서의 전자배치

원자 번호	원소	K	L		M			N				O				P			Q
		1s	2s	2p	3s	3p	3d	4s	4p	4d	4f	5s	5p	5d	5f	6s	6p	6d	7s
1	H	1																	
2	He	2																	
3	**Li**	2	1																
4	**Be**	2	2																
5	B	2	2	1															
6	C	2	2	2															
7	N	2	2	3															
8	O	2	2	4															
9	F	2	2	5															
10	Ne	2	2	6															
11	**Na**				1														
12	**Mg**				2														
13	**Al**				2	1													
14	Si		10		2	2													
15	P		Ne 각		2	3													
16	S				2	4													
17	Cl				2	5													
18	Ar				2	6													
19	**K**							1											
20	**Ca**							2											
21	**Sc**						1	2											
22	**Ti**						2	2											
23	**V**						3	2											
24	**Cr**						5	1											
25	**Mn**						5	2											
26	**Fe**						6	2											
27	**Co**				18		7	2											
28	**Ni**				Ar 각		8	2											
29	**Cu**						10	1											
30	**Zn**						10	2											
31	**Ga**						10	2	1										
32	(Ge)						10	2	2										
33	(As)						10	2	3										
34	(Se)						10	2	4										
35	Br						10	2	5										
36	Kr						10	2	6										

표 8-1 의 계속

원자번호	원소	K	L		M			N				O				P			Q
		1s	2s	2p	3s	3p	3d	4s	4p	4d	4f	5s	5p	5d	5f	6s	6p	6d	7s
37	**Rb**											1							
38	**Sr**											2							
39	**Y**									1		2							
40	**Zr**									2		2							
41	**Nb**									4		1							
42	**Mo**									5		1							
43	**Tc**									5		2							
44	**Ru**									7		1							
45	**Rh**					36				8		1							
46	**Pd**					Kr 각				10									
47	**Ag**									10		1							
48	**Cd**									10		2							
49	**In**									10		2	1						
50	**(Sn)**									10		2	2						
51	(Sb)									10		2	3						
52	Te									10		2	4						
53	I									10		2	5						
54	Xe									10		2	6						
55	**Cs**															1			
56	**Ba**															2			
57	**La**													1		2			
58	**Ce**									2						2			
59	**Pr**									3						2			
60	**Nd**									4						2			
61	**Pm**									5						2			
62	**Sm**									6						2			
63	**Eu**					54				7						2			
64	**Gd**					Xe 각				7				1		2			
65	**Tb**									8				1		2			
66	**Dy**									10						2			
67	**Ho**									11						2			
68	**Er**									12						2			
69	**Tm**									13						2			
70	**Yb**									14						2			
71	**Lu**									14				1		2			
72	**Hf**									14				2		2			
73	**Ta**									14				3		2			

표 8-1의 계속

原子番號	元素	K	L		M			N				O				P			Q
		1*s*	2*s*	2*p*	3*s*	3*p*	3*d*	4*s*	4*p*	4*d*	4*f*	5*s*	5*p*	5*d*	5*f*	6*s*	6*p*	6*d*	7*s*
74	**W**									14				4		2			
75	**Re**									14				5		2			
76	**Os**									14				6		2			
77	**Ir**									14				9					
78	**Pt**									14				9		1			
79	**Au**									14				10		1			
80	**Hg**				54 Xe 각					14				10		2			
81	**Ti**									14				10		2	1		
82	**Pb**									14				10		2	2		
83	(Bi)									14				10		2	3		
84	(Po)									14				10		2	4		
85	At									14				10		2	5		
86	Rn									14				10		2	6		
87	**Fr**																		1
88	**Ra**																		2
89	**Ac**																	1	2
90	**Th**																	2	2
91	**Pa**													2				1	2
92	**U**													3				1	2
93	Np							86 Rn 각						5					2
94	Pu													6					2
95	Am													7					2
96	Cm													7				1	2
97	Bk													8				1	2
98	Cf													9				1	2
99	Es													10				1	2
100	Fm																		

이 표에서 고딕자의 원소가 금속이다(인공원소는 제외). 이에 의하면 수소를 제외한 원자의 최외각의 가전자가 1개이면 그 원소는 K, Na와 같이 완전히 금속적이다. Fe나 Co와 같은 천이금속에서도 1개 또는 2개의 가전자가 있고 금속적이며 2개 또는 3개의 가전자가 있는 경우도 Mg, Cd, Al과 같이 금속적이다.

그러나 Ge, Sn, Bi와 같이 3개, 4개 또는 5개의 가전자의 경우는 반금속적 성격을 지니게 된다. 이들은 일반적으로 금속으로서 취급되고 있으나 표 중에서는 ( )로 구별하였다.

최외각에 6개 또는 7개의 가전자가 있는 경우에는 O, F, S, Cl과 같이 완전히 비금속이 된다. 또한 표 중에서 Pa, Ir 등의 최외각전자가 내각에 들어 있으나 이는 궤도와의 관

표 8-2 금속 · 비금속을 구별한 주기율표

IA	IIA	IIIB	IVB	VB	VIB	VIIB	VIII	VIII	VIII	IB	IIB	IIIA	IVA	VA	VIA	VIIA	0
								1 H 1. 0080	…원자번호 …원소기호 …원 자 량								2 He 4. 003
3 Li 6. 940	4 Be 9. 013											5 B 10. 82	6 C 12. 010	7 N 14. 008	8 O 16. 0000	9 F 19. 00	10 Ne 20. 183
11 Na 22. 997	12 Mg 24. 32											13 Al 26. 98	14 Si 28. 09	15 P 30. 970	16 S 32. 066	17 Cl 35. 457	18 Ar 39. 944
19 K 39. 100	20 Ca 40. 08	21 Sc 44. 96	22 Ti 47. 90	23 V 50. 95	24 Cr 52. 01	25 Mn 54. 93	26 Fe 55. 85	27 Co 58. 94	28 Ni 58. 69	29 Cu 63. 54	30 Zn 65. 38	31 Ga 69. 72	32 Ge 72. 60	33 As 74. 91	34 Se 78. 96	35 Br 79. 916	36 Kr 83. 80
37 Rb 85. 48	38 Sr 87. 63	39 Y 88. 92	40 Zr 91. 22	41 Nb 92. 91	42 Mo 95. 95	43 Tc (99)	44 Ru 101. 7	45 Rh 102. 91	46 Pd 106. 7	47 Ag 107. 880	48 Cd 112. 41	49 In 114. 76	50 Sn 118. 70	51 Sb 121. 76	52 Te 127. 61	53 I 126. 91	54 Xe 131. 3
55 Cs 132. 91	56 Ba 137. 36	57−71 Lanth- anides	72 Hf 178. 6	73 Ta 180. 88	74 W 183. 92	75 Re 186. 31	76 Os 190. 2	77 Ir 193. 1	78 Pt 195. 23	79 Au 197. 2	80 Hg 200. 61	81 Ti 204. 39	82 Pb 207. 21	83 Bi 209. 00	84 Po (210)	85 At (211)	86 Rn 222
87 Fr (223)	88 Ra 226. 05	89 Acti- nides															

Lanthan 계열	57 La 138. 92	58 Ce 140. 13	59 Pr 140. 92	60 Nd 144. 27	61 Pm (145)	62 Sm 150. 43	63 Eu 152. 0	64 Cd 156. 9	65 Tb 159. 2	66 Dy 162. 46	67 Ho 164. 94	68 Er 167. 2	69 Tm 196. 4	70 Yb 173. 04	71 Lu 174. 99
Actinide 계열	89 Ac (227)	90 Th 232. 12	91 Pa 231	92 U 238. 07	93 Np (237)	94 Pu (242)	95 Am (243)	96 Cm (247)	97 Bk (249)	98 Cf (251)	99 Es (253)	100 Fm (254)	101 Md (256)	102 No (247)	103 Lr

□ = 금속　　□ = 반금속　　■ = 비금속

계에 의한 것으로써 전자는 자유전자가 되기 쉽다. 따라서 금속이라 부르고 있다.

금속이라 불리는 원소는 최외각의 가전자의 수가 1 개, 2 개, 3 개까지의 것으로서 대부분이 점유된다.

이를 표 8-2 의 주기율표에서 보면 금속, 반금속, 비금속의 구별은 명백하다. 이와 같이 수소를 제외한 원자는 최외각의 가전자의 수가 적은 경우는 금속원자임이 판명된다.

표 8-3 원소의 이온화 potential

원 소	1s	2s	2p	3s	3p	3d	4s	4p	4d	4f
H	13.54									
금속 Li	65	5.42								
C	302	21.0	10.4							
Ne	895	48.2	21.6							
금속 Na	1100	79.1	37.8	5.01						
금속 Al	1555	123.0	71.9	10.6	59.7					
Cl	2820	276.5	24.5	13.0						
금속 K	3600	377.0	35.2	16.3	—	4.32				
금속 Cr	5980	694.0	73.2	42.0	8.26	6.79				
금속 Ni	8320	1015.0	111.2	73.2	9.22	8.68				
반금속 Ge	11100	1410.0	182.0	129.0	43.4	18.85	8.13			
Kr	14320	1920.0	290.0	209.0	92.2	28.40	14.0			
금속 Zr	18000	2530.0	431.0	331.0	180.2	51.50	28.50	7.19	6.91	
금속 Mo	20000	2860.0	509.0	396.0	232.0	69.10	39.30	6.97	7.32	

원자로부터 최외각의 가전자가 이온화되는 난이도는 이온화 potential 이다. 표 8-3 에는 몇 가지 원소의 이온화 potential 을 표시하였다. 이들 potential 은 기저상태의 원자로부터 지시된 원자를 제거하는데 필요한 에너지의 크기를 표시하는 것이다. 이에 의하면 4 개의 가전자를 가지는 C, 7 개를 가지는 Cl 등 또는 希가스인 Ne, Kr 등은 최초의 이온화 potential 이 큰 값을 가지고 있다.

그러나 Li, Na, Al, K 등 금속원소의 최초의 이온화 potential 은 작은 값이며 가전자는 비교적 용이하게 제거됨을 표시하고 있다. 그리고 나머지의 내측원자의 원자핵에 강하게 작용되고 있다.

금속결정은 도전용의 자유로운 전자군을 가지고 있으며 이를 운반하는 능력은 온도의 상승으로 작아지는 고체가 된다. 따라서 금속 고체의 모델은 그림 8-1 과 같이 고려된다. 가전자는 금속 속을 자유로이 움직이며 또한 다량으로 존재하는 것으로서 이는 電子雲을 형성한다. 그림 8-1 과 같이 (+)이온 원자와 (−)의 전자구름 사이의 인력이 작용하여 이 힘이 금속원자간을 결합시키고 있다고 생각된다. 이는 극히 간단한 생각이기는 하나

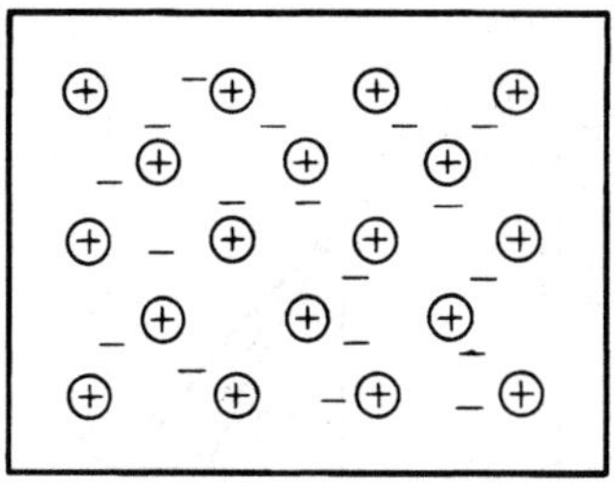

⊕ : +이온원자 — : 자유전자

그림 8-1 금속 고체의 모델

금속의 많은 특성을 이로써 설명할 수가 있다.

예로서 자유전자는 전장속에서 자유로이 움직일 수 있으므로 이것이 전기전도도나 열전도도를 양호하게 하는 원인이다. 또한 고체 금속은 원자운속에서 상당한 간격으로 결정격자를 만들고 기계적 성질을 결정하는 요소가 되고 있다. 또한 이온화 결합이나 공유결합과는 달리 결정격자점의 원자를 다른 금속원자와 치환하여 자유로히 합금을 만들 수 있는 것도 이해되며 원자운의 존재로 내부에 들어간 빛은 흡수됨으로 금속은 전부 불투명하게 된다.

8-2 금속의 액체로부터 고체로의 변화과정

금속 및 합금의 상태도는 일반적으로 액체와 고체의 상태를 표시하는 것이다. 금속이 액체로부터 고체로 변화하는 과정, 그리고 고체가 되었을 때 조직적으로 어떻게 되는가는 상태도를 이해하는데 반드시 필요하다.

기체상태의 금속은 일반기체와 같이 기체반응법칙에 따른 것이다. 그러나 액체 금속이 되면 금속적인 양상이 대단히 명백해진다. 상온에서 액체인 Hg는 금속적 광택을 가지며 열전도도, 전기전도도가 좋다. 또한 밀도도 그외 고체 금속에 비해 일반적으로 수% 적을 정도로 극히 치밀한 원자결합체로 된다. 전기전도도는 고체상태에 비해 낮으나 상당히 있으며 따라서 자유전자는 액체 금속에서도 이미 존재함을 뜻하게 된다. 이와 같이 액체 금속이 고체 금속으로 변태함은 자유 에너지의 변화에 의한 것이다.

그림 8-2는 물과 얼음의 자유 에너지가 온도에 의해 변화하는 상태를 표시한 것이다. 0℃ 이상에서는 물은 얼음보다 자유 에너지가 적으나 0℃에서는 양자의 자유 에너지가 같게 되며, 0℃ 이하에서는 오히려 물보다 자유 에너지가 적게 된다.

따라서 0℃에서 액상과 고상과의 천이가 일어난다. 금속도 같은 이유로써 액체 금속을 냉각시켜 가면 그 금속의 응고온도에서 고상이 결정으로 생성된다.

응고온도 부근에서는 액상과 고상의 자유 에너지의 차가 근소하므로 진동을 주던가 또

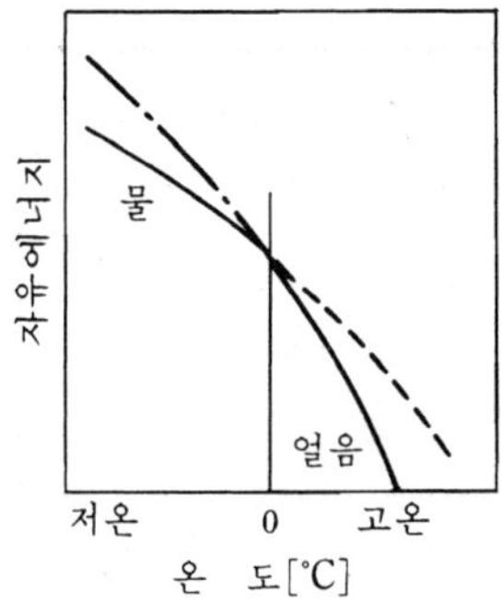

그림 8-2 대기압에서의 물과 얼음의 자유 에너지

는 고상의 미소편을 결정핵으로서 넣어주지 않으면 응고온도 이하가 되어도 액체 그대로 존재하는 일이 많다. 이것이 바로 **과냉도**이다. G. Tammann 은 여러 가지 유기물이 응고점 근방의 여러 온도에서 단위시간마다 단위체적 중에 생성되는 생성 고상핵의 수를 측정하였다. 그 결과는 정성적으로 그림 8-3 에 표시하였으며 과냉도와 결정핵수의 관계는 응고점보다 약간 높은 온도에서 어느 점에서는 최대로 도달하여 그 이상에서는 감소한다. 이 곡선에서 알 수 있는 바와 같이 핵의 발생 온도범위를 급속히 냉각 통과한다면 현저히 과냉각된 액상을 얻을 수 있을 것이다. 예로서 유리도 규칙적 배열에 상당한 시간이 요함으로써 비정질이 된다. 그러나 금속은 원자적 배열을 함으로써 배열이 용이하고 일반적으로 과냉으로도 쉽게 결정화하며 핵발생 온도범위가 넓으므로 비정질로 되지 않는다.

결정핵의 성장속도에 대해 G. Tammann 은 투명한 유기재료의 용액을 얇은 유리관에 넣어 이를 다시 응고점 이하의 여러 가지 탕욕에 넣어 핵발생의 성장속도를 제어하여 그림 8-4 의 결과를 얻었다.

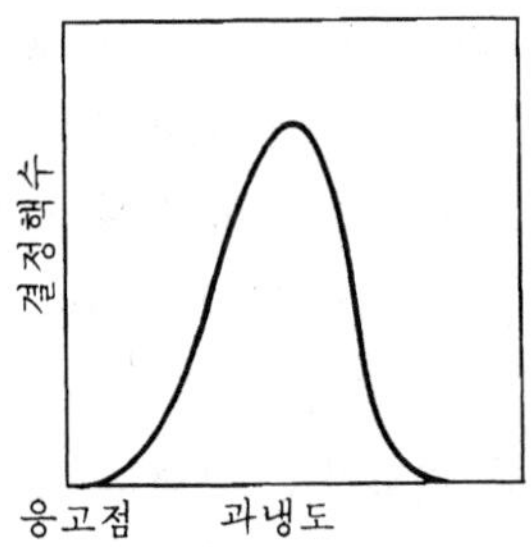

그림 8-3 과냉도와 결정핵의 수

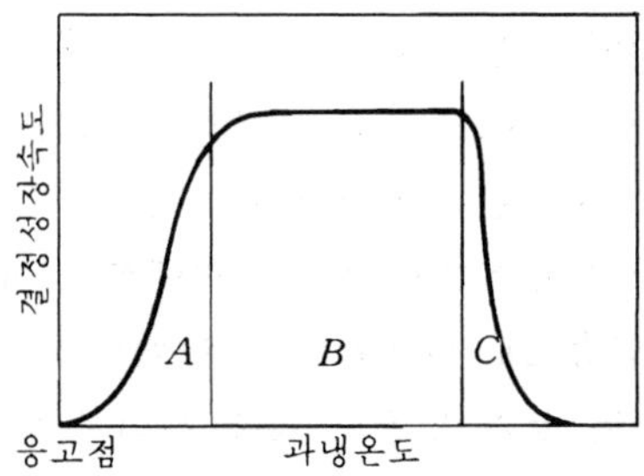

그림 8-4 과냉도와 결정성장속도

핵의 발생도 핵의 성장도 원리적으로 동일한 결정생성이며, 그림 8-3, 8-4 도 동일 곡선이 될 것이나 핵의 성장속도의 경우에는 응고열의 발생이 크게 영향을 준다.

그림 8-4 의 B 부위에서는 응고열이 발생함과 동시에 열전도에 의해 그 열이 운반되므로 생성 결정면 상의 온도는 항상 응고점을 유지하고 있으며 응고점에서 그 결정 특유의 성장속도를 가지게 된다. 그러나 결정생성에 의해 발생하는 응고열의 전도가 불충분하면 생성 결정면은 응고온도 이상으로 되어 결정의 성장은 정지한다. A 부가 이에 해당하며 응고열의 전도상태에 의해 결정 성장속도 변화가 일어난다. 또한 C 부위에서는 응고열의 전도가 충분히 이루어져 생성 결정면은 항상 응고온도 이하에 있으나 과냉도가 크므로 액체의 원자 혹은 분자이동이 적어져서 점성이 증가되며 따라서 결정 성장속도는 감소하게 된다.

액체 금속이 응고할 때는 상기 결정핵수와 결정 성장속도의 2 가지 영향을 받아 액의 모든 곳에 핵생성이 일어나며 결정이 각기 성장되어 간다. G. Tammann 의 실험 결과에 의하면 표면장력의 영향을 받아 결정은 구상으로 발달하나 곧 결정의 종류에 의해 특유한 결정면이 생성되면 응고열의 전도가 면 중앙보다 면각 또는 모서리 부분이 크므로 이들 부분의 결정성장이 현저하게 되어 결정은 방향성을 갖고 크게 발달하여 수지상 조직을 갖게 된다.

이들 가지가 어떤 간격을 가지고 존재하는 것도 또한 열전달에 의한 것이다. 이와 같은 수지상 조직은 눈(雪)의 결정에도 볼 수 있으며 또한 아연강철판의 표면의 모양도 이것이다.

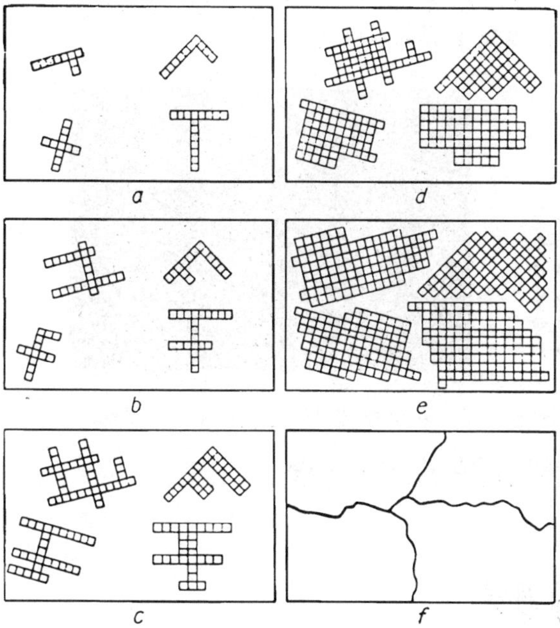

(a) 금속이 응고할 때 결정핵이 성장하여 고체 결정이 되는 모형

(b) 순금속 또는 고용체 합금의 일반적 현미경 사진(결정립마다의 농도는 결정 방향에 따르는 빛의 반사정도에 따른다)

그림 8-5

무엇이든 생성핵이 성장해 가면 최종적으로 이들은 경계를 접하여 그림 8-5 (a), (b)의 조직이 된다. 이것이 순금속의 일반적인 고체조직이다. 2 성분계 이상의 고용체 합금의 조직도 이와 같은 조직이 된다. 액체 금속이 고체화된 경우 체적은 일반적으로 수 % 증가한다(Bi 는 예외). 주형용의 원형 제작시 주물자를 사용하는 이유도 이 때문이다.

8-3 고체 금속

그림 8-5 (a), (b)에서 경계에 둘러 쌓인 하나하나를 **결정립**이라 한다. 1 개의 결정립은 한 개의 핵이 성장하여 이루어진 것으로서 그 금속 특유의 결정구조를 갖고 있으며 결정방향은 동일하다. 이와 같은 결정립의 단합체가 고체 금속이다. 그림 8-5 (b)는 금속현미경에 의한 조직사진이다. 여기서 흑색선으로 보이는 것은 결정립의 경계이며 이는 결정립마다 결정방향을 가진 단체가 상호 접하는 곳이다. 이 경계부분도 결정립이기는 하나 비교적 임의의 원자배열을 하고 있다. 즉 일반금속은 원자핵이 전자운에 의해 둘러싸인 금속결합을 하고 있으며 경계에 있어서도 그들의 결합은 동일하다(그림 8-6). 다만 한 덩어리의 금속의 모든 결정립이 동일 결정방향을 지니고 있을 때는 마치 전체가 한 개의 결정립과 같이 되며, 이를 **단결정**이라 한다.

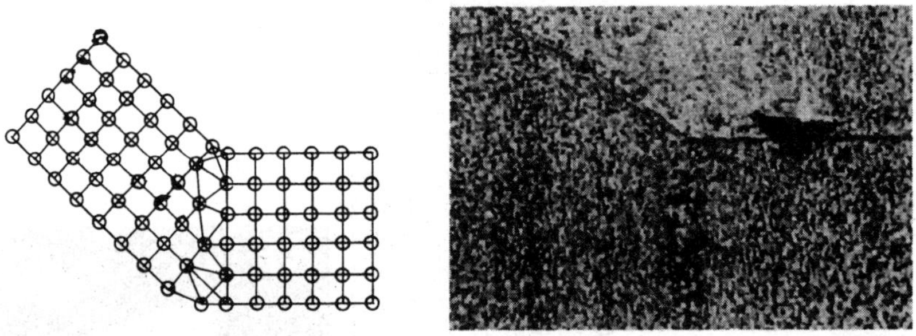

(a) 금속 결정립 경계의 변형된 원자배열　　(b) 금속 결정립 경계의 현미경 사진

그림 8-6 금속의 결정립 경계의 원자배열

8-4 순금속 결정의 원자배열

표 8-4 는 각 금속의 상온에서의 결정을 구성하고 있는 원자의 배열양식을 표시한 것이다. 금속결정은 그들 특유한 원자배열을 하고 있다. 이들 원자배열의 기본형을 우리는 **결정구조**라 하며, 이들 기본형에는 7 종류가 있다. 이들 기본형을 **결정계**라 하며

표 8-4 상온에서의 금속 결정의 원자배열(결정구조)

금속원소	결정구조(상온)	금속원소	결정구조(상온)
Li	b c c	Sn	b c t
Be	h c p	Sb	능면체
Na	b c c	Cs	b c c
Mg	h c p	Ba	b c c
Al	f c c	La	h c p
K	b c c	Ce	f c c
Ca	f c c	Pr	h c p
Sc	f c c	Nd	h c p
Ti	h c p	Sm	삼방정
V	b c c	Eu	b c c
Cr	b c c	Gd	h c p
Mn	등축(복잡)	Tb	h c p
Fe	b c c	Dy	h c p
Co	h c p	Ho	h c p
Ni	f c c	Er	h c p
Cu	f c c	Tm	h c p
Zn	h c p	Yb	f c c
Ga	사방정	Lu	h c p
Ge	다이아몬드정계	Hf	h c p
Rb	b c c	Ta	b c c
Sr	f c c	W	b c c
Y	h c p	Re	h c p
Zr	h c p	Os	h c p
Nb	b c c	Ir	f c c
Mo	b c c	Pt	f c c
Ru	h c p	Au	f c c
Rh	f c c	Hg	능면체 (−39 ℃)
Pd	f c c	Ti	h c p
Ag	f c c	Pb	f c c
Cd	h c p	Bi	능면체
In	f c t	U	사방정

[주] bcc : 체심입방격자, fcc : 면심입방격자, hcp : 조밀육방격자, fct : 면심입방격자

원자배열 양식을 고려한 기본형은 Bravais 에 의해 다시 14 종류로 구분하였다. 즉 기본형은 대략 6 면체를 이루고 있으며 각 모서리에 원자를 갖고 있고 이 6 면체의 체적 중심에 또 하나의 원자를 갖는 것이 있다. 이를 **체심격자**라 한다. 또한 모서리에 한 개씩의 원자를 갖고 면 중심에 6 개의 원자를 갖고 있는 배열양식을 **면심격자**라 한다.

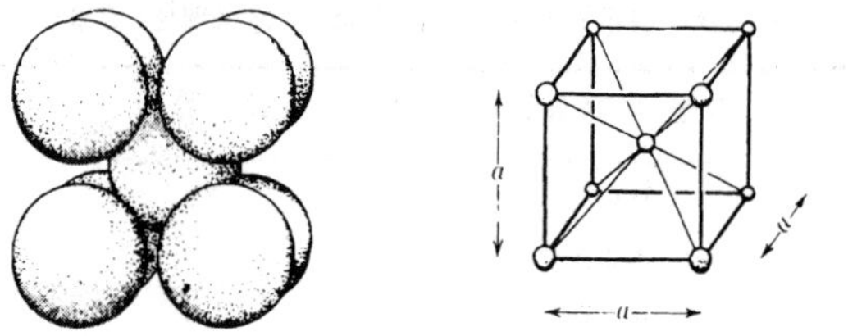

(a) 체심입방격자

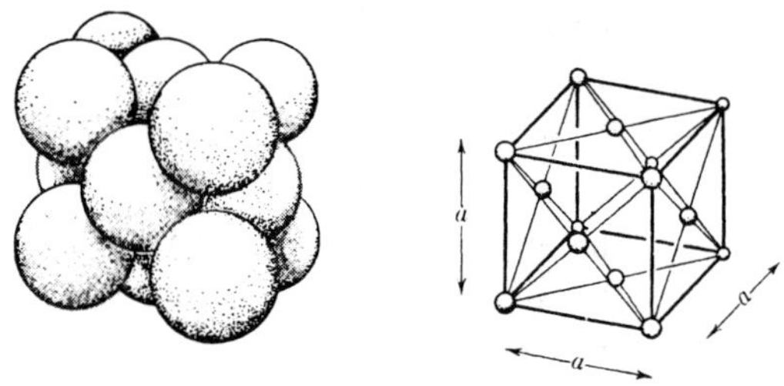

(b) 면심입방격자

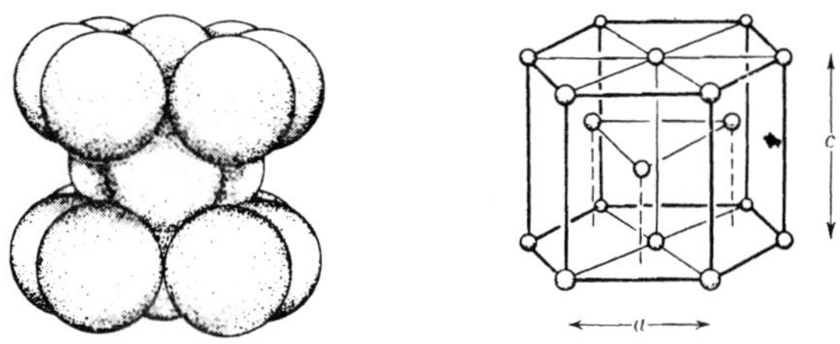

(c) 조밀육방격자

그림 8-7 금속의 대부분은 이 3 종류의 결정격자 중의 하나에 속한다.

그리고 육방정형을 3 개 합쳐서 만들어지는 6 각 주형의 격자 내에 3 개의 원자를 갖는 격자는 특히 **조밀육방격자**라 하며, 이들을 각각 B. C. C (Body Centered Cubic Lattice), F. C. C (Face Centered Cubic Lattice) 그리고 H. C. P (Close Packed Hexagonal Lattice) 라 부른다(그림 8-7 참조).

상온의 Fe, W, Mo, V, Li 등은 그림 8-7 (a) 와 같은 단위격자를 갖는 결정구조를 갖고 있다. 또한 Al, Cu, Au, Ag, Pb 등은 그림 8-7 (b) 와 같은 단위격자의 결정구조를 갖고, Zn, Cd, Mg, Zr, α-Ti 등은 그림 8-7 (c) 와 같은 단위격자의 결정구조를 가지며 이는 가장 조밀한 원자구의 적층을 갖는 것이다. 그리고 순금속의 대부분은 이들 3 종류의 결정격자의 어느 하나에 속하고 있다.

8-5 다형과 동소변태

원소금속 중에는 고체상태에서 결정구조가 변화하는 것이 있다. Fe, Co, Ti 등이 그의 예가 된다.

고체상태에서 어떤 온도를 경계로 하여 결정구조가 변화함으로써 2종 또는 그 이상의 다른 결정구조를 갖는 것을 **다형**(polymerphism)이라 하고, 이들을 **동소체**라고도 한다. 또한 결정구조가 온도의 상승 또는 강하로 가역적으로 변화하는 현상을 **동소변태**라 한다. 이와 같은 현상은 금속의 응고과정에서 액상 ⇄ 고상변화와 같이 자유 에너지의 변화에 의한 것이다. 이 동소변태는 금속과 합금의 상태도에서 대단히 중요한 것이며 실용적 가치가 있다. 즉 좋은 성질을 가지고 있는 실용합금의 발견 또는 열처리법의 근거로써 불가피한 것이다.

상태도를 이해하기 위해 이와 같은 상태의 특성을 알아 두기로 하자.

순철을 예로서 설명하여 보자. 순철의 열팽창을 측정하면 그림 8-8과 같이 된다. 열팽창 곡선은 910℃에서 일단 수축하고 1400℃에서 급격한 팽창이 일어나나 이후는 단조로운 팽창으로 융점까지 도달한다. 이 때 910℃ 이하의 곡선의 연장은 1400℃ 이상의 곡선과 일치하여 동일 곡선상에 놓인다.

또한 순철은 상온에서 강자성체이나 768℃에서는 자기변태에 의해 상자성체가 된다. 상자성체로서의 자기강도를 확대하여 같은 그림 속에 표시하였다. 즉 910℃에서 급히 약하게 되며 이어서 1410℃에서 다시 회복하여 910℃ 이하의 곡선의 연장선에 일치하는 곡선이 된다. 이들 제변화의 조재로 인하여 철의 고체상태를 α, β, γ, δ로 분류하며, $\alpha \rightleftarrows \beta$ 변태를 **A_2 변태**, $\beta \rightleftarrows \gamma$ 변태를 **A_3 변태**, $\gamma \rightleftarrows \delta$ 변태를 **A_4 변태**라 불린다.

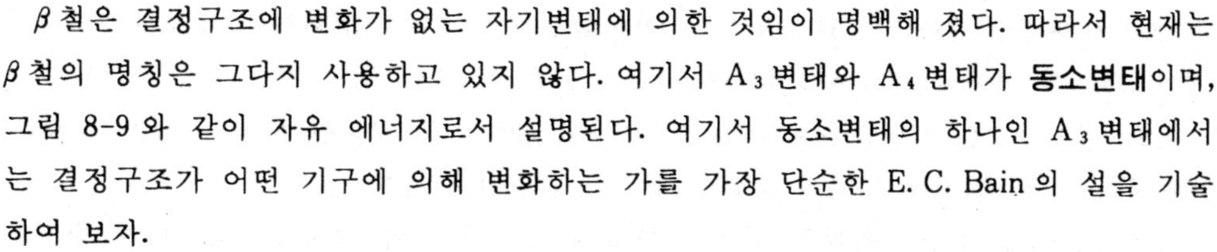

β철은 결정구조에 변화가 없는 자기변태에 의한 것임이 명백해 졌다. 따라서 현재는 β철의 명칭은 그다지 사용하고 있지 않다. 여기서 A_3 변태와 A_4 변태가 **동소변태**이며, 그림 8-9와 같이 자유 에너지로서 설명된다. 여기서 동소변태의 하나인 A_3 변태에서는 결정구조가 어떤 기구에 의해 변화하는 가를 가장 단순한 E. C. Bain의 설을 기술하여 보자.

이 변태는 대단히 빠르고 실험적으로는 퀜칭 등으로써 변태를 저지할 수가 없다. 체

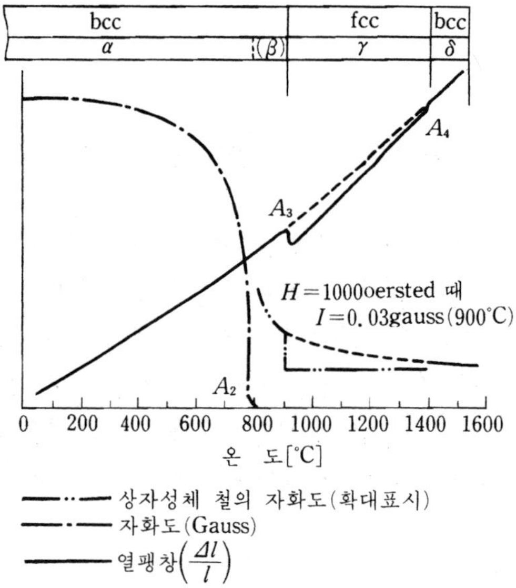

그림 8-8 순철의 열팽창 곡선과 자기곡선의 변화점은 내부에서의 변화를 뜻함

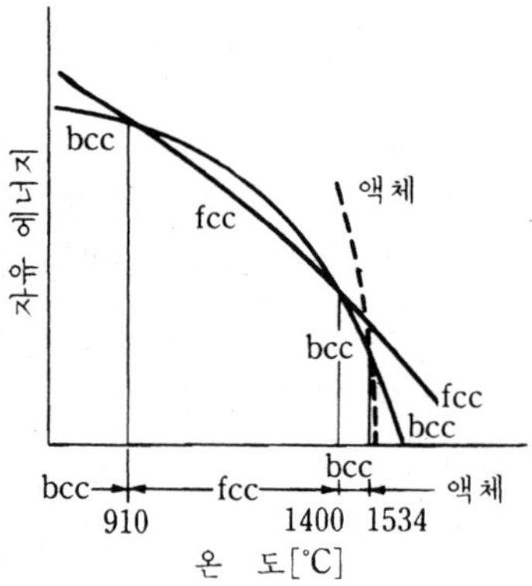

그림 8-9 순철의 동소변태는 자유 에너지가 작은 쪽으로 이동

심입방격자와 면심입방격자는 대단히 다른 격자로 생각되나 γ 상태인 면심입방격자를 2개 그린 것이 그림 8-10 이다.

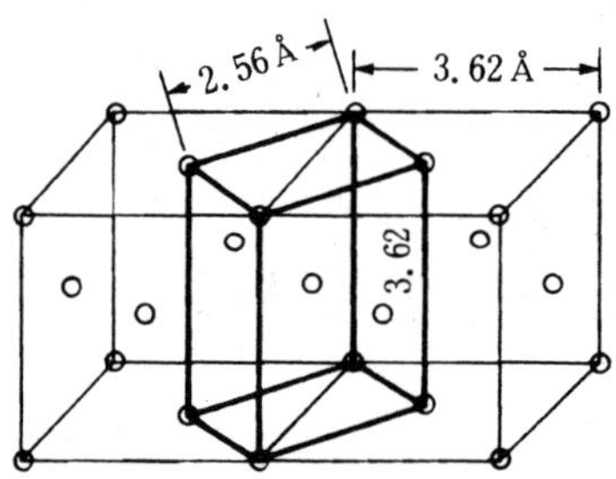

그림 8-10 γ 상태의 철의 면심입방격자. 이는 체심정방격자이기도 하다.

그림에서 굵은선으로 표시한 격자는 체심입방격자이다. 즉 체심입방격자는 축비 $c/a = 1.414$ 의 체심정방격자와 같다. 따라서 $\gamma \rightleftarrows \alpha$ 변태에서는 체심정방격자가 체심입방격자로 변화하면 된다. 즉 원자가 약간 이동함으로써 격자의 변화는 필요없게 된다. 이것이 Bain 의 설이다($c : a = 3.62 : 2.56 \cong 1.414 : 1$).

기타 원소 Co 는 420 ℃ 까지는 H. C. P 이며 420 ℃ 를 지나면 F. C. C 격자가 된다. 이는 F. C. C 의 원자구의 가장 조밀한 배열의 하나인 격자이다.

그림 8-11 (a)에서는 원자를 밑면에 배열시키고 그 위에 그림과 같이 다시 원자를 배열하고 3번째는 밑면의 것과 동일하게 원자를 배열시킨 것이다. 또한 면심입방격자

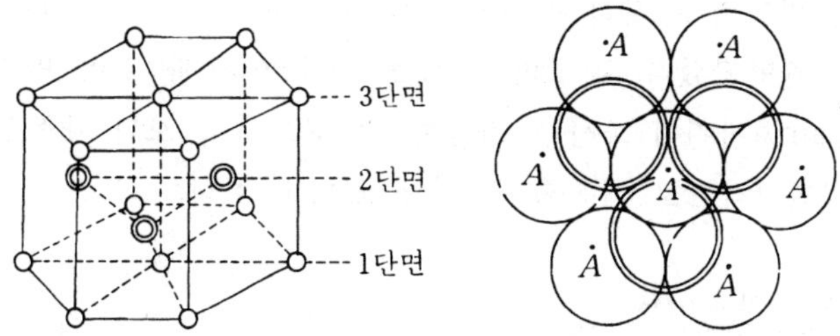

○은 1단면, ◎은 2단면을 표시하며 3단면의 원자는 1단면의 원자 A의 정상에 온다.

(a) 조밀육방격자의 원자의 적층상태

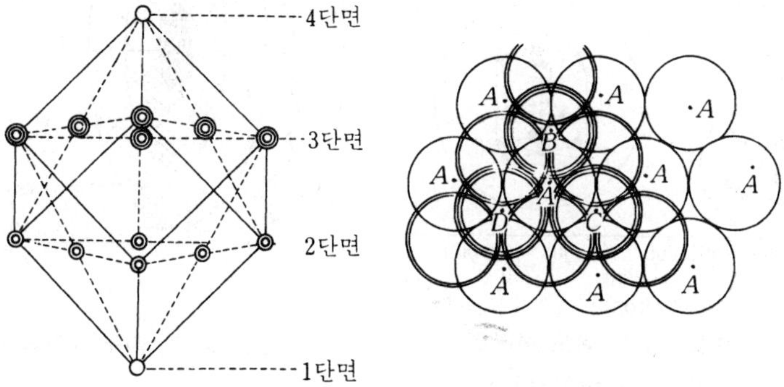

○ 1단면, ◎ 2단면, ◉ 3단면을 표시한다.
4단면의 원자는 1단면의 원자의 정상에 온다.

(b) 면심입방격자의 원자의 적층상태

그림 8-11

도 원자구를 가장 조밀하게 배열시킨 격자이다. 그림 8-11 (b)에서는 그림 8-7 (b)의 면심입방격자의 1 정점을 밑면으로 하고 세워 놓은 것이다. 이 밑면의 정점에 있는 원자를 제 1 면으로 하고 그 위에 제 2 면으로서 원자를 놓은 것은 그림 8-11 (b)에 도해한 것과 같이 조밀육방격자와 완전히 동일하나 3 번째 면에서는 그림의 B, C, D 점의 凹부에 원자가 오른다. 그리고 4 번째 면에는 다시 밑면과 같은 위치에 원자가 놓여진다. 따라서 Co 는 동소변태가 있어서 항상 조밀한 원자배열을 갖게 된다.

8-6 순금속의 상태도

순금속의 상태도는 1 성분계이다. 순금속의 한 예로서 철의 상태도를 생각해 보자. 철은 융점이 높고 비중도 7.9 로서 크다. 물론 물의 상태도와 비교할 수는 없으나 현재 작성된 상태도는 그림 8-12 와 같으며, 압력도 200 kbar 정도이다.

고압하에서 동소변태 상황변화는 현저하나 융점의 온도변화는 100 kbar 의 압력변화에서 약 200 ℃ 이며 비교적 둔감하다. 또한 고압하에서는 조밀육방격자의 결정구조의 철이 있다는 사실도 판명되었다. 지구의 구조는 그림 8-13 과 같이 반숙 계란을 연상시킨다. 지각부터 mantle까지의 조사는 가능한 것 같으나 그보다 내부는 인공지운 등에 의한 진동파를 청진기적으로 해석할 수 밖에 없다고 한다.

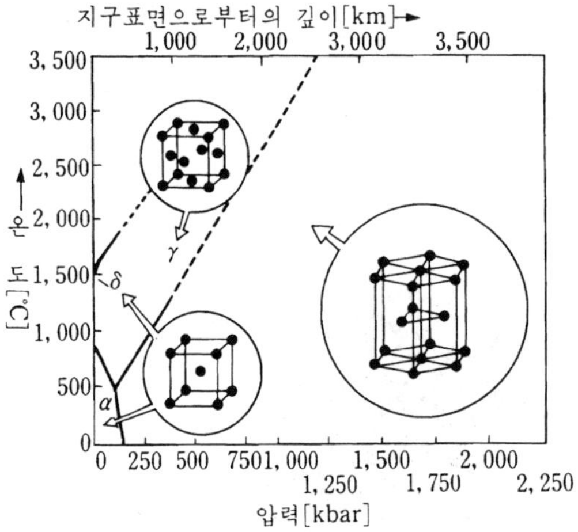

그림 8-12 순철의 압력-온도 상태도
(1 kbar : 약 1000 기압)

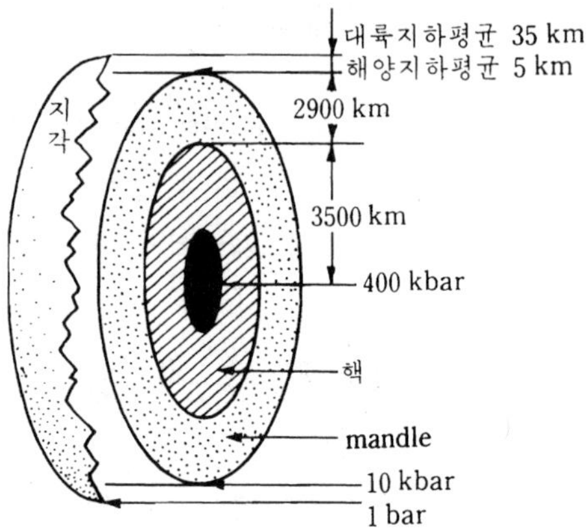

그림 8-13 지구 내부의 구조와 압력

이것으로서 내부의 밀도분포를 알 수 있고 이로부터 압력계산도 가능하다. 맨틀에는 규석성분이 많으나 핵에는 철이 많다고 한다. 이들 지구 내부의 고압하의 지질은 지상의 같은 물질과 어떻게 다른 것인가. 현재 실험으로 나타나는 압력은 수백 kbar 이나 이는 맨틀의 외측 부분이다. 고압하의 물질의 탐구는 이제 착수되었을 뿐이기는 하나 흥미있는 일이라 지구 속에 깊이 존재하는 철의 조직 뿐만이 아니라 신물질의 발견을 고려하여 향후에는 고압하의 구조변화를 적극적으로 생각해야 할 것이다. 고온고압하에서 이미 인조 다이아몬드도 공업적으로는 연마제 등으로서 실용화되고 있다.

그러면 응축계의 철의 상태도는 어떠한 가를 알아보자. 이는 1 기압하에서의 것이므로 그림 8-12 에서 쉽게 직선으로 표시됨을 알 수 있다(그림 8-14). 여기서 768 ℃ 의 A_2 점은 상자성체로부터 강자성체로 변화하는 자기변태점이다.

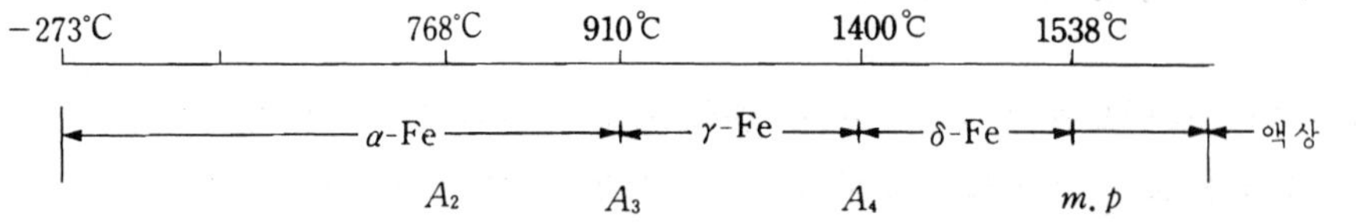

그림 8-14 철의 응축계 상태도

이에 응축계의 상률($F = C + 1 - P$)을 적용시켜 보면 다음과 같다. 즉 1 성분계이므로

$$F = 2 - P$$

에서 상수는 1 또는 2 만이 존재하므로 $P = 1$ 이면

$$F = 1$$

로서 액상, δ-Fe, γ-Fe, α-Fe 의 각 범위에서는 온도를 임의로 잡아도 1 상의 상태를 유지할 수가 있다.

또한 $P = 2$ 의 경우는

$$F = 0$$

으로서 액상과 δ-Fe, δ-Fe 와 γ-Fe, γ-Fe 와 α-Fe 의 2 상 공존온도는 일정하며, 그림에서 $m.p$, A_4, A_3 점으로 표시된다.

제 9 장
2원 합금 상태도 작성법

9-1 물에 염화암모늄을 용해할 때

앞에서도 설명한 바와 같이 물과 기름은 잘 섞어도 혼합되지 않으며, 또한 물과 알코올은 어떤 비에 의해서도 완전히 혼합되어 기계적 분리는 불가능하며 균일상을 이루고 있다.

금속에서도 이와 같은 현상이 금속끼리 또는 금속과 비금속사이에서 이뤄지고 있다. 예로서 동과 아연을 잘 밀착시켜 진공 중에서 400 ℃ 로 잠시 가열하면 밀착부분은 동원자와 아연원자가 서로 확산되어 황동을 만든다. 또한 Pb-Sn 합금(땜납)에서 62% Sn 의 것은 소성변형(꺽어질 때)시 Sn 특유의 소리를 낸다. 이는 납과 주석이 균일하게 혼합되어 단상이 되어 있는 것이 아니라 거의가 주석립으로서 땜납 속에 들어있는 증거이며, 납이 많은 상과 주석이 많은 상의 두 상이 있다고도 생각된다.

우리가 실제로 취급하는 기계에서는 2 종 이상의 원소 또는 분자를 혼합시킨 경우가 많다. 특히 금속에서는 2 종 이상의 원소금속을 혼합하여 합금으로서 사용하는 경우가 대단히 많다. 그러나 합금은 불투명하고 내부변화를 직접 육안으로 관찰하기가 곤란하다. 이에 반해 수용액은 일반적으로 투명하고 온도도 적당함으로 변화를 육안으로 관찰할 수 있는 이점이 있다. 금속과 수용액의 경우도 원리적으로는 동일하므로 수용액의 상태도부터 생각하기로 하자.

NH_4Cl(염화암모늄)은 질소, 안료, 의약, 땜납 용제, 전지제조 등 그 용도는 대단히 넓으며 식염(NaCl)과 비슷한 염류이며 결정구조는 입방정계에 속하고 있다.

물에 적당량의 NH_4Cl 을 용해한 수용액을 시험관에 넣고 서서히 냉각시키면서 열분석곡선을 작성하면 그림 9-1 과 같이 된다. 이 수용액의 열분석 결과를 추적하여 보자.

이 그림의 각 곡선은 그림 속에 표시한 비율로 NH_4Cl 을 용해한 각 수용액의 열분석 곡선이다. 곡선 (a)는 물로서 0 ℃ 에서 불연속점이 나타나고 있다. 여기서 얼음결정이 되어 정출하며 전부 얼음이 되었을 때의 온도는 강하한다. 이 현상은 앞에서 설명하였다. 곡선

(b)는 9.1 % NH_4Cl 을 함유하는 수용액으로서 서냉으로 −6.6 ℃ 까지 투명한 수용액이며 이 온도로부터 같은 상태로 냉각하고 있음에도 불구하고 냉각속도가 늦어진다. 이 경향은 곡선상에서 명백하다. 또한 −6.6 ℃ 부터는 수용액이 약간 탁해지기 시작하며 이 현상은 온도강하에 따라서 더욱 확실하다. 결국은 작은 결정립이 관찰된다.

이 결정립을 걷어내어 분석하면 순수한 얼음이다. 냉각속도가 늦어짐은 얼음의 정출에 따르는 응고열의 발생에 의한 것이다. 이와 같이 액체에서부터 처음 정출하는 결정을 **초정**이라 한다. 이 현상은 −16 ℃ 까지 계속되며 −16 ℃ 에 도달하면 온도강하가 정지하고 남은 액 전체가 결정화될 때까지 −16 ℃ 를 그대로 유지한다. 결정화(고체화)가 끝나면 다시 온도는 시간에 따라 떨어진다. 곡선 (c)는 15.3 % NH_4Cl 수용액에 대한 냉각곡선이다. 이것은 −12.2 ℃ 까지 투명한 수용액이나 이 온도에서 얼음의 정출이 시작하여 냉각곡선은 늘어진다. 이는 −16 ℃ 까지 계속되며 −16 ℃ 에 도달하여 곡선 (b)와 같이 잔액이 전부 고체가 될 때까지 온도의 변화가 없다. 곡선 (d)는 19.3 % NH_4Cl 수용액이 되고 이 때 온도변화는 없다. 전부 고체화되면 다시 온도는 떨어진다. 이 냉각곡선은 마치 물의 냉각곡선과 같다.

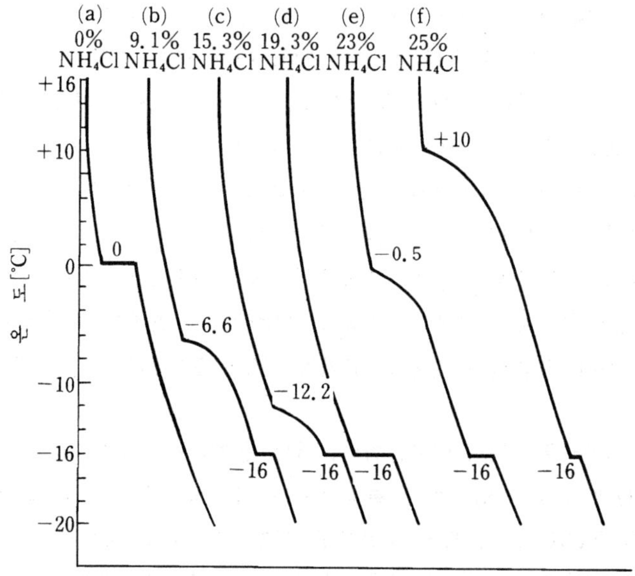

그림 9-1 NH_4Cl 수용액의 열분석 곡선

곡선 (e)는 23 % NH_4Cl 수용액으로서 −0.5 ℃ 까지는 투명한 수용액이며, −0.5 ℃ 부터는 냉각속도가 늦어지고 백색의 결정체가 초정으로서 정출하기 시작한다. 이는 순수한 NH_4Cl 이다. −16 ℃ 에 도달하면 액체 전부가 고체화할 때까지 온도강하는 없다. 전부 결정화되면 다시 온도는 강하하기 시작한다. 곡선 (f)는 25 % NH_4Cl 수용액의 것이다. 이것은 +10 ℃ 에서 NH_4Cl 결정을 정출하기 시작하여 −16 ℃ 에서 정출은 완료된다.

이렇게 얻은 각 조성의 수용액의 냉각곡선을 조사하기 위해 그림 9-1 로 부터 그림 9-2 와 같은 H_2O-NH_4Cl 의 2 성분계의 상태도를 만들어 보자. 그림 9-2 에 다시 표시한 각 수용액의 열분석 곡선을 자세히 관찰하여 보면 이들 곡선 상에는 반드시 변화점이 존재함을 알 수가 있다.

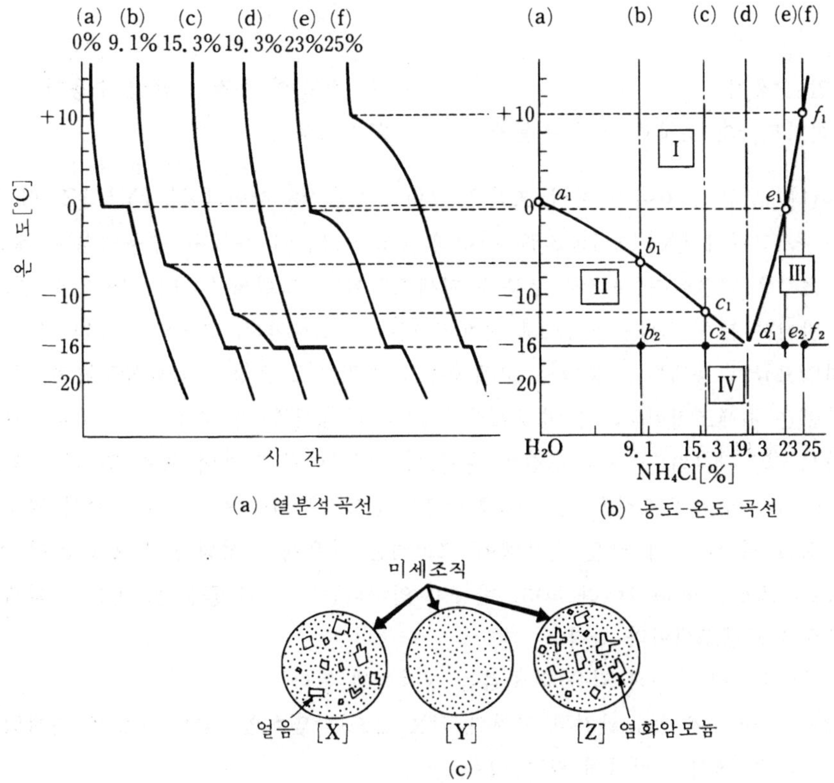

그림 9-2 H_2O-NH_4Cl 2성분계 상태도 작성

순수한 물의 경우는 0 ℃ 이상은 액체, 0 ℃ 이하는 고체이며, 9.1 % NH_4Cl 수용액에서는 −6.6 ℃ 이상이 액체, −6.6 ℃ 부터 −16 ℃ 까지는 액체와 고체의 공존, −16 ℃ 이하에서는 고체만이 있게 된다.

한편 그림 9-2 (b)와 같이 세로축에는 열분석 곡선의 좌표축과 같이 온도를 취하고 가로축에는 수용액의 NH_4Cl 농도를 잡는다. 이 농도축상에 열분석 측정을 한 각 수용액의 농도를 각각 (a), (b), (c), (d), (e), (f) 로 세로선으로 표시하고, 이 각 농도선상에 초정의 정출점으로 a_1, b_1, c_1, d_1, e_1, f_1 으로 표시하였다. 여기서 이들 a_1, b_1, c_1, d_1, e_1,

f_1을 연결하여 보면 이 선보다 고온측에는 투명한 수용액(1상)이 된다. 다음에 응고가 완료하는 점으로서 a_1, b_2, c_2, d_1, e_2, f_2와 같이 표시하고 이들 점을 연결하면 이 선보다 저온측은 액체가 없는 고체만이 존재한다. 또한 약간의 NH_4Cl이 물에 용해되더라도 그 용액의 완전응고 온도는 −16 ℃가 됨으로 그림에서는 −16 ℃에서 H_2O까지 수평선을 연장하여 그려 놓았다. 그리고 이들 두 선 사이의 부분에서는 고체와 액체가 공존하고 있다. 또한 a_1과 d_1은 초정의 정출점이며 또한 응고 완료점이기도 하다. 따라서 그림 9-2 (b)에서 각 선으로 구별된 부분(상태구역)을 Ⅰ, Ⅱ, Ⅲ, Ⅳ라 하면

Ⅰ : 균일 수용액　　　　Ⅱ : 얼음의 초정과 균일 수용액
Ⅲ : 염화암모늄의 초정과 균일 수용액　　　　Ⅳ : 고체

와 같이 된다. Ⅳ는 고체이며 이의 조직은 그림 9-2 (c)와 같이 [X], [Y], [Z]의 3종으로 분류된다. 그림의 [X]는 19.3 % 이하의 염화암모늄이 용해된 수용액의 고체상태의 조직으로 초정은 얼음이며 나머지 부분은 미세조직이다. 그림의 [Y]는 19.3 % 염화암모늄 수용액만에서 볼 수 있는 조직으로 전체가 미세한 조직이다. 그림의 [Z]는 19.3 % 이상의 염화암모늄이 용해된 수용액의 고체상태의 조직으로 초정은 염화암모늄의 결정이며 나머지 부분은 미세조직이다. 이 미세조직은 [X], [Y], [Z]가 모두 같은 조직으로 얼음과 염화암모늄의 각각의 미세한 결정의 혼합으로 이루어져 있으며 또한 염화암모늄의 양은 19.3 %이다. 이 미세조직은 물과 염화암모늄의 2성분의 경우 −16 ℃에서 열분석 곡선의 정지점의 시간대로서 남은 수용액이 고화하는 경우에 생성되는 것으로서 이 변화를 **공정반응**(eutectic reaction)이라 하며, 반응이 일어나는 온도를 **공정점**, 반응에 의해 생성된 미세조직을 **공정조직**이라 한다.

이상의 사실로부터 다음과 같은 의문점을 생각하게 된다.

(1) 염화암모늄 수용액이 완전히 고체가 되는 온도는 염화암모늄의 농도에 관계없이 항상 −16 ℃에서 일정하게 되는 이유

(2) 미세조직인 공정조직의 염화암모늄의 농도가 19.3 %로 일정하게 되는 이유

(3) 염화암모늄 수용액이 고체가 되는 과정에서 초정의 얼음 또는 염화암모늄은 온도가 강하하면서 정출한다. 그러나 −16 ℃에서 잔액이 공정조직이 되어 전부 정출을 완료하는 동안 이 온도는 일정하다. 이와 같이 온도가 강하하면서 정출할 때와 일정 온도에서 정출하는 경우와 정출방법이 두 가지 있는 이유

이들은 아직 미해결이지만 우선 그림 9-2 (b)와 같이 2성분계의 상태도를 작성할 수가 있다. 또한 그림 9-3은 물과 식염의 2성분계 상태도이다. 이는 앞에서 말한 물−염화암모늄계 상태도와는 변화온도와 농도는 다르나 경향은 완전히 동일한 상태도이므로 열분석 곡선은 생략하고 결과만을 표시하였다. 이것으로서 염수를 냉각하면 어떠한 과정으로 고

체가 되며 고체상태는 어떻게 되어 있는가를 상상할 수가 있다.

해수는 영도에서는 얼지 않는다. 해수는 약 2.8 % 의 염화나트륨을 함유하고 있으므로 초정의 얼음이 정출하기 시작하는 온도는 그림 9-3 과 같이 낮아진다. 또한 남극이나 북극에 가까운 바다에 떠있는 얼음 등은 어부들이 녹여서 음료수로 할 수가 있다. 이는 염분을 얼음이 함유하고 있지 않기 때문이다.

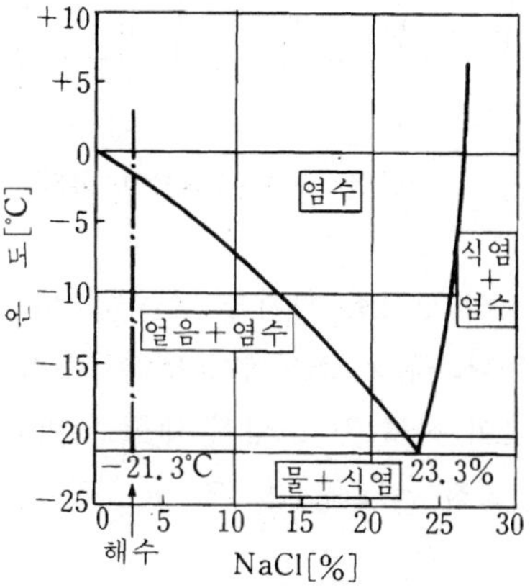

그림 9-3　물-염화나트륨 2 성분계 상태도

이상 설명한 관계는 금속에 대해서도 그대로 응용될 수가 있다. 그림 9-4 는 금속에서의 열분석 곡선에 의해 상술한 공정형의 상태도가 만들어지는 방법을 나타낸 것이다.

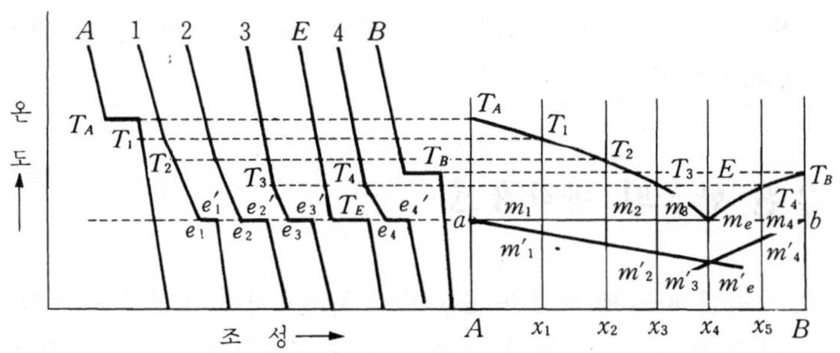

그림 9-4　금속에 있어서의 공정형 상태도

공정의 융액이 응고하는 동안은 자유도가 0 이므로 일정한 온도가 유지되며 동일한 냉각속도로 합금시료도 항상 동일량을 취하여 실험하면 냉각곡선상의 수평선의 길이는 이 합금이 가지는 공정조직의 분량에 비례하게 된다.

도시한 것과 같이 선 1 의 굴곡점(초정의 정출이 시작하는 점, 이들을 연결한 선을 **액상선**이라 한다.)과 수평선이 표시하는 온도(공정온도)와의 관계로서 합금상태가 구성된다.

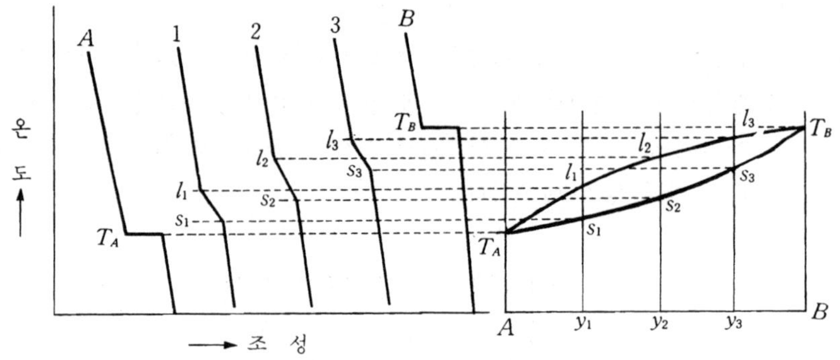

그림 9-5 전율고용체형 상태도

그러나 이것만으로서는 공정점의 정확한 위치를 알 수가 없으므로 각 조성에 해당하는 점에서 공정선에 점선을 그어 둔다. 즉 x_1 조성에서 냉각곡선상의 수평선의 길이 e_1e_1'와 같은 m_1m_1'를 잡는다. 이와 같이 하여 각 조성에 대해 얻어진 m_1', m_2', m_3' ……을 연결하여 두 개의 이들 직선의 교점 m'_e를 얻으면 m'_e로부터 공정선에 그은 점선의 교점 m_e점이 공정점 E가 된다.

전율고용체형(모든 조성비에서도 고용체를 만드는 것)의 상태도의 경우는 그림 9-5와 같이 하여 냉각곡선상의 두 개의 굴곡점 l_1, s_1을 각 조성에 관해 구하고 l_1, l_2, l_3를 연결한 곡선을 액상선, s_1, s_2, s_3를 연결한 곡선을 **고상선**이라 한다. 그러나 냉각속도를 느리게 해도 s는 과냉되어 원위치보다 낮게 나타나므로 상태도 제작에서는 원고상선은 열분석에서 얻은 선보다 약간 윗쪽에 있다고 할 수 있다. 또한 실용합금을 일반 주조속도로 주조하여 주괴 또는 주물로 만드는 경우에는 상태도가 표시하는 고상선보다도 약간 낮은 온도에서 응고된다고 할 수가 있다.

9-2 2원 합금의 냉각곡선

순금속에서는 상률에 따라서 일정한 온도에서 용체로부터 고체로의 변화가 시작되고 또한 완료된다. 그러나 합금의 경우는 특수한 경우를 제외하고는 냉각시 용체로부터 응고가 시작하는 온도와 끝나는 온도와의 사이에는 어느 정도의 차가 생긴다. 즉 응고 시작온도와 응고 완료온도는 다르다. 따라서 이 온도차 구간에서는 액체와 고체가 공존하게 되며 이 공존구간을 **응고구간**(freezing interval)이라 한다. 이 때의 냉각곡선은 그림 9-6과 같다. 그림에서 a, b는 용체의 냉각곡선이며, b점에서 응고하기 시작하여 응고는 진행된다. 응고에 따라서 응고잠열이 방출되므로 냉각속도는 감소하고 따라서 c점까지의 곡선의 구배는 완만하게 변화한다. 이리하여 c점에 도달하면 응고는 완료된다. 이 $b-c$사이가 응고구간에 해당된다. c 점 이하에서는 다시 연속적으로 진행되며 이 때는 열의 방출만이 있게 된다.

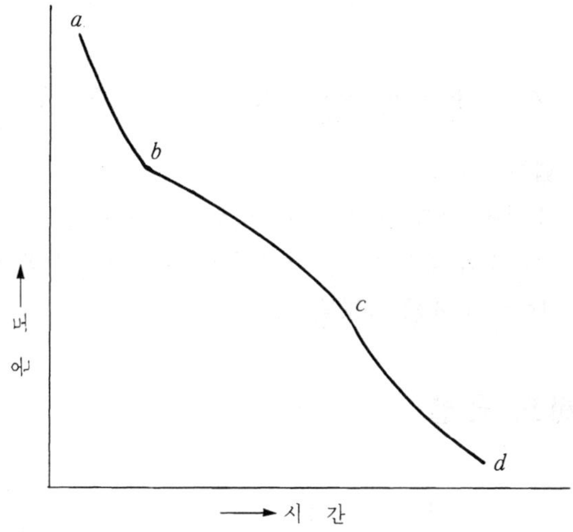

그림 9-6 합금의 냉각곡선

9-3 2성분계의 농도표시법(지렛대 법칙)

2성분 A, B의 조성비는 지렛대 법칙으로 도시할 수가 있다. 그림 9-7에 표시한 것과 같이 A성분의 농도(%)를 세로축에, B성분의 농도(%)를 가로축에 잡으면 p(30 % A,

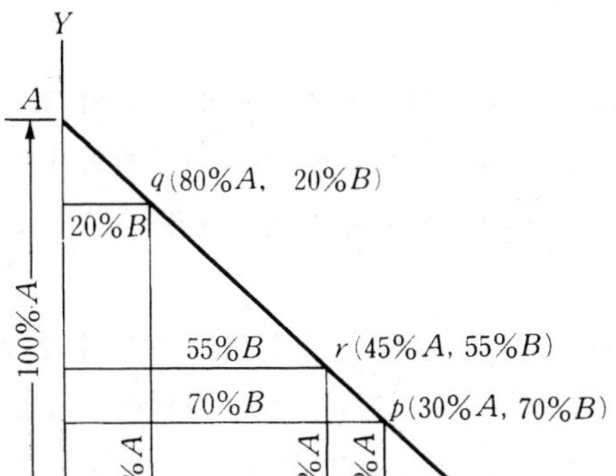

그림 9-7 농도 표시

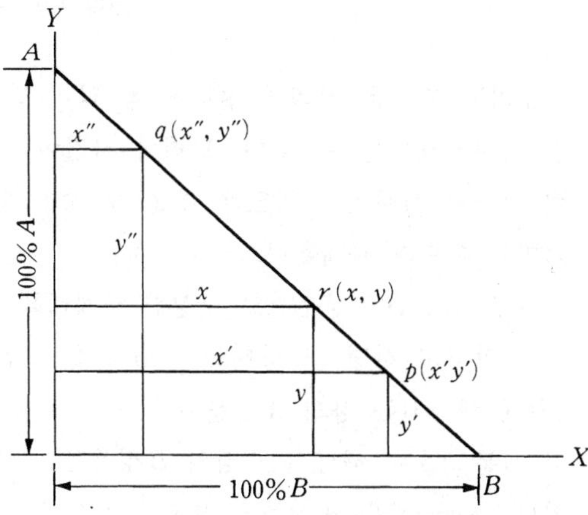

그림 9-8 부호 표시

70 % B), q (80 % A, 20 % B), r (45 % A, 55 % B)의 각 점들은 직선 AB로서 이들의 농도를 표시할 수 있게 된다. 그림 9-8 은 이를 부호로서 표시한 것이다.

이 그림에서 임의의 점 r는 A의 농도와(%) B의 농도(%)와의 비가 $\overline{Ar}:\overline{Br}$로 표시된다. 즉

$$\overline{Ar} : \overline{Br} = B\text{성분의 농도(\%)} : A\text{성분의 농도(\%)}$$

이 관계를 **지렛대 법칙**이라 한다.

임의의 점 r이 A점에 가까울수록 A의 농도가 증가하며 B의 농도는 감소하게 되며 또한 B에 가까울수록 A의 농도는 감소하고 B의 농도는 증가한다. 즉 Ar의 길이로서 B의 농도를, Br의 길이로서 A의 농도를 표시하게 된다.

9-4 용해도 곡선

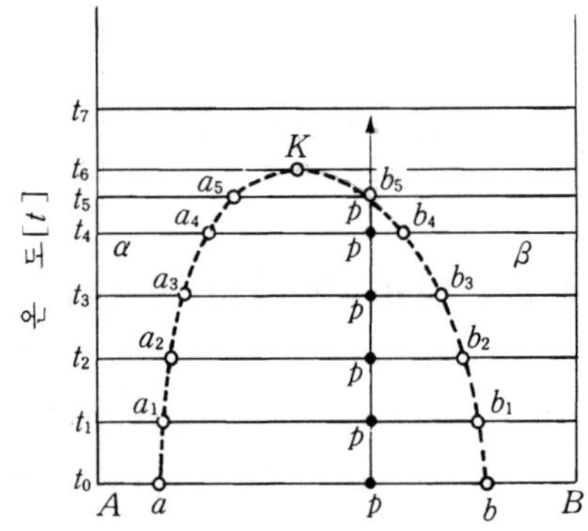

그림 9-9 용해도 곡선

우리는 뜨거운 커피에 설탕을 좀 많이 타고나서 잘 저어보면 커피잔 밑에 설탕이 없음을(완전용해) 알 수 있다. 그러나 시간이 잠시 흐른 후에 이 커피를 마셔보면 커피잔 밑에 약간의 설탕이 가라앉은 것을 볼 수가 있다. 즉 설탕이 커피에 녹는 양(용해도)은 그 커피의 온도와 관계된다.

지금 A와 B 2성분으로 구성된 액체계를 생각하자. 상온 t_0에서 서로 어느 정도의 용해도가 있다고 하면 그 상태는 그림 9-9 의 온도 t_0와 같이 표시된다. 온도 t_0에서는 선분 aB에 해당되는 양의 A성분이, 선분 aA에 해당되는 양의 B성분을 용해할 수가 있다. 또한 선분 bA에 해당하는 양의 B성분은 선분 bB에 해당하는 양의 A성분을 용해할 수가 있다. Aa구간은 A성분을 용매로 B성분을 용질로 하는 불포화액이다. Bb구간은 B성분을 용매로 A성분을 용질로 하는 불포화액이다. a점과 b점은 각각의 포화도이다.

A 성분에 a[%] 이상의 B 성분을 가하면 2 상으로 분리된다. 즉 a 부터 b 까지의 사이의 조성농도에서는 a 농도의 액과 b 농도의 액이 2 상으로 되어 평형상태로 공존한다. 예로 p 조성에서 A, B 兩液을 혼합하면 a 농도의 액과 b 농도의 액의 2 상으로 분리되어 공존하며 이 2 상의 액의 양 비는 지렛대 법칙으로

$$a \text{ 농도액} : b \text{ 농도액} = \overline{pb} : \overline{pa}$$

가 된다.

온도가 변하여 t_1 이 되면 A, B 의 양 성분의 용해도는 변화하여 용매 A 의 용해도 한계(포화용해도)는 a_1 이 되며, 용매 B 의 용해도 한계는 b_1 이 된다.

이에 따라서 p 조성의 혼합액에서는 a_1 농도의 액과 b_1 농도의 액의 2 상이 분리 공존하며 이들 2 상의 액의 양 비는

$$a_1 \text{ 농도액} : b_1 \text{ 농도액} = \overline{pb_1} : \overline{pa_1}$$

으로 변화한다. 온도가 t_2, t_3, t_4 로 변화함에 따라서 이와 같이 용해도 한계 및 p 조성 혼합액의 2 상의 액량비는 변화하여 간다. 온도 t_5 가 되면 용매 A 의 용해도 한계는 a_5 가 되고 용매 B 의 용해도 한계는 b_5 가 된다. 따라서 p 조성액에서는 a_5 농도의 액과 b_5 농도의 2 상이 분리 공존하며 그 2 상의 액의 양 비는

$$a_5 \text{ 농도액} : b_5 \text{ 농도액} = \overline{pb_5} : \overline{pa_5}$$

가 되나 선분 $\overline{pb_5}$ 에서는 p 와 b_5 가 일치하므로 길이가 0 이 된다. 즉 a_5 농도액이 없어지며, 전부 b_5 농도의 액이 된다.

이 현상은 p 조성에서 p 점까지 B 성분에 A 성분이 용해되는 것이다. 온도가 t_6 이 되면 용매 A 의 용해도 한계와 용매 B 의 용해도 한계는 K 점에 일치한다. 이는 t_6 이상에서의 온도에서는 A, B 가 모든 비로 혼합되어도 완전히 용해되어 1 상이 됨을 의미한다. K 점은 액이 1 상이 되는가 2 상이 되는가의 임계온도(critical temperature)를 표시하는 점이다. 따라서 p 조성의 혼합액은 이 온도에서 1 상이 된다.

여기서 a_1, a_2, a_3, a_4, a_5, K 를 연결하면 A 성분이 B 성분을 용해하는 용해도가 온도에 의해 변화하는 모양을 명백히 알 수가 있다. 또한 b, b_1, b_2, b_3, b_4, b_5, K 를 연결하면 B 성분이 A 성분을 용해할 수 있는 용해도의 온도변화를 알 수가 있다. 이 2 선은 K 점에서 일치되며, 이 곡선을 **용해도 곡선**이라 한다.

또한 용매 A 성분에 용질 B 성분을 용해시킬 경우와 용매 B 성분에 용질 A 성분을 용해시킨 경우 용매, 용질의 관계가 있으므로 일반적으로 K 점의 양측의 액을 A 성분측을 α 액, B 성분측을 β 액으로 구별하고 있다.

이 용해도 곡선의 외측은 상으로서는 항상 1 상이다. 그러나 곡선의 내측에서는 어떤 온

도, 어떤 조성에서도 항상 α, β의 2상으로서 평형을 유지하며 온도가 결정되면 그 온도선과 용해도 곡선과의 교점으로부터 액의 농도는 필연적으로 정해진다. 즉 그림 9-9는 A-B 2성분계의 평형상태도이며 간혹 합금의 상태도에서도 이와 같은 용해도 곡선을 만들고 있다.

지금 그림 9-10에서 p조성액을 고온에서부터 서서히 냉각시켜 보자. 이 p조성액은 그림과 같이 t_5온도 이상에서는 균일한 β액으로 되어 있다. 용매 B성분은 용매 A성분을 용해하며 포화점에는 이르지 못하고 있다. 그러나 이 β가 서서히 냉각되면 용해도는 서서히 감소하여 t_5에 도달할 때 용매 B성분과 용질 A성분의 관계는 용해도 한계 즉 포화용해도에 도달한다. 그리고 이 t_5온도보다도 약간이라도 저온이 되면 β액부터 α액의 분리가 시작된다. 일반적으로 압력의 다소의 변화로서는 용해도에 영향을 주지 못하므로 응축계의 상률을 이용하면

$$F = C + 1 - P$$

에서 성분수 C는 A와 B로서 2, 상의 수 p는 온도 t_5 이하이므로 2상으로서

$$F = 2 + 1 - 2 = 1$$

이 된다. 즉 자유도는 1로서 온도를 정하면 필연적으로 농도가 정해지며, 농도가 정해지면 당연히 온도가 정해진다. 따라서 온도 t_5 직하에서는 b_5농도의 β액부터 a_5농도의 α액이 생성되기 시작하는 것이 자유도에서도 필연적으로 정해진다.

온도가 서서히 강하함에 따라서 β액의 농도는 $b_5 b_2 b$선을 따라 변화하며, α액의 농도는 $a_5 a_2 a$선을 따라서 변화하고 동시에 그 양 비는 지렛대 법칙에 따라서 변화한다. 온도

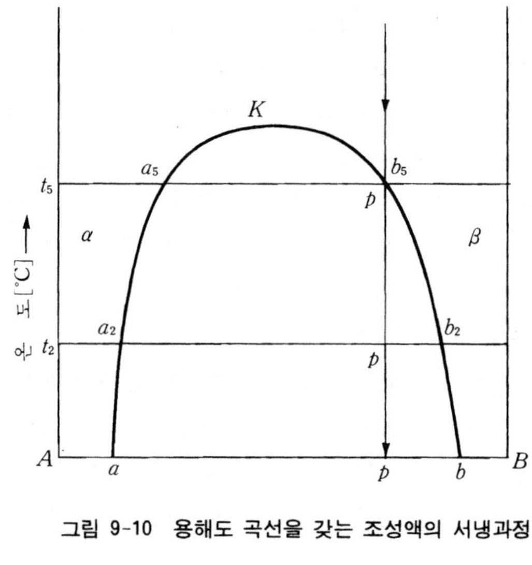

그림 9-10 용해도 곡선을 갖는 조성액의 서냉과정

t_2 에서는

$$\alpha\,(a_2\ \text{농도액}) : \beta\,(b_2\ \text{농도액}) = \overline{pb}_2 : \overline{pa}_2$$

가 되어 β 액은 대부분 감소하며 α 액은 증가한다.

상온(저온선)에서는

$$\alpha\,(a\ \text{농도액}) : \beta\,(b\ \text{농도액}) = \overline{pb} : \overline{pa}$$

가 되어 양 비는 2상 분리상태가 된다. 이 α 액과 β 액의 2액의 각 온도에서의 농도는 aa_2a_5 선과 bb_2b_5 선으로 표시되며, 이들 선은 서로 대응하므로 이 2선은 **공액선**이라고도 부른다. 공액이란 2상이 일정온도에서 평형공존하는 상태이다.

2성분계 합금에서는 어떤 온도범위에서 또한 어떤 농도범위에서 그림 9-10과 같은 상태도를 가지는 것이 적지 않다. Zn-Pb계, Al-Bi계, Cu-S계, Pb-Cu계 등이 그 예가 된다. Zn-Pb계의 상태도를 참고로서 그림 9-11에 표시하였다. Zn의 융점은 419.5℃, Pb의 융점은 327℃로서 액체상태에서 Zn과 Pb는 그림과 같은 용해도 곡선을 가지며 2액으로 분리되어 있다.

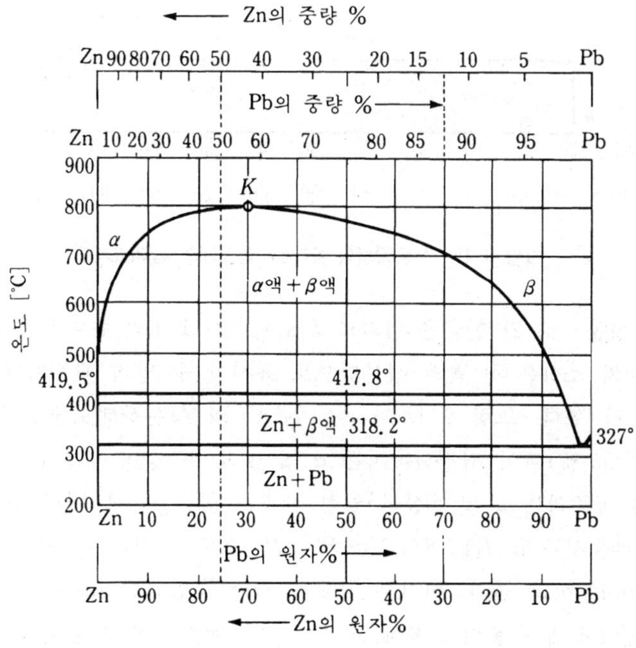

그림 9-11 **Zn-Pb** 2원계 상태도

9-5 2원 합금의 상태도

앞에서 합금을 간단히 정의한 바 있으나 여기서 다시 합금에 관해서 설명하기로 하자. 즉 2종 이상의 금속과 금속, 또는 금속원소와 비금속원소가 서로 기계적 방법으로 도저히 분별하기 어려운 상태로 혼합되어 있는 것을 **합금**이라고 하는 바 기계적 방법에 의해 분별하기 어려운 상태란 2종 이상의 금속이 서로 미세한 결정립으로 혼합되어 있는 상태, 상호화합물을 형성한 상태 및 고용체를 이룬 상태를 말한다. 따라서, 합금의 경우에 따라 전체적으로 균일한 상태로 될 수도 있고, 또는 다종의 형태로 나누어지는 경우도 있게 되는 것이다. 이들 하나하나의 형태를 **상**이라 한다.

순금속의 경우와 같이 합금상태는 온도에 지배되는 것은 물론이고, 비록 동일온도라 할지라도 성분금속의 농도 즉, 합금의 조성에 따라 여러 가지 상이 존재한다. 예를 들면 상온에서 Ni-Cr를 0 ~ 40 % 까지 가한 Ni-Cr 합금은 Ni의 격자(면심입방격자)에 고용하여 다른 종류의 고용체를 형성하는데 Ni가 5 % 되는 곳에서 Cr는 포화된다. 따라서 Cr 40 ~ 95 % 를 포함하는 조성범위의 합금에서는 상기 2종류의 고용체가 공존하며, 이 때 양상은 서로 미립상태로서 불균일하게 혼합된다. 이 관계를 도시하면 다음 그림 9-12와 같다.

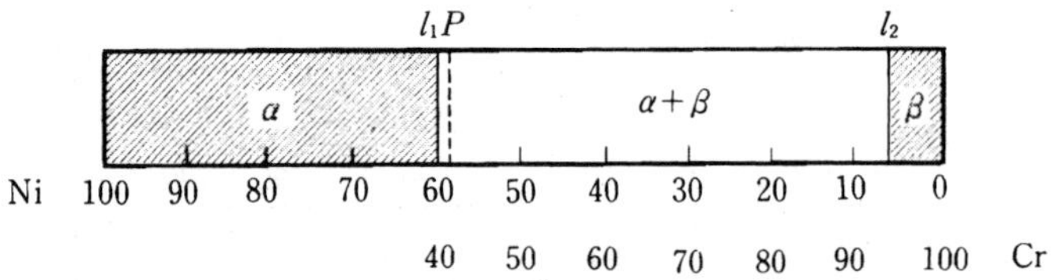

그림 9-12 상온에서의 Ni-Cr 합금계의 상태표시도

일반적으로 2성분으로 된 합금은 임의의 온도에서는 1개의 유한직선으로 나타낼 수 있다. 즉 2원 합금의 조성은 한 쪽의 성분만으로 표시할 수 있기 때문이다. 이와 같은 상태도를 **항온상태도**라 한다. 그림 9-12와 같은 Ni-Cr의 항온상태도에서 농도 l_1 (Cr ≒ 40 %) 및 l_2 (Cr ≒ 95 %)로서 결정되어지는 α 및 β의 두 상이 공존하는 부분이 $\alpha+\beta$의 구역이다. 이 때 공존하는 α 및 β상의 양적 관계는 합금조성에 따라 다르고, 일반적으로 P인 조성의 합금에서는 $\alpha(l_1) : \beta(l_2) = \overline{Pl_2} : \overline{Pl_1}$ 으로 표시된다. 이러한 관계를 **지렛대 법칙**(lever relation)이라 한다. 이것은 비교적 간단한 합금인 경우이나 성분금속의 종류에 의해서는 중간조성에 수종의 고용체 또는 금속간 화합물이 형성되는 일이 종종 있다.

그러나 이상의 설명은 일정한 온도에서 취급된 것이므로 온도가 변화하면 합금의 상태도 변화한다. 예를 들면, Ni-Cr 합금계의 여러 온도에서의 항온상태도를 만들어 보면 그림

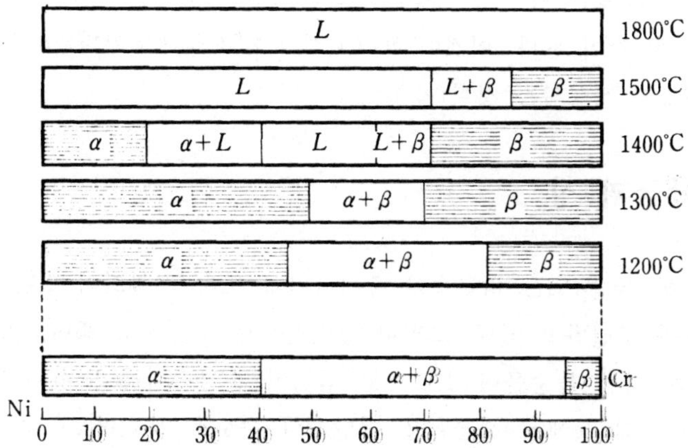

그림 9-13 **Ni-Cr 합금의 여러 온도에서 조성에 따른 상태변화도**

9-13 과 같다. 즉 α 고용체에 대한 Cr 의 고용한계, β 고용체에 대한 Ni 의 고용한계는 온도 상승과 함께 모두 증가하는 것을 알 수 있다. 더욱 온도가 상승하면(1400 ℃) 어떤 조성범위내의 합금은 완전히 용해되어 균일한 액상을 이루며, 어떤 조성범위내의 합금은 일부분만 용해하여 액상과 고상이 공존하는 소위 반용융상태를 이룬다. 이리하여 모든 조성의 합금이 균일 융체의 단일상으로 녹아버리는 것은 더 높은 온도(1800 ℃)에서 이루어진다. 이와 같이 합금은 온도에 의해서 변화하는 것이므로 2 원계인 경우 횡축에 조성을, 종축에 온도를 표시하여 각 온도에서 각 조성에 따르는 상태를 차례로 전부 도시하면 임의의 조성을 가진 합금의 여러 온도에서 존재하는 상의 상태를 명백히 알 수 있다. 이와 같은 그림을 **합금 상태도**라 한다.

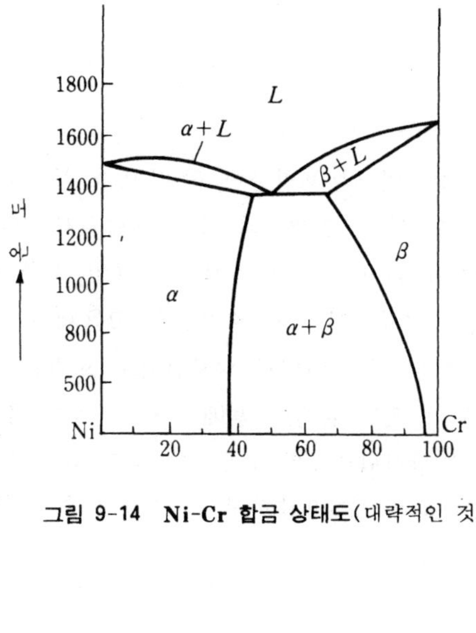

그림 9-14 **Ni-Cr 합금 상태도**(대략적인 것)

따라서 그림 9-13 을 보다 작은 온도구간으로 표시하고 각 온도에서의 상태구역을 연결하면 그림 9-14 와 같이 된다. 이것이 Ni-Cr 계의 합금 상태도이다. 이상과 같은 원리에 따라서 합금 상태도가 작성되는 것이다.

9-6 합금과 상

한 금속에 다른 금속 또는 비금속이 용해하던가 또는 혼합되어 있는 모든 것을 합금이라 하며 순금속과 구별하고 있다. 그러나 일반적으로 순금속도 제련, 용해, 주조 등 각 공정에서 혼입되는 각종 불순물이 있으므로 엄격히 순금속이라고 할 수는 없다. 공업적인 분류법으로서는 규격 등에서 순금속을 몇단계의 순도로 분류하고 그 이상의 합금원소를 함유하는 것은 모두 합금으로서 취급하고 있다.

합금의 분류는 그 주된 금속의 이름을 따서 철 합금, 동 합금, 알루미늄 합금 등으로 부르던가 또는 그의 특성을 고려하여 내열합금, 내식합금, 경합금 등으로 부르고 있다. 또한 학문적으로는 성분의 수로부터 2 성분계 합금, 3 성분계 합금 혹은 2 원합금, 3 원합금이라 부른다(앞에서 설명하였다).

실용적 가치가 있는 합금의 수는 대단히 많으며 그 하나 하나의 합금에는 각기의 특성이 있으나 여기서는 합금 전체로서 취급하기로 하자.

고체합금은 그 수가 대단히 많으나 각 성분의 혼합방법을 대별하면 평형상태에서 3 종류가 있다. 이는 원자단위로 용해 혼입된 고용체 및 화합물 또는 완전히 혼합되지 않은 상태의 순금속이 있다. 금속현미경 등으로 합금의 조직을 조사하여 복잡한 조직이 있다 하더라도 이들 조직을 하나 하나 분류하면 3 종류 중의 어느 하나에 속하게 된다.

이상은 평형상태에서의 경우이며 비평형상태(열처리 등)에서는 이들 3 종류의 중간상태가 존재함을 유의해야 한다. 그러므로 고체상태에서의 이들 3 종류의 혼합상태 즉 상에 관해 분류하여 보기로 하자.

1. 고용체

2 종류 이상의 물질이 혼합하여 이 혼합물이 원자 또는 분자단위로 균일한 혼합상태에 존재하는 경우 이를 **용체**라고 한다. 알코올과 물의 혼합물과 같이 용체가 액체인 경우는 이를 **용액**이라 부르며 공기와 같이 기체와 기체와의 균일 혼합물은 **기용체**라 부른다. 금과 은의 합금과 같이 고체와 고체와의 균일 혼합물은 **고용체**라 부른다. 즉 고용체란 고체 내에 고체가 기계적으로 혼합된 것이 아니라 원자단위로 용해된 상태의 것을 말한다.

고용체를 만드는 경우 주가 되는 금속이 **용매**이며 그 속에 용해되는 금속은 **용질**이다. 단지 서로 다른 금속끼리 혼합시킴으로써 고용체는 되지 않는다. 즉 금과 은으로서 고용체를 만드는 경우 우선 배합하여 가열용해하여 잘 교반한 후 서서히 평형적으로 냉각하여 고체로 만들면 원자단위로 잘 용해된 고용체가 만들어진다. 또는 금과 은의 고체분말을 잘 혼합하여 성형, 가압한 후 이를 불활성 가스내에서 가열하여 융점이하의 온도에서 충분히 유지하면 확산작용(원자이동)으로 금원자와 은원자가 이동하여 혼합을 이루고 고용체가 된다.

금속은 모두가 결정구조체로서 원자는 규칙적인 배열을 하고 있다. 고용체 합금도 또한 결정체를 이루고 있다. 그러면 용매 금속의 결정구조내에 용매금속원자가 구성하는 결정격자내에 용질 금속원자가 점유하는 위치에 따라서 이들을 구별하면 고용체는 2개의 형태로 된다.

(1) 치환형 고용체

그림 9-15 와 같이 용질원자가 공간격자내의 격자점의 용매원자와 치환되어 있는 것을 치환형 고용체라 한다. 금속과 금속을 혼합하는 경우는 일반적으로 고용도가 존재하며 그 고용도는 배합되는 금속의 종류에 따라서 다르다(이에 대한 정성적인 법칙은 Hume-Rothery에 의해 연구됨).

물론 Au-Ag 계 합금 또는 Ni-Cu 계 합금 등과 같이 모든 배합비에서도 고용되는 전율고용체를 만드는 것도 있다.

그림 9-15 는 같은 원자반경이 2종인 원자를 모형으로 하였으나 일반적으로는 원자반경이 다르므로 그림 9-16과 같이 결정구조는 전체적으로 또는 부분적으로 일그러진다. 고

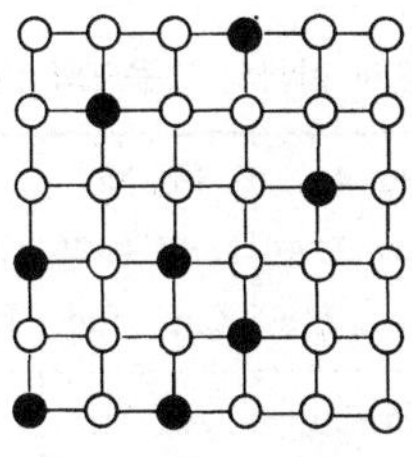

○ : 용매원자 ● : 용질원자

그림 9-15 치환형 고용체

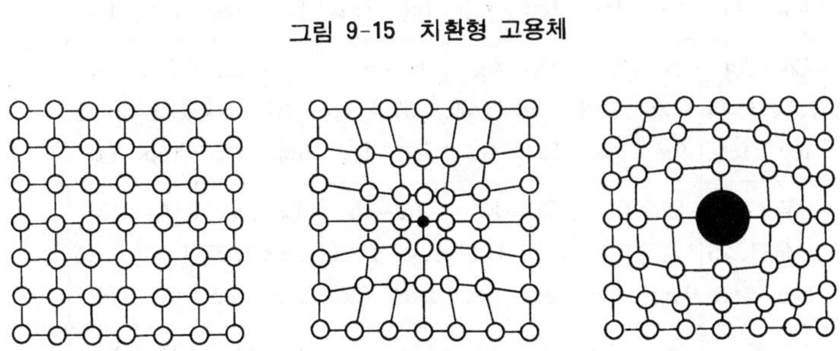

(a) (b) (c)

그림 9-16 용매 및 용질원자의 원자반경의 크기에 의한 결정격자의 변형

용합금을 압축하던가 인장하던가 하여 변형시키면 결정구조가 일그러짐은 당연하며 이와 같이 외적으로 무리하게 변형시킨 경우는 가열로써 다시 이들 원자는 원래의 배치로 돌아간다. 이와 같은 현상을 **재결정 현상**이라 한다. 그러나 이와 같은 무리한 변형이 아니라 합금으로서 극히 자연스럽게 액체에서 고체로 변화하면서 원자배열을 이루는 경우 원자반경의 차에 의해 일그러짐이 생긴다면 원자의 인력 또는 척력의 영향 등으로 인하여 다른 배열을 가질 수도 있음은 당연하다 하겠다. 따라서 고용도는 어떤 한계를 가지게 되는 것이다.

고용도에 한계가 생기는 2번째 원인으로서는 용매금속과 용질금속의 결정구조가 다른 경우가 있다. 용매금속을 구성하는 결정구조에 치환형 고용체로서 용질원자가 들어간 경우 용질원자가 다른 결정구조를 구성하는 요인을 가지고 있다면 이는 물론 고용도에 영향을 미칠 것이다. 완전고용체인 Au-Ag 계, Ni-Cu 계, Ir-Pt 계, W-Mo 계, Cr-Mo 계 등은 모두 2종의 금속은 동일 결정구조이다. 그러나 면심입방격자인 Cu에 조밀육방격자인 Zn의 양이 이보다 많으면 CuZn이라고 하는 화합물을 형성하는 β결정이 되어 고용체 속에 화합물이 생성되어 2상의 혼합결정이 되어 기계적 특성도 변화한다. 우리가 7-3 황동(70 % Cu, 30 % Zn)과 6-4 황동(60 % Cu, 40 % Zn)을 구별하여 사용하는 것도 이 때문이다.

이상 2가지 원인에 의한 영향은 모두 정성적인 것으로서 정량적인 것은 아니다. 이 외의 원인으로서는 원자가에 의한 영향 등도 있으며, 여러 가지 요인을 종합한 것이다. 표 9-1은 2성분계 합금의 고용도의 예를 표시한 것이다(이들에 관한 연구는 영국의 Hume-

표 9-1 2성분계 합금의 고용도의 분류(완전 고용시)

금속원소	Au-Ag	Au-Pd	Pd-Ag	Pd-Ni	Ni-Cu	Ir-Pr	W-Mo	Cr-Mo
원자반경[Å]	1.44 1.44	1.44 1.37	1.37 1.44	1.37 1.25	1.25 1.28	1.36 1.38	1.41 1.40	1.28 1.40
결정격자	fcc fcc	fcc fcc	fcc fcc	fcc fcc	fcc fcc	fcc fcc	bcc bcc	bcc bcc
금속원소	Au-Cu	Au-Pt	Pt-Cu	Au-Zn	Cu-Pd	Ni-Pt		
원자반경[Å]	1.44 1.28	1.44 1.38	1.38 1.28	1.44 1.37	1.28 1.37	1.25 1.38		
결정격자	fcc fcc	fcc fcc	fcc fcc	fcc hcp	fcc fcc	fcc fcc		
금속원소	Cd - Ag	Ni - Cr	Pt - Ag	In - Pb	Zn - Cu	Zn - Ni		
원자반경[Å]	1.52 1.44	1.25 1.28	1.38 1.44	1.57 1.75	1.37 1.28	1.37 2.25		
결정격자	fcc fcc	fcc bcc	fcc fcc	fcc fcc	hcp fcc	hcp fcc		
금속원소	W - Ni	Be - Cu	Zn - Fe	Ta - Ni	Be - Ni	Al - Ni		
원자반경[Å]	1.41 1.25	1.13 1.27	1.37 1.27	1.47 1.25	1.13 1.25	1.43 1.25		
결정격자	bcc fcc	hcp fcc	hcp bcc	bcc fcc	hcp fcc	fcc fcc		
금속원소	Ti - Cu	Zr - Cu	Ag - Ni	Mg - Zn	Ni - Mg	Pb - Ni		
원자반경[Å]	1.47 1.28	1.60 1.28	1.44 1.25	1.60 1.37	1.25 1.60	1.75 1.25		
결정격자	hcp fcc	hcp fcc	fcc fcc	hcp hcp	fcc hcp	fcc fcc		

Rothery 에 의해 자세히 연구되어 있다).

(2) **침입형 고용체**

용매원자가 결정격자를 이루고 있을 때 이들 원자들 사이에 그림 9-17 과 같이 용질원자가 침입하여 존재하는 상태를 침입형 고용체라 한다.

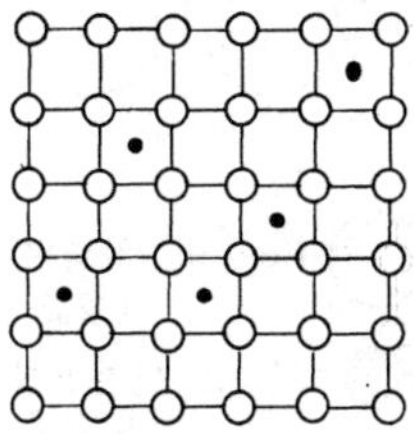

○ : 용매원자 ● : 용질원자

그림 9-17 침입형 고용체

대부분의 금속의 결정구조는 면심입방격자, 조밀육방격자 및 체심입방격자의 3 종류이며, 면심입방격자와 조밀육방격자 구조에서는 용매원자들 사이에 들어갈 수 있는 구의 반경은 격자점에 있는 용매원자의 반지름의 0.41 배이며, 체심입방격자에서는 0.29 배로서 더욱 작다. 따라서 일반적인 원소원자는 원자의 치환으로서 고용체를 만들고 있다. 그러나 수소, 붕소, 탄소, 질소, 산소 등의 각 원자는 표 9-2 와 같이 원자의 반지름이 작다.

표 9-2 원자변경이 작은 원소의 예

원자명	원자반경 [Å]
수 소	0.46
붕 소	0.46
탄 소	0.71
질 소	0.71
산 소	0.50

이와 같은 원자는 용매금속 또는 합금의 결정격자들 사이에 침입하여 침입형 고용체를 만들게 된다. 예로서 철은 고온에서 면심입방격자를 이루며 이 상태에서는 탄소원자의 침입이 용이하며 고용체를 만들어 1147 ℃ 부근에서는 8.9 원자 % 의 탄소가 침입한다. 이 상태를 2 차원 모형으로 표시하면 그림 9-18 과 같이 된다.

그러나 철이 910 ℃ 에서 동소변태로서 체심입방격자가 되면 원자간의 공간이 작아지므로 탄소원자는 격자내에 들어갈 수가 없다. 따라서 고용이 불가능하게 된다. 그러나 수소원자는 원자반경이 0.46 Å 으로서 탄소원자보다는 대단히 작으므로 철이 어떻게 동소변

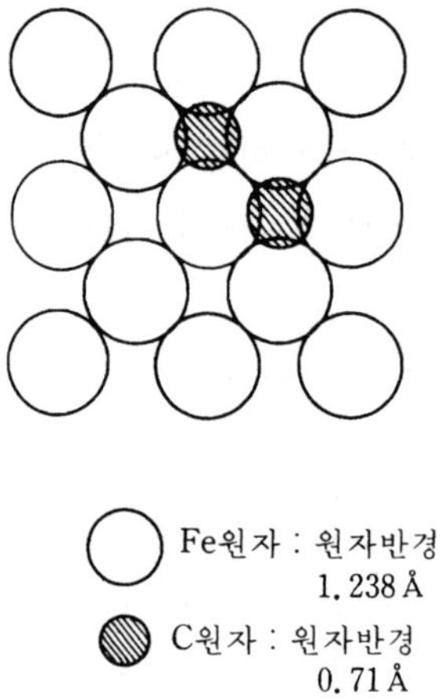

그림 9-18 철(f.c.c)에서는 탄소원자가 잘 고용된다.

태하던가 그 결정격자내에 침입하여 침입형 고용체를 만든다.

2. 금속간 화합물

A, B의 2성분을 혼합하는 경우 A_mB_n형의 금속간 화합물을 만들 때가 있다. m과 n은 적당한 정수이다. 이 정수비 $m:n$도 예외는 있으나 대부분은 2 : 1 또는 3 : 1과 같은 간단한 비를 가지고 있다. 금속사이에 만드는 화합물 또는 금속과 비금속간의 화합물을 모두 **금속간 화합물**이라 한다.

Fe_3C는 Cementite라 하여 탄소강 또는 철내에 존재하는 화합물이다. 탄소강은 우리들에게 극히 실용적 가치가 있음은 이 금속간 화합물인 Cementite에 있다. $CuAl_2$는 용매 Al에 Cu를 가하여 합금을 만드는 경우에 형성되는 금속간 화합물이다. 이는 항공기에 사용되는 금속재료(Duralumium)로 기계적 고강도재의 원인이 되고 있다.

기타 Bi-Te계에서는 Bi_2Te_3, Al-Sb계에서는 AlSb 등 금속간 화합물의 예는 많다. 이들 금속간 화합물은 일반적으로 경하고 취약하며 융점이 높던가 또는 고온에서 분해한다. 또한 반도체적 특성도 있으며 현재 전기재료용으로도 주목을 끌고 있다.

이들 화합물은 NaCl과 같은 무기화합물과는 본질적으로 다르다. 무기화합물은 이온결합 또는 공유결합에 의한 것이나 금속간 화합물은 금속결합에 의한 화합물로서 그의 특징은 다음과 같다.

(1) 무기화합물과 같이 원자가 법칙에 따르지 않는다.

(2) 금속간 화합물은 A_mB_n으로 표시되나, 이는 일반적으로 A는 B를 용해하여 비교적 넓은 조성범위에서 존재한다.

(3) A_mB_n의 m, n은 비교적 복잡한 수의 것이 있다. 예로서 Ni_5Cd_{21}, $Cu_{31}Sn_8$ 등이

그러하다. 이와 같은 화합물은 무기화합물이라 할 수는 없다.

또한 고용체 합금 중에는 냉각도중 어떤 온도에서 원자배열이 이종(異種)원자간에 규칙적 배열로 변화하게 된다. 이는 금속간 화합물과 비슷하나 그 규칙도가 온도의 함수인 점이 다르다. 이들은 주로 A와 B의 2 성분계 합금으로 일반적으로 AB, A_3B, AB_3와 같이 간단한 구조로 형성된다.

예로서 Fe-Co 계의 2 성분계 합금에서 1 : 1 원자비의 조성합금은 730 ℃ 에서 규칙화되기 시작하여 그 규칙도는 온도의 함수로서 온도가 강하함에 따라서 규칙도는 증가하고 이상적으로는 절대영도에서 완전규칙상태가 된다. 이 1 : 1 원자비의 조성합금은 체심입방격자이며 규칙화되면 단위격자의 입방체의 모서리점에 전부 동일원자가, 중심은 다른 원자가 점유한다. 이와 같은 합금을 **규칙격자 합금**이라 부른다. 규칙격자 합금의 예를 그림 9-19 에 표시하였으나 면심입방격자 합금에서는 그림 9-19 와 같이 면의 중심을 한 원자가 모서리를 다른 원자가 점유하는 Cu_3Au 형과 CuAu 형이 있다. 또한 Cu_2MnAl(Heusler 합금)과 같이 3 성분계 규칙격자 합금도 있다. 그러나 이도 원자배위적으로는 A_3B 형의 것이다.

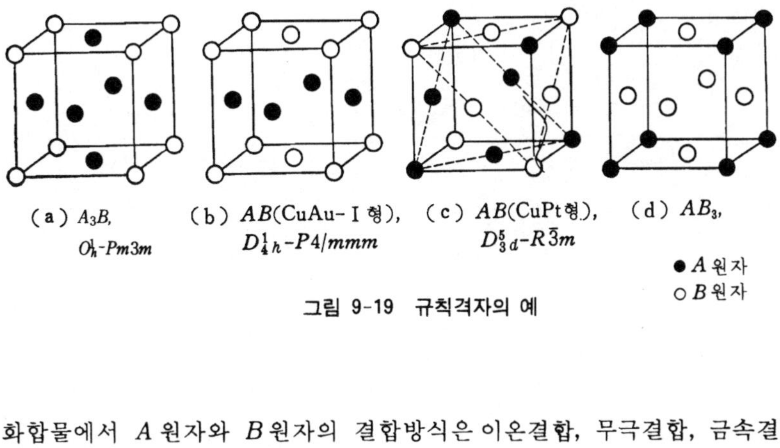

그림 9-19 규칙격자의 예

[참고]

금속간 화합물에서 A 원자와 B 원자의 결합방식은 이온결합, 무극결합, 금속결합 등 대단히 복잡하나 이온결합적인 성질이 큰 것부터 시작하여 금속적 성질이 큰 것까지 여러 가지가 있으나 다음 3 종으로 대별하여 논해지고 있다.

(1) 원자가 효과 화합물
(2) 원자반경 효과 화합물
(3) 전자 화합물

그러나 이들 종별에는 분명한 경계는 없으며 이들의 중간에 속하는 화합물도 많다. 원자가 효과 화합물에는 이온결합적 성격이 강한 전기화학적 화합물 또는 무극결합적 성격이 강한 것이 포함된다. 전자 화합물은 금속적 성질을 나타내며 비교적 넓은 조성범위의 고용영역(2 차 고용체)을 가지는 일이 많으며 규칙격자 중에는 이에 속하는 것이 있다.

3. 고체상태에서는 전혀 고용하지 않는 2 성분계

Cu-Pb 계, Pb-Zn 계, Ge-Sn 계, Fe-Hg 계, Pb-Ni 계 등은 서로 전혀 고용되지 않는 합금계의 예가 된다. 그러나 Cu-Pb 계에서 Pb 30 ~ 40 %, 잔부 Cu 인 합금은 액체상태에서도 2 상으로 분리되나 990 ℃ 이상에서는 완전히 1 상이 된다. 이 상태에서 냉각하여 1 상 그대로 상온까지 가져와서 베어링용합금으로서 실용화되고 있다(Kelmet metal). 합금 중의 Pb 는 Cu 와 떨어지기 원하나 상온에서는 원자의 이동이 어려우므로 베어링용으로서 사용할 수가 있다. 만약 윤활유가 떨어져도 고체마찰이 되어 마찰열에 의해 Pb 가 스며나와 윤활제의 대용이 될 수 있다.

제 10 장
2원 합금 상태도의 해설

10-1 2원 합금 상태도의 분류

그림 10-1은 Au-Si계 합금 평형 상태도이다. 이는 가장 간단한 상태도의 하나로서 앞에서 말한 물-NH_4Cl계 2원 상태도와 같은 형태의 공정반응을 갖는 것이다. 또한 그림 10-2는 Ni-Cu계 합금 평형 상태도로서 이것도 가장 간단한 상태도 중의 하나로서 이들은 기본 상태도형에 속하는 것이다.

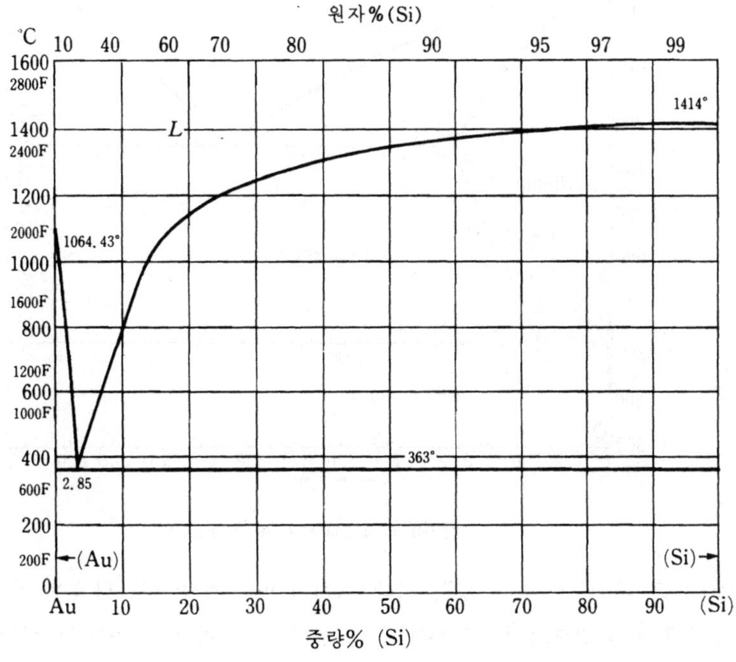

그림 10-1 **Au-Si계 합금 평형 상태도**

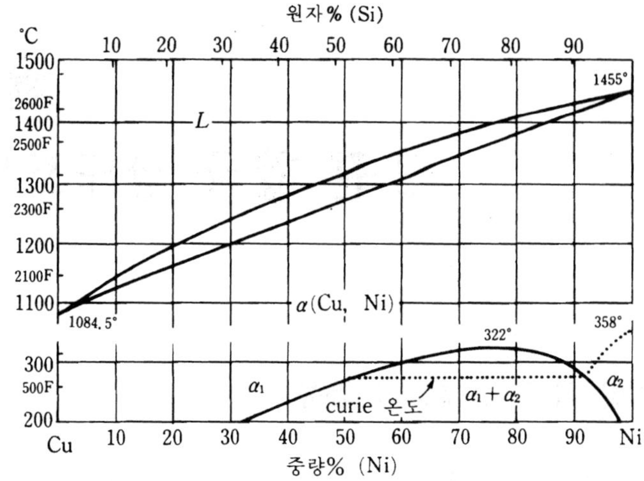

그림 10-2 **Ni-Cu 계 합금 평형 상태도**

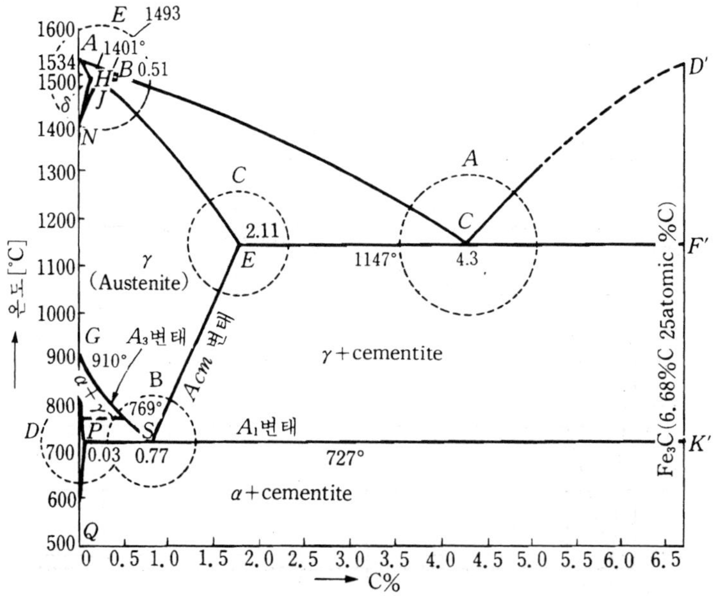

그림 10-3 **Fe-Fe_3C 계 상태도**

그림 10-3 은 Fe-C 계 합금 평형 상태도이다(이에 관해서도 다음에 설명함). 이것은 지금까지 설명한 내용만으로서는 이해하기 어렵다. 그러나 이 그림에서 *A* 의 점선원으로 된 부분은 Au-Si 계 또는 물 -NH_4Cl 계와 유사함을 알 수가 있다(공정형). 또한 *B* 부분도 *A* 부분의 공정형과 비슷하나 이는 공정형과는 그 내용이 전혀 다르다. 그러나 *C* 부분은 지금까지의 설명을 더듬어 볼 때 Fe 에 *C* 가 용해한 상태인 것 같으며 이는 고용체와 관계있을 것으로 예측할 수가 있을 것이다. *D* 부분에도 작은 상태구역이 있으며 이것도 고용체

와 관계되는 것이 틀림없을 것 같다. 그리고 E부분도 처음 보는 것이지만 무엇인가를 설명하는 상태도이다.

이와 같이 분해하여 보면 그림 10-3 의 Fe-C 상태도는 어떤 기본형의 상태도가 몇 개 조합되어 이루어져 있음을 예측하게 된다. 따라서, 우선 기본 상태도에 관해 자세히 알고 있으면 실제의 합금 상태도를 해석하는데 도움이 된다. 그러나 기본 상태도형의 조합은 아무렇게나 하는 것이 아니라 상률에 의해 조합됨을 잊어서는 안 된다.

앞에서 서술한 염화암모늄 수용액의 온도변화에 대한 상태변화는 육안으로도 어느 정도 추적할 수가 있다. 그러나 금속 및 합금(Hg 는 제외)은 일반적으로 융점이 높고 또한 불투명하고 육안에 의한 내부상태 변화를 추적한다는 것은 도저히 불가능하다. 그러나 융액으로부터의 고체결정이 석출하면 석출에 의한 응고열의 발생을 이용하여 열분석 곡선으로서 그 발생온도를 명백히 하는 것은 가능하다. 고체로 된 후의 결정구조 변화 또는 석출변화 등이 있으면 그때의 내부 에너지 변화가 수반되므로 열분석 곡선 등으로 그때의 변화점을 명백히 할 수가 있다. 또한 고온 현미경 및 고온 X 선 회절법 등으로 표면조직의 변화나 결정구조의 변화도 명백히 할 수가 있다. 물론 이들 측정은 쉽게 되는 것은 아니다.

그러나 이와 같이 우리는 금속 및 합금의 상태변화를 여러 가지 방법으로 조사할 수가 있다. 여기서는 주로 앞에서 설명한 열분석법에 의한 상태도를 설명하기로 하자.

2 성분계 합금의 경우 기본이 되는 상태도형으로서는 다음 7 종류로 대략 분류할 수가 있다.

(1) 액체상태에서나 고체상태에서나 모두 완전히 고용되는 경우(전율고용체)

(2) 액체상태에서는 완전히 혼합되나 고체상태에서는 전혀 고용되지 않는 경우(공정반응형)

(3) 액체상태에서는 완전히 혼합되며 고체상태에서는 일부분만이 고용되는 경우(공정반응, 포정반응)

(4) 액체상태에서는 일부가 혼합되고 고체상태에서는 전혀 고용되지 않던가 또는 일부분만이 고용되는 경우(편정반응형)

(5) 액체상태에서는 전혀 혼합되지 않던가 또는 혼합이 일부만이 가능하며 고체상태에서는 전혀 고용되지 않는 경우

(6) 금속간 화합물 또는 중간상이 생성되는 경우

(7) 성분금속이 동소변태를 갖는 경우

이상의 대략적 구별을 더 자세히 분류하면 다음 표 10-1 과 같다.

표 10-1 2원 합금 상태도의 분류

<table>
<tr><td rowspan="8">(A) 양 성분간에 화합물을 형성하지 않고</td><td rowspan="5">(a) 융체에서 양 성분이 서로 완전히 용해되고</td><td colspan="2">(1) 고체에서도 서로 완전히 용해되는 경우</td></tr>
<tr><td colspan="2">(2) 고체에서는 고온에서 서로 완전히 용해되나 저온에서는 용해도에 한계가 있는 경우</td></tr>
<tr><td colspan="2">(3) 고체에서 용해도가 없는 경우</td></tr>
<tr><td rowspan="2">(4) 고체에서는 서로 용해도에 한계가 있고</td><td>1. 2종의 고용체가 공정을 만드는 경우</td></tr>
<tr><td>2. 2종의 고용체가 한쪽이 포정을 만드는 경우</td></tr>
<tr><td rowspan="2">(b) 융체에서 양 성분이 서로 용해도의 한계가 있고</td><td colspan="2">(1) 고체에서는 용해도가 없는 경우</td></tr>
<tr><td colspan="2">(2) 고체에서도 서로 용해도에 한계가 있는 경우</td></tr>
<tr><td colspan="3">(c) 융체에서는 용해도가 없으며, 고체에서도 용해도가 없는 경우</td></tr>
<tr><td rowspan="9">(B) 양 성분간에 화합물을 형성하고</td><td rowspan="5">(α) 화합물이 자기의 융점을 가지며</td><td rowspan="3">(a) 융체에서 서로 완전히 용해하며</td><td>(1) 고체에서 완전히 용해한다.</td></tr>
<tr><td>(2) 고체에서 용해도가 없다.</td></tr>
<tr><td>(3) 고체에서 용해도에 한계가 있다.</td></tr>
<tr><td rowspan="2">(b) 융체에서 용해도에 한계가 있고</td><td>(1) 고체에서는 용해도가 없다.</td></tr>
<tr><td>(2) 고체에서는 용해도에 한계가 있다.</td></tr>
<tr><td rowspan="4">(β) 화합물이 분해되며</td><td rowspan="2">(a) 융체에서 서로 완전히 용해하며</td><td>(1) 고체에서는 용해도가 없다.</td></tr>
<tr><td>(2) 고체에서는 용해도에 한계가 있다.</td></tr>
<tr><td rowspan="2">(b) 융체에서 용해도에 한계가 있고</td><td>(1) 고체에서는 용해도가 없다.</td></tr>
<tr><td>(2) 고체에서는 용해도에 한계가 있다.</td></tr>
<tr><td rowspan="4">(C) 고체에서 변태점을 가지며</td><td colspan="3">(1) 성분 서로가 변태 전후에서 완전히 용해하는 경우</td></tr>
<tr><td colspan="3">(2) 성분 서로가 변태 전후 어디서든지 용해도가 없는 경우</td></tr>
<tr><td colspan="3">(3) 성분 서로가 고온에서 완전히 용해되나 냉각변태 후는 일부 용해 또는 전부가 용해하지 않는 경우</td></tr>
<tr><td colspan="3">(4) 성분 서로가 고온에서는 일부 용해하나 냉각변태 후는 용해도에 큰 변화를 일으키는 경우</td></tr>
</table>

10-2 액체상태에서 완전히 용해혼합되고 고체상태에서도 완전히 고용되는 경우(전율고용체)

이는 2 성분 금속인 A와 B가 어떤 비율로 혼합되더라도(모든 조성비) 고체상태에서는 고용체를 이루는 경우가 이에 해당한다.

지금 몇 개의 조성에 따르는 냉각곡선에 의한 상태도를 표시한 것이 그림 10-4 이다.

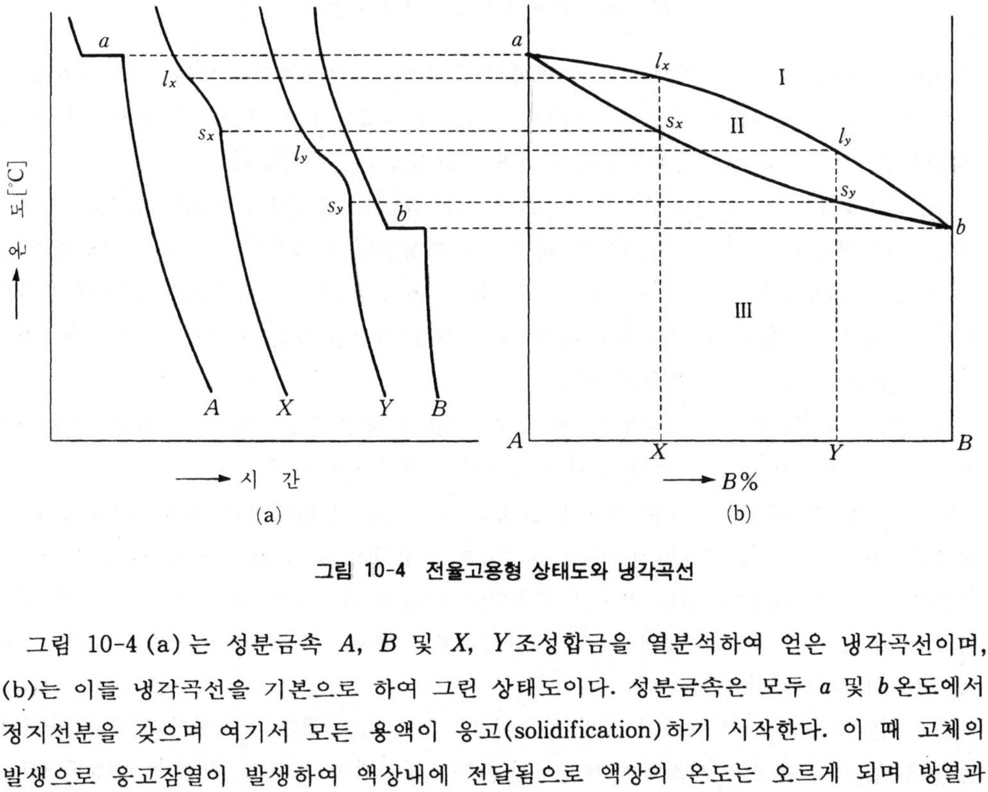

그림 10-4 전율고용형 상태도와 냉각곡선

그림 10-4 (a) 는 성분금속 A, B 및 X, Y조성합금을 열분석하여 얻은 냉각곡선이며, (b)는 이들 냉각곡선을 기본으로 하여 그린 상태도이다. 성분금속은 모두 a 및 b온도에서 정지선분을 갖으며 여기서 모든 용액이 응고(solidification)하기 시작한다. 이 때 고체의 발생으로 응고잠열이 발생하여 액상내에 전달됨으로 액상의 온도는 오르게 되며 방열과 균형이 유지되어 온도의 변화는 없게 된다. 이를 상률로서 설명하면 다음과 같다. 즉 성분금속이므로 $n = 1$, 응고에 의해 액상내에 고상이 발생하고 있음으로 2 개의 상이 공존하고 있다. 따라서 $p = 2$ 이므로 상률에 의해

$$F = n - P + 1 = 1 - 2 + 1 = 0$$

즉 자유도(F)는 0 이 된다. 이는 상태변화가 없다는 의미이므로 온도변화(상승 또는 강하)가 없다. 이것이 바로 성분금속의 응고 또는 용해온도가 된다.

X 및 Y 조성합금에서는 모두 l_x, l_y에 굴곡점이 있다. 이 점도 성분금속의 경우와 같이 응고가 시작하는 점(온도)이다. 이곳에서부터 액상내에 고상이 발생하기 시작하며 s_x 및 s_y온도에서 액상은 완전히 없어지고 고상만으로서 응고는 완료된다. 이것은 냉각곡선에서 보는 바와 같이 성분금속의 경우와는 달리 $l_x s_x$ 또는 $l_y s_y$의 응고구간(freezing interval)을 갖고 있으며 특유의 온도구배를 갖는다. 이와 같이 응고구간에서 온도구배를 갖는 이유를 상률에 의해 살펴보면 다음과 같다. 즉 합금(2 원계)이므로 구성성분은 2($= n$)이며, 이 온도구간에서는 고상의 결정이 있으므로 고상과 액상이 공존하게 된다. 따라서 상률에 의해

$$F = n - P + 1 = 2 - 2 + 1 = 1$$

즉 자유도(상태변수)는 1 로서 온도의 변화(온도구배)는 필연적으로 있게 되는 것이다.

s_x 또는 s_y로 표시되는 온도이하에서는 자유도($F = 2 - 1 + 1$)는 2 가 되며, 여기서는 온도의 변화 또는 농도(조성)의 변화가 있어도 고체임에는 틀림없다.

그림 10-4 (b)에서 $al_x l_y b$곡선은 A - B 2 원계 합금의 응고개시 온도를 연결하는 선으로서 이를 **액상선**(liquidus line)이라 하며, 이 액상선보다 윗쪽(상온측)은 균일한 액상(융체)만이 존재하게 된다. 또한 $as_x s_y b$ 곡선은 응고가 완료되는 온도를 연결한 곡선으로서 이 곡선을 **고상선**(solidus line)이라 한다. 이들 액상선 또는 고상선에 의해 둘러싸인 영역을 **상태구역**(state field)이라 한다.

이 상태도의 실례로서는 Ni-Cu 계 합금, Au-Ag 계 합금 또는 Ge-Si 계 합금 등이 있으며 여기서는 Ni-Cu 계 합금을 예로 하여 실질적인 것을 설명하여 보자.

Ni 의 융점은 1453 ℃, Cu 의 융점은 1083 ℃ 로서 고체상태에서의 결정구조는 모두 면심입방격자이다. 이 Ni 와 Cu 를 소요 조성비로 수량하여 도가니(crucible)에서 용해하여 충분히 저어주면 이들은 서로 완전히 혼합되어 균일한 단일상이 된다. 이렇게 하여 얻은 여러 가지 조성의 용액을 평형적으로 냉각시키면서 열분석하여 냉각곡선을 그리면 그림 10-5 (a)와 같이 된다.

순 Ni 은 1435 ℃ 에서 응고가 시작하며 이 때 냉각곡선상에는 정지점이 생긴다. 순 Cu 는 1083 ℃ 에서 응고가 시작하며 냉각곡선상에는 정지점이 생긴다. 80% Ni 20% Cu 합금에서는 1410 ℃ 에서 응고가 시작되어 고체(결정)의 정출로 응고열이 발생하며 이 열의 액상(융체)내로의 전달로 인하여 냉각속도가 늦어져서 그림과 같이 곡선의 경사가 작아진다.

시간의 경과에 따라서 결정이 정출하면서 온도는 떨어진다. 이 현상은 순 Ni 나 순 Cu 와 같이 응고시에 정지점이 되는 경우와는 다르다. 1375 ℃ 에서 용액은 없어지며 전부 고체가 된다. 따라서 완만한 온도강하는 완료되고 이후는 고체합금으로서 약간 급경사의 온도구배를 갖는 냉각곡선이 나타난다. 이 때의 곡선은 극히 연속적이면서 완만한 곡선이 된다. 온도강하 도중 고체내에서 만약 결정구조의 변화나 석출 등이 있으면 내부 에너지에

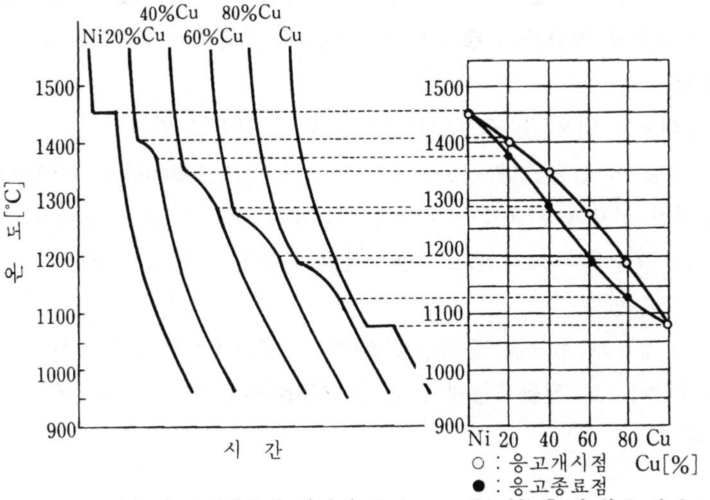

(a) 각 조성합금의 열분석 곡선 (b) Ni-Cu계 합금 상태도

그림 10-5 Ni-Cu 2성분계 합금의 열분석 곡선과 상태도

변화가 생기므로 변태열이 발생하여 당연히 곡선에도 변화를 끼치게 되는 것은 사실이다.

열분석 곡선에서의 변화점은 그림 10-6에서와 같이 각 조성합금마다 2점이 있다. 냉각과정에서 액체부터 결정이 정출하기 시작할 때(○인)와 전부 결정화되었을 때(●인)이다.

다음에 세로축에 온도, 가로축에 조성의 상태도 좌표를 그림 10-5(b)와 같이 작성한다. 가로축 상의 20 % Cu 합금에서는 1410 ℃ 와 1375 ℃ 의 변화가 있다. 40 % Cu 합금에서는 1350 ℃ 와 1290 ℃ 에 변화점이 있다. 이와 같은 변화점을 각 조성마다 그 온도축 상

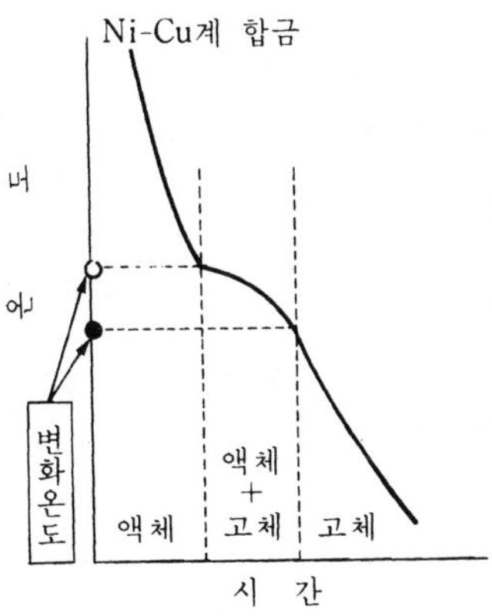

그림 10-6 열분석 곡선의 변화점

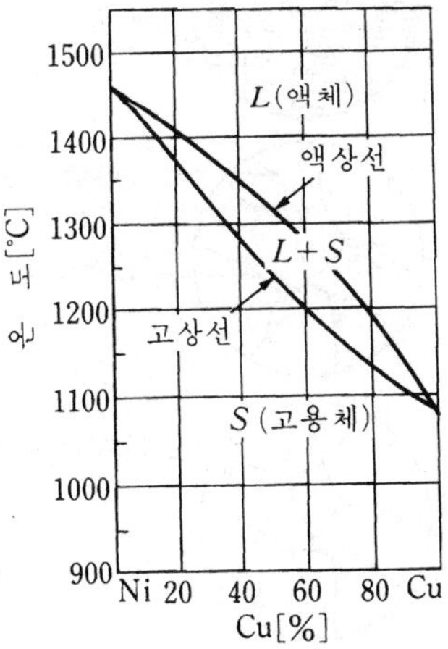

그림 10-7 Ni-Cu계 합금 상태도

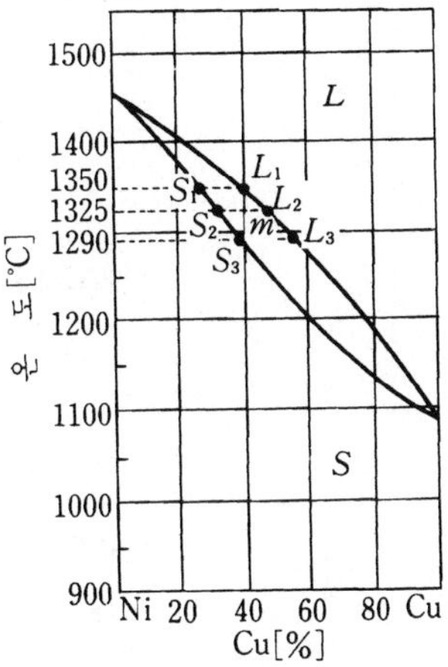

그림 10-8 Ni-Cu계 합금 상태도

에 융액부터 결정생성 개시점을 ○인으로 전부 결정화된 점을 ●인으로 표시한다. 그리고 ○인끼리 실선으로 연결하고 ●인끼리 실선으로 연결하면 그림 10-5 (b)와 같은 상태도가 만들어진다.

그러면 이 상태도의 내용(뜻)을 조사하여 보자. ○인으로 연결한 선보다 고온측은 1 상으로서 융액이므로 이 선은 그림 10-7 에서와 같이 **액상선**(liquidus line)이라 부른다. 또한 ●인을 연결한 선보다 저온측은 1 상의 고용체이므로 이 선을 **고상선**(solidus line)이라 부른다. 이들 액상선과 고상선으로 둘러싸인 부분은 융액과 고용체의 혼합존재구역으로서 2 상으로 되어 있다.

Ni 과 Cu 의 2 성분계 합금은 융액상태에서나 고체상태에서나 완전히 융합되어 1 상이 되어 있으며 일반적으로 **전율고용체** 또는 **전역고용체**라 부른다. 이 때의 상태도가 그림 10-7 의 것이다.

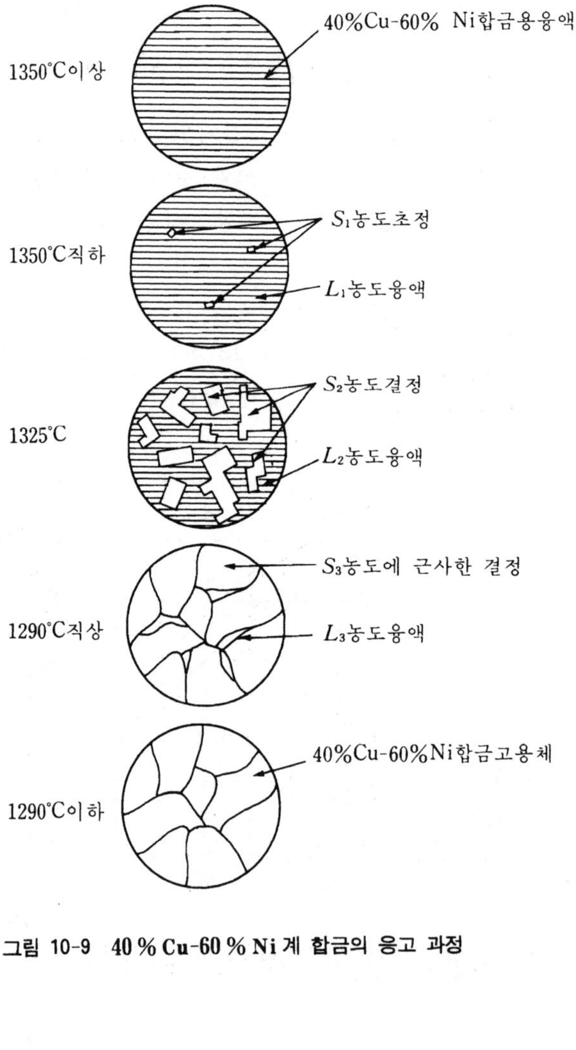

그림 10-9　40 % Cu-60 % Ni 계 합금의 응고 과정

이 Ni-Cu 계 합금 상태도에서 40% Cu 합금을 고온의 균일용융상태에서 서서히 냉각시키는 경우 어떠한 과정으로 응고되는 가를 그림 10-8 에서 생각하여 보자. 40% Cu 합금 융액의 온도가 서서히 떨어져서 1350 ℃ 가 되어 액상선과 L_1 에서 만난다. 그러면 이 온도에서 결정이 생성되기 시작한다. 이와 같이 융액부터 결정의 생성이 시작하는 과정을 **정출**(crystallization)이라 한다. 이 때 정출하기 시작한 결정의 농도는 S_1 에 해당한 농도이며 27% Cu 의 조성이 된다. 처음 준비한 합금은 40% Cu 합금으로서 융액상태에서도 고체상태에서도 40% Cu 가 포함되어 있으나 융액부터 고체를 정출하기 시작한 과정에서는 그 농도가 다르게 된다.

우선 상률에 의해 이 이유를 생각하여 보자. 우리는 이미 앞에서 응축계의 상률에 관해서 설명하였다. 따라서 응축계의 상률은 $F = C + 1 - P$. 여기서 C : 성분수, P : 상수 , F : 자유도이다. 따라서 Ni-Cu 계 합금에서는 $F = 2 + 1 - P$ 이며, Ni-Cu 계 합금의 융액상태에서는 균일한 1 상이므로

$$F = 2 + 1 - 1 = 2$$

즉 자유도는 2 가 된다. 즉 적당한 범위내에서는 온도를 변화시켜도, 농도를 변화시켜도

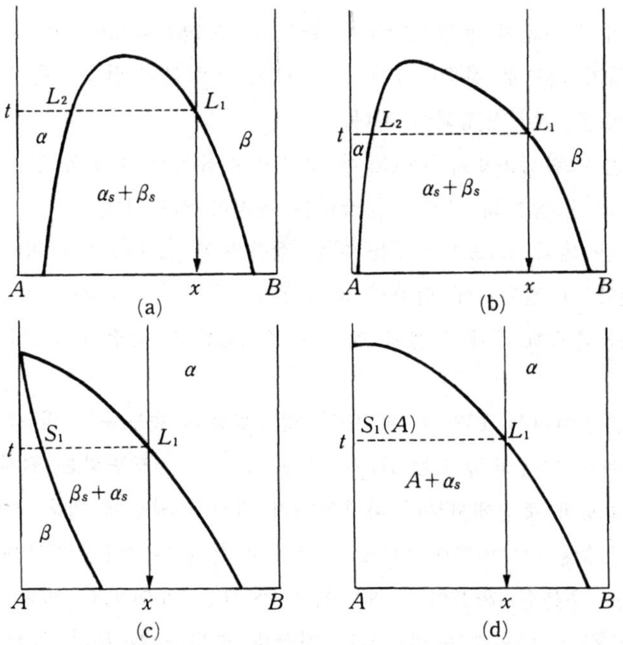

α : A 성분용매로서 B 성분용질의 상　　β : B 성분용매로서 A 성분용질의 상

α_s 및 β_s : 온도에 따라서 항상 포화용해도 상태인 상

그림 10-10 용해도 곡선의 예

또는 온도와 농도를 동시에 변화시켜도 1상임에는 틀림없다. 그러나 1350 ℃ 까지 온도가 떨어진 경우는 40% Cu 계 합금은 액상선상에 있으며 이보다 약간이라도 저온이 되면 정출은 시작한다. 이 양 상을 도시한 것이 그림 10-9 이며, 1350 ℃ 직하에서는 융액과 결정의 2상으로 되어 있다. 이 때 자유도(F)는

$$F = C + 1 - P = 2 + 1 - 2 = 1$$

즉 자유도는 1이 된다. 자유도로서는 온도와 농도가 있으나 지금 이 1의 자유도로서 온도를 택하므로 농도는 자동적으로 결정되어 버린다. 즉 온도 1350 ℃ 에 대한 농도로서 융액상태에서는 L_1 농도, 고용체에서는 S_1 농도로서 결정되어 버린다. L_1 과 S_1 은 공역관계에 있다.

다음에는 앞에서 설명한 용해도로부터 이 현상을 생각하여 보자. 그림 10-10 (a), (b)는 이미 설명한 일반적인 용해도 곡선이다. 이 용해도 곡선은 여러 가지 형태를 가질 수 있다. 예로서 그림 10-10 (c)의 경우도 있을 수가 있다. 그림 10-10 (d)는 H_2O 와 NH_4Cl 계 또는 H_2O 와 NaCl 계에서 수용액에서부터 고체의 얼음(氷)이 정출할 때의 상태도에서 볼 수 있는 것이다. 그림 10-10 (c)의 경우 x % 조성재료를 고온으로 유지하면 균일한 1상으로 B 성분은 A 성분을 불포화상태로 포함하고 있다. 그러나 온도가 떨어져서 t 온도의 L_1 점이 되면 B 성분이 A 성분을 용입포함하는 한도 즉 포화용해도에 달하여 t 온도직하에서는 그대로는 과포화가 되므로 결국은 t 온도직하에서 A 성분이 B 성분을 포화될 때까지 포함한 S_1 농도의 새로운 상이 생성되어 온다.

그림 10-10 (c)는 그림 10-8 의 Ni-Cu 계 합금의 상태도의 경우와 같으며, 이 상은 L_1 농도의 융체에서부터 S_1 농도의 결정이 정출하는 과정을 설명하였다.

고상 S_1 의 조성은 액상 L_1 보다 Ni 을 다량 함유하고 있으므로 나머지 융액상 중에는 Cu 가 많아진다. 온도가 떨어짐에 따라서 고상 양은 증가하며 따라서 액상 중에는 Cu 농도가 증가되어간다. 온도에 의해 고상과 액상의 조성농도가 결정되는 일은 상률에서 규정되고 있다.

온도가 완만하게 떨어져서 1325 ℃ 에 도달하면 액상의 농도는 그림 10 - 8 과 같이 L_2 가되어 있으며 정출된 고상의 농도는 S_2 가 된다. 고상의 농도변화는 원자의 확산에 의한 것으로서 정출된 결정의 중심에서부터 바깥쪽까지 원자의 확산에 의해 농도는 평균화되어 있다. 이 확산은 고체내에서 이루어지므로 당연히 시간이 걸리나 평형적으로 극히 완만한 냉각과정이며 항상 충분한 확산이 이루어지는 시간을 부여하고 있다. 따라서 온도가 1350 ℃ 에서 1325 ℃ 로 내려오는 사이에는 액상의 농도는 L_1 부터 액상선에 따라서 L_2 로, 정출한 고상의 농도는 S_1 에서부터 고상선을 따라서 S_2 로 변화하고 있다.

처음에 준비한 Ni-Cu 계 합금조성은 40% Cu-60% Ni 이며, 그림 10-8 의 m 점에 해당하는 농도이나 1325 ℃ 에서는 이 농도의 것은 현실적으로는 존재하지 않고 S_2 농도의 고상

과 L_2 농도의 액상이 공존하고 있다. 이 고상 S_2 와 액상 L_2 의 양 비는 지렛대 법칙에 의해

$$\frac{(L_2\text{농도의 액상의 양})}{(S_2\text{농도의 고상의 양})} = \frac{\overline{S_2 m}}{\overline{L_2 m}}$$

이다. 이 액상과 고상의 양의 상태는 그림 10-9 의 모형에 표시한 것과 같다.

더욱 온도가 떨어지면 액상의 농도는 L_2 에서부터 액상선을 따라서 L_3 를 향해 변화하며 한편 이와 함께 고상의 농도는 S_2 부터 고상선에 따라서 S_3 로 향해 변화한다. 1290 ℃에 도달하면

$$\frac{(L_3\text{농도의 액상의 양})}{(S_3\text{농도의 고상의 양})} = \frac{0}{\overline{S_3 L_3}}$$

로되어 액체는 없어지며 전부 고체가 된다. 이 때의 농도는 S_3 즉 40% Cu-60% Ni 로서 처음 조제한 혼합비와 같게 된다. 1290 ℃ 보다 낮은 온도에서는 농도변화는 없으며 온도만이 떨어져 간다. 이 상태는 상온부터 절대 0 도(−273 ℃)까지도 변화는 일어나지 않는다.

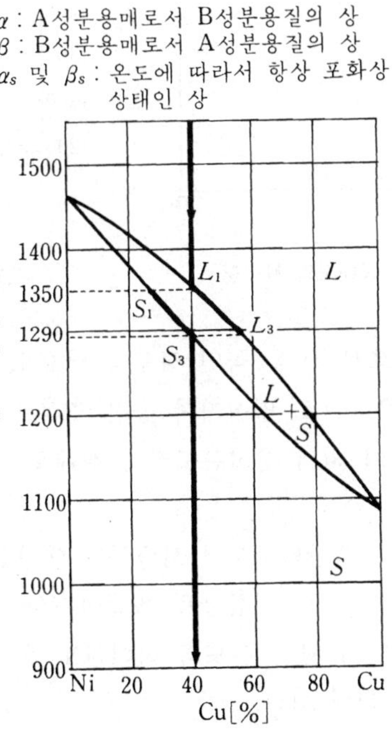

그림 10-11 응고과정에서의 농도의 변화 및 액상과 고상의 양의 변화

이상은 40% Cu-60% Ni 합금의 용융상태부터 응고가 끝날 때까지의 상태변화이며, 이와 같은 상태변화는 Ni-Cu 2원계 합금의 전 조성범위에 걸쳐 그 경향은 동일하다. 이 응고 과정에서의 농도의 변화상태 및 양의 변화상태를 그린 것이 그림 10-11이다. 그림에서 이 조성합금의 융액상태부터 응고완료에 이르기까지의 과정을 실선의 굵기로서 표시한 것이다. 응고 도중의 액체와 고체의 양의 변화는 지렛대 관계로 표시됨을 잊어서는 안 된다.

액체상태에서도 고체상태에서도 완전히 서로 용해되어 1상을 이루는 2성분계 합금이라면 어느 것이든 이 Ni-Cu계 합금과 같은 상태도이며 응고과정도 동일한 과정을 밟게 된다. 이상에서 설명한 전율고용체형 상태도의 특수형으로서 다음과 같은 것을 볼 수 있다(그림 10-12). 이는 앞에서의 상태도를 2개 합한 것과 같다.

이와 같은 특수형의 상태도를 갖는 합금에는 Ti-Zr계, Cr-Mo계, Au-Ni계 등이 있으나 여기서는 Ti-Zr 2원계 합금을 예로 하여 설명하여 보기로 하자(그림 10-13).

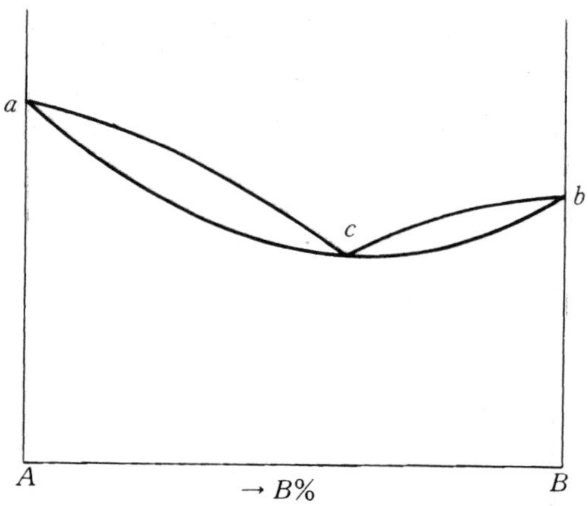

그림 10-12 전율고용체형 상태도의 특수형

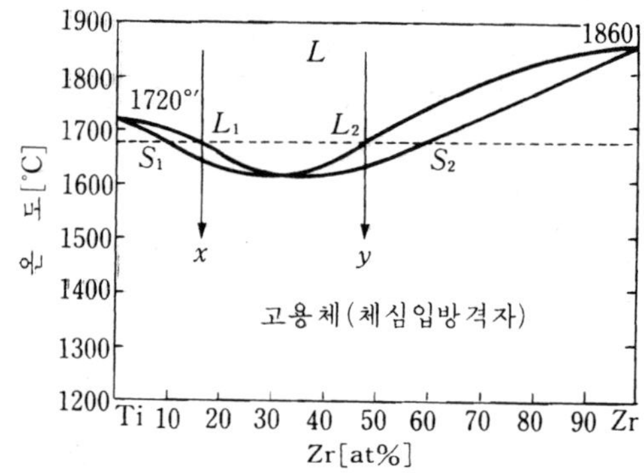

그림 10-13 Ti-Zr계 합금 상태도

이것은 용매 Ti에 용질로서 Zr을 녹인 경우나 역으로 용매 Zr에 용질로서 Ti를 녹인 경우나 모두 액상선은 저온측으로 떨어지며 중간 조성에서 최저 온도의 응고개시점을 갖게 된다. 이와 같은 경우 이 최저 응고온도점을 경계로 하여 좌우 모두가 지금까지 설명한 경우와 동일하다.

단 그림의 x조성합금을 융액상태로부터 서냉하여 액상선상의 L_1에 만나면 정출하는 고용체는 S_1농도만이 되며 또한 y조성합금을 똑같이 서냉하는 경우는 L_2온도에서 정출하는 고용체는 L_1과 L_2와 같이 같은 온도라 하더라도 S_2농도만을 가지게 된다. 여기까지는 모두 평형상태로서 취급되어 왔다.

즉 응고온도 구역내에서는 온도에 의해 액체와 고용체의 농도가 변화되는 것이나 서냉하여 전체가 고용체가 되었을 때에는 농도는 다시 액체의 경우와 같은 농도가 되어 이 후는 변화가 없다. 융체로부터 고용체가 정출하여 이것이 온도강하에 따라서 차차 성장하며 동시에 그 고용체 전체의 농도도 항상 변화하게 된다. 따라서 농도변화는 정출하여 성장하는 고용체의 외부만이 아니라 내부까지도 변화하여야 한다. 액체의 농도변화는 원자이동이 자유로우므로 용이하나 고용체의 농도변화는 원자의 확산에 의한 이동으로 이루어짐으로서 시간이 걸린다. 지금까지 온도를 완만하게 떨어뜨린다고 한 것은 이러한 이유 때문이다.

실제의 공업용 금속재료의 제조에서는 일반적으로 약간 빠른 냉각을 하게 되며 따라서 평형상태는 깨진다. 따라서 정출한 고용체의 외부만이 액체와 평형하며 내부는 처음 농도 그대로 남게되는 경향이 있다. 이 상태는 결정화에 있어서 **편석**이라 부르고 있다. 편석에는 미시적 편석과 거시적 편석이라는 2 종류가 있다. **미시적 편석**이란 하나하나의 결정립 내부에서의 편석이다. 고상선에 가까운 온도에 재가열하여 유지하면 원자진동이 활발하게 되어 원자의 확산이 용이하게 되며 편석이 없어지며 평형상태로 되어간다.

거시적 편석은 일반적인 공업용 합금의 주조물에 나타나는 것이다. 용융된 주철을 주형에 주입하여 응고시켰을 때의 조직을 그림 10-14 에 표시하였다.

그림 10-14 (a)는 주형에 주입한 직후의 상태로서 융체의 표면은 표면장력에 의해 볼록하게 되어 있다. 융액이 주형에 접하고 있는 부분은 표면의 공기와 접하고 있는 부분보다 열전도가 좋음으로 이곳부터 응고가 시작하여 표면은 마지막에 응고하게 된다. 이 때 주철의 응고시에 체적수축으로 표면은 비교적 큰 골이 생기면서 고체가 된다. 이 상태를 표시한 것이 그림 10-14 (b)이다.

이 조직은 다음과 같이 설명할 수 있다. 즉 융액이 주형에 접하고 있는 부분은 열전도가 양호하므로 우선 결정의 핵이 이곳에 발생하여 열전도도와 역방향으로 즉 융액내부로 향하여 주상의 결정성장이 진행된다. 따라서 하나하나의 결정립은 가늘고 긴 것으로 된다. 표면 즉 공기와 접하고 있는 부분은 열전도가 나쁘므로 응고는 늦어진다. 주형의 접촉부분부터 결정성장이 진행하면 응고수축으로 인하여 체적은 감소하며 따라서 중앙에 남은 융액은 이를 보충하기 위해 조금씩 내부로 빨려 들어간다. 마지막으로는 중앙상부에 융액

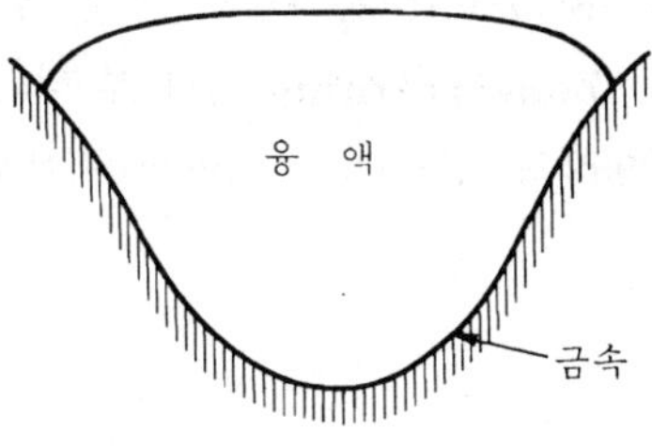

(a) 주입직후

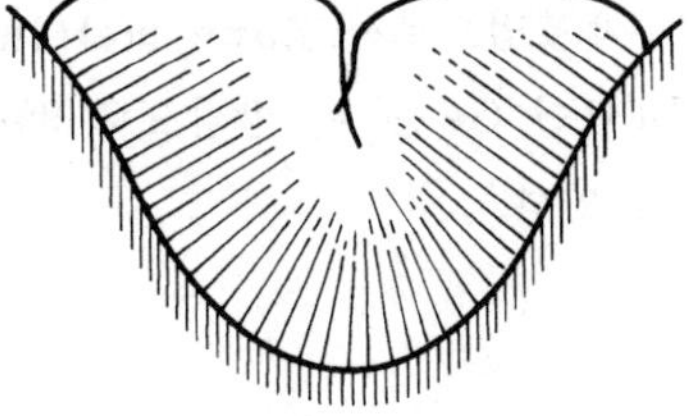
(b) 응고 후

그림 10-14 주철의 응고조직

이 남고 이것이 응고하여 전부 고체화한다. 이 때의 응고수축으로 표면은 더욱 오므라진다.

이와 같이 주조물은 일반적으로 외부에서부터 결정화되어 간다. 따라서 결정립은 외부에서부터 내부로 향하여 발달하는 것이 보통이다. 이 때 처음 정출한 결정핵은 예로서 그림 10-8 의 상태도에서는 S_1 에 해당하는 농도의 것이 될 것이나 온도가 강하하여 결정이 성장함에 따라서 그 농도는 다음으로 용질이 많은 것이 되어간다. 이 때 결정립은 육안으로 명백히 볼 수 있을 정도로 크며 냉각도 빨라서 고체내 원자확산에 의한 농도의 균일화는 사실상 불가능하게 되며 내부에 남은 융액은 더욱 용질성분이 증가하여 간다. 최후에 남은 융액은 상태도에서 나타나는 것 이상의 많은 용질 성분을 함유하고 있으며 이 상태대로 응고하여 버린다.

주물은 불순물을 다량 함유하고 있다. 주조한 강 등은 열간단조하여 압연으로 충분히 그 조직을 파괴하여 확산시켜 가능한 편석이 없는 균일한 조직으로서 선, 판, 봉 또는 레일 등에 이용되고 있다. 이것이 실용상의 양상이며 이의 해석을 위한 기본이 되는 것이 역시 평형상태도이다. 따라서 우리는 이를 기초로 하여 실제상의 여러 가지 변화를 해결해 가고 있다. 순도가 높은 금속을 제조하기 위해서는 미리 화학적으로 정제된 봉상의 긴 합금을 불활성가스 중에서 고주파 가열로 등을 이용하여 한 끝에서부터 부분적으로 용해하여 이 용해구역을 서서히 이동시킨다. 그러므로 끝부분에서 결정이 출정하기 시작한다. 이 모형을 그림 10-15 에 표시하였다.

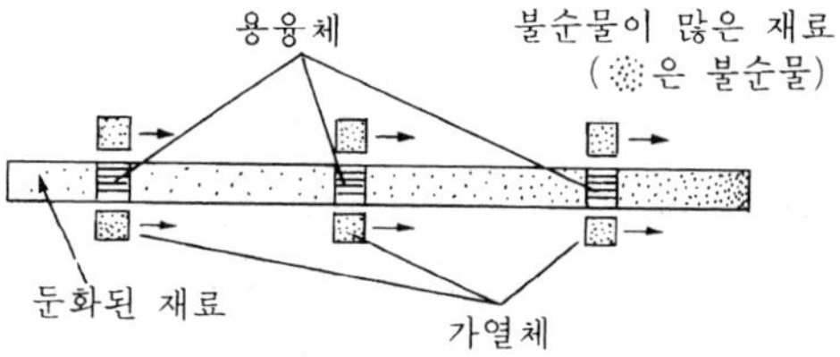

그림 10-15 Zone 정련법

처음 결정이 된 부분은 불순물 농도가 낮다. 불순물 농도는 이 그림의 금속봉의 왼쪽 끝이 가장 낮으며 오른쪽으로 갈수록 차차 불순물 농도는 증가한다. 이는 편석을 이용한 고순도 금속제조법으로서 **Zone melting** 또는 **Zone refining** 이라 부른다.

반도체 재료인 Ge 는 이 방법으로 99.99999999 % 정도(ten nine 이라 부름)의 순도의 것을 만들고 있다.

10-3 액체상태에서 완전히 혼합용해되어 있으나 고체상태에서는 전혀 고용되지 않는 경우(공정반응형 I)

본절에 따르는 합금 상태도를 표시하면 그림 10-16 과 같다. 그림에서 a, b는 각각 A, B성분금속의 융점이며 ae, be곡선은 액상선, ced선은 고상선이다. 그리고 각 상태구역내에서의 상은 각각 L(액상), $L+A$(결정), $L+B$(결정), 및 $A+B$로 표시된다.

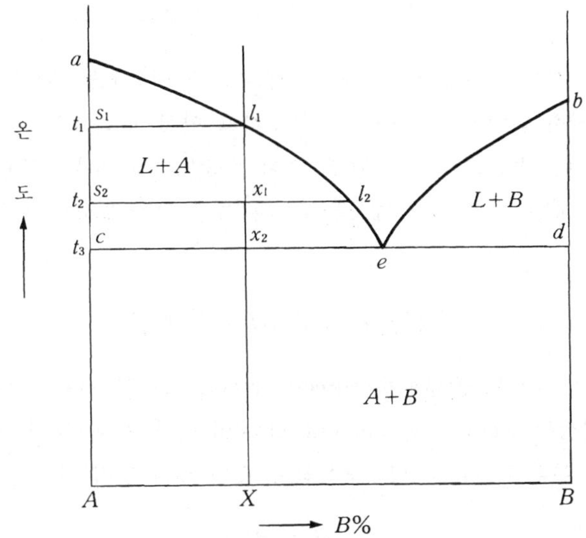

그림 10-16 고체에서 고용되지 않는 합금의 상태도

지금 X조성의 합금을 액체상태에서부터 냉각할 때의 응고과정을 살펴 보기로 하자.

고온에서 융액을 냉각하면 온도 t_1에 도달할 때까지는 A 및 B의 양 합금성분은 서로 용해되어 균일한 액상을 유지하고 있으나 t_1온도에 도달하면 비로소 응고는 시작된다. 즉 s_1농도의 A결정(초정)을 정출하기 시작한다. 이 때의 액상의 농도는 l_1으로 표시된다. 이때부터는 앞에서 설명한 전율고용체형 상태도에서와 같이 온도의 강하에 따라서 결정(A)의 정출은 증가하며 한편 액상의 양은 줄어간다. 그리고 t_2온도에 도달하면 결정의 농도는 s_2로 이 때의 액상의 농도는 l_2로 된다. 이러한 농도를 가진 결정(고체)과 액상의 양적 관계는 지렛대 법칙에 따라서 다음과 같이 표시된다.

$$\text{결정} : \text{액체} = \overline{x_1 l_2} : \overline{x_1 s_2}$$

그러나 이때에는 최초에 석출한 s_1 농도의 결정(A)이나 t_2 온도에서 정출한 s_2 농도의 결정(A)이나 모두 동일한 것이다. 즉 A 성분의 것이라는 것은 상태도에서 s_1 및 s_2가 모두 A를 표시하는 직선상에 존재하는 것으로서 명백하다.

온도 t_1에서 A 성분의 결정이 형성되기 시작하여 온도강하에 따라 같은 성분결정의 양은 증가되므로 동시에 잔액에서는 A 성분이 감소되어 감은 당연하다. 따라서 액상의 농도는 액상선 ae를 따라서 우측하로(e 점을 향해) 변화한다.

계속 온도가 강하하여 온도 t_3에 도달하면 융체(액상)의 농도는 e가 되며, 이 때의 고상(A)의 농도는 c가 된다. 이리하여 고상(A)과 액상의 양적 관계는 역시 지렛대 법칙에 따라 다음과 같이 표시됨을 알 수가 있다.

$$\text{고상}(A) : \text{액상} = \overline{x_2 e} : \overline{x_2 c}$$

그런데 여기서 의심이 생기는 일이 생기고 있다. 즉 ced 선은 고상선이므로 이 온도 t_3에서는 액상은 완전히 없어져야 하는데도 불구하고 아직 $x_2 c$ 선분으로 표시되는 양이 남아 있다는 것이다($x_2 c$ 선분으로 표시되는 액상의 농도가 e이다). 그러나 조금도 의심할 필요는 없다. 왜냐 하면 이 잔액은 t_3 온도에서 다음과 같은 반응에 의해 응고가 완료되기 때문이다. 즉

$$\text{액상}(e) \rightleftarrows \text{고상}(A) + \text{액상}(B)$$

우리는 이와 같은 반응을 **공정반응**(eutectic reaction)이라 부르며 여기서 형성된 혼합결정($A + B$)를 **공정**(eutectic 또는 eutectic crystal)이라 한다. 또한 이 반응이 진행되는 온도를 **공정온도**라 부른다. 이 공정을 구성하는 A와 B의 양적 관계는

$$A : B = \overline{ed} : \overline{ec}$$

로 표시된다. 공정반응에서 공정반응전에 정출한 결정(A)을 **초정**(primary crystal)이라 하며, 이 초정이 형성되기 시작하는 온도(t_1)를 **초정점**이라 한다.

초정과 공정과는 그 크기와 형성이 서로 다르며 초정은 초정점부터 공정온도에 도달할 때까지 융체 내에서 그의 성장이 방해되는 일없이 성장발달하며 다음에 정출되는 결정은 동일물질이므로 이미 형성된 결정을 중심으로 그의 표면에 부착되어 차차 크게 된다.

공정의 경우는 이종결정이 서로 접하여 동시에 발생하므로 상호성장이 방해되어 미세한 결정의 집합체로 이루어진다. 따라서 이들은 현미경으로서 쉽게 구별할 수가 있다. 다음 그림 10-17 은 몇 가지 조성합금의 냉각과정에 있어서의 조직을 상태도와 결부시켜 표시한 것이다. 여기서 초정은 괴상으로 그려져 있으나 일반적으로는 수지상 결정이 된다.

위에서 설명한 관계를 실용합금에서 설명하여 보기로 하자. 실용합금으로서는 Au-Si계, Ag-Si 계, Al-Sn 계, Al-Be 계 또는 Cd-Bi 계 등이 있으나 여기서는 Cd-Bi 계를 예로

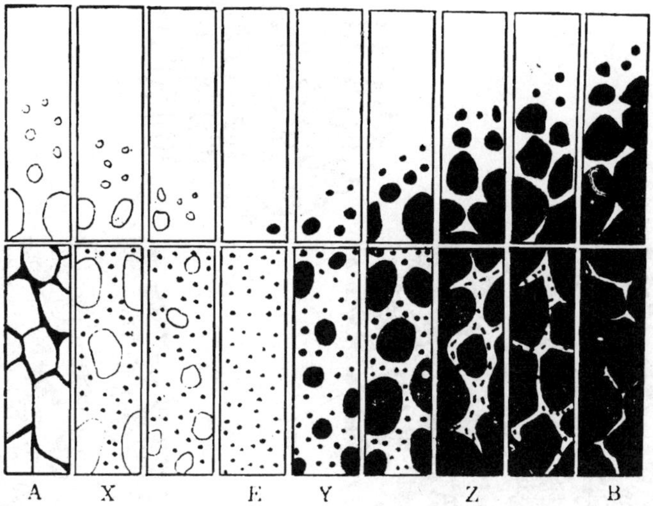

그림 10-17 조성과 조직변화 관계

들겠다.

Cd 의 융점은 321 ℃ (조밀 6 방격자형)이고 Bi 의 융점은 271 ℃ (3 방정결정)로서 이들은 모두 융점이 낮으며 Pb 나 Sn 과 함께 white metal 의 일군에 속하고 있다. 여기서 Bi와 Cd 를 소요량씩 나누어 도가니로 용해하여 충분히 저어주면 완전히 혼합용해된 균일상으로서 단상이 된다. 이 각 조성의 융액을 서서히 냉각시키면서 냉각곡선을 그리면 그림 10-18 (a)와 같은 곡선을 얻을 수가 있다. 순 Cd 와 순 Bi 는 각각 그들의 응고점에서 응고하면서 곡선상에 정지점을 갖는다.

20 at %. Bi 합금에서는 냉각도중 250 ℃ 부터 결정의 정출을 시작한다. 이 때의 결정은 초정이라 부른다. 정출에 따라서 발생하는 응고잠열 때문에 냉각은 늦어지며 곡선의 경사

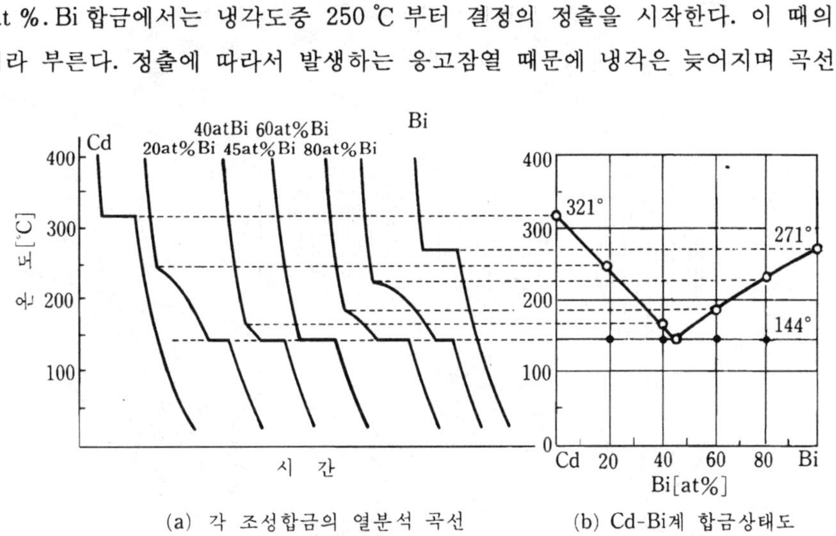

그림 10-18 **Cd-Bi** 계 합금의 냉각곡선 및 상태도

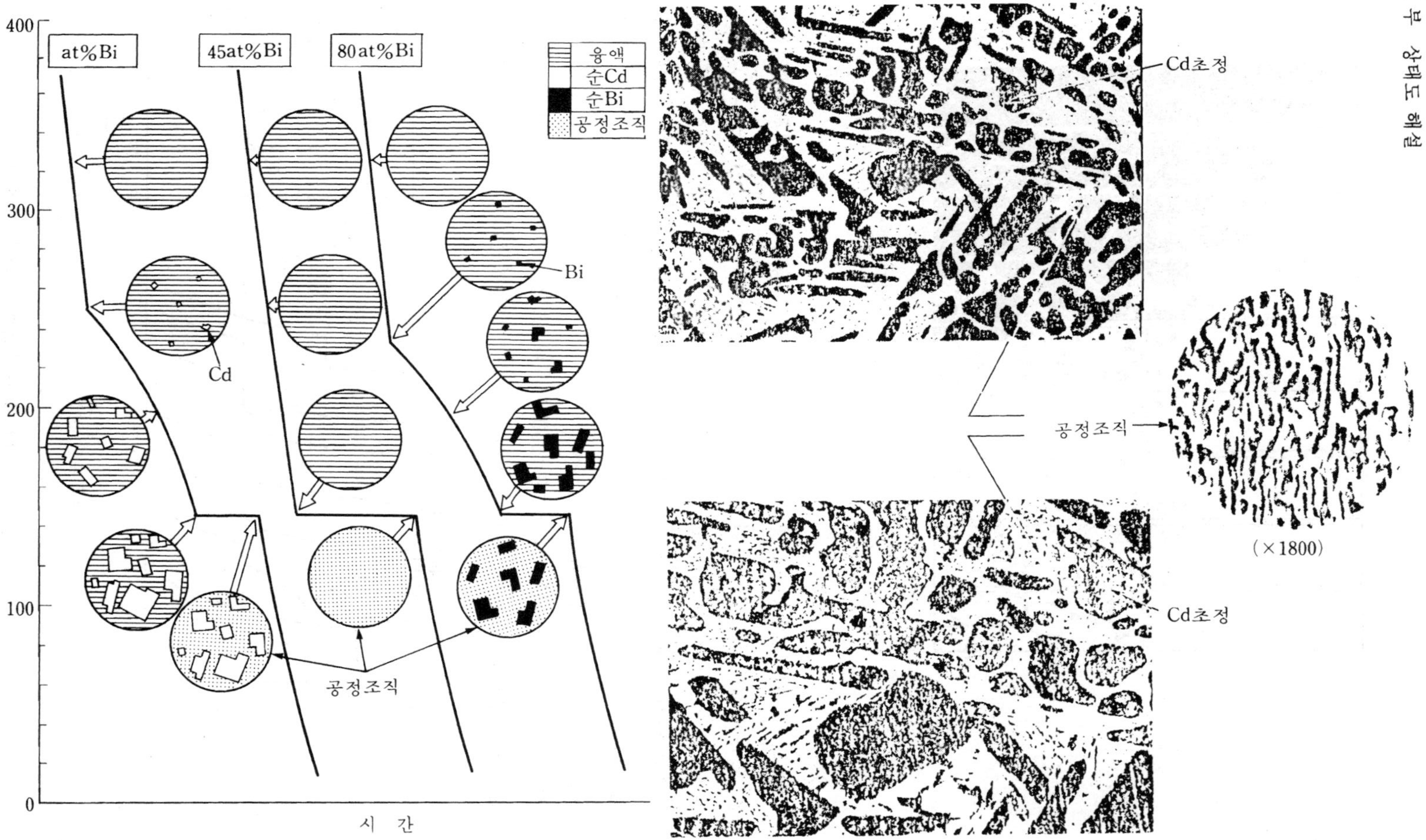

(a) 도 해　　(b) 20at% Bi-80at% Cd합금의 조직 사진

그림 10-19 Cd-Bi 계 합금의 냉각도중의 조직변화

는 완만하게 된다. 시간의 경과와 더불어 정출을 계속하면서 온도는 강하한다. 이 때의 초정은 순 Cd 이다. 이러한 변화는 144 ℃ 까지 계속되나 144 ℃ 가 되면 온도강하는 일단 정지한다. 144 ℃ 에 도달하였을 때는 아직 융액이 남아 있으나 이 융액이 전부 응고완료할 때까지는 온도의 변화가 없다(공정반응). 응고가 완료되면 온도는 다시 강하하기 시작한다. 144 ℃ 에서 잔액의 응고한 조직을 현미경으로 관찰하면 미세한 결정립으로 되어있다. 이 미세한 결정은 Bi 와 Cd 의 결정립이 서로 혼합되었다. 이 미세한 결정을 분석하면 45 at%Bi 가 된다. 이 응고과정의 조직변화 상태를 그림 10-19 에 표시하였다.

40 at. % Bi 합금은 냉각도중 170 ℃ 부터 초정의 정출이 시작하며 정출이 계속되면서 온도는 강하한다. 그러나 144 ℃ 에 도달하면 온도변화는 정지하고 잔액은 전부 응고할 때까지 온도의 강하는 없다(공정반응). 응고가 완료하면 다시 온도는 떨어지기 시작한다. 이 때도 초정은 Cd 이다. 이 때의 냉각과정은 20 at. % Bi 합금의 경우와 같다. 144 ℃ 에서의 잔액은 20 at. % Bi 합금의 경우와 완전히 동일한 미세조직(공정)으로 응고하며 또한 이 조직 중의 Bi 농도도 동일하게 45 at. % 이다. 그러나 전체적으로 보아서 초정의 정출온도가 용질 Bi 양의 증가에 따라 낮아지며 또한 144 ℃ 에서의 유지시간이 길어지고 있다.

45 at. % Bi 합금에서는 융액상태에서 서서히 냉각시켜 가면 144 ℃ 까지 융액상태로 존재하나 이 온도에서 결정이 정출하기 시작하며 전부 응고할 때까지 이 온도의 강하는 없다(공정반응). 응고가 완료하면 다시 온도는 떨어지기 시작한다. 이 때의 조직은 Bi 결정립과 Cd 결정립이 서로 혼합집합한 조직(공정)이다. 이 미세조직을 분석하면 역시 45 at. % Bi 농도가 된다. 이 합금의 응고과정의 조직변화는 그림 10-19 (a)에 표시하였다. 또한 (b)에는 20 at. % Bi 합금의 상온조직의 현미경사진을 게재하였다.

60 at. % Bi 합금에서는 냉각도중 185 ℃ 부터 초정이 정출하면서 온도는 계속 강하한다. 그러나 144 ℃ 에 도달하면 온도강하는 정지하고 잔액이 완전히 응고완료할 때까지 등온을 유지하다가 응고가 완료하면 온도는 다시 떨어진다. 이 때의 초정은 45 at. % Bi 이다.

80 at. % Bi 합금의 냉각과정 경향은 60 at. % Bi 합금의 경우와 같으며 초정은 Bi, 응고완료 온도는 144 ℃ 로서 미세조직도 60 at. % Bi 의 것과 동일하다. 다만 초정점이 230 ℃ 로서 높고 144 ℃ 에서의 정지시간이 짧은 것이 다른 점이다. 이에 관한 조직변화는 그림 10-19 (a)에 표시하였다.

그림 10-18 (b)에서 각 조성합금의 온도축 상에 초정정출 온도점을 ○ 표로, 응고완료점은 ● 표로, 정출과 응고가 동시에 완료하는 점은 ◐ 표로 표시하여 ○ 표를 연결하여 액상선을 ● 표를 연결하여 고상선을 그려서 Cd-Bi 계 합금 상태도를 그렸다.

이 상태도는 앞에서 설명한 물-염화암모늄계 또는 H_2O-NaCl 의 상태도와 완전히 일치하고 있다.

즉 합금의 상태도도 무기물질의 경우와 비슷하다. 여기서 다음 세 가지 의문점을 생각해 보자.

(1) Cd-Bi 계 합금의 융액이 완전히 응고가 완료하는 온도는 Bi 농도에 관계없이 항상 144 ℃ 에서 일정하게 되는 이유

(2) 미세조직의 Bi 농도는 전조직에 걸쳐 45 at. % 로 일정하게 되는 이유

(3) 융액의 응고과정에서 결정이 정출하면서 온도가 강하하는 경우와 온도가 일정하게 유지되는 경우의 2 가지가 있는 이유

지금 Cd 를 용매로 하여 이에 용질 Bi 를 가하는 경우를 생각하여 보기로 하자. 이 때의 상태도는 그림 10-20 과 같이 되어 액상선과 고상선은 그림과 같이 된다.

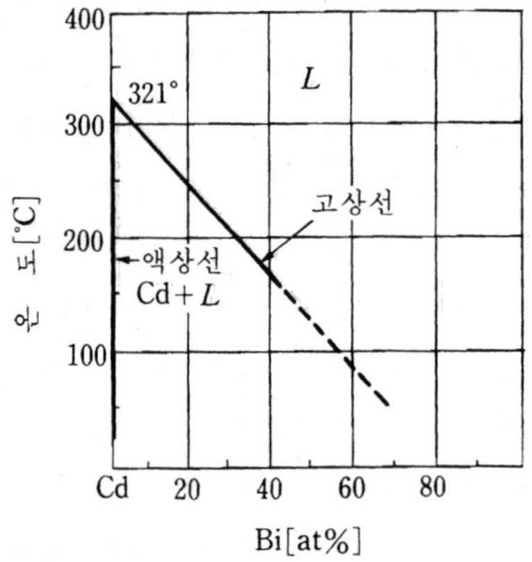

그림 10-20 Cd 에 Bi 를 첨가할 때의 상태도형

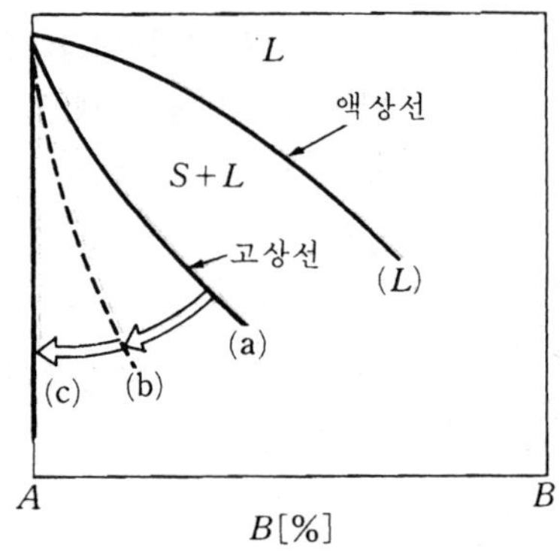

그림 10-21 고상선의 위치를 변화시키면 그림 10-20 과 같이 된다.

액체에서나 고체에서나 서로 완전히 용해혼합되어 있는 경우의 상태도는 그림 10-21 의 실선으로 표시한 (L)선과 (a)선의 조합으로 표시된다. 이 고상선 (a)는 합금의 종류에 따라 (b)선과 같은 경우도 있다. 그러나 (c)선과 같이 A 성분의 온도축 상에 오는 경우는 H_2O-NaCl 과 같이 고체에서는 서로 전혀 혼합되지 않음을 의미한다. 액상선(L)과 고상선(C)의 조합은 그림 10-20 으로 된다.

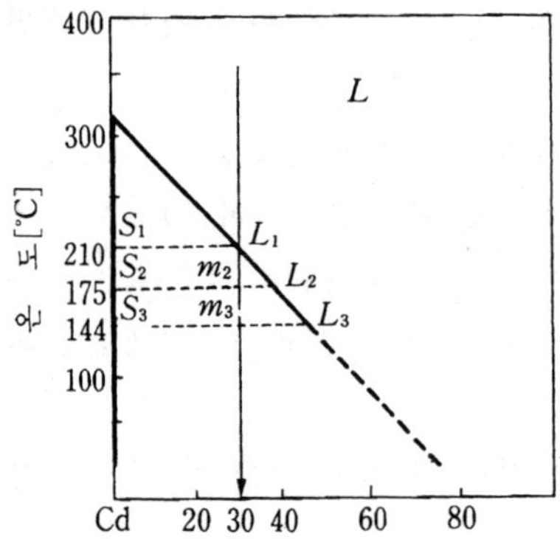

그림 10-22 Cd 측에서 본 상태도

그림 10-22 에서 30 at. % Bi 합금의 냉각과정을 보자. 이 합금의 균일융액 상태에서 서서히 냉각하면 210 ℃ 의 L_1 에서 액상선과 만나고 이 온도에서 순 Cd 를 정출하기 시작하며 상의 수는 융액(액상)과 순 Cd 결정인 2 가지가 된다. 따라서 이 때의 자유도는 응축계 상률로부터

$$F = C + 1 - P = 2 + 1 - 2 = 1$$

이 된다. 즉 자유도가 1 이 됨으로 온도를 정하면 농도는 필연적으로 정해진다. 210 ℃ 에서는 융액농도는 L_1 (30 at. % Bi)로서 고상농도는 순 Cd 이다.

융액농도는 온도강하에 따라 액상선상을 이동하여 175 ℃ 에서는 L_2(38 at. % Bi)로 되어 고상농도는 순 Cd 그대로 이다. 고상은 항상 순 Cd 이므로 융액 중의 Cd 만이 정출하는 것이 되며 따라서 융액 중의 Bi 농도는 증가하여 간다. 175 ℃ 에서 융액과 순 Cd 의 양적관계는 지렛대 법칙에 의해

$$\text{잔액량 : 정출한 순 Cd 양} = \overline{m_2 S_2} : \overline{m_2 L_2}$$

이다. 온도강하에 따라 융액농도는 액상선을 따라 이동하여 144 ℃ 에서는 L_3 (45 at. % Bi, 55 at. % Cd)가 되어 고상은 순 Cd 가 된다. 이 때 양적관계는

$$\text{잔액량 : 정출한 순 Cd 양} = \overline{m_3 S_3} : m_3 L_3$$

이다. 또한 융액도 많이 남아있고 그 융액 중에는 Cd 가 충분히 함유되어 있으므로 더욱 온도가 강하하면 Cd 의 정출은 계속된다. 여기서 잔액의 농도 L_3 임에(45 at. % Bi + 55 at. % Cd) 주목하여야 한다.

다음에 Bi 를 용매로 하여 이에 용질 Cd 를 첨가하는 경우를 고찰하자. Bi 를 주체로 한 이 합금은 Cd 를 주체로 한 합금과 같이 그림 10-23 과 같은 상태도를 갖는다. 즉 Bi 쪽도 Cd 쪽도 동일하게 자기의 존재를 주장하는 것과 같이 보인다.

그림 10-24 에서 예로 20at. % Cd 합금의 냉각과정을 보자. 이 합금을 균일융액 상태에서 서냉하면 230 ℃ 의 L_4 액상선과 만나며 이 온도에서 순 Bi 를 정출하기 시작한다. 상수는 융액과 순 Bi 로서 2 개가 된다. 따라서 이 때의 자유도는 상률에 의해

$$F = C + 1 - P = 2 + 1 - 2 = 1$$

이다. 자유도가 1 이므로 온도를 정하면 농도는 필연적으로 정해진다. 230 ℃ 에서는 융액의 농도는 L_4 (20 at. % Cd)이고 고상농도는 순 Bi 이다. 온도가 185 ℃ 로 되면 융액농도는 액상선을 따라 이동하여 L_5 (40 at. % Cd)로 되고 고상농도는 순 Bi 로서 변화가 없다. 고상은 항상 순 Bi 이므로 융액 중의 Bi 만이 정출을 계속한다. 따라서 융액내에서는 Cd

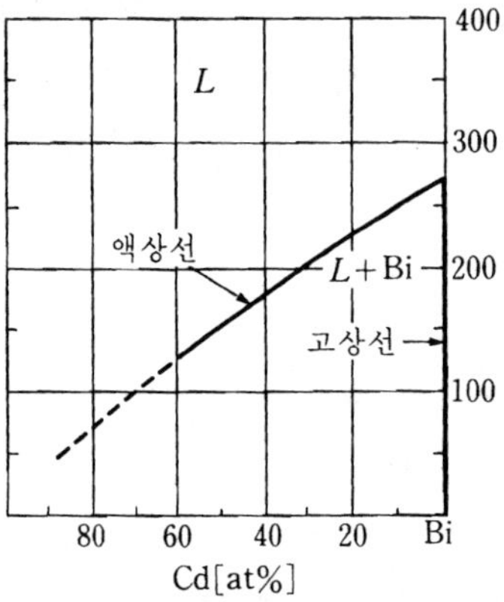

그림 10-23 **Bi 에 Cd 를 첨가할 때의 상태도형**

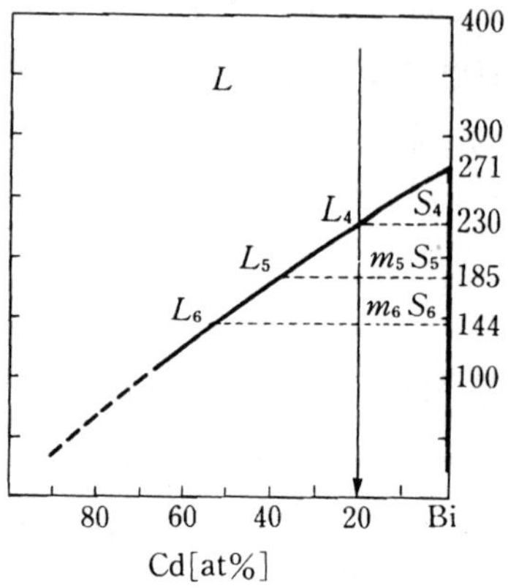

그림 10-24 **Bi 측에서 본 상태도형**

의 농도가 증가한다. 185 ℃ 에서 융액과 순 Bi 의 양적관계는

$$\text{잔액량 : 정출한 Bi 양} = \overline{m_5 S_5} : \overline{m_5 L_5}$$

이다. 온도가 144 ℃ 로 떨어지면 융액의 농도는 액상선을 따라 이동하여 L_6 (55 at. % Cd -45 at. % Bi)로 되며 고상은 순 Bi 로 된다. 이 때 양 비는

$$\text{잔액량 : 정출한 Bi 양} = \overline{m_6 S_6} : \overline{m_6 L_6}$$

가 된다. 이 상점에서는 융액도 상당히 남아 있으며 그 융액 중에는 Bi 가 함유되어 있으므로 더욱 온도가 떨어지면 Bi 의 정출도 계속될 것이다. 여기서 융액의 농도 L_6은 (55 at. % Cd + 45 at. % Bi)이며 그림 10-22 의 Cd 쪽 상태도와 같은 144 ℃ 에서의 잔액의 농도 L_3 와 완전히 동일한 농도가 되어 있음을 주의하여야 한다.

Cd 쪽의 상태도형의 그림 10-20 과 Bi 쪽의 상태도형의 그림 10-23 2 개를 조합한 것이 그림 10-25 이다.

여기서 Cd 쪽과 Bi 쪽 쌍방의 액상선은 144 ℃ 인 45 at. % Bi 농도점에서 교차하고 있다. 이 교차가 지니는 의미를 생각하여 보자.

30 at. % Bi 합금을 고온에서부터 서서히 냉각하면 210 ℃ 에서 액상선상의 L_1 에서 만난다. 그리고 이 온도부터 순 Cd 를 정출한다. 온도강하와 더불어 순 Cd 의 정출은 계속되며 융액의 농도는 액상선에 따라 변화하여 간다. 그리고 144 ℃ 에 도달하였을 때 융액농도는 L_3 로 된다. 그러나 이 L_3 농도는 바로 L_6 농도에 해당되므로 Bi 쪽으로부터 그려진 액상선상의 l 점이기도 하다.

Bi 측의 상태도형에서 80 at. % Bi (20 at. % Cd) 합금의 냉각과정에서는 순 Bi 를 정출하면서 융액농도는 이 액상선을 따라서 변화되어 왔다. 온도가 144 ℃ 로 되었을 때 또한

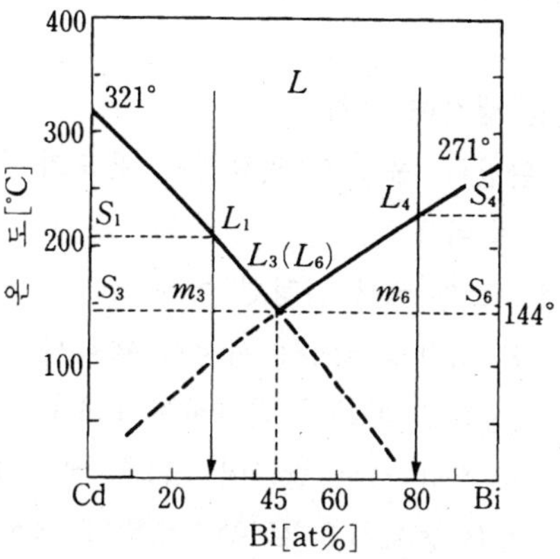

그림 10-25 Cd-Bi 계 합금 상태도

순 Bi 를 정출하려고 하는 융액이 이 액상선상의 L_6 농도점이 되는 것이다. 따라서 144 ℃ 가 될 때의 잔액은 순 Cd 를 정출할 수 있고 또한 순 Bi 도 동시에 정출시킬 수 있는 상태의 융액임을 뜻하게 된다.

따라서 30 at. % Bi 합금은 144 ℃ 에서 지금까지의 순 Cd 의 정출 외에 따로 순 Bi 의 정출을 개시한다.

상률에 의해 설명하면 이 때의 상으로서는 순 Cd, 순 Bi 및 융액의 3 상공존으로 상수는 3 이다. 따라서 자유도는

$$F = C + 1 - P = 2 + 1 - 3 = 0$$

이다. 즉 이 온도에서 이 농도에서만이 3 상이 공존하게 된다. 따라서 열의 방출이 계속되면서 융액은 점차 감소하고 결국은 액상이 없어질 때까지 온도는 변화하지 않고 있게 된다.

융액의 어느 부분에서부터 이 순 Cd 가 정출하면 그 주위의 융액은 Bi 가 풍부해지므로 정출한 Cd 의 주위에는 Bi 가 정출하고 이어서 그 주위의 Cd 가 풍부한 융액에서 Cd 가 정출한다. 이와 같은 정출이 계속됨으로 144 ℃ 에서 정출되는 Cd 와 Bi 는 미세한 입자로서 상호 혼합되어 있게 된다(그림 10-19 공정조직 참조).

이와 같이 Cd 와 Bi 가 동시에 함께 정출함으로 이 현상을 **공정반응**(eutectic reation)이라 부르며 144 ℃ 의 수평선을 **공정선, 공정선상의** L_3 (L_6) 농도점을 **공정점**이라 부른다.

열방출로 융액이 없어지면 상수는 순 Cd 와 순 Bi 의 2 상이 되므로 자유도는

$$F = C + 1 - P = 2 + 1 - 2 = 1$$

로서 1 이 된다. 그러므로 온도는 다시 강하하기 시작한다. 이리하여 합금은 완전히 고체

가 되며 상수는 2상으로 구성되나 조직은 그림 10-19와 같이 조성에 따라 여러 가지 조직으로 된다.

그러면 앞에서 말한 응고점을 생각해 보자.

(1) Cd-Bi계 합금융액이 완전히 응고를 완료하는 온도가 Bi 농도에 관계없이 항상 144℃에서 일정하게 되는 이유

(2) 미세조직의 Bi 농도가 45 at.%로서 일정한 이유

Cd-Bi계의 모든 합금은 융액상태에서 서서히 냉각시키는 경우 초정이 정출되면 융액의 농도는 반드시 액상선을 따라서 변화하여 144℃에서 45 at.% Bi 농도점(L_3 또는 L_6)에 도달한다. 이 계의 모든 합금이 144℃에서 45 at.% Bi 농도의 융액을 가지게 된다. 이 45 at.% Bi 농도점은 Cd쪽으로부터 액상선과 Bi 쪽으로부터의 액상선과의 교점이며, 따라서 이 농도에 도달한 융액은 순 Cd 및 순 Bi의 쌍방의 고상을 정출하여야 한다. 이 144℃가 자유도 0인 상태(액상, Cd, Bi의 3상)로서 3상 중의 어느 1상이 소멸되지 않는 한(3상 중 소멸은 액상만이 가능) 농도는 떨어지지 않는다. 냉각과정에서는 융액이 공정조직으로 응고완료하며 2상이 된다. 이 상은 Cd-Bi계의 모든 조성합금이 144℃에서 응고완료하는 이유이며 또한 이 계의 모든 조성합금이 45 at.% Bi 농도의 미세립으로 구성되는 공정조직을 가지게 되는 이유이다.

(3) 융액의 응고과정에서 결정이 정출하면서 온도가 강하하는 경우와 온도가 일정한 경우의 2가지가 있는 이유

그림 10-18 (a)의 열분석 곡선에서 20 at.% Bi 합금을 예로 하여 보자. 이 합금을 융액상태에서부터 서서히 냉각하면 250℃부터 순 Cd가 초정으로서 정출하기 시작한다. 온도가 떨어짐에 따라 Cd의 정출이 계속되나 이 때의 자유도는 상수가 2이므로

$$F = C + 1 - P = 2 + 1 - 2 = 1$$

이 된다. 온도가 144℃로 강하하면 잔액의 농도는 공정점에 도달하며 지금까지의 Cd의 정출외에 Bi의 정출도 동시에 일어난다. 이 때 자유도는 액상과 Cd와 Bi의 3상이므로

$$F = C + 1 - P = 2 + 1 - 3 = 0$$

이다. 따라서 Cd와 Bi가 융액부터 공정반응으로 정출이 완료할 때까지 온도의 변화는 없다. 즉 열분석 곡선에서 정점이 된다. 따라서 자유도의 유무에 따라서 2가지 경우가 있게 됨을 알 수가 있다. 또한 물과 염화암모늄의 2성분계의 응고점도 완전히 같은 이유이다. 또한 고체상태에서 공정과 비슷한 반응을 보이는 2성분계 합금도 있다(후술하겠음).

이와 같은 2원공정형 합금의 예로서는 Be-Si, Sn-Zn, Bi-Cd, Al-Ge, As-Pb, Cr-Th,

Cr-Mo 등이 있다.

또한 2 성분 중 어느 한 쪽의 초정선이 거의 양 성분간을 덮은 것과 같이 보이는 상태도(특수형)가 있다. 그 예가 그림 10-26 이다. 즉 공정점이 *B* 성분축에 대단히 접근되어 있으므로 실험적으로 *B* 의 초정선이 잘나타나지 않던가 나타났다 하더라도 그림으로 표시할 수 없는 것으로서 이와 같은 합금계의 공정조직은 *A*, *B* 2 상에서는 거의 *B* 금속 단상과 같이 보인다.

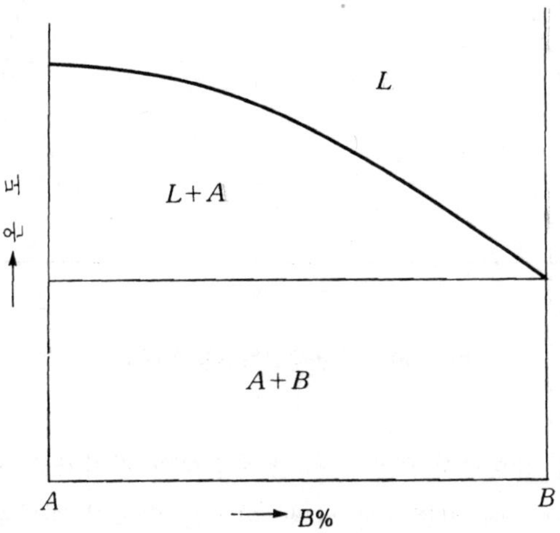

그림 10-26　특수공정 합금 상태도

10-4　액체상태에서는 완전히 혼합용해되나 고체상태에서는 일부만이 고용하는 경우(공정반응 II)

액체상태에서 완전히 혼합용해되고 고체상태에서도 완전히 용해되어 있는 경우에 관해서는 이미 설명하였다(전율고용체). 완전고용체를 만드는 2 성분계 합금에서는 원자반경차가 작고 결정구조도 일반적으로 같은 종류의 것이다. 그러나 이와 같은 2 성분계 합금은 어느 정도 한정되어 있으며 일반적으로는 고체상태에서 용해도에 한계가 있는 것이 보통이다.

이는 한마디로 한율(limited solid solution)을 만드는 경우로서 전율고용체와 용해도 곡선을 조합한 것에서 공정반응을 곁들인 것으로서 그림 10-27 과 같다.

그림 10-27 에서 *ae* 및 *be* 선은 액상선이며 *acedb* 선은 고상선이다. 또한 *cp* 및 *dr* 선은 앞에서 설명한 용해도 곡선이다. α 와 β 는 각각 *A* 성분 및 *B* 성분쪽의 고용체로서 α 는 *A* 성분이 β 는 *B* 성분이 각각 풍부한 고용체이다.

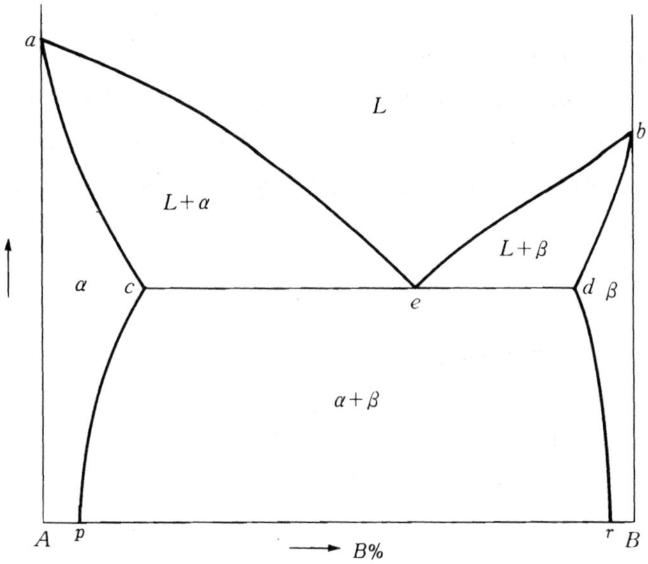

그림 10-27 한율고용체형 상태도

e점은 α의 초정선상의 점으로서 또한 β의 초정점상의 점이기도 하다. 그러므로 이 e점에서는 α와 β고용체가 동시에 정출하게 된다. 이것은 앞에서 설명한 바와 같이 1종류의 액상에서 서로 다른 2종의 고체(α상 및 β상)가 동시에 정출하는 반응이므로 이것도 **공정반응**(eutectic reation)이다. 다만 앞에서의 것과 다른 것은 2종의 고체가 성분금속 A와 B이던 것이 여기서는 α와 β의 고용체라는 것 뿐으로서 본뜻은 동일하다. 따라서 여기서도 e점은 **공정점**이고 ced선은 **공정선**이라고 한다.

액체상태에서는 2개의 성분금속 원자의 크기가 다소 틀리더라도 유동성이 있으며 일반적으로 고체상태에 비해 서로 혼합되기가 쉽다. 그러나 고체상태에서는 결정이 되므로 2성분의 원자의 크기의 차가 클수록 결정격자는 변형을 받게 되며 따라서 그만큼 혼합의 정도가 어려워진다. 또한 2성분금속이 각기 서로 다른 결정구조를 갖고 있으면서 혼합되었을 때 어느 쪽의 결정구조가 어떤 농도로 우선하는 가에 의해 용해도 한계가 생길 것이다. 용해도 곡선은 고체상태의 경우 존재하는 경우가 대부분이다.

용액상태에서는 완전히 용해되어 있고 응고되어 고체상태로 된 순간에는 완전고용체이나 온도가 강하함에 따라서 원자 크기의 차 또는 전기적 성질 차에 의한 영향으로 용해도 한계가 발생하여 2상으로 분리하는 것으로 이의 실례를 우선 그림 10-28의 Au-Ni계 상태도 및 그림 10-29의 Au-Pt계 상태도로서 표시하였다(이 상태도는 후에 설명하는 고체에서 변태 경우의 상태도와도 일치한다).

이들은 소수의 실례이며 일반적으로는 응고완료시 이미 용해도에 한계가 생기는 경우가

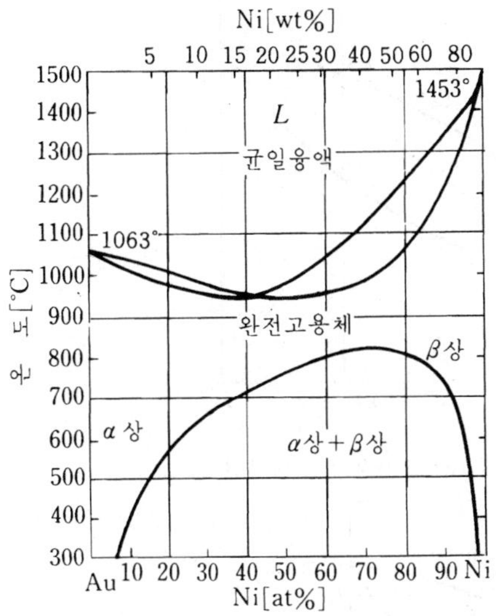

그림 10-28 **Au-Ni계 합금 상태도**

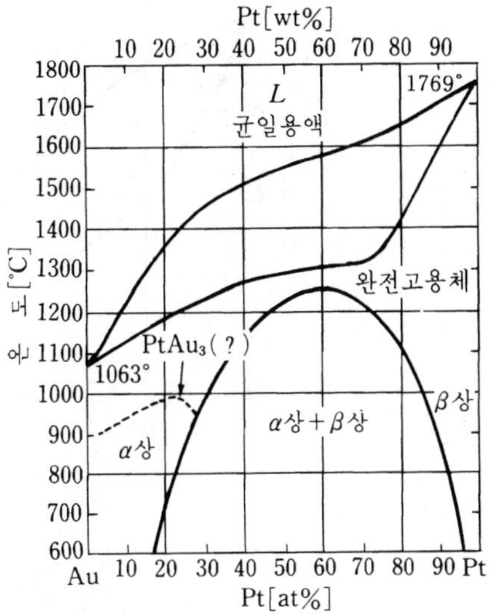

그림 10-29 **Au-Pt계 상태도**

많다. 즉 그림 10-28 및 그림 10-29에서 저온측에 있는 용해도선이 상승하여 고온측의 액상선 또는 고상선과 접촉한 상태의 것이 많다. 이와 같은 경우는 그림 10-28의 용해도선을 상승시켰을 때와 그림 10-29의 용해도선을 상승시켰을 때의 2가지형의 상태도가 될 것이다. 이들 형을 조사하여 보자.

A성분을 용매로 하여 용질로서 B성분을 첨가한 경우의 부분상태도가 그림 10-30 (a)와 같다. 또한 용매 B성분에 용질로서 A성분을 가할 때의 부분상태도는 그림 10-30 (b)와 같다고 하자. 이들은 모두 완전고용체 곡선의 부분적 곡선이다. 지금 그림 10-30 (a)에서 x조성 합금을 융액상태부터 서서히 냉각할 때 t_1온도에서 냉각선과 L_1에서 교차하며 이 온도에서 농도 S_1의 초정이 정출하기 시작한다. t_1온도에서 정출하는 농도 S_1의 초정은 그 온도에서 A성분은 B성분을 포화상태로 고용한 고상이다. 온도강하에 따라 정출은 계속하며 잔액의 농도는 액상선에 따라서 L_1부터 L_2로 변화된다. 그리고 별다른 제약이 없으면 온도는 더욱 강하하고 t_3온도에서는 융액은 L_3농도까지 변화하여 결국은 전부 S_3농도의 고체로 될 것이다. 그림 10-30 (b)에서도 Y조성 합금을 융액상태부터 서서히 냉각하면 t_4온도에서 액상선과 L_4에서 교차하여 이 온도에서 농도 S_4의 초정을 정출하기 시작한다. 온도강하로 정출은 계속되며 잔액의 농도는 액상선에 따라 L_4부터 L_2로 변화한다. 여기서도 별다른 제약이 없는 한 온도는 계속 강하하여 t_5온도에서는 액상은 L_5농도까지 변화하여 결국은 S_6농도의 고체로서 될 것이다.

그림 10-30 (a), (b) 양 상태도를 1개의 상태도로 종합하면 양쪽의 액상선은 반드시 어디선가는 교차하게 될 것이다. 이 종합된 상태도가 그림 10-30 (c)이다. A쪽과 B쪽 양쪽

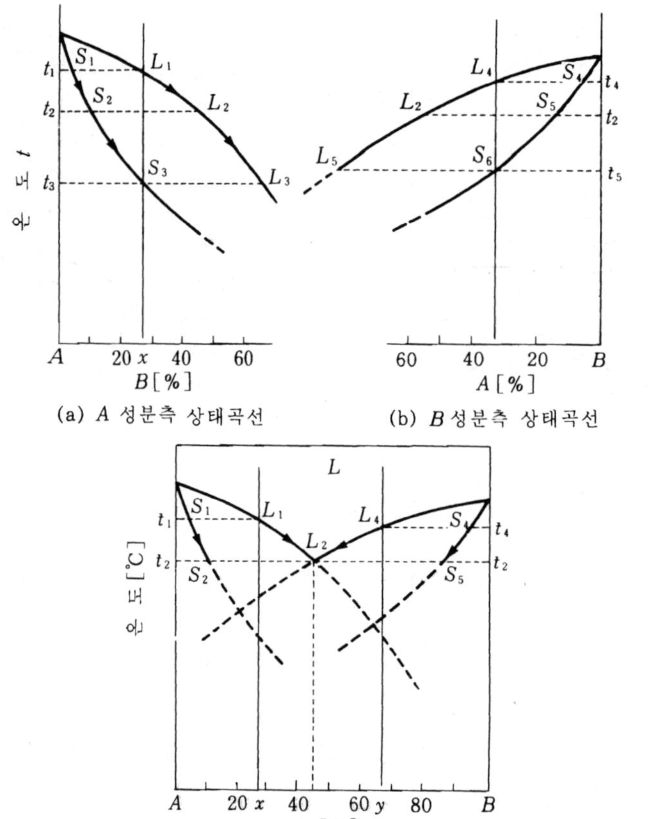

(a) A 성분측 상태곡선

(b) B 성분측 상태곡선

(c) (a)와 (b)를 합한 경우의 상태도

그림 10-30 A-B 2성분계 합금의 공정형 상태도

으로부터의 액상선은 t_2 온도에서 L_2 농도점에서 교차하고 있다(그림 (a), (b)에서는 편의상 동일온도 t_2 에서의 융액의 동일농도를 L_2 로 표시하였다). 이는 앞에서 말한 공정반응을 표시한 상태이다. x 조성 합금은 온도 t_1 에서 정출을 시작하고 온도 t_2 에서는 결정이 정출하고 있으며 잔액은 L_2 이다. 이 농도 L_2 의 융액은 B 성분쪽의 액상선상의 융액이기도 하다. 따라서 지금까지는 A 성분쪽의 $S_1 \rightarrow S_2$ 농도의 결정이 정출하였으나 온도 t_2 부터는 B 성분쪽의 농도 S_5 의 결정이 동시에 정출하기 시작한다. 이 때는 농도 L_2 의 융액, S_2 농도의 결정 및 S_5 농도의 결정의 3상 공존상태이므로 자유도는

$$F = C + 1 - P = 2 + 1 - 3 = 0$$

이며, 냉각과정에서는 융액이 소멸될 때까지 온도는 일정하게 유지된다.

융액이 없어지고 응고가 완료되면 다시 온도는 떨어지기 시작한다. 이 때는 그림 10-30 (c)에서 t_2 온도 이하에 점선으로 표시한 완전고용체선은 이제는 존재하지 못하게 된

다. 이 점선부를 제거한 것이 그림 10-31 (a)이다. 즉 $A-B$ 2 성분계 합금이 융액상태부터 냉각되어 t_2 온도에서 공정반응이 완료할 때까지의 상태도이다(액상선과 고상선만으로 구성되어 있음).

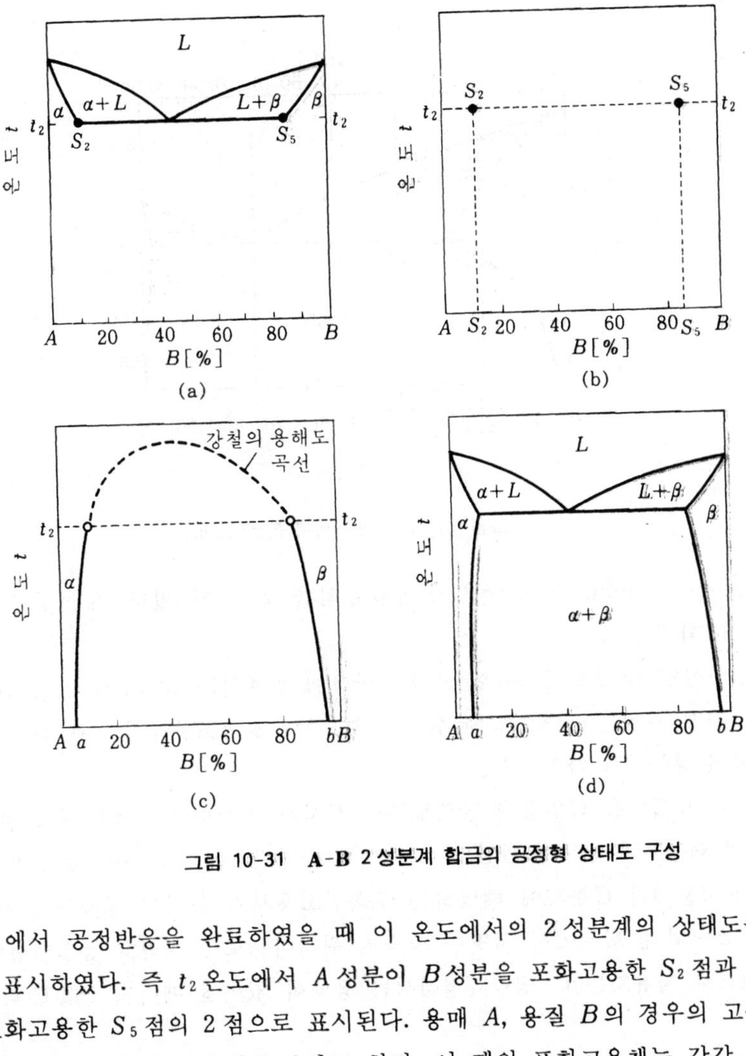

그림 10-31 **A-B** 2 성분계 합금의 공정형 상태도 구성

온도 t_2에서 공정반응을 완료하였을 때 이 온도에서의 2 성분계의 상태도를 그림 10-31 (b)에 표시하였다. 즉 t_2 온도에서 A 성분이 B 성분을 포화고용한 S_2 점과 B 성분이 A 성분을 포화고용한 S_5 점의 2 점으로 표시된다. 용매 A, 용질 B의 경우의 고용체를 α, 용매 B, 용질 A의 경우의 고용체를 β라고 하자. 이 때의 포화고용체는 각각 α_s 및 β_s (s는 saturated의 약호)가 된다. S_2 점은 t_2 온도에서의 α_s 점이며 S_5 점은 같은 온도에서의 β_s 점이다. 따라서 $A-B$ 2 성분계 합금은 t_2 온도에서 용해도 한계가 존재하게 된다.

온도가 떨어지면 α_s 및 β_s는 이미 설명한 바와 같이 상호 공존상태로서 각각 변화하게 된다. 이 변화상태를 표시한 것이 그림 10-31 (c)이다. 그림 (c)에서는 이해를 돕기 위해 t_2 온도 이상에 가상의 용해도 곡선을 점선으로 표시하였다. 이 가상의 점선이 없는 아랫

쪽의 실선이 실제의 용해도 곡선이다. 이들 그림 10-31 (a), (b), (c)를 전부 종합하면 $A-B$ 2 성분계의 상태도(d)가 된다.

이와 같은 상태도를 갖는 2 성분계 합금에는 Pb-Sn 계, Cd-Zn 계, Ag-Cu 계 등이 있으며, 땜납으로 사용되는 Pb-Sn 계 합금 상태도를 그림 10-32 에 표시하였다.

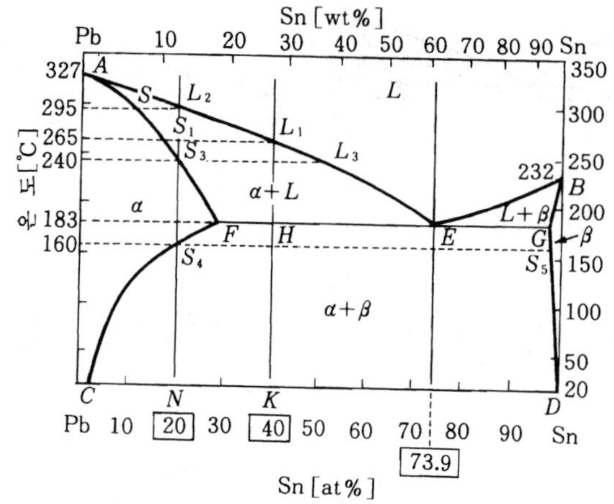

그림 10-32 **Pb-Sn 계 합금 상태도**

이 상태도에서 Pb-Sn 계 합금은 공정합금임을 알 수가 있다. 공정점은 183 ℃ 에서 73. 9 at. % Sn 합금이다.

지금 공정조성인 73. 9 at. % Sn 합금, 공정반응에 관계하는 40 at. % Sn 합금(K 농도) 및 공정반응과 관계가 없는 20 at. % Sn 합금(N 농도)의 3 개조성의 합금을 대표로 선택하고 이들에 관해 설명하기로 하자.

73. 9 at. % Sn 합금을 균일융액 상태로부터 서서히 냉각하면 183 ℃ 의 E 점에서 AE 와 BE 의 2 개의 액상선과 동시에 만난다. 그러므로 공정반응에 의해 융액부터 F 농도에 해당하는 포화 α 고용체가 G 농도에 해당하는 포화 β 고용체가 동시에 정출하기 시작한다. 이 공정반응은 Bi-Cd 계 합금에서 설명한 반응과 원리적으로는 완전히 동일현상이다. 이 때 3 상 공존이므로 자유도는 0, 냉각과정에서는 융액이 없어질 때까지 183 ℃ 의 온도로 유지된다.

183 ℃ 에서 응고가 완료하였을 때는 F 및 G 농도의 2 상은 그림 10-33 과 같이 미세한 입자로 된 공정조직으로서 존재하게 된다.

이 2 상은 Pb 에 대한 Sn 의 포화고용도의 상과 Sn 에 대한 Pb 의 포화고용도의 상이며 용해도에 해당하는 것이다. 온도가 강하하면 이들 상의 고용도는 그림 10-32 의 F 로부터 C 로 또한 G 로부터 D 로 서로 동시에 변화하며 상온(20 ℃)에서는 각각 C 와 D 의 고용도가 된다.

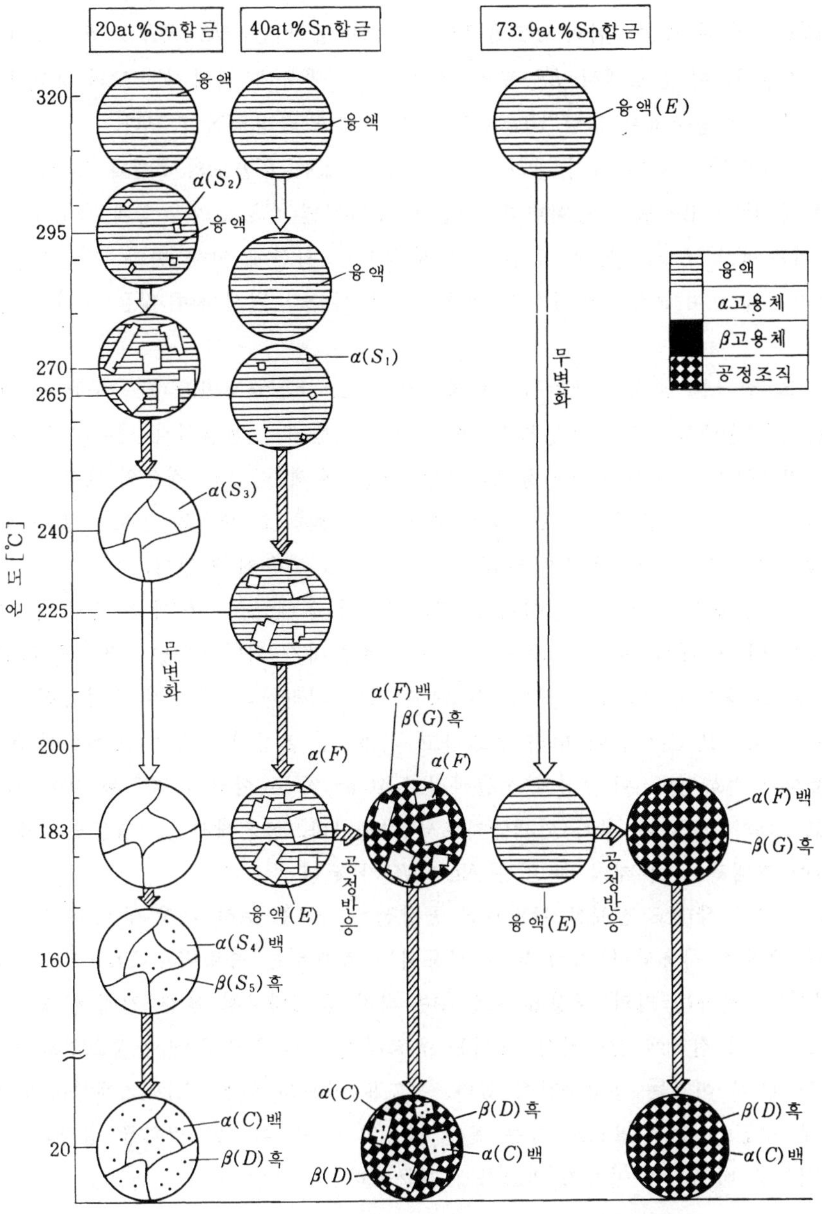

그림 10-33 3 종류의 **Pb-Sn** 계 합금의 온도강하에 따른 조직변화

40 at. % Sn 합금을 균일융액상태부터 서냉하면 265 ℃ 에서 L_1 점에서 액상선은 교차하며 S_1 에 해당하는 포화 α 상을 초정으로서 정출하기 시작한다. 온도가 강하하면 정출을 계속하는 α 상의 고용체의 농도는 고상선인 S_1F 를 따라 변화하며 잔액의 농도는 액상선 L_1

E에 따라서 변화한다. 183 ℃ 에 도달하면 F농도의 α고용체는 상당량 정출되고 있으며 잔액은 E농도가 된다. 이 점의 α고용체와 잔액의 양 비는 $\overline{HE}:\overline{FH}$로 α고용체의 양은 상당히 많아진다. 이 온도에서 E농도의 융액은 공정반응에 의해 F농도의 α상과 G농도의 β상을 동시에 정출하여 그림 10-33 과 같은 미세한 공정조직이 된다.

응고가 완료되면 온도는 다시 강하하고 정출하고 있는 F농도의 α상과 G농도의 β상은 온도와 함께 각각 고용도가 변화한다. 상온에 도달하면 C농도의 α상과 D농도의 β상이 되며 양 비는 $KD:KC$로 된다. α, β양 비의 농도는 확산에 의해 변화하나 고용상태이므로 큰 분리는 없으며 α상내에 β상의 미세입자의 석출이 발생하며 많은 시간이 필요하게 된다.

20 at. % Sn 합금은 공정선 FEG와 관계하지 않으므로 공정반응과는 무관한 합금이다. 이 합금은 균일융액상태부터 서냉하면 295 ℃ 의 L_2점에서 액상선과 만나고 S_2농도의 α 고용체를 정출하기 시작한다. 이 응고과정은 완전고용체 곡선의 경우와 동일하며 온도강하에 따라 정출하는 고용체 농도는 S_2부터 S_3로 변화하고 잔액의 농도는 L_2부터 L_3농도로 변화하여 240 ℃ 에서 응고가 완료하고 S_3농도의 고용체가 된다.

이후는 α고용체로서 온도가 떨어지나 160 ℃ 에서 용해도선 FC서 S_4점에서 교차한다. 이 온도에서 Pb 에 대한 Sn 의 고용도는 다시 포화상태가 되며 이보다 저온측에서는 과포화로 되므로 S_5농도의 β석출은 그림 10-30 과 같이 시작한다. 온도가 강하함에 따라서 α상 농도는 고용도선 S_4C선에 따라 변화하고 석출하는 β상의 농도는 고용도선 S_5D선에 따라서 동시에 변화한다. 이 β상의 석출과정도 40 at. % Sn 합금의 경우와 같이 크게 분리하지 않고 그림 10-30 과 같이 미세입자로서 석출한다. 상온에서는 c농도의 α상과 D농도의 β상이 혼재하며 이 때의 양 비는 $ND:NC$가 된다.

Pb-Sn 계 합금 상태도 전체를 살펴보면 공정점은 183 ℃ 로서 가장 낮은 온도이다. 땜납은 금속의 접합에 사용되며 가장 많이 사용되는 것으로는 중량비로 Sn_2, Pb_1 또는 Pb_2, Sn_1 의 것이다. 전자는 거의 공정점 조성이며 최저 융점재로서 빠른 접착이 필요로 하는 약전용 도선 등의 접착에 편리하다. 후자는 응고개시가 약 250 ℃ 에서 응고완료는 183 ℃ 로서 약 70 ℃ 에 이르는 응고구간이 있다. 수도용 선관의 접합 또는 기계부품의 접착 등 시간적으로 수공이 많이 필요로 하는 곳에 사용된다. 즉 이 응고범위를 냉각되는 동안에 접합 및 접착을 바로잡는 여유가 필요하기 때문이다.

10-5 액체상태에서는 완전히 혼합용해되나 고체상태에서는 일부만이 고용하는 경우(포정반응형)

A, B 2 성분이 융체에서는 완전히 용해하지만 고체에서는 한율고용체를 만들던가 또는 전혀 고용체를 만들지 않으나 공정반응과는 별개의 불변계 반응을 일으키는 합금계가 있

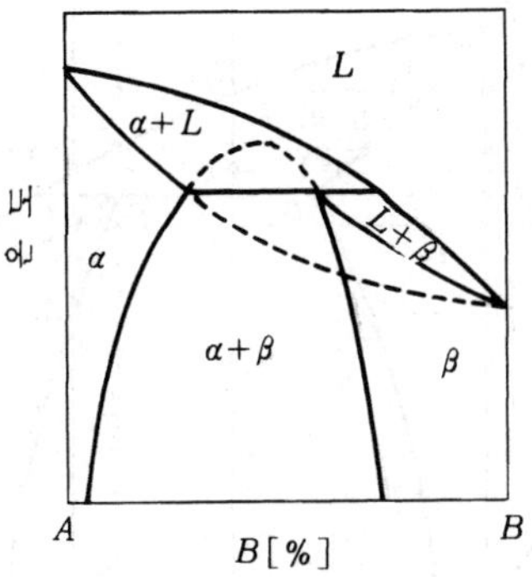

그림 10-34 상태도 모형

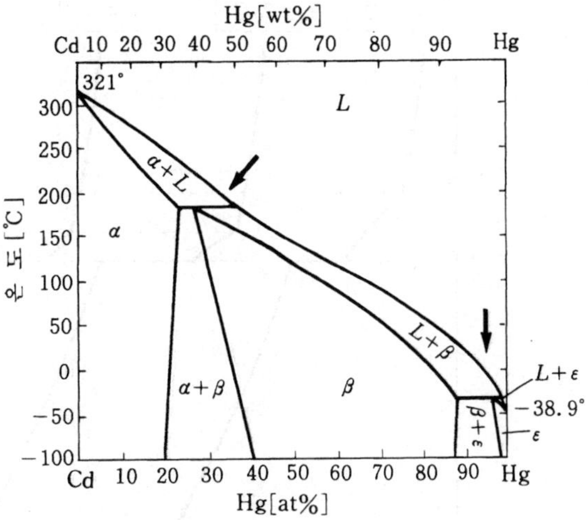

그림 10-35 **Cd-Hg** 계 합금 상태도

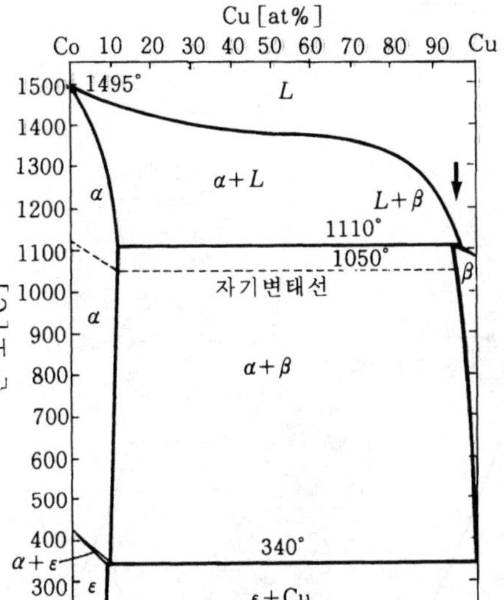

그림 10-36 **Co-Cu** 계 합금 상태도

다. 이런 불변계 반응에 의해 금속간 화합물 또는 중간 고용체를 형성하는 경우가 있다(후술함). 그러나 여기서는 그림 10-29 의 상태도(Au-Ni 상태도)에서 용해도 곡선이 고온측으로 상승한 경우에 관해 설명하기로 하자.

그림 10-34 는 이 때의 모델이다. 전율고용체 곡선과 용해도 곡선이 서로 교차하면 점선부분은 소실되어 실선과 같은 상태도가 된다. 이에 속하는 실례는 소수이며 Cd-Hg 계

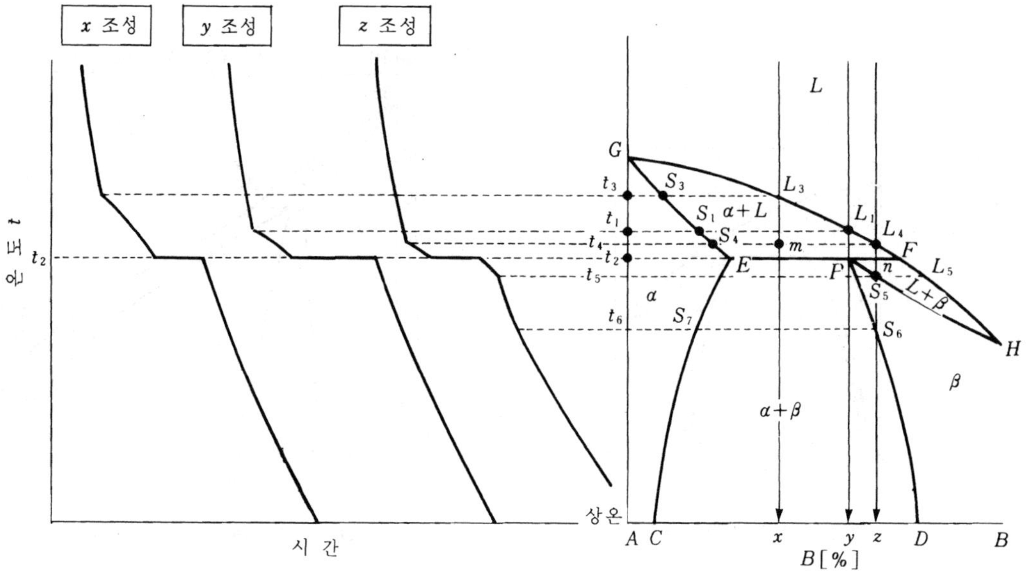

(a) 열분석곡선 (b) 상태도

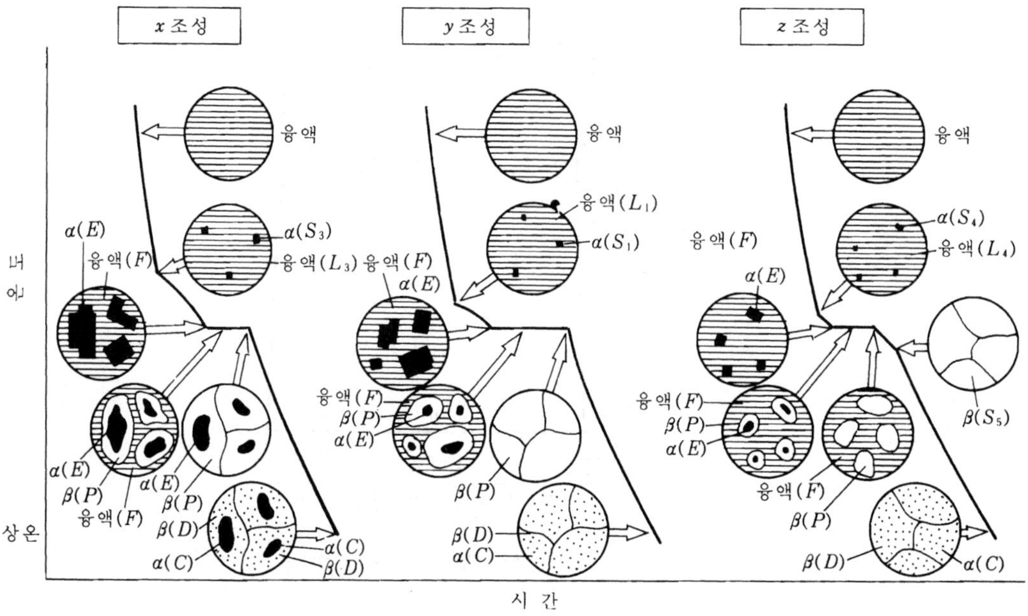

(c) 조직변화

그림 10-37 포정반응을 하는 A-B 2성분계 합금 상태도

(열분석 곡선과 조직변화)

합금, Co-Cu 계 합금 등이 있다.

그림 10-35 는 Cd-Hg 계 상태도로서 그림 10-34 의 모형적 상태가 → 표로 표시한 것과 같이 2 군데 존재하고 있다. Co-Cu 계 상태도인 그림 10-36 도 역시 → 로 표시하는 곳 (1110 ℃)에 그림 10-34 의 모형이 존재한다. 또한 한편 저온측(340 ℃)에는 공석반응도 있다.

그림 10-37 (b)에 A, B 2 성분계 합금 상태도를 표시하였다. 이 상태도의 특징은 전율 고용체 곡선과 용해도 곡선을 수평으로 분단한 선분 EPF에 있다. 따라서 이 선분 EPF가 영향을 미치는 조성의 합금으로서 x조성, y조성 및 z조성 합금을 우선 고려하여 보기로 하자. 이 3 조성 합금의 열분석 곡선은 (a)로 표시하였다.

우선 y조성 합금부터 설명하기로 하자. y조성 합금을 고온의 균일융액상태부터 서냉하면 t_1 온도에서 L_1 점의 액상선에서 농도 S_1 의 초정이 정출하기 시작한다. 온도가 떨어짐에 따라서 정출고용체의 농도는 S_1 부터 고상선에 따라서 E로 향해 변화하며 잔액의 농도는 액상선에 따라 L_1 부터 F로 향해 변화한다. 열분석 곡선에서는 정출에 의한 응고열의 발생으로 그림 10-37 (a)와 같이 냉각은 늦어진다. t_2 온도에 도달한 순간에는 농도 E의 α 고용체와 농도 F의 융액의 2 상만이 되며 α 고용체와 융액의 양 비는 $PF : PE$로 된다.

이 온도에서

$$\alpha \text{ 고용체}(E) + \text{융액}(F) \rightleftarrows \beta \text{ 고용체}(P)$$

로 표시되는 반응이 일어난다. 이 경우는 융액과 α 고용체와 β 고용체의 3 상 공존상태가 되므로 자유도는 0 이다. 따라서 그림 10-37 (a)와 같이 열분석 곡선에서는 온도의 강하없이 수평선이 되며 반응이 끝난 후에 다시 온도가 강하하기 시작한다. 이 반응이 시작하기까지 α 고용체는 초정으로서 존재하고 있다. 그림 10-37 (c)에는 이 과정을 도해하여 두었다. 이 반응은 α 고용체의 주위에 접하고 있는 융액사이에서 일어나며 생성되는 β 고용체는 마치 α 고용체를 포위하는 것과 같이하여 성장한다. 이 성장과정으로부터 포정반응 (peritectic reaction)이란 명칭이 생겼다. 여기서 peri 란 "~의 주위에"란 뜻이다.

존재하는 α 고용체와 융액의 양 비가 $PF : PE$의 경우에는 과부족없이 반응하여 반응종료 후는 전부 β 고용체가 된다. P점을 **포정점**(peritectic point), 반응하는 온도를 **포정온도**(peritectic temperture)라 부른다.

그림 10-37 (b)의 상태도는 고온측에서는 완전히 전율고용형이나 t_2 온도에서 용해도 곡선형으로 급격히 이행된 것으로도 생각할 수가 있다. 즉 고온부터 서냉하여 t_2 온도에 도달한 순간은 E농도의 고용체와 F농도의 융액의 2 상이나 이 순간부터는 EC 및 PD로 구성되는 용해도 곡선의 존재를 주체로 하여 생각해 보기로 하자.

고온측의 전율고용형 곡선이 없다면 y조성합금은 고온부터 서냉되어 t_2 온도인 P점에서 용해도 곡선과 만난다. 즉 y조성합금은 t_2 온도에서는 P농도 합금이라야 한다. 이것이 현실적으로는 E농도의 α고용체와 F농도의 융액으로 분리되어 있다. 그러므로 α고용체와 융액이 혼합되어 P농도의 β고용체로 되어 용해도 곡선측에서 부터 보아 안정된 상태가 된다.

반응이 완료하여 전부 P농도의 β고용체가 되면 그림 10-37 (a)의 열분석 곡선과 같이 다시 온도는 떨어지기 시작한다. 이 경우는 용해도 곡선 때문에 온도강하와 더불어 β고용체로부터 α고용체가 석출되기 시작한다. β고용체의 농도는 용해도 곡선 DP에 따라서 변화하며 석출되는 α고용체의 농도는 β고용체와 공존하여 용해도 곡선 EC에 따라서 변화한다. 상온에 도달하면 y조성합금은 D농도의 β고용체와 그 속에 석출한 C농도의 α고용체로 되며 β고용체와 α고용체의 양 비는 $yC : yD$가 된다.

다음에는 포정점(P점)에서 벗어난 x조성의 합금을 살펴 보기로 하자.

x조성합금을 고온 즉 균일융액상태부터 서냉하면 t_3온도에서 액상선상의 L_3점과 교차하여 S_3농도의 α고용체인 초정이 정출하기 시작한다.

온도가 강하함에 따라서 정출된 고용체의 농도는 S_3부터 고상선에 따라 E로 향해 변화하며 잔액의 농도는 액상선에 따라서 L_3부터 F로 향해 변화한다. 온도 t_2에 도달한 순간은 E농도의 α고용체와 F농도의 융액과의 2상만이 되며 α상과 융액의 양 비는 $mF : mE$가 된다. 이는 y조성합금의 경우와 비교하여 α고용체의 양이 많고 융액량은 적다.

이 온도에서 포정반응이 진행하여 그림 10-37 (c)와 같이 조직변화가 진행한다. 융액전부가 α고용체와 반응하여 β고용체를 생성한 후에도 α고용체가 남게 되며 따라서 α고용체와 P농도의 β고용체의 2상이 된다. 이 때 α상과 β상의 양적비는 $mP : mE$이다.

이 때부터 온도는 다시 강하하기 시작하나 이 때부터는 고용도 곡선만이 관여하는 상태로서 온도강하에 따라서 α고용체 중에는 β고용체를 또는 β고용체 중에는 α고용체를 각각 석출하여 각 온도에서 평형을 유지하면서 상온으로 변화한다. 상온에서는 C농도의 α고용체와 D농도의 β고용체의 2상이 공존하며 α상과 β상의 양적비는 $xD : xC$가 되며 이 때 조직은 그림 10-37 (c)와 같이 된다.

다음에는 포정점(P점)으로부터 우측의 조성방향으로 이동한 합금인 z조성합금의 냉각과정을 살펴 보기로 하자.

z조성의 합금을 고온의 균일융액상태에서부터 서냉하면 t_4온도에서 S_4농도의 β고용체를 정출하기 시작하여 t_2온도에 도달하기까지는, x 및 y조성의 경우와 동일한 경로를 밟게 된다. t_2온도에 도달한 순간에는 E농도의 α고용체와 F농도의 융액의 2상으로 존재하며 α상과 융액의 양적비는 $nF : nE$로서 y조성합금의 경우와 비교하여 융액의 양이 많고 α고용체의 양은 적다.

이 온도에서 포정반응이 일어나고 그림 10-37 (c)에 도해한 것과 같이 진행하나 α고용체 전부가 융액과 반응하여 α고용체를 생성하여도 아직 융액이 남는다. 반응종료 직후는 P농도의 β고용체와 F농도의 융액의 2상으로서 β상과 융액의 양적비는 $nF : nP$가 된다.

그림 10-37 (a)의 열분석 곡선에서 알 수 있는 바와 같이 이 시점부터 온도는 다시 떨어지기 시작하나 이때부터는 *PFH* 로 둘러싸인 부분에 해당하는 전율고용형의 부분형인 세력범위에 들어간다. 따라서 온도강하와 함께 융액은 β 고용체를 정출하면서 F 농도로부터 L_5 농도로 변화하고 정출하는 β 고용체는 각 온도에서 평형을 유지하면서 P 농도부터 S_5 농도로 변화하여 간다. 온도 t_5 에 도달하여 응고를 완료하고 전부 S_5 농도의 β 고용체가 된다.

그러나 t_6 온도에서 고용도 곡선과 S_6 에서 교차하므로 이 온도(t_6)에서 S_7 농도에 해당하는 α 고용체를 석출하기 시작한다. 이때부터 α 와 β 고용체는 모든 온도에서 평형을 유지하면서 동시에 농도의 변화를 가지면서 온도는 강하하여 상온에 도달하게 된다. 상온에서는 D 농도의 β 고용체내에 점상으로 c 농도의 α 고용체가 석출되며 이 때의 양적비는

$$\beta \text{고용체} : \alpha \text{고용체} = zC : zD$$

가 된다. 이 때 온도 t_6 부터의 α 고용체의 석출은 수직의 열분석 곡선으로서는 판정하기가 어렵다. 이와 같은 경우는 전기저항, 비열 등의 물리적 성질의 변화를 판정하던가 또는 고온현미경 혹은 고온 X 선 등에 의한 관찰로서 결정지을 수가 있다. x 조성합금 또는 y 조성합금의 경우 고용도 곡선상태에서의 석출변화도 동일하며 이들 합금들이 포정선 직상 및 직하에서의 조직변화도를 그림 10-38 에 표시하였다.

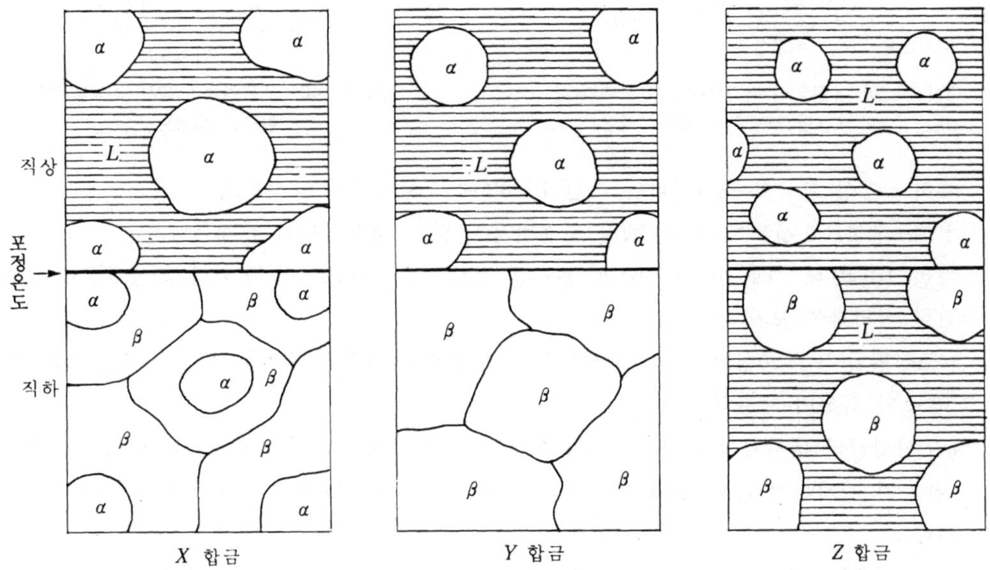

그림 10-38 포정반응에 의한 조직변화도
(그림 10-37 상태도에 의함)

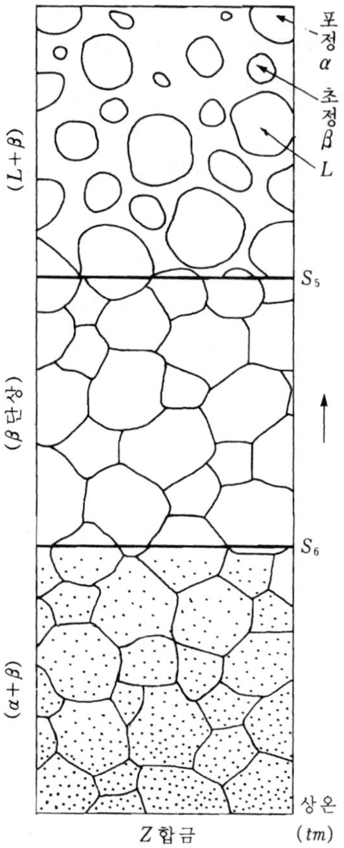

그림 10-39 z 합금의 각 온도에서의 조직변화
(그림 10-37 상태도에 의함)

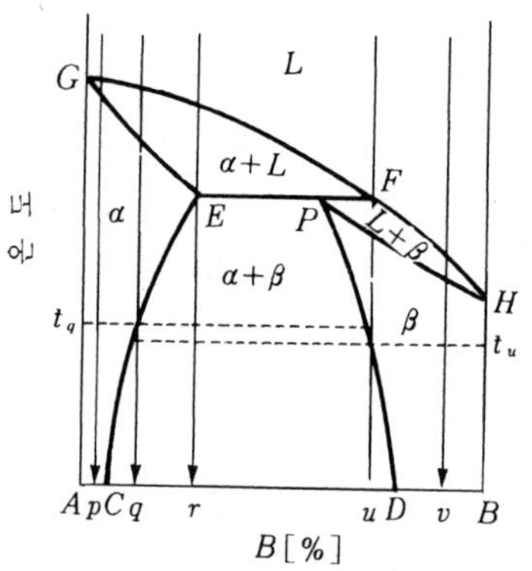

그림 10-40 포정반응이 없는 조성범위의 합금의 설명도

특히 z 조성 합금의 조직변화는 그림 10-39 에 모형도로서 표시하였다.

한편 이 AB 2 성분계 상태도에서 포정반응이 없는 조성범위가 존재한다.

그림 10-40 에 그림 10-37 (b)와 동일한 상태도를 그리고 이 범위의 조성합금에 관해 간단히 설명하여 보자.

p 조성합금 및 v 조성합금을 용액상태부터 서냉하는 경우의 변화는 전술한 전율고용체형의 경우와 완전히 동일하다.

q 조성합금의 냉각과정의 경우는 α 고용체가 될 때까지는 전율고용체형과 완전히 동일하며 온도가 강하하여 온도 tq 에 도달하면 고용도 곡선과 교차되어 β 고용체가 석출하기 시작한다.

r 조성합금은 E 점에 해당하는 조성합금이다. 이 합금의 냉각과정의 경우도 E 점에서는 α 고용체가 되기까지는 전율고용체형의 경우와 동일하다. E 점보다 저온측에서는 고용도 곡선의 존재로 인해 β 고용체의 석출이 시작된다.

U 조성합금을 융액상태부터 서냉하면 F 점에서 융액부터 P 농도의 β 고용체인 초정의 정출이 시작한다. 이후의 저온측에서 전율고용체형과 동일한 과정으로 응고한다. 온도 t_u 에 도달하여 고용도 곡선과 교차하여 α 고용체도부터 β 고용체의 석출이 시작한다. 이 석출과정은 z 조성 합금의 경우와 동일하다.

10-6 액체상태에서는 일부 용해하나 고체상태에서는 전혀 고용되지 않던가 혹은 일부분만이 고용되는 경우(편정반응형)

2 성분계 합금에 있어서 융액상태에서 용해도에 한계가 있으며 어떤 조성범위내에서는 2 상으로 되어있는 경우가 있다.

그림 10-41 및 그림 10-42 에서 선 *apreb* 는 액상선, *ced* 는 공정선, *pqr* 은 융체의 용해도 곡선이다. 그리고 각 상태구역에서의 상태는 각각 표 10-2 및 표 10-3 과 같다.

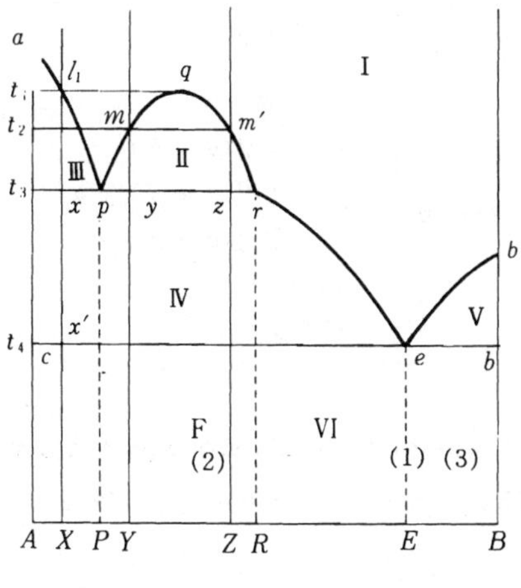

그림 10-41 편정반응 합금의 상태도(I 형)

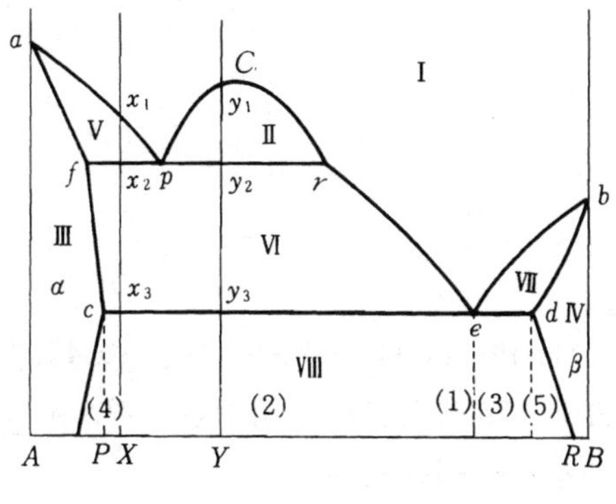

그림 10-42 편정반응 합금의 상태도(II 형)

이로서 상태구역 II 는 상호용해도에 한계가 있음을 알 수가 있다. 즉 II 구역은 2 종류의 융체가 공존하는 구역이다.

따라서 PR 구간에 있어서는 온도 t_1 이상에서는 균일한 융체이나 t_1 이하에서는 농도차에 의해 2 종의 융체가 공존하게 되며, 온도 t_3 에 도달하면 p 농도의 융체와 r 농도의 융체가 공존하게 된다. 시간의 경과에 따라서는 P 융체로부터 A 결정(혹은 α 고용체)을 석출하고 $A(\alpha)$ 를 석출한 잔액은 농도 r 로 변한다.

이리하여 전부 r 로 변화할 때까지는 온도는 변화하지 않으며 일정하게 유지된다.

즉 pr 선상에서

$$융체\ P \underset{가열}{\overset{냉각}{\rightleftarrows}} 결정\ A + 융체\ r$$

의 반응이 진행된다. 이 반응을 **편정반응**(monotectic reaction)이라 한다. 이의 실례로서는 Cu-Pb 계 합금, Zn-Pb 계 합금, Al-Cd 계 합금 등이 있다.

표 10-2

구역 Ⅰ	융체(1 종)
구역 Ⅱ	융체(2 종)
구역 Ⅲ	융체 + A
구역 Ⅳ	융체 + A
구역 Ⅴ	융체 + B
구역 Ⅵ	$A + B$ (1) 공정($A + B$) (2) 공정($A + B$) + A (3) 공정($A + B$) + B

표 10-3

구역 Ⅰ	융체(1 종)
구역 Ⅱ	융체(2 종)
구역 Ⅲ	α 고용체
구역 Ⅳ	β 고용체
구역 Ⅴ	융체 + α
구역 Ⅵ	융체 + α
구역 Ⅶ	융체 + β
구역 Ⅷ	$\alpha + \beta$ (1) 공정($\alpha + \beta$) (2) 공정($\alpha + \beta$) + α (3) 공정($\alpha + \beta$) + β (4) $\alpha + \beta$ (5) $\beta + \alpha$

Cu-Pb 합금의 상태도는 그림 10-43 과 같으며 14.7 ~ 67 at.% Pb 조성범위에서 990 ℃ 부터 954 ℃ 사이에서 융액은 2 상으로 분리되어 954 ℃ 에서는 공정반응시와 유사한 상태도형으로 되어 있다.

이와 같은 상태도는 그림 10-44 (a)와 같이 2 종류로 기본적으로 구성되고 있다. 즉 액상선과 용해도 곡선이 교차된 것이다. 이 2 개의 도형을 따로따로 그린 것이 (b)와 (c)이다. 이 쌍방의 냉각과정에 대해서는 이미 설명하였으므로 요점만을 다시 설명하여 보자.

그림 10-44 (b)의 상태도에서 x 조성합금을 융체상태부터 서냉하면 t_1 온도에서 액상선과 L_1 에서 교차하여 S_1 농도 즉 A 금속의 정출이 시작한다. 온도가 강하하면 잔액의 농도는 액상선을 따라서 변화한다. 용매 A 를 주체로 하여 생각하면 온도강하에 따라서 이와 같은 상태변화 과정이 언제까지나 계속될 것같이 생각된다.

한편 그림 10-44 (c)의 상태도에서 y 조성합금을 융액상태에서 서냉하면 t_2 온도에서 용해도선 L_2 에서 교차하여 이 온도부터 L_3 농도의 융액이 새로운 상으로서 나타난다. 온도가 떨어지면 L_2 농도의 융액은 L_2C 용해도 곡선에 따라서 변화하며 새로 나타난 L_3 농도

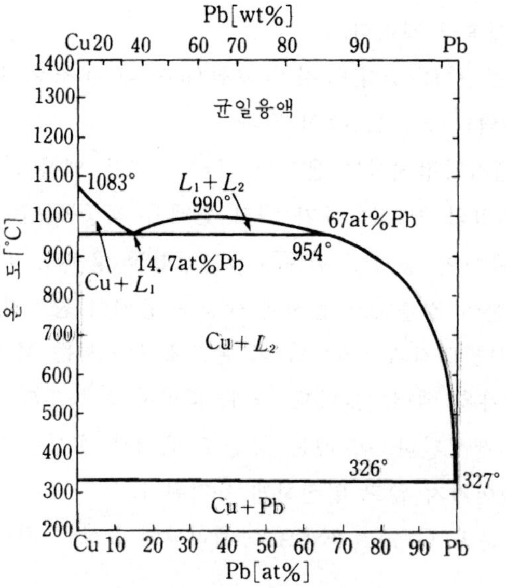

그림 10-43 **Cu-Pb 계 합금상태도**

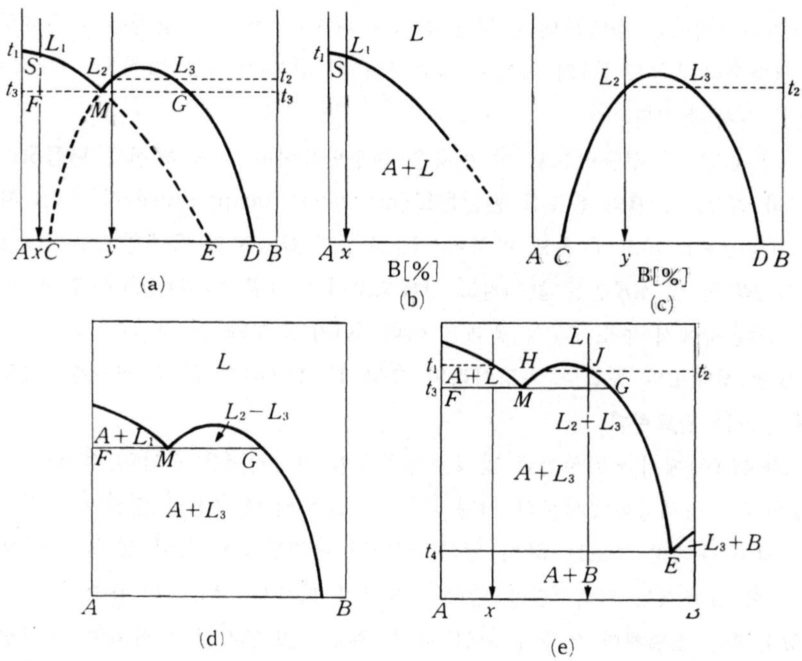

그림 10-44 **편정형상태도의 분석**

의 융액은 동시에 L_3D 용해도 곡선에 따라서 변화한다. 이 용해도 곡선만이라면 이 변화 과정은 언제까지라도 계속될 것이다.

이 그림 (b)도와 (c)를 서로 조합한 것이 그림 (a)이다. x 조성합금의 냉각과정에서 t_3 온도에 도달하였을 때 잔액의 농도는 M이 된다.

또한 y 조성합금의 냉각과정에서는 온도 t_2 부터 새로운 액상 L_3가 나타나고 온도 t_3에 도달하면 이 새로운 액상의 농도는 G가 되고 원래의 액상농도는 M이 된다. 즉 온도 t_3에서는 x 조성합금의 융액의 농도도 원래의 y 조성합금 융액도 같은 농도 M이 된다. 이 M 농도 융액부터 A 성분이 정출하고 동시에 G 농도 융액이 출현하여야 한다.

열분석적으로 생각하면 냉각과정에서의 이 온도에 있어서는 M 액의 자유 에너지는 A 결정 및 G 농도 융액의 자유 에너지보다도 높다. 따라서 M 농도의 액상부터는 A 성분과 G 농도의 융액이 동시에 생성된다. 이 때는 M 농도 융액과 A 성분과 G 농도 융액의 3 상 공존이 되므로 온도는 떨어지지 않고 일정하게 유지된다.

M 농도 융액이 A 성분과 G 농도 융액으로 해리되어 2 상이 되면 다시 온도는 떨어지기 시작한다.

이 때의 반응은

$$M \text{농도 융액} \rightleftarrows \text{고상 } A + G \text{농도 융액}$$

이며, 냉각과정에서는 융액부터 결정과 잔액이 나온다. 이는 공정반응과 유사하나 공정의 경우는 잔액부터 2 종(2 상)의 결정이 정출하나 이 경우는 고상(결정)과 액상(융액)이 나오는 것이 다른 점이다.

결정은 1 개상만이 정출하므로 이 반응을 편정반응이라 하며 M 점을 **편정점**(monotectic point)이라 하고, 이 때의 온도를 **편정온도**(monotectic temperature)라 한다. 따라서 t_3 온도에서 편정반응을 하고 t_3 온도 이하에서는 A 상과 G 농도의 융액만으로 됨으로 그림 10-44(a)의 MC 선 및 ME 선은 없어지고 상태도로서는 그림 10-44 (d)와 같이 된다. 냉각을 계속하면 저온측에서 농도 L_3 의 융액은 어디서던가 고체가 될 것이다.

Cu-Pb 계 상태도와 동일한 과정이라면 그림 10-44 (e)와 같이 저온측에서는 공정반응에 의해 응고는 완료한다.

그림 10-44 (e)에서 x 조성합금 및 z 조성합금의 냉각과정은 간단히 설명하여 보자.

x 조성합금을 융액상태에서부터 서냉하면 t_1 온도부터 A 결정의 정출이 시작되며 t_3 온도가 되면 남은 융액의 농도는 M이 된다. 여기서 편정반응에 의해 M 농도 융액은 A 결정과 G 농도의 융액으로 된다. 반응 중에는 3 상이 되므로 자유도는 0 으로 온도의 변화는 없다. M 융액이 소멸하며 2 상이 되면 다시 온도는 떨어지기 시작하여 A 결정의 정출이 계속되며 남은 융액의 농도는 GE 선에 따라서 변화하게 된다. t_4 온도가 되면 융액농도는 E 점에 도달하며 여기서 공정반응을 일으켜 A 상과 B 상만으로 된다.

z 조성합금을 융액부터 서냉하면 온도 t_2 부터 H 농도의 융액이 새로운 상으로서 나타난다. 온도강하에 따라서 구 융액의 농도는 JG 선을 따라서 변화하고 이에 대응하여 새로운 상의 융액농도는 HM 선을 따라서 변화한다. 온도 t_3 에서 새로운 융액농도는 M 이 되며 여기서 편정반응에 의해 M 농도 융액은 A 결정과 G 농도의 융액으로 된다.

이 편정반응이 진행하는 동안에는 온도의 강하는 없다. M 농도 융액이 소멸하면 다시 온도는 떨어지기 시작하며 A 결정은 정출을 계속하고 남은 융액은 GE 선을 따라서 농도는 변화한다. 온도 t_4 에 이르러서 공정반응에 의해 A 상과 B 상으로 된다.

Cu-Pb 합금 상태도(그림 10-43)에서 65 ~ 75 at. % Cu, 25 ~ 35 at. % Pb 의 조성합금은 고속, 중하중용 베어링 합금으로서 Kelmet Metal 이란 상품명으로 널리 알려져 있는 것이다.

이 조성합금을 1100 ℃ 근처의 융액상태에서 강의 표면부에 0.5 ~ 1.5 mm 두께로 주입하여 급냉하면 Cu 의 초정은 미세한 수지상으로 나타나며 이의 사이에는 Cu 원자와 Pb 원자가 혼합된 상태로서 상온까지 냉각된다. 서냉하면 Cu 와 Pb 는 완전히 분리되므로 이와 같은 급냉법으로서 융액의 균일혼합상태의 것을 상온까지 가져오게 된다.

이와 같은 처리를 한 비평형합금은 균열이 일어나기 어려우며 강의 접착도 견고하고 압축강도 45 ~ 52 kg/mm², 항복점 12 ~ 13 kg/mm² 으로서 축과의 윤활성도 양호하다. 또한 열전도도가 크고 고속, 고하중용으로서 내연기관의 베어링용 합금으로서 널리 사용되고 있다.

액체상태에서 일부 용해되고 고체상태에서도 일부 용해되는 경우의 실례로서는 Cr-Cu 계 합금이 있다. 그림 10-45 (a)는 Cr-Cu 계 합금 상태도이며, 여기서 고체 Cu 는 극히 소량의 Cr 을 고용하며 고체상태에서 전혀 용해하지 않는 경우의 응고과정과 거의 동일하다. 따라서 설명하기 쉽게 하도록 고용도가 충분히 확인될 수 있는 상태도를 모형적으로

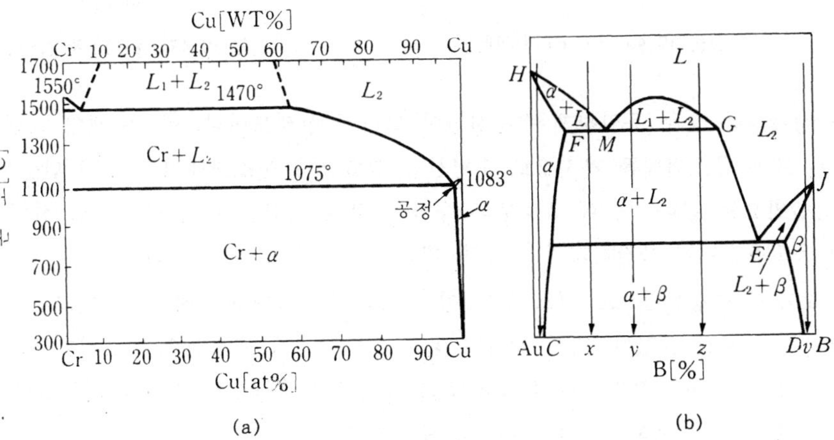

그림 10-45 액체에서의 일부 용해하며 고체에서도 일부가 용해하는 경우의 상태도

그림 10-45 (b)에 표시하였으며 이는 그림 10-42 의 편정반응 합금 상태도 Ⅱ 형과 동일하다.

그림 10-45 (b)를 그림 10-44 와 비교하면 쉽게 이해될 것으로 생각되나 그림 10-44 의 상태도상의 *x*, *y*, *z* 조성합금의 냉각과정의 설명에서 *A* 상을 *α* 상으로 하고 *B* 상을 *β* 상이라 하면 그림 10-45 (b)의 *x*, *y*, *z* 조성합금에 있어서도 모두 동일한 설명이 된다. 또한 그림 (b)의 *u* 와 *v* 조성합금은 전율고용형의 경우와 완전히 동일한 경향이 된다.

10-7 액체상태에서는 전혀 용해되지 않던가 또는 미소량 용해되며, 고체상태에서는 전혀 고용되지 않는 경우

Fe-Bi 계, Al-Tl 계 및 Pb-Si 계 합금 상태도는 이러한 실례의 합금계이다. 이 상태도는 2 성분계 상태도이기는 하나 합금이 되어있지는 못하다. 따라서 이러한 경우는 합금이란 말이 적합하지 못한 것 같다.

Fe-Bi 계를 그림 10-46 에, Al-Tl 계를 그림 10-47 에 표시하였다.

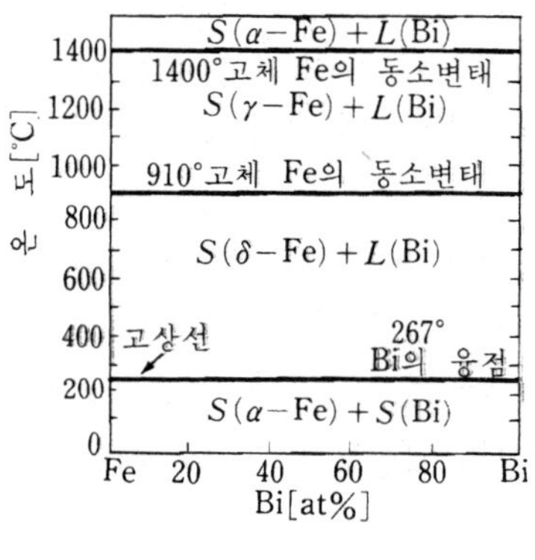

그림 10-46 Fe-Bi 계 상태도

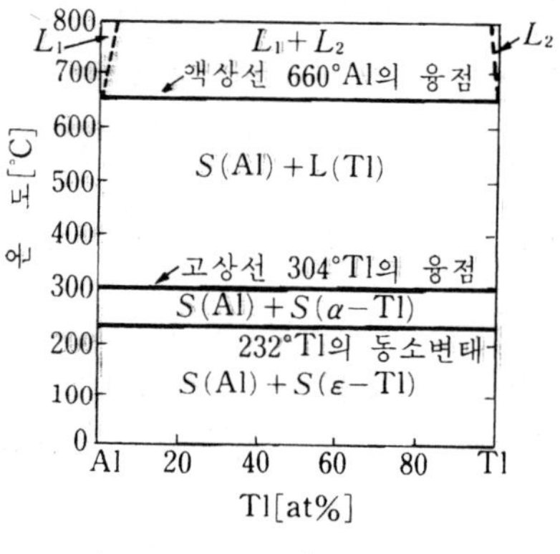

그림 10-47 Al-Tl 계 상태도

이들 상태도는 모두 동일하게 수평선만이 그려진 상태도이다. 이 두 개의 그림에서 Fe 와 Tl 은 모두 동소변태를 가지므로 수평선을 그렸으나 동소변태가 없으면 단순한 액상선과 고상선만으로 된다. 이 때 2 성분의 융점을 각각 기입하지 않으면 어느 선이 어느 측 성분의 응고온도인지 분간하기가 어렵다. 따라서 기입하는 것이 편리하다.

또는 2 개의 수평선만으로 어느 것이 어느 성분의 응고온도인지를 구별하기 위해 이 온도에서의 응고시간의 길이, 다시 말하며 응고량을 표시하는 점선으로 표시한 삼각형을 부기하여 두면 *a* 는 *A* 성분의 응고점이고, *b* 는 *B* 성분의 응고점인 것이 명백해진다. 이와 같은 표시법도 가끔 이용되고 있다(그림 10-48 참고).

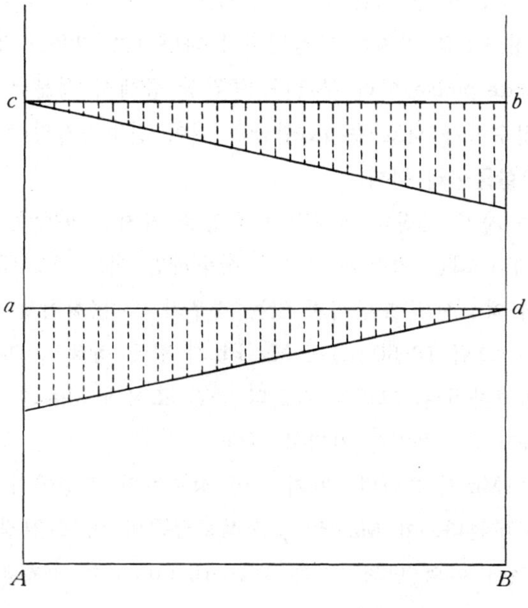

그림 10-48 액상 및 고상에서 전혀 용해되지 않는 상태 표시법

10-8 금속간 화합물 혹은 중간상이 생성되는 경우

결정구조가 서로 다른 *A* 와 *B* 양 금속간에는 고용체가 되는 경우는 상호 결정구조의 우선범위는 각 합금에 의해 정해져 있다.

그림 10-49 는 Co-Ni 계 합금의 상온부근에서의 결정구조와 조성간의 관계를 표시한 것이다. Co 를 주성분으로 하는 합금은 조밀육방격자(hexagonal close-packed lattice : hcp)이며, Ni 을 주성분으로 하는 합금은 면심육방격자(face centered cubic lattice : fcc)이고 이들의 중간조성범위는 조밀육방격자와 면심입방격자의 혼합으로 존재하게 된다.

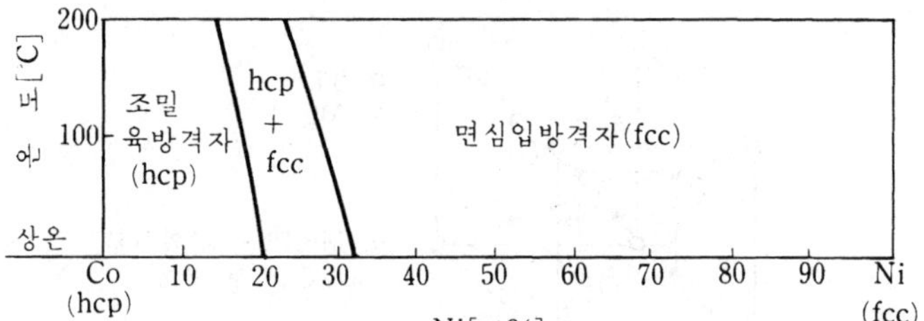

그림 10-49 조밀육방격자의 **Co** 와 면심입방격자의 **Ni** 와의 2 성분계 합금의 결정구조 전이점

이와 같은 경우와는 달리 양 성분 금속의 중간에 *A* 와 *B* 양 금속의 결정구조와는 전혀 관계없는 새로운 결정구조를 가지는 조성범위가 나타나는 경우도 있다. 이 범위의 고용체를 **중간상**(intermediate phase)이라 부른다. 중간상 중에서 성분금속의 원자수의 비가 비교적 적고 간단한 정수비가 되고 무기화합물과 같이 결정격자의 원자배치가 정해진 고용체 결정을 **금속간 화합물**이라 한다.

금속간 화합물에는 자기 자신의 독자적인 융점을 가지는 화합물 즉 화합물이 해리하였을 때는 완전히 융액이 되는 경우와 온도가 상승하면 어느 온도에서 화합물이 해리하나 상태도상에서는 아직 액상선에 도달하지 않는 경우가 있다(화합물 자체의 융점이 없고 해리점만 가지는 경우). 그림 10-50 (a)는 Mg-Pb 계 합금 상태도이다. Mg 는 조밀육방격자이며 Pb 는 면심입방격자이다. 그리고 이들의 중간 조성에 Mg_2Pb 라고 하는 금속간 화합물이 생기고 이는 독자적인 융점을 가지고 있다.

원자수의 비로서는 Mg 가 2 이며 Pb 가 1 인 정수비의 조성에서 생성되는 금속간 화합물이므로 Mg_2Pb 라 부른다. 이 Mg_2Pb 는 2 성분금속의 어느 결정구조에도 속하지 않는 CaF_2 형의 결정구조로서 이의 단위격자는 그림 10-50 (b)에 표시하였다. 이 결정의 성질

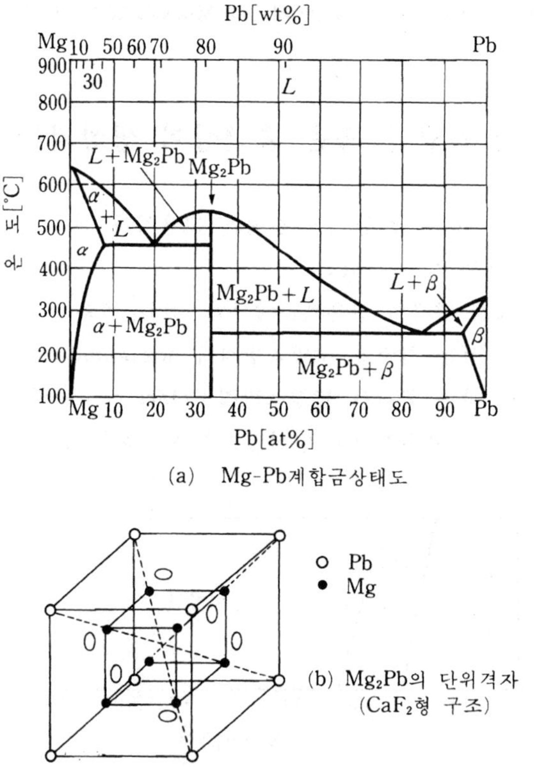

그림 10-50 금속간 화합물 Mg_2Pb 를 갖는 Mg-Pb 계 합금 상태도

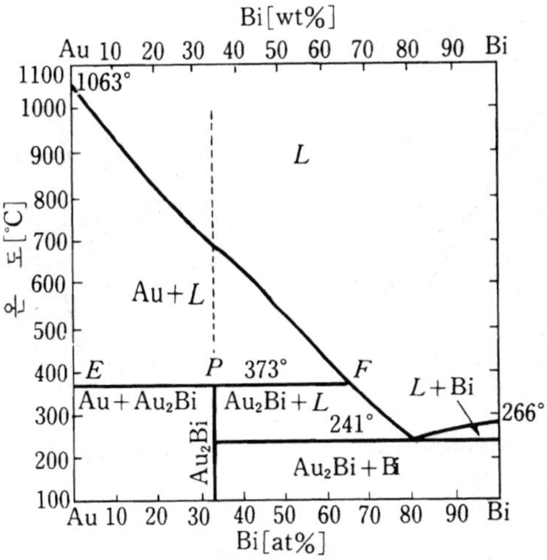

그림 10-51 **Au_2Bi 금속간 화합물을 갖는 Au-Bi계 합금 상태도**

은 경하고 취약하며 자체의 융점을 가지고 있다. 그림 10-50 (a)를 자세히 보면 금속간 화합물의 조성점에서 좌우로 분단되어 있음을 알 수가 있다. 즉 역으로는 좌우 2개의 기본공정형 상태도를 금속간 화합물의 조성점에서 접합 조합시킨 것으로 생각할 수가 있다.

이러한 경우는 Mg-Mg_2Pb계 상태도와 Pb-Mg_2Pb계 상태도로서 각각 독립시켜 생각하여도 된다.

금속간 화합물이 액상선에 도달하기 이전에 해리하여 2상으로 분리되는 경우는 이 해리온도에서 3상이 평형으로 존재하므로 자유도는 0이 된다. 따라서 상태도에서는 수평선(온도변화가 없음)을 나타난다.

그림 10-51은 Au-Bi계 합금 상태도이다. Au는 면심입방격자이고 Bi는 3방정계구조를 가지고 있다. 그리고 중간 조성에서는 Au_2Bi로 표시되는 금속간 화합물이 생성되고 그 구조는 δ(Au_2Bi)를 함유하는 복잡한 면심입방구조를 가지고 있다.

상태도에서 이 부분은 포정형 상태도로 되어 있으며 Au_2Bi는 포정반응에 의해 생성되고 있다. 따라서 전술한 포정형 상태도에서의 반응생성물 β고용체를 그대로 Au_2Bi로 바꾸어 생각하면 설명할 수가 있다.

Au_2Bi에 해당하는 조성(33 + 1/3 at. % Bi ~ 66 + 2/3 at. Au) 합금을 그림 10-51의 점선을 따라서 고온의 융액상태에서부터 서냉하면 액상선과 교차하는 온도에서 우선 Au가 정출하기 시작한다. 373 ℃에 도달할 때 *E*점에 해당하는 Au와 *F*농도의 용액은 포정반응에 의해 *P*농도의 Au_2Bi인 금속간 화합물을 생성한다. *P*농도 근처의 조성의 경우도 포정형의 경우와 동일한 반응을 일으킨다.

금속간 화합물이 어느 정도의 고용도를 가지고 있는 경우 그 고용체를 일반적으로 **2차**

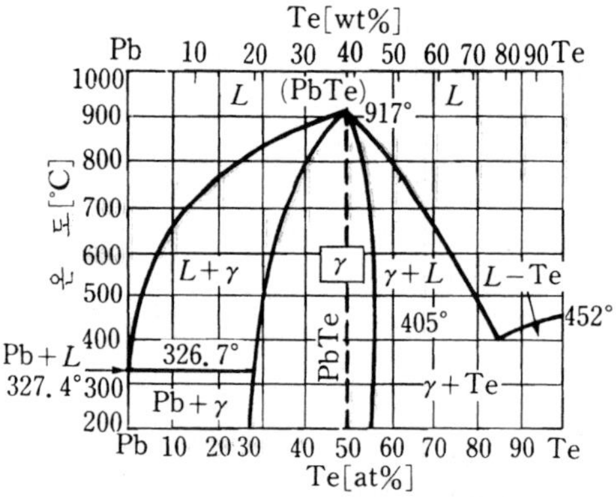

그림 10-52 **PbTe** 금속간 화합물을 갖는 **Pb-Te** 계 합금 상태도

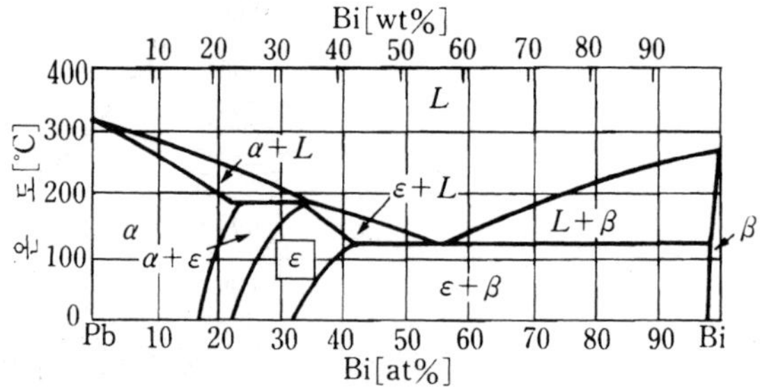

그림 10-53 중간상을 갖는 **Pb-Bi** 계 합금 상태도

고용체(secondary solid solution)라 하며 지금까지 설명한 일반 고용체를 1 차 고용체라 하여 이들을 구별하여 사용하고 있다.

2 차 고용체도 금속간 화합물의 경우와 동일하게 독자적인 융점을 가지고 있는 것과 액상선에 도달하기 이전에 해리하는 것과의 2 종류가 있다.

그러면 이들에 관해 설명하여 보기로 하자.

그림 10-52 는 Pb-Te 계 합금 상태도이며, 중간조성범위에는 PbTe 금속간 화합물이 있고 이는 고용도를 가지고 있으며 2 차 고용체 γ 의 구역이 관찰된다.

Pb 는 면심입방격자, Te 는 육방정계의 구조를 가지나 PbTe 는 NaCl 형 단순입방구조를

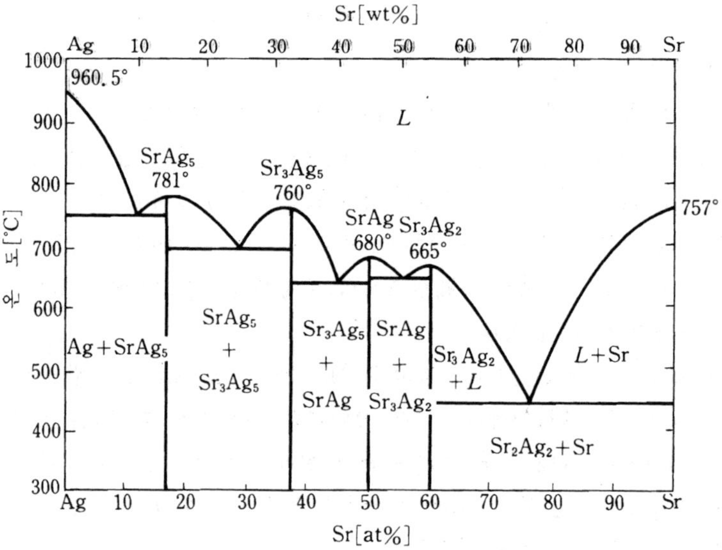

그림 10-54 4 개의 금속간 화합물을 갖는 **Ag-Sr** 계 합금 상태도

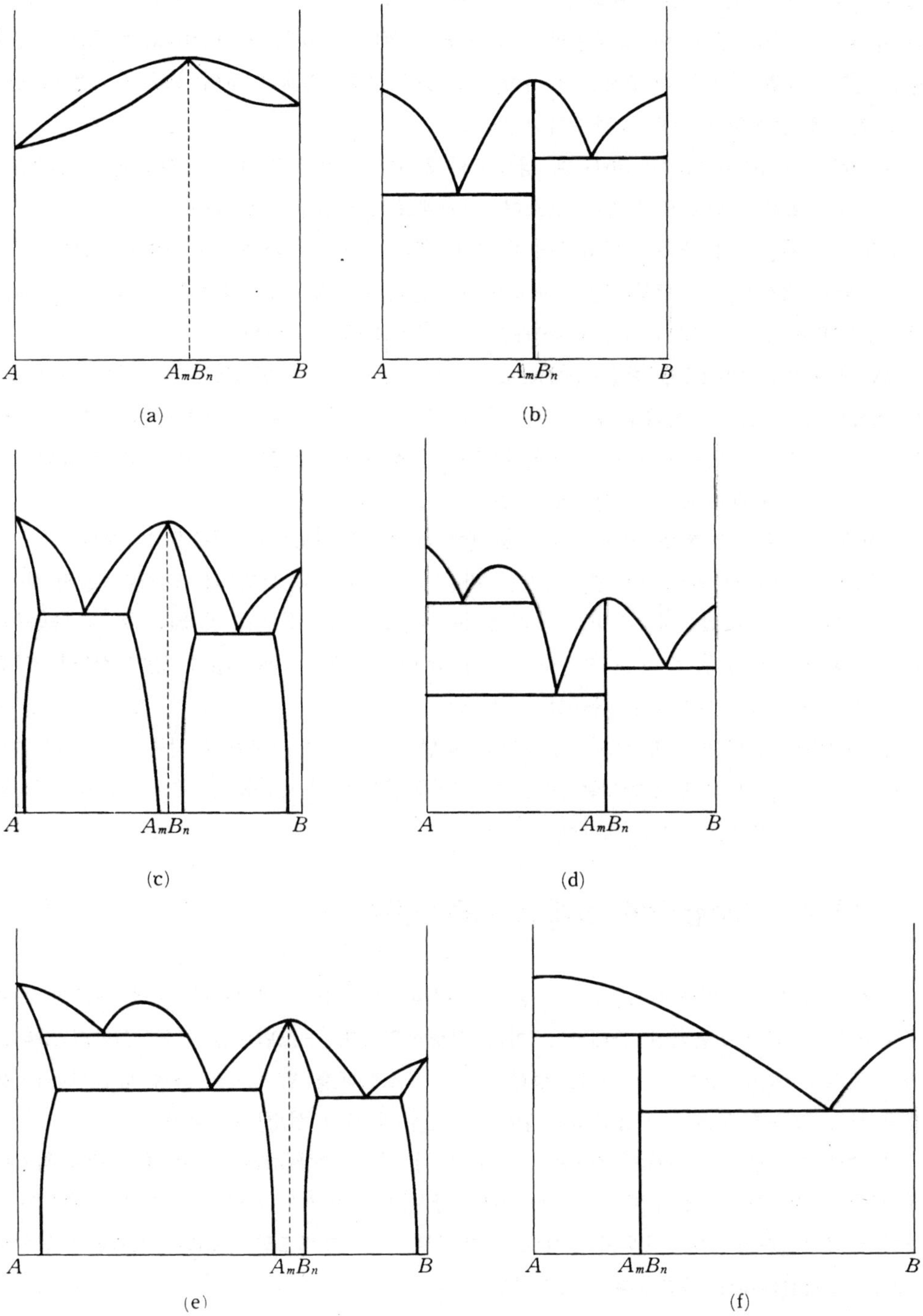

그림 10-55 기본형 상태도의 조합에 의한 금속간 화합물 생성

갖고 있다. 이 PbTe 결정은 비교적 경하고 취약하나 Pb 및 Te 어느 금속보다도 훨씬 높은 융점을 가지고 있다. 이 상태도의 경우는 PbTe 에 해당하는 조성(50 at. % Te)의 곳에 점선으로 금속간 화합물의 조성을 표시하여 놓았다. 이를 경계로 하여 2 개의 공정형 상태도가 좌우에 존재하는 것으로 간주하면 된다.

Pb-PbTe 계 상태도와 Te-PbTe 계 상태도의 2 개 모두가 독립적으로 사용되는 상태도이다. PbTe 화합물은 반도체 성질이 있으며, 전기재료로서 연구되고 있다.

InSb, Bi_2Te_3 등의 금속간 화합물에는 이와 같은 성질을 지니는 것이 비교적 많다.

중간상이 액상선에 도달하기전에 해리하여 2 상으로 분리되는 경우는 그 해리온도에서 3 상이 평형이므로 자유도는 0 으로 상태도에는 수평선이 나타난다.

그림 10-53 은 Pb-Bi 계 합금 상태도로서 Pb 는 면심입방격자, Bi 는 3 방정계의 구조로서 조성범위내에는 ε 상이라고 하는 중간상이 나타나고 있다. 이는 조밀육방격자로서 어느 성분금속의 결정구조도 아닌 2 차 고용체이다. 이 상태도는 포정반응형과 완전히 동일하며 포정반응에 의해 해리도 되고 생성도 되는 2 차 고용체이다.

이상으로 금속간 화합물 또는 2 차 고용체에 관해 설명하였으나 이들은 2 개의 성분금속의 조성범위 내에서 1 개만이 생성되라는 법은 없다. 예로서 그림 10-54 에 Ag-Sr 계 합금 상태도를 표시하였으나 이 Ag-Sr 계는 $SrAg_5$, Sr_3Ag_5, SrAg 및 Sr_3Ag_2 의 4 종류의 금속간 화합물이 있다. 이러한 경우도 Ag-$SrAg_5$ 계, $SrAg_5$, Sr_3Ag_5 계 등의 상태도와 같이 각각 독립적인 상태도로서 취급할 수가 있다.

이상 금속간 화합물을 형성하는 상태도를 종합하여 볼 때 기본형이 되는 상태도가 2 개 또는 그 이상 조합될 때 조합되는 곳에 금속간 화합물이 생성됨을 알 수가 있다. 다음 그림 10-55 는 이를 알기 쉽게 표시한 그림이다.

10-9 고체합금이 변태를 하는 경우

고체 금속이 동소변태를 함으로써 상태도 내에 다른 상이 생성됨은 지금까지 몇 가지 설명하였다. 즉 동소변태에 관해서는 이미 설명하였으며 동소변태를 갖는 순철의 상태도에 관해서도 설명하였다. 여기서는 성분금속이 동소변태를 함으로써 고체 합금이 격자변태를 하는 경우를 또한 규칙불규칙변태와 자기변태에 관해 설명하여 보자.

격자변태가 있는 경우에는 격자변태 전후의 각 상을 이상(異相)으로 취급하자. 격자변태 전후의 각 상간의 취급은 마치 액상과 고상사이의 취급과 동일하다고 생각하면 된다. 따라서 격자변태가 있는 경우의 상태도는 액체로 부터 고체로의 변화의 상태도와 동일한 곡선이 고체상태내에 나타난다고 생각하면 된다.

고체상태에서 격자변태를 가지는 2 성분계 금속이 격자변태점을 경계로 하여 고용도에 따라서 다음과 같이 분류한다.

(1) 격자변태온도 이상 또는 이하에서 완전히 용해되는 경우

(2) 격자변태온도 이상에서 완전히 고용하고 이하에서는 일부 고용되는 경우

(3) 격자변태온도 이상 이하에서도 고용하지 않는 경우

이에 성분금속의 동소변태점의 수를 고려하면 다음과 같다.

(가) 2 성분금속이 각각 1 개의 동소변태점을 갖는 경우

(나) 1 성분금속만이 1 개의 동소변태점을 갖는 경우

(다) 1 성분금속만이 2 개의 동소변태점을 갖는 경우

(라) 1 성분금속이 2 개의 변태점을, 또 하나의 성분금속은 1 개의 동소변태점을 갖는 경우

이들의 조합 중 실제로 일어나는 경우에 관해 설명하여 보자.

1. 격자변태점보다 고온 또는 저온측에서도 완전히 용해되는 경우

(1) 성분금속이 각각 1 개의 동소변태점을 가지며 또한 동소변태 전 및 동소변태 후의 결정격자가 동일하면 전율고용형의 상태도와 완전히 동일한 상태의 곡선이 얻어진다.

그림 10-56 은 위에서와 같이 동소변태점의 상하의 온도에서도 고용되는 상태도의 일반

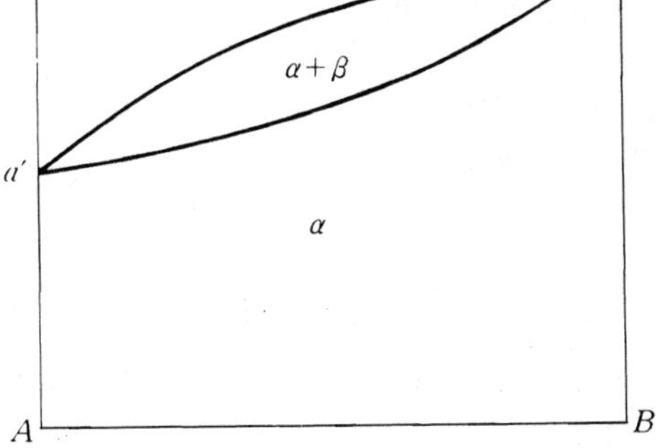

그림 10-56 변태전후 완전 고용하는 상태도(I 형)

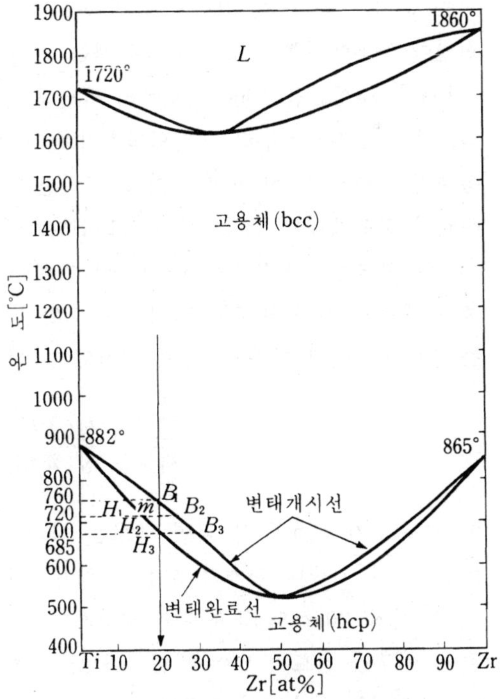

그림 10-57 **Ti-Zr 계 합금 상태도**(동소변태점의 상하의 온도에서 완전히 고용하는 경우의 상태도)

적인 모델이다. 여기서 a와 b는 각각 성분 A와 B의 융점이며 a'과 b'는 성분 A와 B의 고체내에서의 변태점이다. 그리고 A와 B의 고온에서의 상태를 β라 하고 저온에서의 상태를 α라 하면 β상태에서의 2성분 βA와 βB 및 α상태에서의 2성분 αA와 αB는 각각 완전한 고용체 β와 α가 되는 것을 표시하고 있다. 그리고 β고용체로부터 α고용체로의 변태과정은 균일한 액상으로부터 균일한 고용체를 형성하는 경우와 완전히 같다.

액상 ⇄ 고상변태에서 액상선, 고상선에 해당하는 윗쪽 $a'b'$를 초석선, 아래쪽의 $a'b'$를 완석선이라 한다.

그림 10-57은 Ti-Zr계 합금의 상태도이다. Ti와 Zr은 결정격자도 동소변태 전후에서 동일형이다. 이에 관해 설명하면 융체로부터의 정출과정은 이미 설명한 전율고용체의 경우와 완전히 동일하다.

Ti는 고체상태에서 882 ℃에 동소변태점이 있으며 882 ℃보다 고온에서는 체심입방격자구조의 결정이며 저온에서는 조밀육방격자구조의 결정이 된다.

Zr도 865 ℃에 동소변태점이 있으며 고온에서는 체심입방격자, 저온에서는 조밀육방격자로서 Ti와 동일한 동소변태를 가진다. 그러므로 용매 Ti에 용질 Zr의 고용체도 고체상태에서 격자변태를 하며 용매 Zr에 용질 Ti의 고용체도 똑같이 격자변태를 한다. 이 양측의 격자변태는 중간조성에서 접합하여 전율고용체의 특수형과 같은 상태도를 형성한다. 이는 고체로 된 후에 결정구조 변화를 일으키는 상태도의 예이나 원리적으로는 지금까지 설명한 액체에서부터 고체가 정출하는 경우와 완전히 동일하다.

20at%.Zr합금을 1000 ℃로부터 서서히 냉각하면 760 ℃에서 변태개시선상 B_1에 접한다. 이 온도직하로부터 체심입방격자의 고용체내에 H_1농도의 조밀육방격자의 새로운 고용체가 석출한다. 이 새로운 고용체는 원래의 고용체보다 Ti가 많으므로 당연히 남아있는 원래의 고용체내의 Ti는 감소하고 있다. 다만 고체내에서 농도가 다른 새로운 상이 석출함으로 평형상태를 유지하면서 변화되는데는 시간이 걸린다. 온도가 720 ℃에 도달하면 석출한 새로운 상의 농도는 변태종료선(완석선)에 따라 H_2가 되면 남은 원래의 상의 농도는 변태개시선에 따라서 B_2가 되어있다. 이 때 양 상간의 양적비는

$$\frac{\text{원래의 상(古相)의 양}}{\text{새로운 상(新相)의 양}} = \frac{\overline{mH_2}}{\overline{mB_2}}$$

이다. 온도가 685 ℃가 되면 새로운 상의 농도는 H_3가 되며 원래의 상(고상)의 농도는 B_2로 되나 지렛대 관계로 고상은 없어지며 전부 새로운 상으로 된다. 새로운 상의 농도 H_3는 마침 20at.% Zr조성에 해당하며 새로운 고용체로서 처음의 조성으로 되돌아가게 된다. 이후는 온도가 떨어질 뿐이며 상의 변화는 없다.

(2) 1성분 금속만이 동소변태점을 가지는 경우의 일반적 합금 상태도의 모형은 다음의 그림 10-58과 같다. 이에 따르는 실례는 그림 10-59와 같이 Co-Ni계 합금 상태도이다.

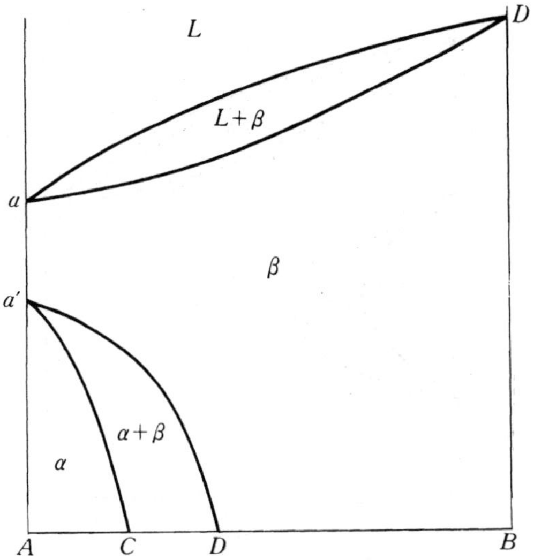

그림 10-58 변태전후 완전히 용해하는 상태도(Ⅱ 형)

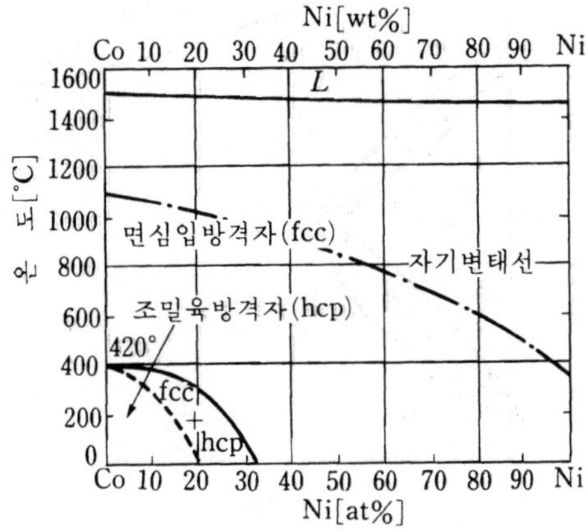

그림 10-59 Co-Ni 계 합금 상태도

Co 는 420 ℃ 이하에서 조밀육방격자이나 420 ℃ 에서 동소변태하여 1492 ℃ 의 융점까지는 면심입방격자를 지닌다. 그러나 Ni 은 절대 0℃부터 1453 ℃ 의 융점까지 면심입방격자이다.

이 Co-Ni 계 합금의 경우 융액에서는 균일하게 용해되며 고체상태에서도 고온측에서는 동일한 면심입방격자이며, 전율고용체이다. 저온측 420 ℃ 이하에서는 Co 의 동소변태 때문에 그림 10-59 와 같은 상태곡선을 만든다.

(3) 1 성분 금속만이 2 개의 동소변태점을 갖고 다른 성분금속은 동소변태가 없는 경우의 상태도의 기본형은 다음 그림 10-60 과 같다. 예로서 2 개의 동소변태를 갖는 Fe 에 Be, Al, Si, P, Ti, V, Cr, As, Mo, Sn, Sb, W 등 1 성분 금속으로서 수 % 첨가하면 이와 같은 상태도가 된다.

그림 10-61 은 Fe-Al 계 상태도의 일부를 표시한 것이다. Fe 의 910 ℃ 의 A_3 동소변태 온도는 Al 의 첨가효과로 보다 고온으로 상승되나 Fe 의 1390 ℃ 의 A_4 동소변태 온도는 이 Al 의 첨가효과로 저온측으로 하강하여 A_3 와 A_4 는 중간에서 일치된 것으로 해석된다.

이와 같은 Fe 에 Al 을 첨가한 합금의 x 조성 및 y 조성합금의 냉각과정을 간단히 설명하자.

응고가 완료되어 균일한 α 고용체로 된 x 조성합금은 A_4 변태개시선과 a 에서 만나며 α 고용체내에서 γ 고용체의 석출이 시작한다. A_4 변태완료선이 b 에서 만날 때는 전부 γ 고용체로 되어있다. 이 ab 간의 α, γ 변태과정과 양적비는 전율고용체형의 경우와 완전히 동일하다. 그 후 온도가 떨어져서 A_3 변태개시선과 c 에서 만나면 γ 고용체로부터 다시 α 고용체로 변태가 개시한다. A_3 변태완료선과 d 점에서 만날 때는 다시 전부 α 고용체로 되고

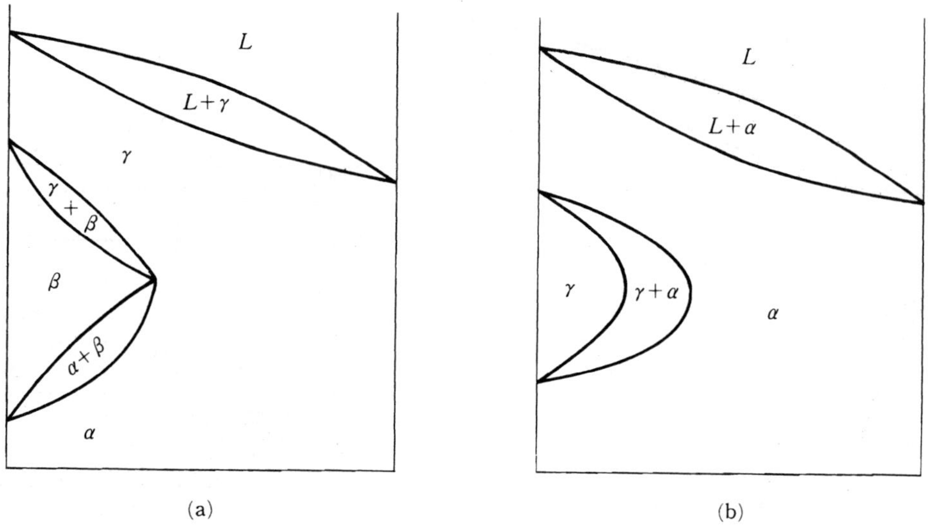

그림 10-60 1 성분금속이 2 개의 동소변태를 가지고 타성분금속은 동소변태가 없는 경우의 기본형

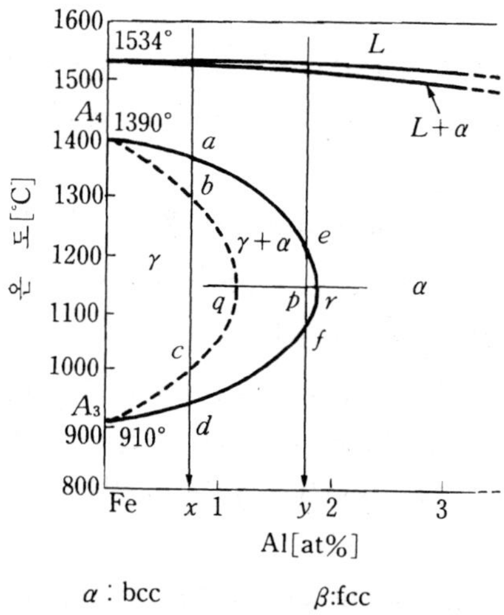

그림 10-61

이후는 그대로 온도만 강하한다.

y 조성합금은 고온에서부터 서냉되어 균일 α 고용체로 된 후 *e* 점에서 A_4 변태개시선과 만나 γ 고용체의 석출이 시작한다. 온도가 떨어지면 γ 고용체의 양은 차차 많아지나 *P* 점에서 γ 고용체의 양은 최대가 되며 그 후 온도강하에 따라서 γ 고용체의 양은 역으로 감소하기 시작하고 A_3 변태완료선과 *f* 점에서 만날 때는 다시 전부 균일한 α 고용체로 된다. *P* 점에서 혼합존재하는 α, γ 의 양 고용체의 비는

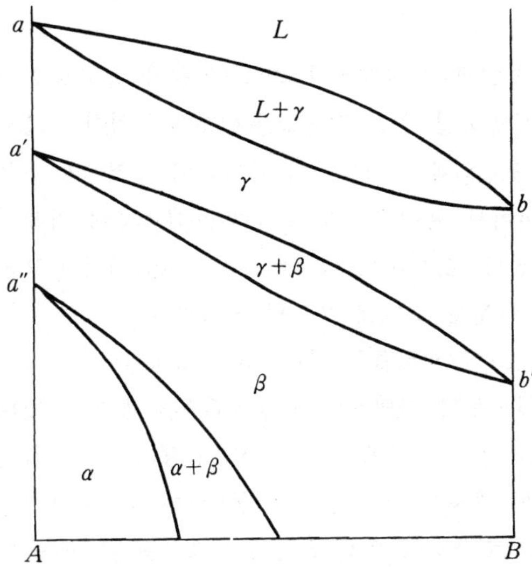

그림 10-62 1 성분금속은 2 개의 타성분금속은 1 개의 동소변태를 하는 상태도의 기본형

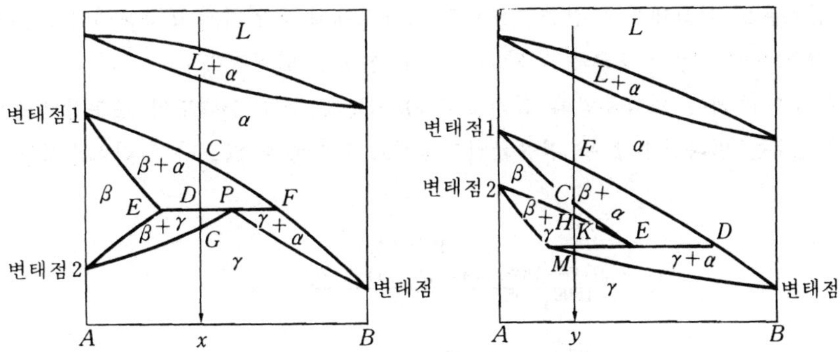

(a) 포석형 (b) 재석출형

그림 10-63 변태점의 상하에서 전율고용하는 경우

(A 성분금속에 2 개의 변태점, B 성분금속에 1 개의 변태점이 있는 경우)

$$\alpha \text{ 고용체} : \gamma \text{ 고용체} = \overline{pq} : \overline{pr}$$

이다.

(4) 1 성분금속이 2 개의 동소변태점을 갖고 다른 성분금속이 1 개의 동소변태를 갖는 경우의 기본상태도는 그림 10-62 와 같다. 그리고 중간상을 형성하는 경우는 그림 10-63 과 같은 상태도를 이룬다.

그림 10-63 (a)는 고체상태에서 포정반응과 동일한 반응이 일어나므로 이 반응을 **포석반응**(peritectoid reaction)이라 하며 P' 점을 **포석점**(peritectoid point)라 부른다. 그림 10

-63 (b)는 고체상태에서 재용융형(후술함)과 동일한 형의 변화를 하므로 **재석출형**이라 부른다.

그림 10-63 (a)의 석출형 상태도에서 x조성합금의 응고과정을 간단히 설명하자. 고온 균일융액상태로부터 서냉하면 우선 전율고용체형과 동일한 과정에서 α고용체가 된다. 다음에는 C점에서부터 β고용체가 석출하기 시작하여 D점에서 F농도의 α고용체와 E농도의 β고용체가 되고 여기서 포정반응과 동일한 포석반응에 의해 P'' 농도의 γ고용체와 β고용체의 2상이 생성된다. 포석온도 이하에서는 β고용체가 γ고용체로 변태하여 G점에서 전부 γ고용체가 되고 이후는 그대로 온도만 떨어진다.

다음에 그림 10-63 (b)의 재석출형 상태도의 y조성합금의 응고과정을 살펴보자.

고온의 균일융액상태로부터 서냉하면 우선 α고용체가 되고 변태개시선 F점에 도달하면 β고용체의 석출이 시작하고 G점에서 전부 β고용체가 된다. H점에서 두 번째 변태개시선과 만나서 γ고용체의 석출이 시작되고 K점에서는 C농도의 γ고용체와 E농도의 β고용체가 된다. 여기서 재석출반응에 의해 E농도의 β고용체는 C농도의 γ고용체와 D농도의 α고용체가 된다. 일단 소실된 α고용체가 다시 석출하므로 이 반응을 **재석출반응**이라 부른다.

이 반응온도 이하에서는 전율고용체형 상태도때와 동일하게 α고용체가 γ고용체로 변태하여 M점에서 전부 γ고용체로 되고 그대로 온도는 떨어진다.

그림 10-64에는 재석출형의 실례로서 Mn-Pt계 합금 상태도의 부분상태도를 표시하였다(이 경우는 변태전후 모두 전율균일고용체로 되어있지 않으나 원리적으로는 동일하다).

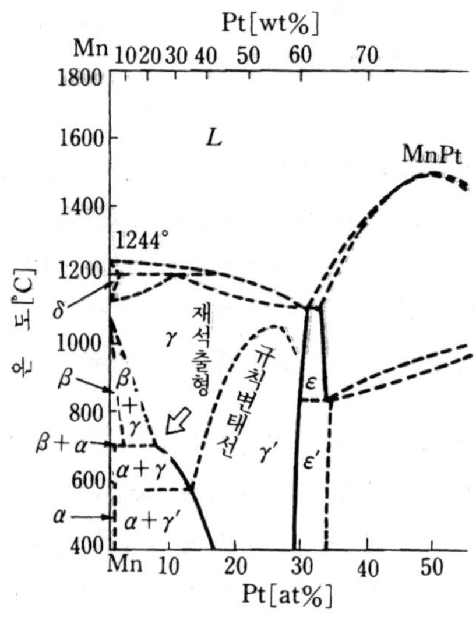

그림 10-64 **재석출형**(Mn-Pt계 합금 상태도의 일부)

Mn 은 1244 ℃ 에서 응고하고 우선 δ 상(체심입방격자)로 되며 1143 ℃ 에서 γ 상으로 변태하고 1079 ℃ 에서 β 상으로 다시 변태하고 700 ℃ 가 되면 다시 α 상으로 변태한다. 이 Mn 에 Pt 를 첨가하여 합금을 만들면 30 at. % Pt 합금부근에서 중간상 ε 을 만든다. Mn 과 이 중간상 사이에서 재석출형의 변태가 나타난다. 상태도는 연구하는 입장에서 볼 때 아직 확실하다고 할 수는 없고 실험부분이 많으며 더욱 정확한 측정이 요구되고 있다.

2. 격자변태점보다 고온측에서는 완전히 고용하나 저온측에서는 일부 고용하던가 또는 전혀 고용하지 않는 경우

양 성분금속이 1 개씩의 동소변태점을 가지며 2 격자변태점 이하의 온도에서 고용한계가 생기는 경우이다. 따라서 고체상태내에서 공정반응 또는 포정반응과 같은 현상이 일어나야 한다. 이 상태도의 기본형을 그림 10-65 에 표시하였다.

이들 그림 10-65 (a)와 (b)는 고체상태내에서 공정반응과 동일한 변화를 행하는 것으로서 이를 **공석반응**(eutectoid reaction)이라 부른다. 이 상태도에서 공정점에 해당하는 점은 고용체로부터 β와 γ 고용체가 또는 A 와 B 가 동시에 석출하는 점이므로 이 점을 **공석**

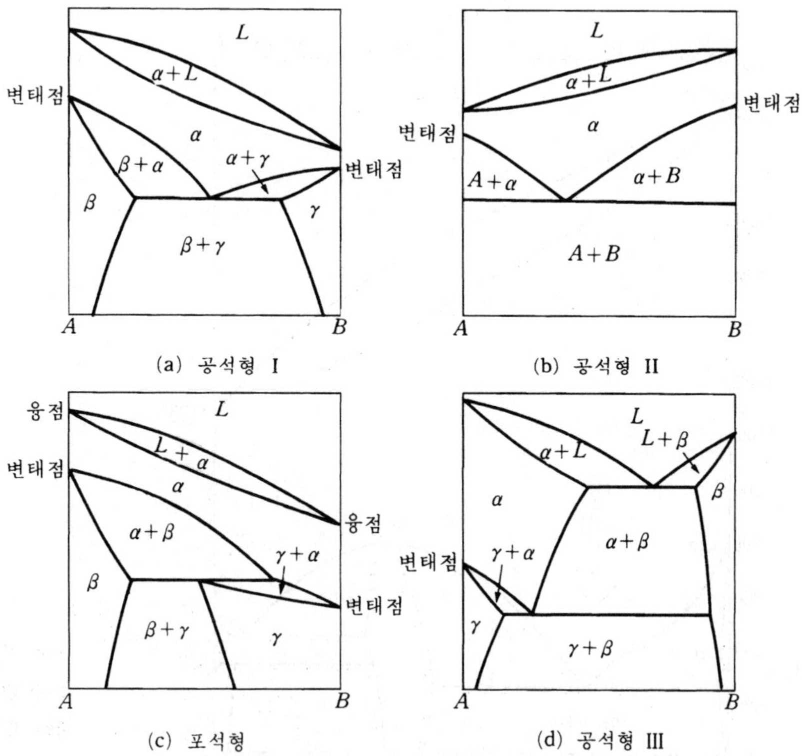

그림 10-65 변태전에는 균일고용체, 변태 후에는 일부 고용하던가 전혀 고용하지 않는 경우의 기본 상태도 모형

점(eutectoid point)이라 하며, 공석한 결정을 **공석**(eutectoid)이라 한다. 이 때의 공석반응을 식으로 표시하면 다음과 같다.

$$\text{고체 } (A) \rightleftarrows \text{고체 } (B) + \text{고체 } (C)$$

단, A, B 및 C는 다른 고체를 표시

그림 10-65 (c)는 고체상태내에서 포정반응과 동일한 변화를 하는 것으로서 이를 **포석반응**(perictoid reaction)이라 부른다. 이 합금의 냉각과정도 원리적으로는 포정반응의 경우와 같다.

또한 1 성분금속만이 동소변태를 갖는 경우는 그 동소변태점의 존재 때문에 고용한계가 불연속적으로 감소하는 경우가 있다. 이 상태도의 기본형이 그림 10-65 (d)이다.

그림 내에서 변태점의 존재 때문에 공석형이 생기고 α 고용체가 γ 고용체로 변태하였을 때 고용한계는 현저히 작아진다. 기본형 그대로의 형을 갖는 실례의 상태도는 없으나 Ti-U 계, Ag-Ti 계, Nb-Zr 계 등은 기본형적인 것이다. 여기서는 기본형의 공석형 및 포석형의 쌍방을 갖는 Ti-U 계 합금을 설명하자. Ti 는 1720 ℃ 의 융점을 가지며 882 ℃ 에 동소

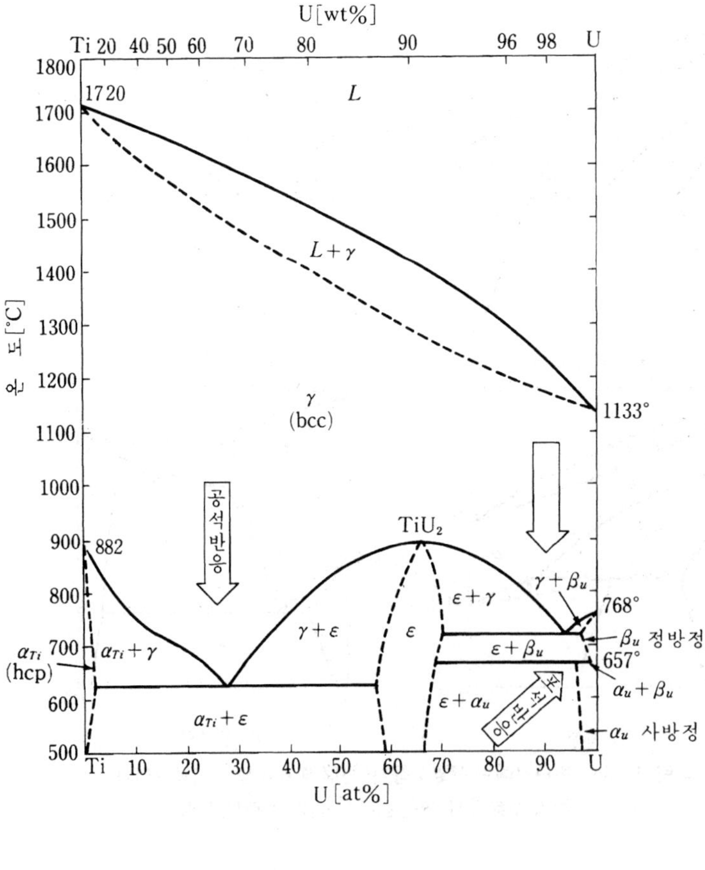

그림 10-66 공석 및 포석형을 갖는 Ti-Li 계 합금 상태도

변태점을 갖고 고온측은 체심입방격자, 저온측은 조밀육방격자를 가진다. U는 1133 ℃ 의 융점을 갖고 다음과 같은 768 ℃ 및 657 ℃ 의 2 개의 동소변태점을 갖는다.

상온 - (사방계) — 657 ℃ — (정방계) — 768 ℃ — (체심입방격자) — 1133 ℃ (융점)

이 합금의 상태도는 그림 10-66 과 같으며, TiU_2 를 중심으로 하는 중간상을 갖고 있다.

합금을 융점에서부터 서냉시키면 우선 γ 상(체심입방격자)의 균일고용체가 되나 Ti 및 U 의 동소변태점의 존재 때문에 공석현상이 일어난다. 이는 중간상에 의해 Ti 측과 U 측의 각각의 공석형으로 분리되고 있다. Ti 측도 U 측도 공석반응에 의해 고용한계는 대단히 작아진다. U 측은 또하나의 동소변태점 때문에 이번에는 포석반응이 일어나고 있으며 고용한계도 현저히 적어진 그대로이다.

3. 격자변태점보다 고온측에서 또는 저온측에서도 고용하지 않는 경우

격자변태점 이상의 온도에서 고용하지 않는다는 것은 2 성분금속은 고체상태에서는 전혀 고용되지 않음을 의미한다. 이와 같은 경우의 상태도의 기본형은 그림 10-67 과 같이 된다.

그림 10-67 (a)는 금속융액을 서냉하여 공정응고 후는 변태점의 존재에는 관계없이 전혀 고용하지 않는 경우의 기본상태도이다. 또한 그림 10-67 (b)는 1 성분금속만이 동소변태점을 갖는 경우이며 다른 저융점의 성분금속이 아직 융액상태에 있더라도 전혀 고용되지 못하는 경우이다.

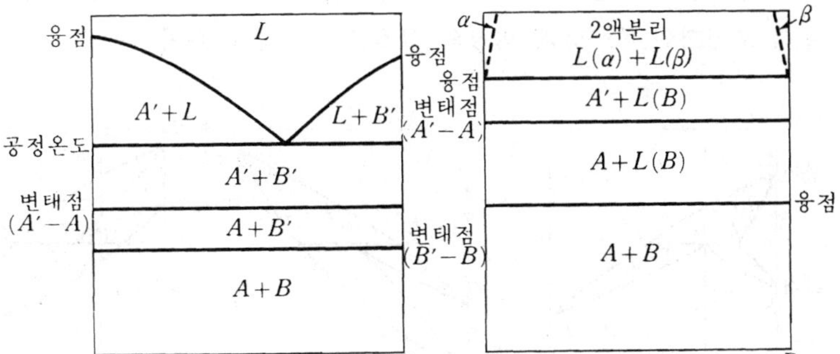

그림 10-67 변태점의 전후에서 전혀 고용되지 않는 경우의 기본 상태도

이와 같은 상태도의 실례로서 Fe-Pb 계 상태도를 그림 10-68 에 표시하였다. Fe 의 융점 및 Pb 의 융점은 각각 1534 ℃ 와 327 ℃ 로서 현저히 온도차가 있다. 또한 Fe는 2 개의 동소변태점이 있다. 융액을 서냉하면 1534 ℃ 에서 Fe 만이 고체가 되며 비중이 가벼운 Fe는 Pb 융액에 뜨게 된다. 327 ℃ 에 와서 Pb 는 고화하고 Fe는 상층, Pb 는 하층으로

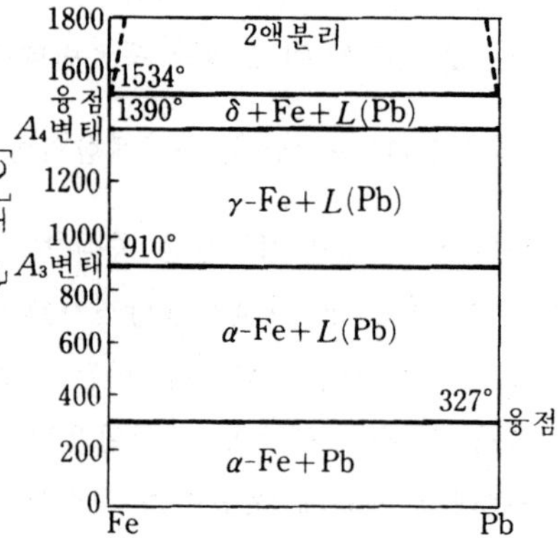

그림 10-68 **Fe-Pb** 계 상태도

2 개층이 된 고체가 된다.

4. 격자변태에 의해 상태변화 곡선이 고상선과 맞나는 경우

지금까지 설명한 변태곡선은 모두 고온측의 고상선과는 교차하지 않았다. 따라서 여기서는 교차하는 경우의 상태도형을 생각하여보자. 형은 양성분 금속의 융점 및 동소변태점의 위치에 따라서 그림 10-69 와 같이 3 종으로 분리된다.

그림 10-69 (a)는 포정형으로서 Fe-Ni 계, Fe-Co 계 합금에서 볼 수 있는 합금 상태도이다. 그림 10-69 (b)도 포정형이며, (c)는 재용융반응(metatectic reaction)을 하는 재용융형이다. 우선 포정형인 Fe-Ni 계 합금의 실례를 설명하여 보자.

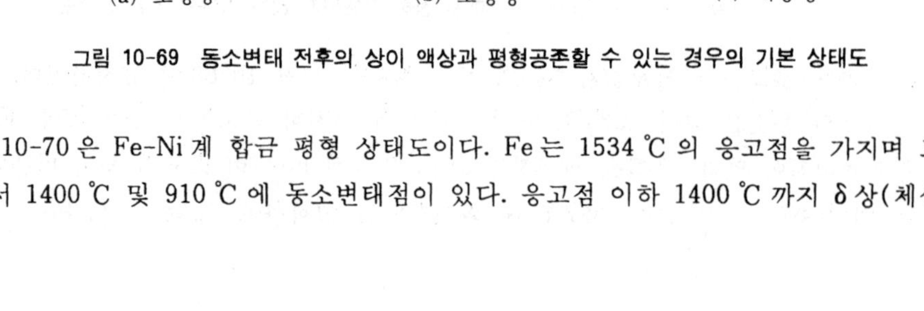

그림 10-69 동소변태 전후의 상이 액상과 평형공존할 수 있는 경우의 기본 상태도

그림 10-70 은 Fe-Ni 계 합금 평형 상태도이다. Fe 는 1534 ℃ 의 응고점을 가지며 고체 상태에서 1400 ℃ 및 910 ℃ 에 동소변태점이 있다. 응고점 이하 1400 ℃ 까지 δ 상(체심입

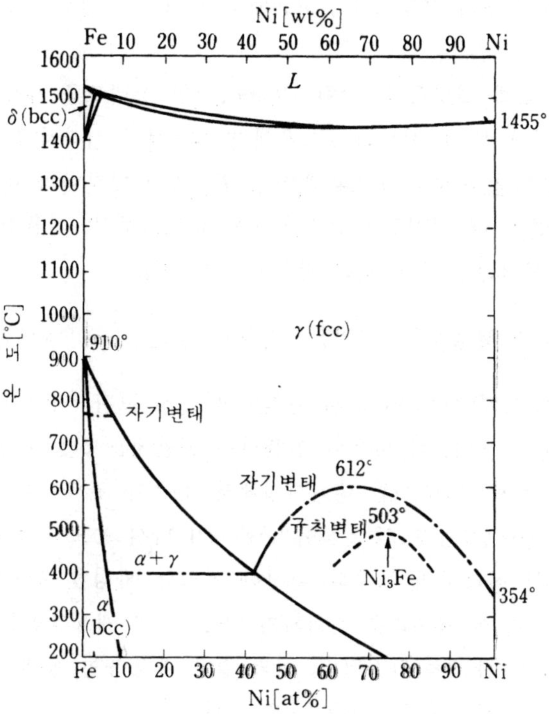

그림 10-70 **Fe-Ni 계 합금 상태도**

방격자), 1400 ℃ 부터 910 ℃ 까지는 γ 상(면심입방격자), 그리고 910 ℃ 는 α 상(체심입방격자)으로 결정구조는 변화한다. 한편 Ni 은 1455 ℃ 의 융점이하 절대영도까지 γ 상(면심입방격자)으로서 동소변태는 없다.

이러한 Fe 및 Ni 로 합금을 만들었을 때는 쌍방의 서로 다른 결정구조가 어떤 조성까지 또는 어느 온도까지 우선하는가 하는 열역학적 논쟁이 상태도상에 나타나고 있다. 이 상태도를 살펴보면 융액부터 응고하는 과정에 포정형이 존재하고 있다. 910 ℃ 이하의 상태도는 이미 설명한 전율고용형이다. 이 고온측의 포정형의 부분만이 확대되어 model 화한 것이 그림 10-69 (a)이다. 이 그림에서는 c 점이 동소변태점이다.

일반적으로 용매 A 성분에 B 성분을 용질로서 합금화한 경우 δ 상에서도 γ 상에서도 고용도가 있으면 그 상태곡선은 전율고용체형과 동일하게 c 점에서부터 상태개시선 CE 와 변태완료선 CP 의 2 체로 분리된다. 이것이 융점에서부터 발달한 액상선 GF 와 고상선 GE 로서 구성되는 전율고용형 곡선과 만난 곳에 포정반응이 발생한 것이 된다. P 농도의 포정점 조성합금에 관해 간단히 서냉과정을 설명하여 보자.

x 조성합금을 균일융액상태부터 서냉하면 온도 t 까지의 변화는 전율고용형의 경우와 완전히 동일하다. 온도 t 에 도달한 순간은 E 농도의 δ 고용체와 F 농도의 융액으로 되며 이

것이 포정반응을 하여 전부가 P농도의 γ 고용체로 되어 응고완료되며 그 후는 온도가 강하한다.

다음에 재용융형에 대해 설명하자. 그림 10-69 (c)의 상태도중 x조성합금을 고온의 균일융액상태부터 서냉하면 F점에서부터 α 고용체가 정출하기 시작하고 G점에 와서는 전부 α 고용체로 되고 융액은 없어진다. α 고용체로서 H점에 도달하면 γ 고용체의 석출이 시작된다. K점에 도달하였을 때 남아있는 α 고용체는 M농도로서, 석출한 γ 고용체는 C농도로 되어있다. 이 시점에서는 다음과 같은 반응이 일어난다.

$$\alpha \text{ 고용물}(M\text{농도}) \underset{\text{가열}}{\overset{\text{냉각}}{\rightleftarrows}} \gamma \text{ 고용체}(C\text{농도}) + \text{융액}(D\text{농도})$$

즉 일단 완전응고한 고체에서부터 다시 융액이 나오게 된다. 이러한 현상으로부터 **재용융반응**이란 말이 나온 것이다. 이 반응이 진행되는 동안에는 3상이 공존하므로 자유도는 0으로서 온도는 일정하게 유지된다. 냉각과정에서 반응이 완료되어 α 고용체(M농도)가 소멸하면 γ 고용체와 융액(D농도)의 2상이 공존하여 다시 온도는 떨어지기 시작한다. 여기서부터는 전율고용형 상태도의 경우와 완전히 동일한 과정을 가지며 N점에 도달하면 전부 γ 고용체로 되고 이 후 저온측은 변화하지 않는다. 이 재용융반응을 표시하는 조성은 C부터 M사이의 농도의 합금에 한정된다. 이와 같은 재용융형 상태도는 Mn-Zn계 합금, Cu-Sn계 합금 상태도의 일부에서 찾아볼 수가 있다.

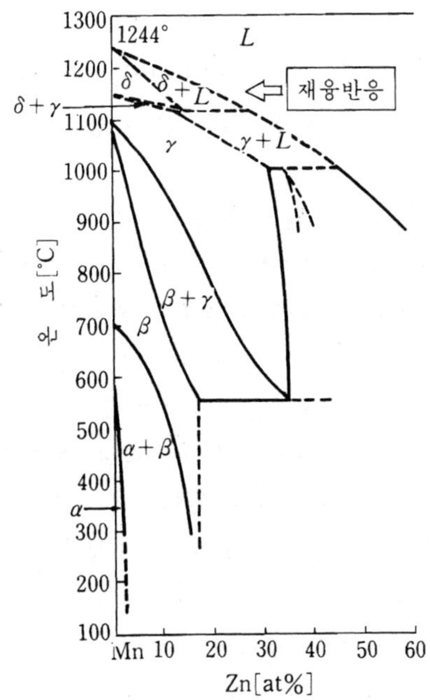

그림 10-71 재용융형(Mn-Zn계 합금 상태도)

그림 10-71 에 Mn-Zn 계 합금 상태도 내의 재용융형의 부분을 표시하여 놓았다.

10-10　규칙, 불규칙변태 및 자기변태곡선

앞에서 간단히 규칙격자 합금의 설명을 하였으나 간단한 조성비의 고용체 합금에서 서냉도중 어떤 온도에서부터 규칙적인 원자배열을 하기 시작하여 온도의 함수로서 규칙화가 진행하는 일이 있다. 이 규칙화된 합금을 가열하면 가역적으로 규칙도가 감소하여 임계온도에서 다시 완전한 불규칙변태로 돌아간다. 이와 같은 현상을 일반적으로 규칙, 불규칙변태라 부르며 이 규칙화가 시작하는 온도를 **규칙변태 온도** 또는 **규칙변태점**이라 부른다.

이 규칙, 불규칙변태는 간단한 조성비의 고용체 합금을 중심으로 하여 그 근처의 조성에서도 확인된다.

상태도에서의 규칙, 불규칙변태의 표시는 일반적으로 점선으로 표시된다. 그림 10-72 에는 Fe-Co 계 합금에 존재하는 1 : 1 원자비 조성의 Fe-Co 규칙격자 합금 및 그 근처의 조성의 규칙변태를 실례로서 표시하였다. 강자성 합금의 자기변태곡선은 상태도내에서는 일반적으로 ---와 같이 1 점선으로 표시한다.

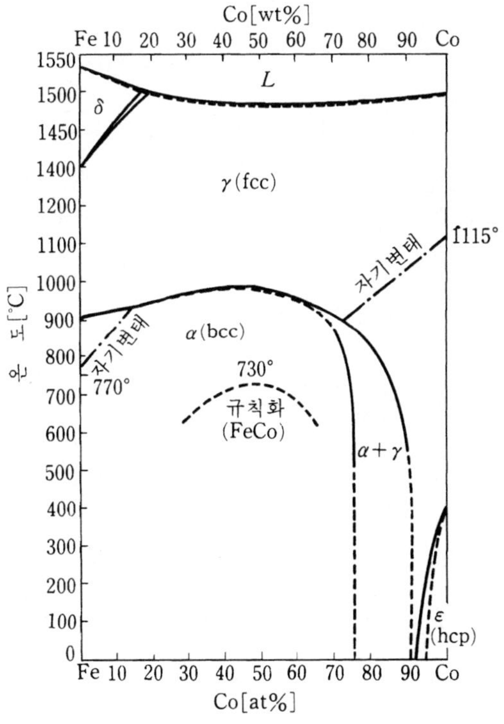

그림 10-72　규칙, 불규칙변태선과 자기변태선을 가진 **Fe-Co** 계 합금 상태도

그림 10-72 의 Fe-Co 계 합금 상태도에 실례로서 자기변태선을 표시하였다. 이 자기변태온도는 Fe 에 Co 를 가함으로써 차차 상승되나 15 at. % Co 합금 근처에서 α-γ 변태선과 만나고 자기변태선도 그 선을 따라서 70 at. % Co 조성합금 근처까지 공통선으로 나타난다. Co 농도가 그 이상이 되면 자기변태선은 고온쪽으로 뻗어가며 순 Co 의 1115 ℃ 의 자기변태점에 도달한다. 이 사이에 자기변태선 α-γ 가 변태선과 공통되는 부분은 그림에서도 명백히 판단되므로 α-γ 변태선을 우선하고 이것만이 도시되어 있다.

제 11 장
3원 합금 상태도 해설

11-1 3원 합금 상태도의 구성

1. 3원계의 상률

합금계에서 상태변수는 온도와 각 상의 농도로 표시되며, 각 상의 농도는 2원 합금계에서는 2성분 중 어느 1성분의 비로서 결정되므로 2개의 상태변수로 표시되나, 3원계에서는 3성분 중 어느 2개의 성분농도가 필요하게 되어 3개의 상태변수를 가지게 된다. 응축계의 상률은 앞에서 설명한 바와 같이

$$F = n + 1 - P$$

로 표시되므로, 3원계에서는 $n = 3$을 대입하여

$$F = 4 - P$$

가 된다. 이 때 P는 최소 1, F는 최소 0이 되므로 이들 여러 가지 경우를 2원계와 비교하여 보자. $P = 1$의 경우는

$$F = 3$$

으로서 단상상태를 유지하고, 위의 3개 변수 중 어느 것이나 자유로히 변화시킬 수 있다.

$P = 2$의 경우는

$$F = 2$$

가 된다. 그러나 2원계에 있어서는 2상 공존시는 $F = 1$이므로, 2상 공존상태를 유지시켜 놓고 온도 또는 2상의 농도 중 하나만을 변화시킬 수 있다.

예로서, 균일액상으로부터 1고상이 정출하는 경우 또는 1고상이 용해하기 시작하여 1액상을 만드는 경우와 같이 온도를 적당히 t_2를 취하면 공존하는 2상의 농도는 필연적으

로 S_2, L_2로 정해지며, 상태도상에서는 액상선, 고상선의 곡선으로 표시된다.

3 원계의 경우는 2 상 공존상태를 유지하여 놓고, 온도와 2 상 중 1 상을 구성하는 3 성분 중의 1 성분의 비인 2 개의 변수를 또는 1 상의 농도를 결정하는 2 성분의 비인 2 개의 변수를 변화시킬 수가 있다. 따라서 3 원계에서는 균일액상으로부터 1 고상이 정출하는 관계는 면(액상면)으로 표시된다.

$P = 3$ 의 경우는

$$F = 1$$

로서 2 원계에서의 3 상 공존상태는 즉 공정반응은 1 액상과 2 고상의 3 상이 일정한 온도 및 농도에서 존재하여 불변계이나, 3 원계에서는 1 변계가 되어 3 상 공존상태를 유지하여 온도를 변화시킬 수 있다. 즉, 3 상 공존영역은 어떤 온도범위에서 존재하며 또한 공존하는 3 상의 농도도 변화한다.

$P = 4$ 의 경우는

$$F = 0$$

이 된다. 즉 불변계이므로 4 상 공존온도 및 공존하는 4 상의 온도는 일정하고 불변하다.

2. 3 원계 합금의 농도 표시법

3 원합금 A-B-C계의 상태도 작성에는 우선 A-B, B-C, C-A의 각 2 원계 합금 상태도의 작성이 필요하다. 이미 기술한 바와 같이 2 원계의 농도는 직선상의 점으로서 표시되나 3 원계의 농도는 각 2 원계의 농도 직선을 각 변으로 하는 정 3 각형을 그리고 이 정 3 각형 내의 임의의 1 점으로 표시할 수가 있다.

정 3 각형의 꼭지점으로부터 밑변에 내린 수선의 길이는 정 3 각형내의 임의의 점으로부터 각 3 변에 내린 수선의 길이의 합과 같다. 즉, 그림 11-1 에서 3 각형내의 임의의 점 x로부터 3 변에 내린 수선 p, g, r의 합은 꼭지점으로부터 밑변에 내린 수선의 길이 h, h' 또는 h''의 길이와 같다. 즉,

$$h = h' = h'' = p + g + r$$

지금 h를 100 등분하고 각 분점을 지나면서 밑변 BC에 평행한 선을 그리면 각 평행선상의 각 점은 모두 BC변을 지나는 길이에 해당하는 A 성분의 농도(%)를 표시하게 된다. 따라서, 동일하게 h'를 100 등분하여 AC변에 평행한 각 평행선상의 각 점은 B성분의 농도(%)를 표시하며, h''를 100 등분하여 AB변에 평행한 평행선상의 각 점은 C성분의 농도(%)를 표시하게 된다.

따라서, x농도의 합금은 p 즉 25%A, g 즉 55%B, r 즉 20%C를 표시함을 알 수가 있

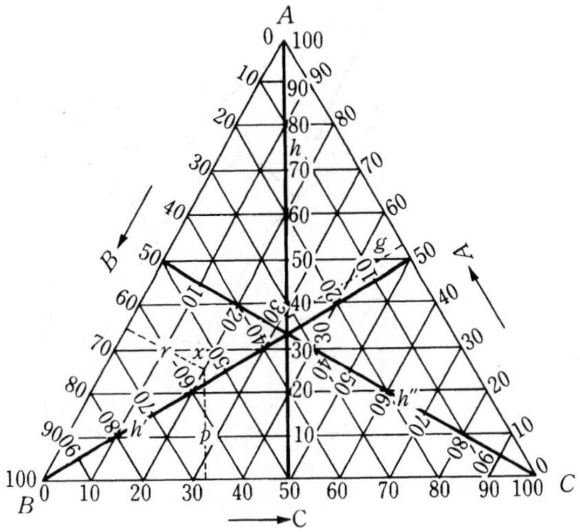

그림 11-1

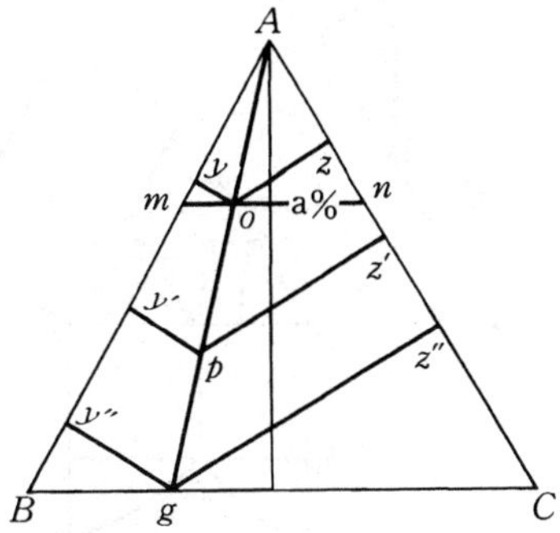

그림 11-2

다. 그러므로 3 각형의 1 꼭지각으로부터 그려진 직선상의 각 점에 해당하는 합금은 그 꼭지각에 표시하는 성분 이외의 2 성분이 항상 동일비율로 포함됨을 표시하게 된다.

그림 11-2 에서 *A* 로부터 대변의 임의 점 *g*에 그려진 선상의 각 점은 모두 *B*와 *C*가 동일비율임을 표시하고 있다. 즉 이 그림에서 *o, g, q* 점이 표시하는 3 개의 합금에서는 *oy* : *oz*, *py′* : *pz′*, *gy″* : *gz″* 은 모두 *gB* : *gC* 이며, *Ag* 상의 위치를 변화시키면 *A* 성분의 농도가 변화하게 된다. 또한 정 3 각형의 일변에 평행하게 그려진 직선상의 각 점에 해당하는 모든 합금의 꼭지각에 해당하는 성분은 어느 것이든 동일농도임을 표시한다.

예로서 *mn* 선상의 각 합금은 모두 *A* 성분을 *a%* 함유하고 있음을 표시하며, *mn* 선상의 위치를 변화시키면 이에 따라서 *B* 와 *C* 의 비가 변화하게 된다.

이와 같이, 3 각좌표에 의해 3 성분의 농도가 표시된다. 그리고 농도는 이 3 각형에 수직한 방향으로 표시한다. 따라서, 3 원 합금 상태도는 농도를 표시하는 정 3 각형(이를 Gibbs 3 각형이라 함)을 밑면으로 하고 2 원 상태도를 측면으로 하며, 천정은 일반적으로 복잡한 면을 갖는 정 3 각형으로 되는 3 각주로서 표현된다.

지금 간단한 예를 도시한 것이 그림 11-3 으로 이는 정 3 각주의 각 측면을 전개하여 면상에 표시한 것으로서 *A*－*B*, *B*－*C*, *C*－*A* 의 2 원 상태도들이다. 그리고 중앙의 3 각형은 3 각주의 천정면 즉 액상면의 평면도로서 각 점선은 등고선(등온선)을 표시한 것이다.

그림 11-4 는 3 각주를 형성시켜 놓고 이를 내려다 본 투시도로서 천정은 e_1be_2E, e_2ce_3E, e_3ae_1E 의 3 면으로 구성되어 있다.

천정 이하의 각 면과 기타 자세한 것들은 후에 설명하기로 하고, 여기서는 단지 각 2 원계 상태도를 측면으로 하는 정 3 각주로서 3 원계의 상태도가 구성됨을 표시했을 뿐이다.

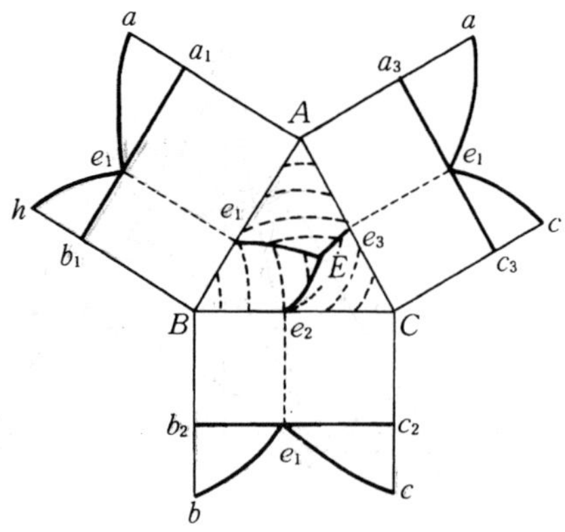

그림 11-3

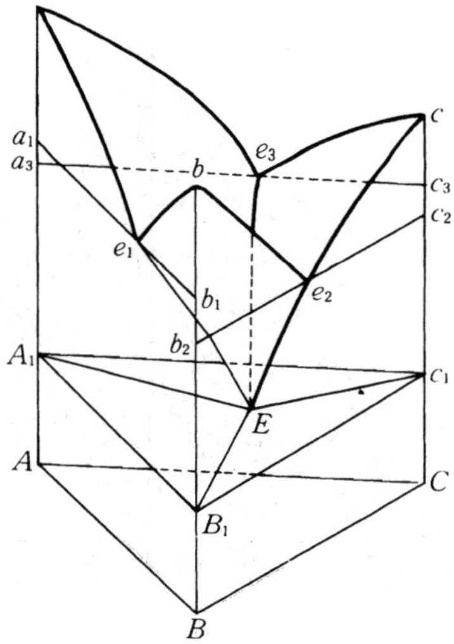

그림 11-4

3. 공간모형과 절단면

3 원합금에서 조성 외에 온도의 변화를 표시하는 데에는 정 3 각형의 각 꼭지점에서 3 각형의 면에 수직하게 축을 그려서 표시한다. 즉 그림 11-5 (a)와 같은 직각 3 각주를 그리고, 이 속에 상을 기입한 것이 3 원계의 **공간모형**(space model) 즉 **공간 상태도**(space diagram)가 된다.

또한 이 3 각주를 밑면에 평행하게 자른 절단면, 예로서 3 각형 $A'B'C'$ 는 온도 t 에

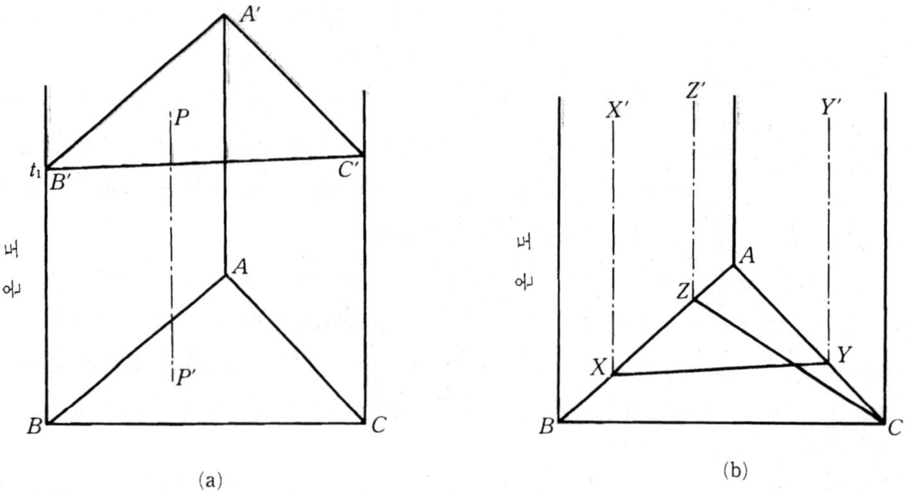

그림 11-5

서의 **등온 절단면**(isothermal section)으로서 일정한 온도에서 3성분의 평형관계를 표시하고 있다. 또한, 3각주의 밑면에 수직하게 자른 절단면을 **수직 절단면**(vertical section)이라 한다. 이 경우의 절단방향은 그림 11-5 (b)의 CZ와 같이 공간모형의 한 꼭지점으로부터 방사상으로 절단하는 경우와 XY와 같이 공간모형의 1측면(벽면)에 평행하게 절단하는 경우의 2종이 일반적으로 사용되고 있다.

4. 3각형내의 지렛대 법칙

그림 11-6에서 P, Q의 2종의 조성을 갖는 합금을 혼합하면 이 혼합합성된 합금의 조성은 처음 2종의 합금의 조성점을 연결하는 선분 PQ상의 1점 즉 R점으로 표시된다. 이때 2원합금과 같이 지렛대 관계가 성립하므로, R조성의 합금을 합성하기 위한 P, Q의 각 조성의 양적관계는

$$RQ : PR$$

이 된다.

또한 R조성의 합금이 P, Q의 농도를 갖는 2상으로 분해되었을 경우, 각 상의 농도는 R점을 지나는 직선의 양측 끝으로 표시된다. 즉 PQ선은 2원계의 경우와 같이 연결선(tie line)이다. 다음 그림 11-7에서 예를 들어 설명하여 보자.

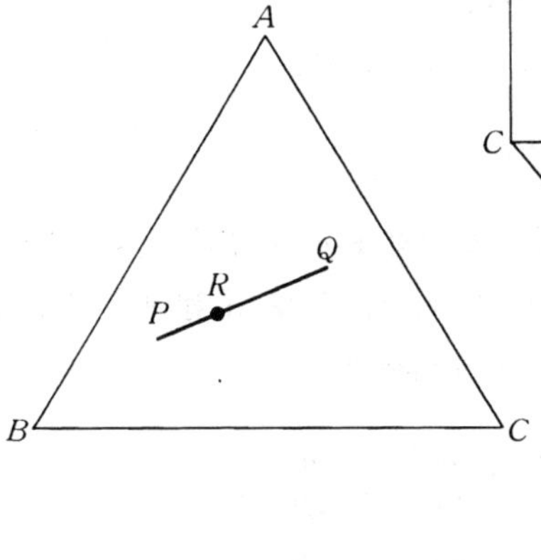

그림 11-6

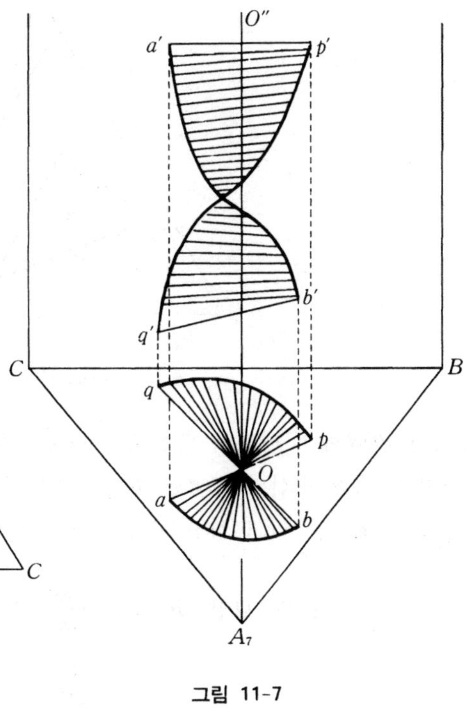

그림 11-7

지금 조성 O인 합금의 융체를 O' 라 하자. 이 융체가 어떤 온도에서 2상으로 분리하면 1상은 농도강하에 따라서 $a'b'$ 의 곡선을 따라서 변화하고, 다른 1상은 $p'q'$ 의 곡선을 따라서 변화한다고 하면, 이 때 $a'b'$, $p'q'$ 는 그림에서와 같이 수평선으로 대응하는 것이 되며, 각 온도에서의 2상의 양적관계는 $a'p'$ 온도에서

$$a' : p' = Op : Oa$$

$b'q'$ 온도에서는

$$b' : q' = Oq : Ob$$

로서 표시된다. 즉 이 때의 지렛대 관계는 3각형 ABC 면상의 사영 ab, pq 선에 대해서 O 점을 지나는 각 온도에서의 투영 연결선을 그리면 그 길이에 의해 쉽게 알 수 있다.

다음 그림 11-8에서 P, Q, R의 3종의 조성으로 된 합금을 혼합하면 그 혼합합성된 합금의 조성은 이들 3합금의 조성점을 직선으로 연결한 3각형 PQR 내의 1점 즉 O점으로서 표시된다. 이것도 지렛대 관계가 통용되나 이 때의 지렛대의 지점은 O점에서 지지되는 중량이 없는 평면3각형 PQR이다. 즉, O점은 P, Q, R점에 각각의 합금량을 매달았을 때 평형을 유지하는 중심의 위치에 해당한다. 여기서 P, Q, R이 일정한 온도에서 O의 합금을 만들 때 P, Q, R의 양적관계를 그림 11-9 (a)에서 살펴보자.

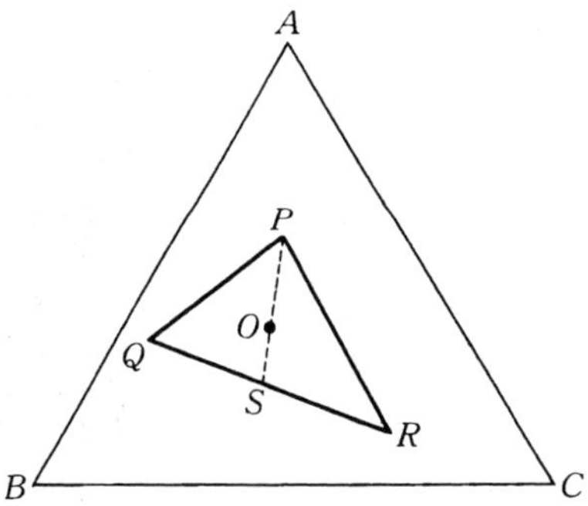

그림 11-8

우선 3각형 PQR에서 대변에 수선을 그리고, 그 교점을 d, e, f라 한다. 그리고 O점에 3각형의 3변에 내린 수선의 교점을 d', e', f' 라 하고, P, Q, R점과 O점을 연결한 직선의 다리를 d'', e'', f''라고 하면 다음의 관계가 도입한다.

$$P\text{양} : Q\text{양} : R\text{양} = \frac{Od'}{Pd} : \frac{Oe'}{Qe} : \frac{Of'}{Rf} = \frac{Od''}{Pd''} : \frac{Oe''}{Qe''} : \frac{Of''}{Rf''}$$

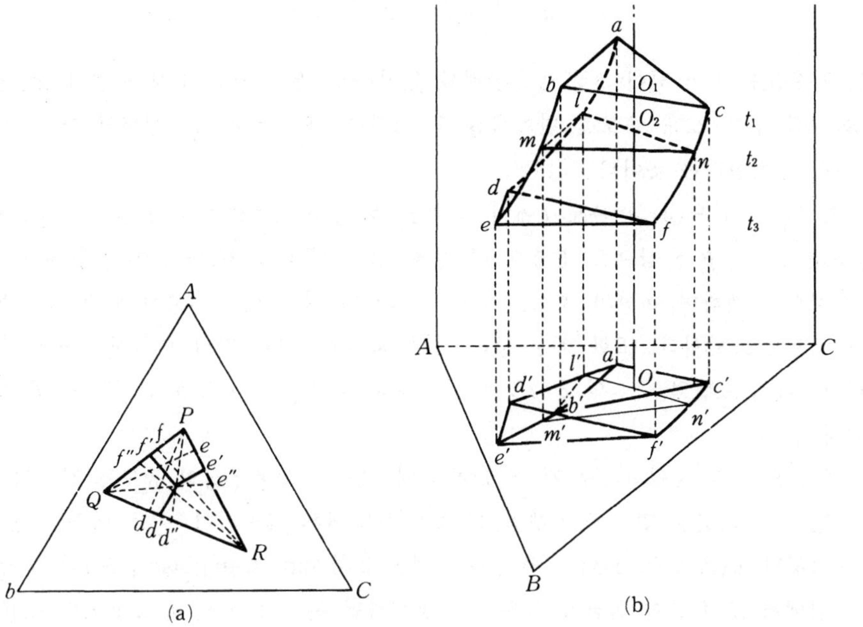

그림 11-9

따라서 그림 11-8 에서 3 각형 PQR 내에 2개의 지렛대 POS, QSR 를 생각하면 합성합금 O 중의 P 합금의 양은 다음과 같이 표시된다.

$$P\,\% = \frac{OS}{PS} \times 100$$

또한, O 합금내의 S 조성의 양은

$$S\,\% = \frac{PO}{PS} \times 100$$

이다. S 조성은 Q 합금과 R 합금의 혼합된 것으로 O 합금 중의 Q 합금과 R 합금의 분량은

$$Q\,\% = \frac{RS}{QR}\,\frac{PO}{PS} \times 100$$

$$R\,\% = \frac{QS}{QR}\,\frac{PO}{PS} \times 100$$

으로 표시할 수 있다.

또한 3 각형 PQR 는 1 합금 즉 O 합금이 임의의 온도에서 3 상으로 분리했을 때의 3 상의 농도를 연결하는 3 각형으로 이를 **공액 3 각형**(tie triangle)이라 한다. 3 원계에서 3 상이 평형으로 공존할 때에는 상률에 의해

$$F = n - P + 1 = 3 - 3 + 1 = 1$$

로서는 자유도는 1이 되어 3상 공존상태를 유지하고, 온도 또는 1상 중의 1성분의 농도를 변화시킬 수가 있다. 온도를 변화시킬 수 있다는 것은 3상 공존상태가 어느 온도범위에 걸쳐서 존재한다는 뜻이다.

예로서 그림 11-9 (b)의 온도 t에서 3각형 abc의 3정점으로서 표시되는 농도의 3상(a, b, c순으로 α, β, γ 상으로 명명함)이 평형으로 공존하고 있으며, 이 상은 어떤 온도범위에 걸쳐서 존재하며, α상의 농도는 온도의 강하에 따라 ad곡선으로 변화하고, 온도 t_3에서는 d점에 도달한다. 또한 β, γ 상은 각각 be, cf곡선을 따라 변화하여 e점과 f점에 도달한다. 이 농도변화 곡선의 3각형의 밑면에의 투사는 $a'd'$, $b'e'$ 및 $c'f'$에 의해 표시된다.

이들 3선은 서로 공액되므로 각 온도에 공액하는 α, β, γ 3상의 농도는 각각의 온도에서의 연결 3각형(물론 밑면에 평행임)의 3정점에 의해 표시되며, 이들 다수의 연결 3각형을 연결하면 $abed$, $bcfe$, $acfd$를 측면으로 하는 3각 pipe(triangular pipe)가 구성된다.

이 그림에서 조성 O의 합금을 고온에서 냉각하면 온도 t_1에서 a, b, c점으로 표시되는 농도 α, β, γ의 3상이 공존하게 된다. 즉, O_1점에서는 이 pipe 내에 존재하게 된다. 온도가 강하함에 따라 α, β, γ의 농도와 이들의 양적비는 변화하나 계속 3상 공존은 유지된다. 그러나 상온 t_2에 도달하면 즉 O_2점에서 이 점은 공액 3각형 lmn의 ln변 위에 있으므로 β의 양은 0이 된다. 따라서, 온도 t_2 이하에서는 이 α, β, γ는 공존하지 못하게 된다. 요컨대, 합금의 조성점에 세운 수선이 3각 pipe 내에 있을 때는 이 조성의 합금은 3상 공존상태이며 α, β, γ의 3상의 양적관계는 앞에서 설명한 지렛대관계(중심관계)로서 표시된다. 이 수선이 pipe 외에 있을 경우는 3상은 공존하지 못한다.

3원계에서 지렛대관계는 4상이 공존할 때도 성립한다. 상률에 의하면 4상 공존시는 자유도가 0이므로, 4상 공존온도와 3상의 농도는 일정하다. 그림 11-10 (a)에서 공존하는 4상의 농도를 P, Q, R, S라 할 때 합금의 조성점 O가 공액 3각형 PQR내에 있으면, 이 4상 공존상태가 성립하는 온도가 존재하며, 또한 O점이 이 3각형 외에 있으면 4상 평형과는 무관하다

3각형내에 있는 경우 각 상의 분량은 그들의 각 점에 각 상의 양을 매달았을 때의 전체의 중심이 O점에 오도록 배분되어 소위 중심관계가 성립한다.

그림 (b)의 $PQRS$의 4상이 4각형을 구성하는 경우도 동일하게 조성점 O가 공액사각형내에 있는 한 임의의 온도에서 이들 4상이 평형으로 공존한다.

이상을 요약하면, 3원계 합금이 2상, 3상 또는 4상평형에 관계하는가의 여부는 합금의 조성점이 연결선, 공액 3각형, 4변형내에 존재하는 가의 여부로서 정해진다. 만약 조성점이 이들 내에 존재하지 않으면 이 합금은 평형에 관여할 기회는 없게 된다.

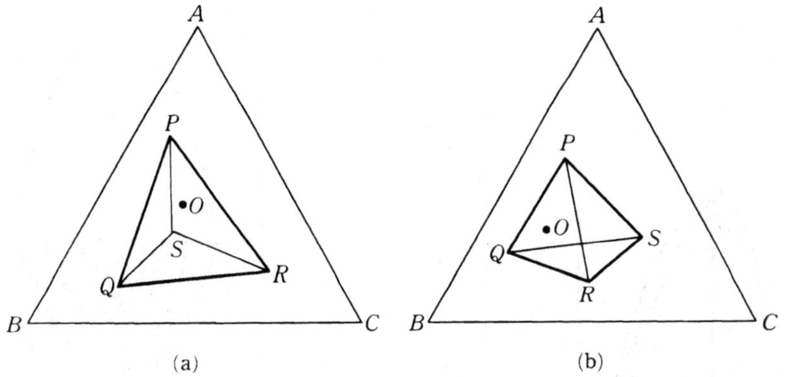

그림 11-10

5. 용해도면

3 원 합금계에서 2 원 합금계와 동일하게 균일한 액상(고용체에서도 동일)이 되지 않고 2 액상(2 고상) 또는 3 액상(3 고상)이 평형으로 공존하는 경우가 있다.

3 원 합금계에서는 일반적으로 3 성분 중 2 성분이 일부분 용해(고용)될 때, 제 3 성분이 쉽게 이에 용해(고용)될 때는 이 제 3 성분의 첨가로 상호용해도가 증가하며, 역으로 제 3 성분이 다른 2 성분에 용해하지 않을 때는 이들의 첨가로 상호용해도는 감소한다.

그림 11-11 (a)는 3 성분이 1 개의 2 액상 공존구역을 형성하는 합금계의 임의의 온도에서의 균등 절단면이다.

이 그림에서 A-B 2 원계에는 용해도에 한계가 있으나 A-C, B-C 2 원계에서는 전율적으로 용해하여 균일액상으로 되어 있다.

지금 조성 X인 2 원계 합금은 이 온도에서 농도 a의 액상과 b의 액상인 2 액상으로 되어 있으나, 이 합금에 제 3 성분 C를 첨가하여 조성 x_1의 3 원 합금을 만들면 C성분은 양 액상 중에 용해하여 공액하는 2 상을 연결하는 연결선의 양끝 a_1, b_1 점의 농도인 2 액상의 공존상태가 된다. C성분을 더욱 첨가한 조성 x_2에서는 A, B 2 성분의 상호용해도가 증가하여 a_2, b_2의 농도를 갖는 2 액상이 된다.

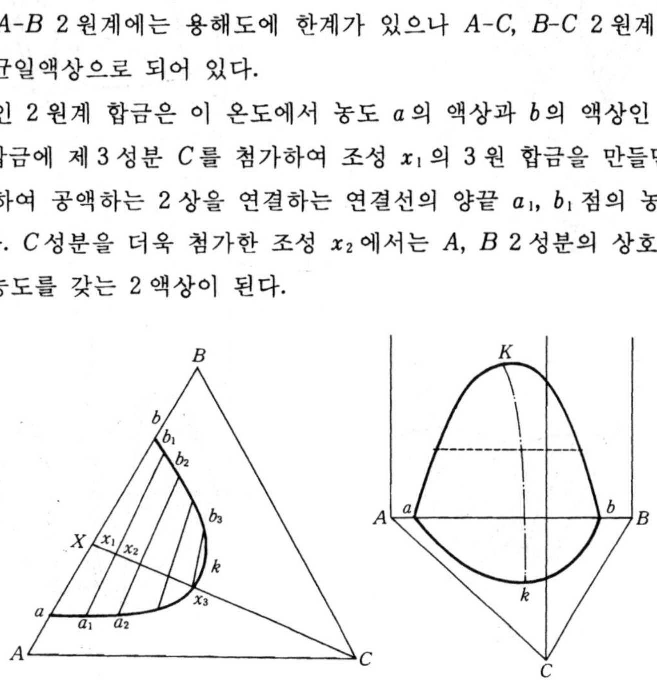

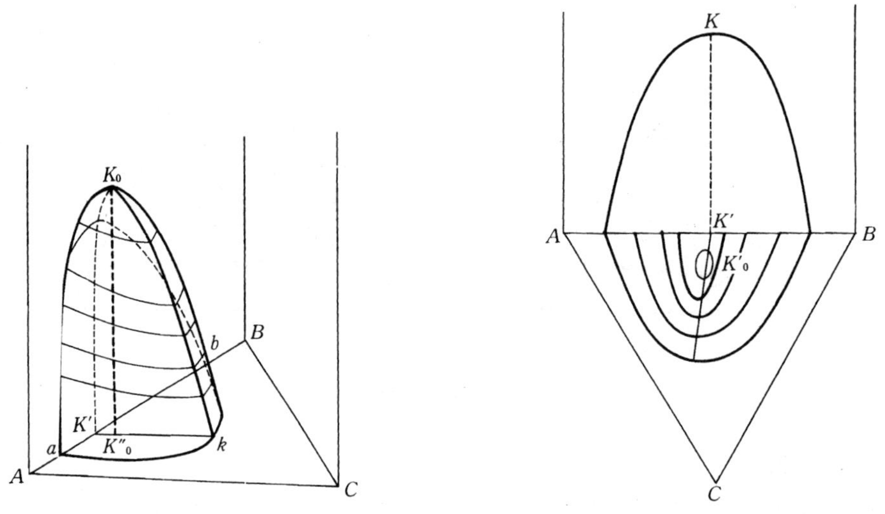

(a) (b)

그림 11-12

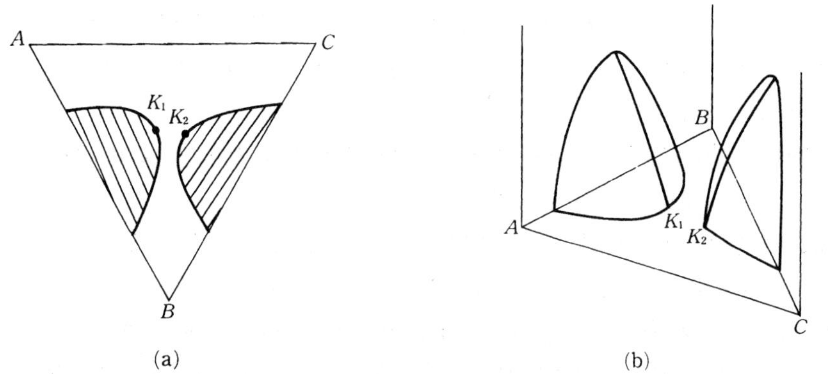

(a) (b)

그림 11-13

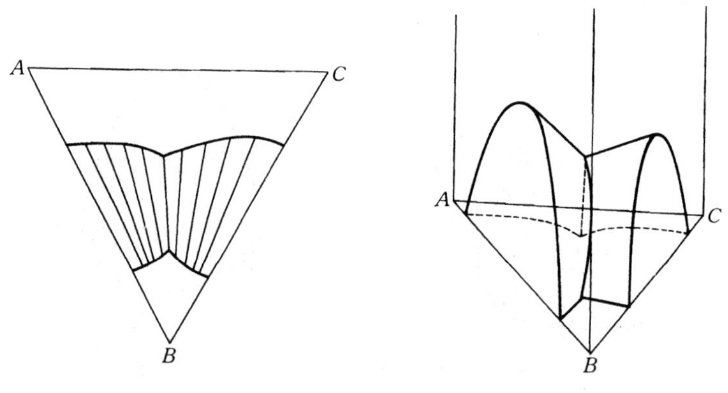

조성 x_3에서는 B성분측의 농도 b_3인 액상의 양은 0으로 균일액상이 된다. 따라서, 곡선 ax_3b는 불균일계와 균일계의 경계선 즉 용해곡선이며, 이 곡선내의 조성의 합금만이 2액상이 평형으로 공존하며, 곡선 외측에서는 1상만이 된다. 또한 k점은 이 온도에서의 임계점이다. 그리고, a_1b_1, a_2b_2……의 연결선은 일반적으로 AB변에 대해 평형일 수는 없다. 용해도선은 온도가 변화하는 것과 같이 변화하는 것으로서 일반적으로는 온도상승에 따라 용해도가 증가하며, 어떤 온도 이상에서는 균일한 액상만으로 된다. 따라서, 여러 온도에 있어서의 용해도선의 궤적은 그림 (b)와 같은 용해도면이 된다. aKb는 2원계의 용해도선, Kk는 등온면에 있어서의 임계점을 연결한 임계곡선이다.

그림 11-12에서 K_0는 2원계 A-B의 임계점보다는 높다. 이것은 3원계의 임계점으로서 이 경우 용해도면은 마치 팽이를 뒤집어 놓은 것과 같이 되어 있다. 그림 (b)의 밑면의 곡선은 용해도면의 등온선을 표시하고 있으며, K_0'점이 꼭지점임을 나타내고 있다.

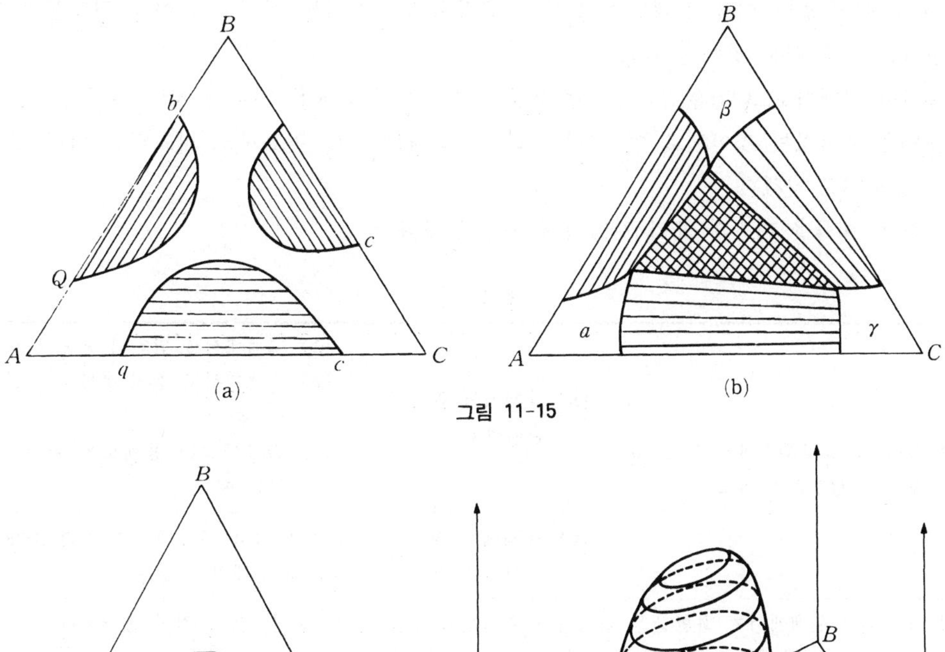

그림 11-15

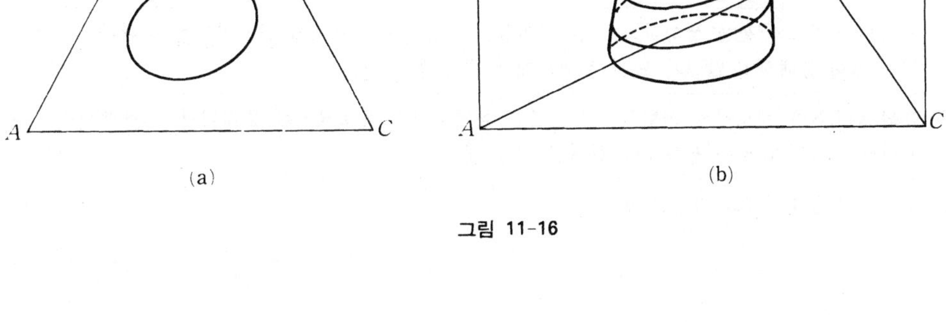

그림 11-16

3 성분이 2 개의 2 액상 공존구역을 형성하는 합금계에서는 그림 11-13 (a), (b)와 같이 되며, 2상 공존구역이 접하고 있을 때는 그림 11-14 (a), (b)와 같이 된다.

또한 3 성분이 3 개의 2 액상 공존영역을 형성하는 합금계에서는 그림 11-15 (a)와 같이 되며, 이들 3 구역이 접촉하고 있을 때에는 (b)와 같이 3 상 공존구역이 이루어진다.

*A-B, B-C, A-C*의 2 성분계에서는 각각 완전히 용해하나, 3 성분계로서는 용해도에 한계가 있는 경우도 있다. 이 때에는 그림 11-16 과 같이 된다.

이상은 액상의 용해도면에 관하여 기술하였으나, 고상의 용해도면(solvus surface)에 관해서도 동일하게 설명될 수 있다.

11-2 3 원 합금 상태도의 분류

이미 설명한 바와 같이, 3 원 합금 상태도는 3 개조의 2 원 합금 상태도의 조합으로 구성되는 것이므로 수많은 각종 형식의 2 원 합금 상태도의 조합을 생각할 때 그 종류가 상당히 많아진다. 또한 이들 상태도는 모두 입체적으로 표현되는 것이므로 이들 평면상에 도시한다는 것은 쉬운 일이 아니다.

그러나 다행이도 3 원 합금연구에는 많은 경우 그 계 전체를 다루는 것이 아니라, 그 중 일부만을 취급하는 것이므로 여기서는 그들을 이해하는 데 필요하고 비교적 간단한 것만을 기술하기로 하겠다.

따라서, 이들을 다음의 표와 같이 분류하여 놓았다.

표 11-1

<table>
<tr><td rowspan="2">A) 2 원계 및 3 원계에서 모두 화합물을 형성하지 않고</td><td>(a) 융체에서 완전히 융해하고</td><td>(1) 고체에서도 완전히 용해할 때
(2) 고체에서도 전혀 용해하지 않을 때
(3) 고체에서는 용해도에 한계가 있을 때</td></tr>
<tr><td colspan="2">(b) 융체에서 용해도에 한계가 있고 고체에서는 전혀 용해하지 않던가 또는 용해도에 한계가 있을 때</td></tr>
<tr><td colspan="3">B) 1 조의 2 원계에서는 화합물을 생성하며 화합물과 3 성분과는 융체에서 완전히 용해되나 고체에서는 전혀 용해하지 않던가 또는 용해도에 한계가 있을 때</td></tr>
<tr><td colspan="3">C) 수종의 2 원 화합물을 생성하고 이를 화합물과 3 성분과는 융체에서는 완전히 용해하나 고체에서는 전혀 용해하지 않던가 또는 용해도에 한계가 있을 때</td></tr>
<tr><td colspan="3">D) 3 원 화합물을 생성하고 화합물과 3 성분은 융체에서는 상호완전히 용해되나, 고체에서는 전혀 용해하지 않던가 또는 용해도에 한계가 있을 때</td></tr>
<tr><td colspan="3">E) 고체에서 동소변태를 가지는 합금계</td></tr>
</table>

11-3 3원 합금 상태도의 설명

1. (A) 2 원계 및 3 원계에서는 모두 화합물을 형성하지 않고

(a) 융체에서 완전히 용해하고

(1) 고체에서도 완전히 용해할 때

3 원계에 있어서도 2 원계와 같이 액상이나 고상에서 모든 조성비에서 용해되는 합금계가 있다. 이와 같은 합금계의 상태도가 3 원계 상태도에서 가장 간단한 것이다. 물론, 이 경우 3 종의 성분금속은 앞에서 설명한 바와 같이 결정형은 동일하며, 원자의 크기가 비슷할 때 일어난다. 따라서 이 3 원계를 구성하는 3 조의 2 원계는 모두 전율고용형이다. 이 합금계의 공간모형을 그림 11-17 에 표시하였다.

이 3 원계를 구성하는 각 2 원계는 측면 AA_0B_0B, BB_0C_0C, AA_0C_0C로 표시되어 있다.

이 공간모형내에는 $A_0B_0C_0$인 2 개의 곡면이 존재하며, 윗측 곡면은 액상면(liquidus surface), 아래측 곡면은 고상면(solidus surface)이다. 이 2 개의 면 사이의 공간은 액상과 고상의 2 상 공존구역으로서 이 구역은 2 원계의 경우와 같이 각 온도에서 공액하는 액상과 고상을 연결하는 연결선으로서 구성되고 있다. 그러나, 3 원계의 연결선은 2 원계의 경우와 같이 2 차원면상에만 있는 것이 아니라 3 차원 공간에 존재하고 있다.

지금 조성 X의 합금을 균일액상에서의 임의의 온도로부터 냉각하면 x_1에서 액상면과 만나서 응고가 시작하고, 고상면과의 교점 x_2에서 응고가 완료한다. 즉, x_1x_2구간이 응고

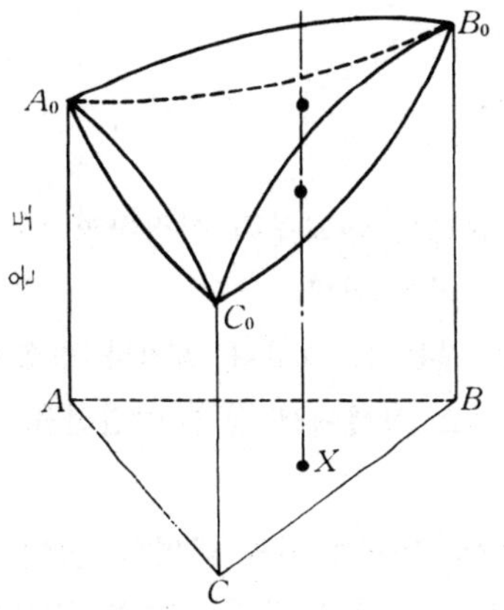

(a)

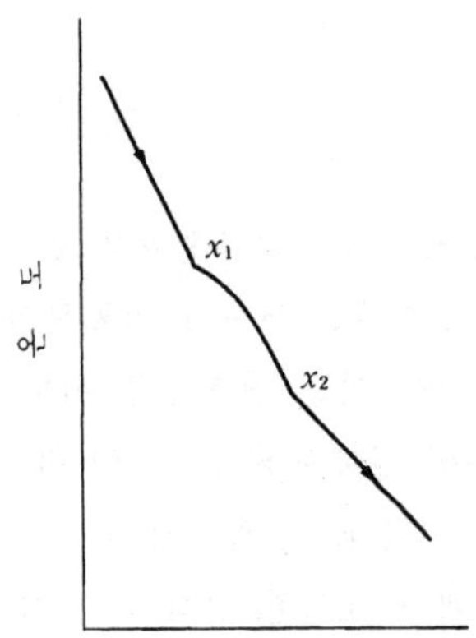

(b)

그림 11-17

구간이 된다. 이 X합금의 냉각곡선을 그린 것이 (b)도로서 x_1, x_2에 굴곡선이 일어나고 있다.

임의의 온도 t에서 공간모형을 절단한 경우를 생각해 보자.

그림 11-18에서 ab는 액상면, cd는 고상면과의 교선이므로 이 등온절단면은 그림 11-18 (b)와 같이 그려진다. ab보다 좌측은 액상(L)이고, cd보다 우측은 고상(S)의 단상영역이 되며, $abcd$내는 $L+S$의 2상 공존영역이 된다. $abcd$내의 점선은 연결선으로서 이 연결선의 양단에 해당하는 농도의 2상이 온도 t에서 공액하게 된다.

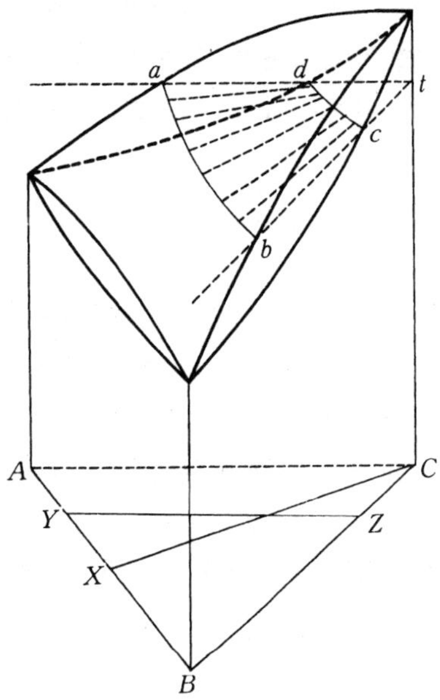

(a)

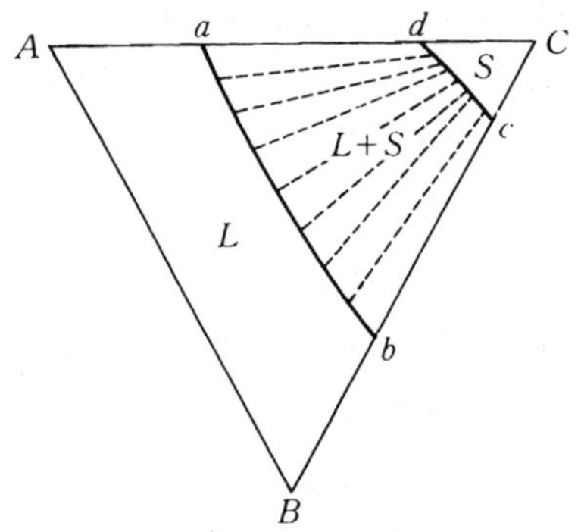

(b)

그림 11-18

이들 연결선은 $A-B$ 2원계의 온도 t에서의 연결선 ab로부터 시작하여 $B-C$ 2원계의 연결선 dc로 향하여 서서히 이동하여 부채꼴을 그리고 있다.

동일온도에서 이들 연결선은 서로 교차하지는 않는다. 그러나 위치나 방향에 관해서는 2원계와 같이 상태도상에서 간단히 알 수 없으므로 실험에서 얻은 연결선을 그림 11-18 (b)와 같이 기록해 둘 필요가 있다.

공간모형에서 표시한 액상면, 고상면은 정성적인 것이며 이들 곡면의 고저 또는 굴곡도를 정확히 그리는 데에는 등온절단면을 많이 만들고, 각 면과의 교선을 표시하면 좋으나 이와 같은 방법은 많은 수의 그림을 필요로 하게 된다.

그러므로 그림 11-19와 같이 액상면을 표시하는 데에는 일정한 온도간격으로 액상면과

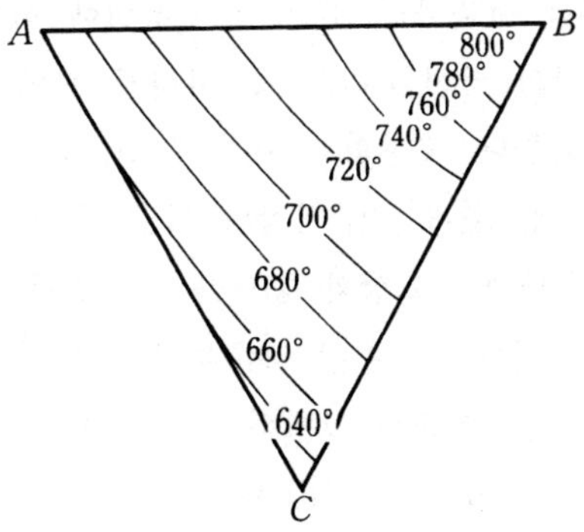

그림 11-19

의 교선을 공간모형의 밑면에 투사(projection)하여 각 선의 온도를 기록하면 1 개의 그림으로서 표시할 수가 있다.

일반적으로 이 선을 **등온선**(isothermal line)이라 하며, 동일한 방법으로 고상면 또는 복잡한 상태도상의 다른 곡면도 표시할 수가 있다. 그러나 이 방법으로서는 연결선은 표시할 수가 없다. 그림 11-18 의 공간모형에 표시한 것과 같이 *CX*, *YZ* 선상의 밑면에 수직한 면으로 절단한 수직단면을 그림 11-20 (a), (b)에 표시하였다.

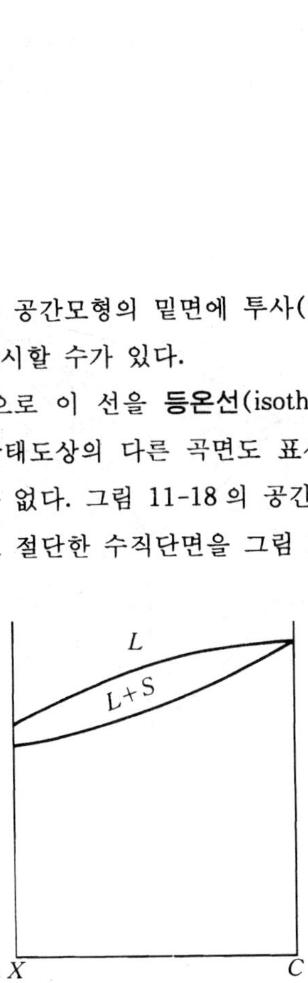

(a)

그림 11-20

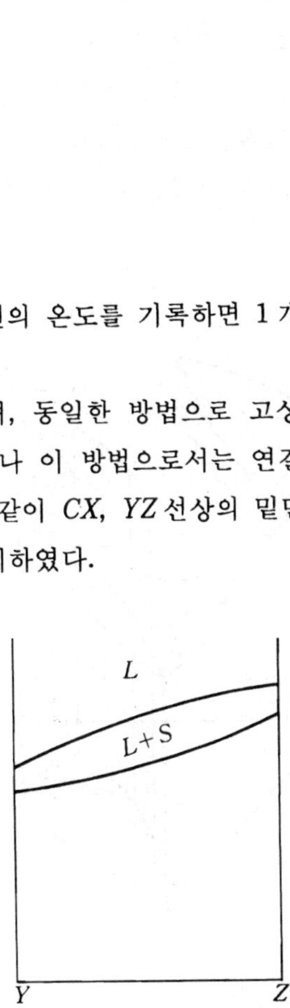

그림 11-21

이 그림에서 *CX*, *YZ* 선상에 조성을 갖는 합금의 응고개시 및 완료온도는 용이하게 알 수 있으나 2 원계의 상태도와는 달리 공액하는 2 상을 연결하는 연결선은 그릴 수 없다. 따라서 이 그림은 응고구간을 표시할 뿐이며, 공존하는 2 상의 농도는 알 수 없다.

① **응고과정**

전율고용형 합금계의 임의의 조성합금 *X* 를 균일액상의 온도로부터 냉각시키는 경우의 평형응고과정을 그림 11-21 에서 생각해 보자. 우선 *L* 점에서 액상면에 달하고, 이와 공액하는 고상 S(LS는 연결선)를 석출한다. 다시 온도강하에 따라서 고상의 양이 증가함에 따라 잔액의 농도는 액상면상의 곡선 $ll_1 l_2 l_3$를 따라서 변화하며, 정출한 고상의 농도는 곡선 $SS_1 S_2 S_3$에 따라서 변화한다. 고상의 온도가 S_3점, 즉 이 X합금의 조성과 동일하게 되었을 때 응고는 완료된다. 액상면과 고상면상의 이들 곡선을 공간모형의 밑면에 투사하면 각 점들은 각 온도에서 공액하는 2상의 농도를 표시한다. 또한 $l_1 S_3 (l)S$, $l_2 S_3 (l)S_1$, $l_3 S_3 (l)S_2$는 연결선의 투사선이다. 이 연결선의 투사는 역시 지렛대관계를 표시한다. 즉, X조성합금이 l_2농도의 액상과 S_2농도의 고상의 2상 공존상태가 되는 온도에서는 액상과 고상의 양적관계는 $S_3(l)S_2 : l_2 S_3(l)$로 표시된다.

다시 그림 11-22에서 설명하여 보자.

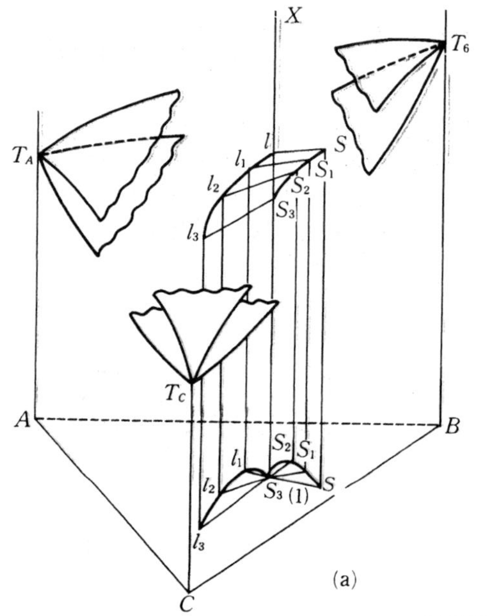

(a)

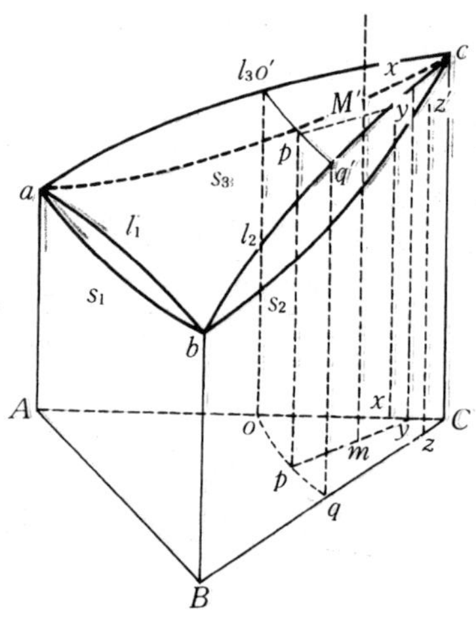

(b)

그림 11-22

지금 X조성의 합금이 액상면과 고상면 사이의 임의의 온도 M'에서 평형상태에 있다고 하고 고상과 액상과의 농도 및 이들의 양적 비를 검토하여 보자. 우선 M'를 지나고 밑면 ABC에 평행하게 절단한 평면이 액상면과 $O'\ p'\ q'$에서 고상면과는 $x'\ y'\ z'$에서 교차되었다고 하면 액상의 농도는 $O'\ p'\ q'$ 선상의 1점이 될 것이며, 고상의 농도는 $x'\ y'\ z'$선상의 1점이 되므로 M' 온도에서 잔존하는 액상을 채취분석하여 이것이 p농도임을 알았다고 하면 이를 Gibbs 3각형내에 기입하여 pM을 연결하고 연장하여 xyz와 만나는 점 y는 고상의 농도로 표시된다.

따라서, 이 때의 양적관계는

$$L : S = My : Mp$$

로서 표시된다.

일반적으로 응고시에는 냉각속도가 비교적 빠르므로 평형이 파괴된 냉각을 하며, 따라서 전율고용형 2원 합금의 경우와 같이 유심고용체가 형성되며, 응고구간이 길어진다. 따라서 액상, 고상의 연결선은 응고개시온도 외의 모든 온도에서는 평형상태에서의 연결선보다 어긋나서 존재하게 된다.

② **2상 평형**

3원계에서 2상이 평형공존되는 경우는 상률에 따라 자유도는

$$F = 2$$

가 되며, 2개의 상태도 수를 갖게 되고, 이 때 액상면과 고상면간의 영역은 고체와 액체의 2상이 공존하고 있으므로 상태변수는 온도와 액상 또는 고상 중 어느 1상을 구성하는 3성분 중의 1성분의 농도 또는 1상 중의 2성분의 농도(3성분 중 2성분의 조성에 의해 이 상은 결정된다)가 된다.

이 3원계에서 상태변수의 하나인 온도를 t라고 하면 그림 11-23과 같은 등온절단면이 얻어진다. 다음에 다른 1개 변수 즉 액상을 구성하는 1성분 B의 농도를 x%로 한 경우를 생각해 보자. x% B를 함유하는 모든 합금의 조성(상의 농도도 동일함)은 이 그림에서 ef선상에 표시되어 있으며, 이 선은 g점에서 ab선과 교차하므로 공존하는 2상 중의 액상의 농도는 g점으로 결정된다. 또한, 이 액상과 공존하는 고상의 농도는 g점을 지나는 연결선의 타단 h점으로서 필연적으로 결정된다. 또한 고상이 x% B를 함유하는 경우는 고상의 농도는 i, 이와 공존하는 액상의 농도는 j가 된다.

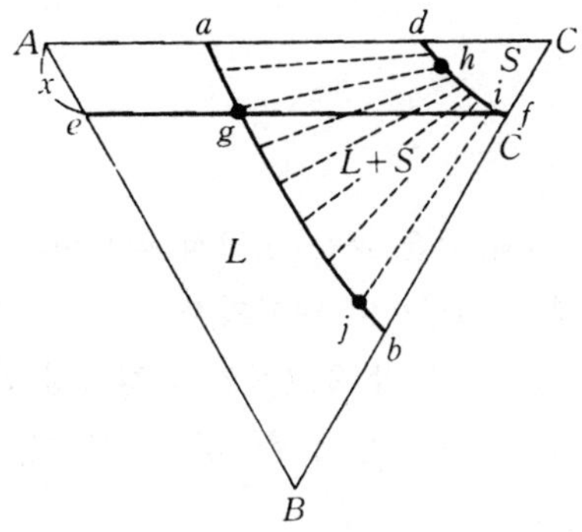

그림 11-23

다음에 상태변수로서 2개 성분의 농도를 취해보자. 액상을 구성하는 3성분 중 A, B 2성분의 농도를 적당히 선택하자. 즉 액상의 농도를 결정하면 공간모형의 밑면 상의 이 액상농도점(조성점)에 수직하게 세운 직선이 액상면과의 교점에 의하여 이 2상 공존온도가 결정되며, 이 교점에서 그린 연결선의 타단점이 고상의 농도로서 결정된다.

2. (A) 2원계 및 3원계에서 모두 화합물을 형성하지 않고

(a) 융체에서 완전히 용해하고

(2) 고체에서는 전혀 용해하지 않을 때

3원계를 구성하는 3조의 2원계 상태도가 모두 공정반응을 가지며, 3성분간에는 고용도가 없고, 고용체를 만들지 않는 경우의 상태도의 예를 그림 11-24에 표시하였다.

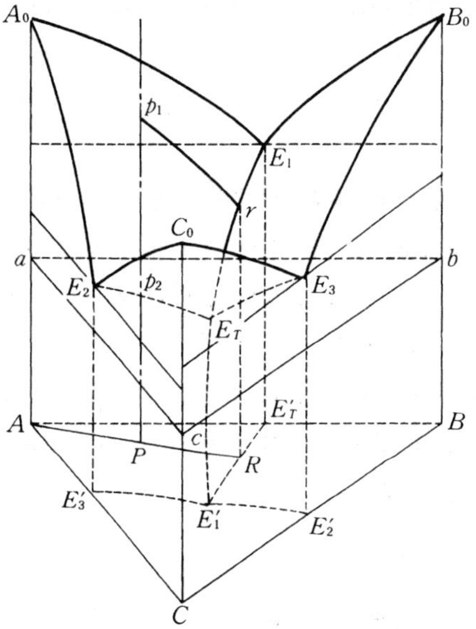

그림 11-24

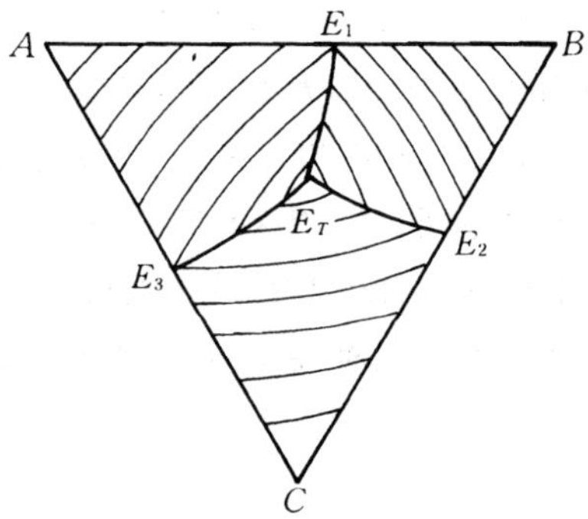

그림 11-25

실제의 3원 합금계에는 이와 같은 예는 비교적 적으며, 대부분은 약간의 고용체를 형성한다. 그러나 분류상 이로부터 설명하여 나아가자.

그림에서 $A-B$, $B-C$, $A-C$의 각 2원계의 공정조성 E_1, E_2, E_3에 제 3성분을 첨가하여 E_1E_T, E_2E_T, E_3E_T와 같은 2원 공정곡선을 만든다. 이들 2원 공정곡선은 각 초정면의 경계인 골짜기를 형성하고 있으며,

$A_0E_1E_TE_3$ ………… A의 초정면

$B_0E_1E_TE_3$ ………… B의 초정면

$$C_0 E_2 E_T E_3 \cdots\cdots\cdots\cdots C \text{의 초정면}$$

이 된다. 초정면의 경사는 일정한 온도간격인 등온절단면에 의해 구해진다. 즉, 그림 11-25 와 같이 표시된다.

등온선이 치밀한 곳은 온도분배가 급한 곳을 나타내고 있다. E_T점은 액상면상의 최저점에 해당되며, 이 조성의 합금은 이 3 원 합금계 중에서도 가장 낮은 온도에서 응고하게 된다. 이 점은 $E_1 E_T$, $E_2 E_T$, $E_3 E_T$의 각 2 원 공정곡선이 교차하는 점이므로 여기서는 다음과 같은 반응이 진행된다.

$$\left.\begin{array}{l} E_1 E_T \text{ 선 } L \rightleftarrows A + B \\ E_2 E_T \text{ 선 } L \rightleftarrows B + C \\ E_3 E_T \text{ 선 } L \rightleftarrows A + C \end{array}\right. \quad L \rightleftarrows A + B + C$$

이 반응을 **3 원 공정반응**(ternary eutectic reaction)이라 하며, 이 반응이 진행하는 동안은 4 상이 공존하므로, 자유도는

$$F = 4 - P = 4 - 4 = 0$$

이 된다.

즉, 이 반응은 불변계 반응으로서 일정한 온도에서 진행되며, 공존하는 4 상의 농도도 일정불변하다. 이 3 원계에서는 각 2 원계의 2 원 공정선으로부터 시작하는 3 상 공존이 평형을 이루는 영역은 관상을 이루며, 이 관상영역은 3 개가 존재한다. 이 경우의 공정관은 공존하는 3 상 중 2 개의 고상은 모두 순금속이므로 그림 11-26 과 같이 된다.

즉, $E_1 E_T$를 포함하여 그린 그림으로서 공정반응 완료면(배면)은 $a_0 E_1 b_0$ 선으로부터 3 면 각주의 측면에 따라 수직으로 내린 $a_0 b_0 ba$가 된다. 관의 전면 즉 공정반응 시작면은 $a_0 E_1 E_T a$, $b_0 E_1 E_T b$ 면이 된다. 이 관은 조성영역 $AE'_T B$ 위를 덮고 있다. 공정반응 시작면의 경사는 그림 11-27 과 같이 일정한 온도간격의 등온선에 의해 표시된다. 또한, 이 등온선은 각 연결 3 각형의 2 변이기도 하다.

이와 같은 형태의 3 개의 관이 3 원 공정점 E_T인 온도에서 일치하여 3 각형 abc를 구성하며, 이 3 각형내에서는 위에서 설명한 반응식과 같이 4 상(L, A, B, C)이 공존하여 일정한 온도에서 반응이 진행하므로 abc는 수평면이 된다. 이 수평면(abc)을 **3 원 공정면**(ternary eutectic plane)이라 한다. 3 원 공정면은 3 개의 연결 3 각형이 접합한 큰 연결 3 각형이므로 E'_T 농도의 액상으로부터 정출하는 3 원 공정 중의 A, B, C의 양적관계는 E_T를 지점으로 하는 중심관계를 갖게 된다.

$AE'_T E'_1$ 조성내의 합금 P의 응고과정을 생각해 보기로 하자. 그림 11-24 및 그림 11-26 에서 P_1 점에서 액상면에 교차하여 초정으로서 순금속 A를 정출한다. 온도강하에 따라

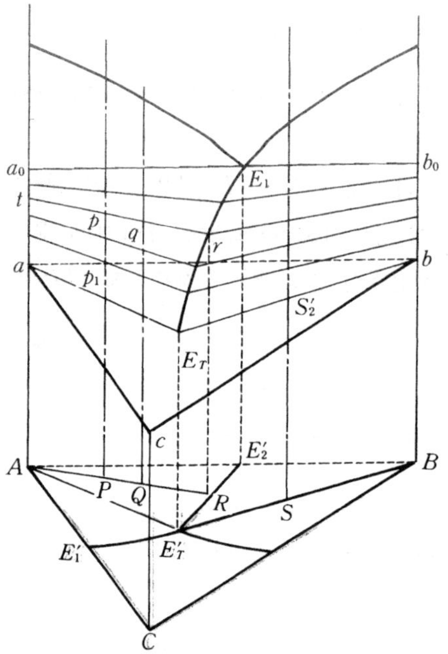

그림 11-26

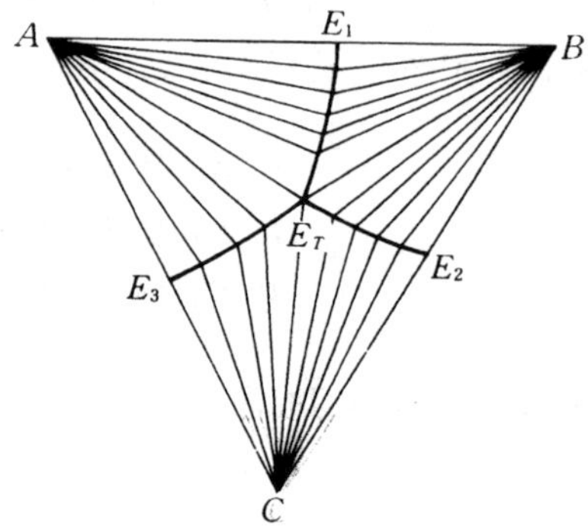

그림 11-27

서 A의 양이 증가하므로 잔액의 농도는 차차 A성분의 결핍이 일어나며, 농도는 AP선의 연장선을 따라 R로 변화한다. 이는 공간모형상에서 밑면에 수직하게 PR선상에 세운 수직면과 액상면과의 교선상을 따라 변화하게 된다. 온도 t에서 p점의 공정관에 도달한다. 이 때 잔액의 농도는 R점으로 표시된다.

이 온도에서 공정반응($L \rightleftarrows A + B$)이 진행하며, 액상의 농도는 R로부터 E_T' (공간모형에서는 r로부터 E_T)로 향해 변화한다. p_2점에서 3원 공정면에 도달하고 이 온도에서 3원 공정반응($L \rightleftarrows A + B + C$)이 진행되어 액상은 소멸되고 응고는 완료한다. 또한 AR선상의 합금 Q도 초정 A를 정출한 후 잔액의 농도가 R점에 오면 2원 공정선과 만나게 된다. 즉, 합금 P와 동일온도 t에서 공정관에 달한다. 이상으로 AR선상의 조성점을 갖는 모든 합금은 동일온도에서 2원공정을 정출함을 알 수가 있다.

다소 중복은 되나 다음 그림 11-28과 그림 11-29에 표현을 변화시켜 표시하였다. 이 그림에서 조성 M의 합금의 냉각과정을 살펴보자. 합금 M은 고온도 M'에서는 각 성분 상호가 완전히 용해된 균일액상으로 온도강하에 따라 액상면 e_1be_2E상의 M_1에 도달하면 B를 정출하기 시작한다. 온도강하에 따라 B의 양이 증가하고 잔액의 조성은 변화한다.

이를 그림 11-29에서 설명하면 M과 B를 직선으로 연결하고 이의 연장선이 2원 공정선 e_2E와 만나는 점을 m이라 하자. 즉 M점에 도달하여 응고점이 높은 B가 정출하기 시작하고 온도강하로 B양은 증가한다. 이에 따라 잔액의 조성은 Mm선을 따라서 m방향

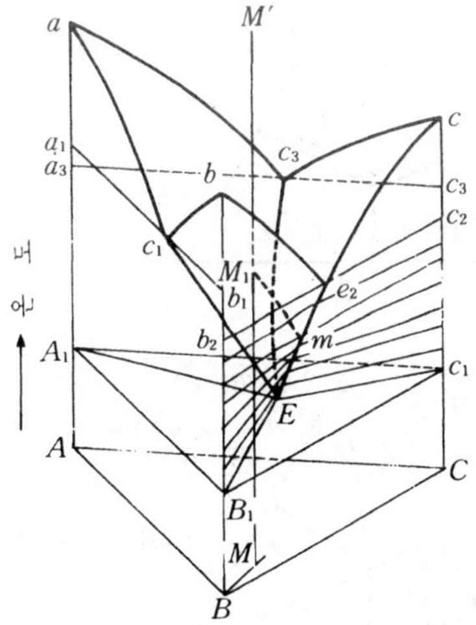

그림 11-28

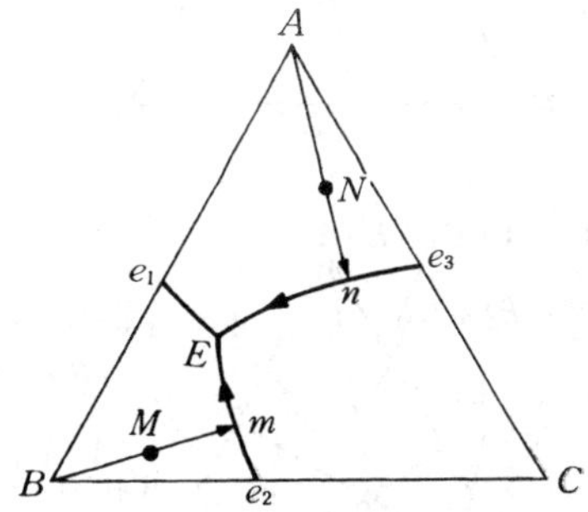

그림 11-29

으로 변화해간다. m 점에 도달하면, 이 때의 온도는 그림 11-28 에서의 M_2가 되며, 여기서 B와 C가 2 원 공정으로서 동시에 정출하기 시작하고, 이 공정의 증가에 따라 잔액의 조성은 mE에 따라 E 방향으로 변화되어 결국은 E 조성에 도달하게 된다. 이 때의 온도는 M_3 로서 이 온도에서 3 원 공정으로서 응고는 완료하게 된다.

합금의 조성이 그림 11-29 에서 N이라고 하면 이 때는 초정으로서는 A를 정출하며, 잔액이 n에 도달하여 2 원 공정($A+C$)을 정출하고 잔액이 E에 도달했을 때 3 원 공정이 된다. 이와 같이 어느 조성의 것도 모두 동일하나 다만 e_1E, e_2E, e_3E의 2 원 공정선상의 조성의 것은 초정으로서 2 원 공정을 정출하며, E 점에 해당하는 조성의 것은 처음부터 3 원 공정을 정출함은 설명할 필요가 없을 것이다.

기타 모든 것은 앞에서 설명한 바와 같이 액상면상의 그 조성에 해당하는 온도에서 우선 제 1 차 결정으로서 그 조성에 적응하는 단일성분을 정출하고, 다음에 제 2 성분이 제 1 성분과 같이 2 원 공정을 만들고, 마지막으로 제 3 성분이 제 1, 제 2 성분과 3 원 공정으로서 응고하게 된다.

따라서, 액상으로부터 응고완료될 때까지의 과정에서 여러 조성의 합금들이 어떤 온도에서 어떤 상들이 평형상태에 존재하는가를 표시한 것이 그림 11-30 (a), (b), (c), (d)이다.

즉, (a)는 액상면(제 1 차 정출면)상에서의 균일액상을 표시한 것이며, (b)는 액상면을 2 원 공정면(제 2 차 정출면)과의 사이 즉 제 1 차 정출구간, (c)는 2 원 공정면과 고상면(제 3 차 정출면)과의 사이 즉 제 2 차 정출구간, (d)는 고상면 이하를 표시한 것이다.

전술한 입체모형을 보다 잘 이해하기 위해 이 모형의 종단면 상태도를 생각해 보자. 우

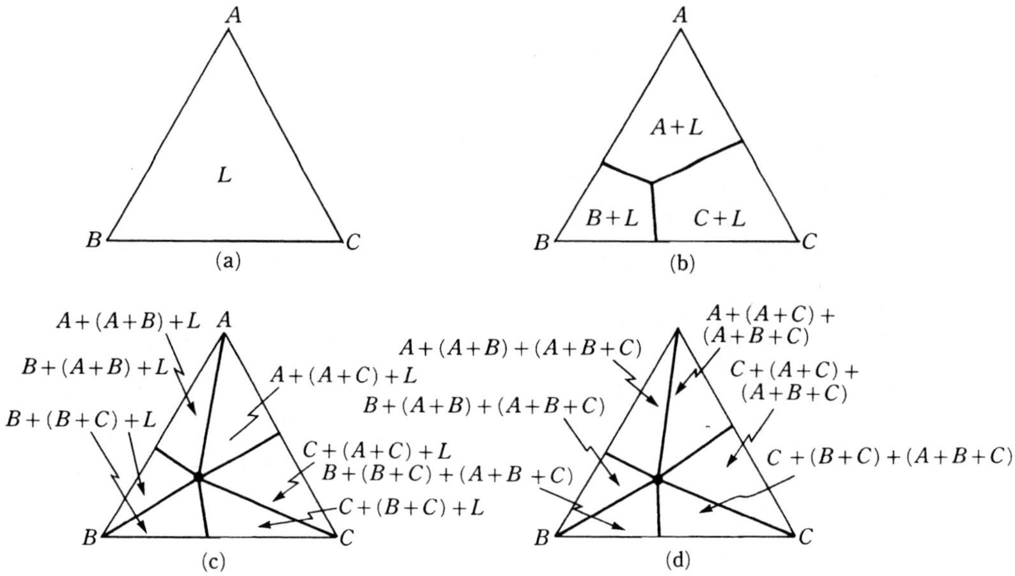

그림 11-30

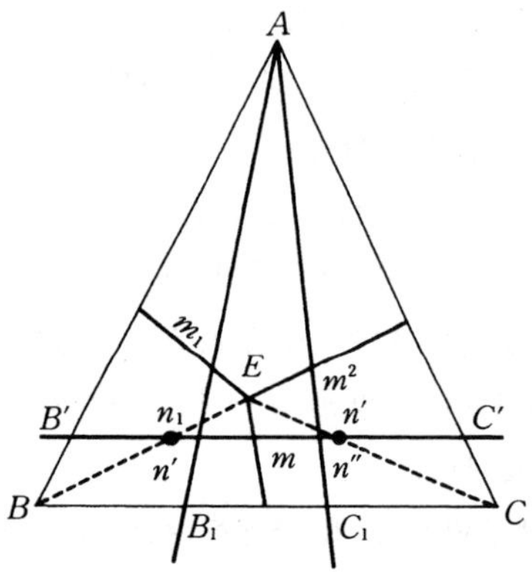

그림 11-31

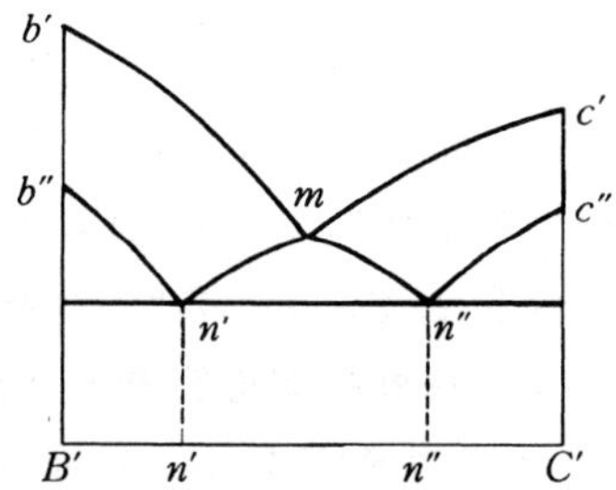

그림 11-32

선, 그림 11-31에 표시한 $B'C'$의 단면에서 어떠한 상태도가 구성될 것인가, 이는 그림 11-32와 같은 것이 얻어진다.

즉 b'는 입체모형도에 표시하는 be_1상의 점이며, m은 e_2E상의 점이다. $b'm$곡선은 e_1be_2E로 표시되는 액상면과 단면과의 교선이며, 동일하게 $c'm$은 e_3ce_2m액상면과 단면과의 교선이다. 또한 mn' 및 mn'' 곡선은 각각 $b_2e_2EB_1$면 및 $c_2e_2EC_1$면(2원 공정면)에서의 교선이며, $b''n'$과 $c''n''$은 각각 $b_1e_1eB_1$ 및 $c_3e_3EC_1$면(2원 공정면)과의 교선이다. 따라서 n', n''은 3원 공정온도와 같은 높이에 있는 점들로서 3원 공정온도를 나타

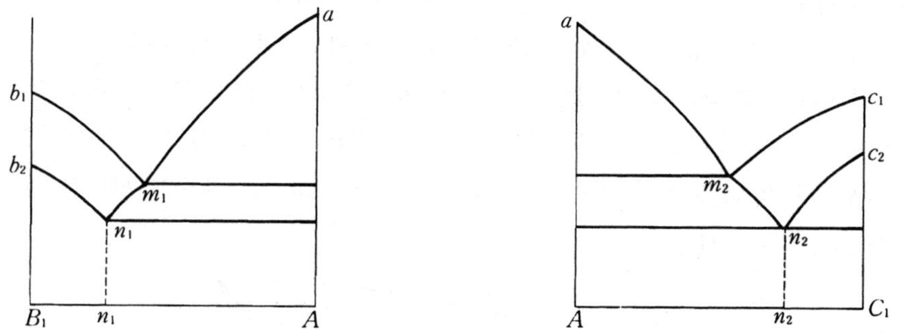

(a)　　　　　　(b)

그림 11-33

낸다. $B' C'$ 상의 수 종의 합금을 취하여 열분석을 한 다음 이와 같은 상태도를 작성하고 Gibbs의 3각형내에 n', n''의 위치를 구하고, B와 n'을 C와 n''을 각각 직선으로 연결하여 이 2직선의 교점을 구하면 3원 공정농도 E를 구할 수 있다.

위의 그림 11-33(a) 및 (b)는 그림 11-31에서 AB_1 및 AC_1의 2개 단면상태도이다. 여기서 n_1, n_2는 모두 3원 공정온도를 표시하고 있다. 따라서 이와 같은 상태도를 작성하여 n_1, n_2를 Gibbs의 3각형내에 기입하고, Bn_1선과 Cn_2와의 교점으로서 3원 공정온도 E를 구하게 된다.

3. (A) 2원계 및 3원계에서 모두 화합물을 형성하지 않고

(a) 융체에서 완전히 용해하고

(3) 고체에서는 용해도에 한계가 있을 때

i) 3조의 2원계 중 1조가 고용체의 용해도에 한계가 있고 공액고용체가 공정을 만드는 경우

즉 A-B, A-C의 2조의 2원계는 전율고용형의 상태도를 가지며 B-C 2원계는 일부 고

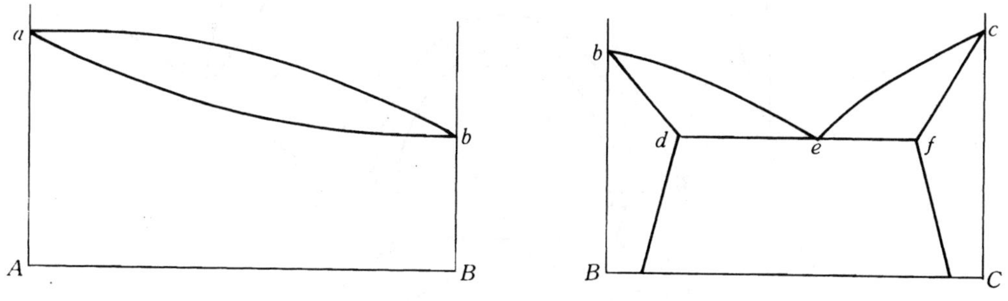

(a) 전율고용형　　　　(b) 고정형

그림 11-34

용되는 공정형 상태도를 가지는 경우이다(그림 11-34 참조).

그림 11-35는 완성된 3원계 합금 상태도의 입체모형을 나타낸 것이다. *B-C*계에 제 3자인 *A* 원소가 가해지고 그 양이 증가함에 따라서 *df* 사이의 구역은 차차 감소된다. 그 이유인즉 *A*와 *B*, *A*와 *C*는 어느 것이든 임의의 비율로 고용체를 만들기 때문이다.

즉 그림 11-36에 표시한 바와 같이 *df* 구역은 *A* 원소가 가해짐에 따라서 좁아지며 결국은 한 점 *K*로 된다.

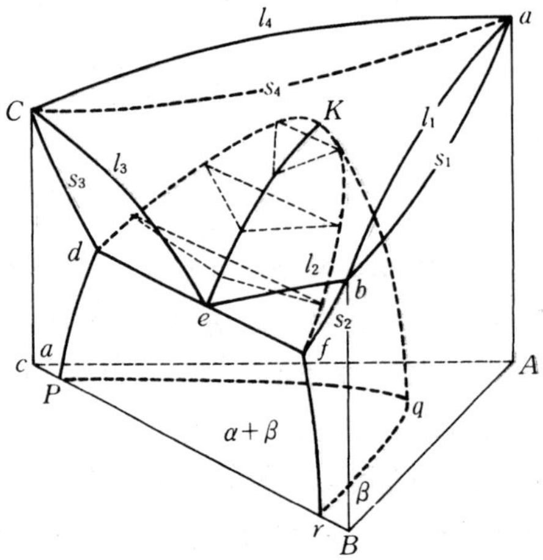

그림 11-35

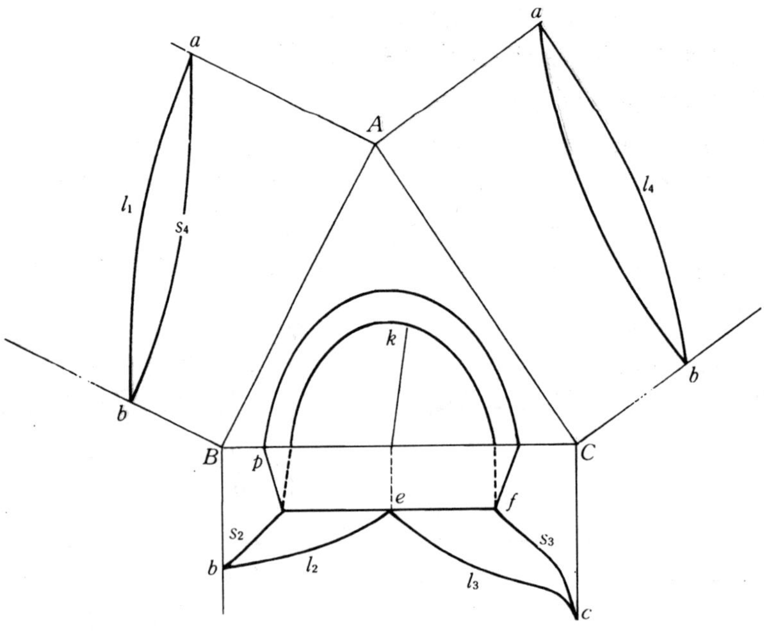

그림 11-36

그림 11-35 에서 액상면은 $al_1 bl_2 l_3 cl_4$ 로서 이루어지며 이 면은 eK 선을 가지는 경사면이 된다. 고상면은 $aS_1 bS_2 fedS_3 CS_4$ 로서 이루어지며 def 에 경사지는 면과 dkf 이다. 또한 dkf 를 윗면으로 하고 pqr 를 밑면으로 하는 구간은 2 개의 고용체가 공존하는 구역으로서 아랫쪽이 넓어지고 있는 것은 온도가 낮아짐에 따라서 용해도가 작아짐을 뜻하고 있으며 이의 주위는 균일상을 이루고 있다.

ii) 3 상의 2 원계 중 2 조가 고용체의 용해도에 한계가 있고 공액고용체가 공정을 만드는 경우

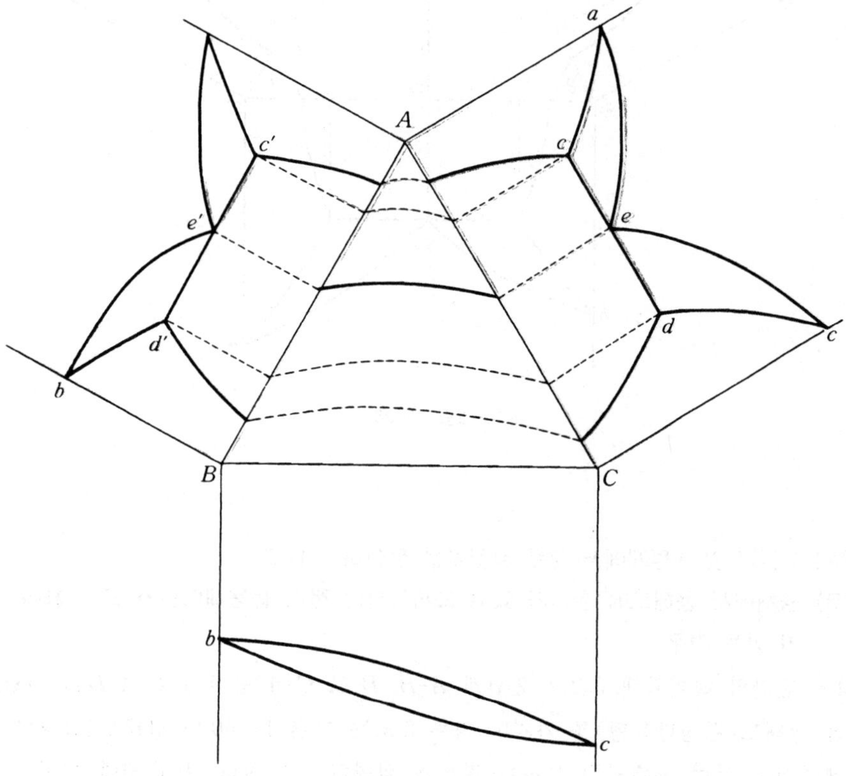

그림 11-37

이 때는 그림 11-37 과 같이 되며 입체모형은 용이하게 작성될 것이다. 여기서는 생략한다.

iii) 3 상의 2 원계 모두가 고용체의 용해도에 한계가 있고 이들 공액고용체가 공정을 만드는 경우

그림 11-38 은 이 경우를 표시한 것이다. 이 때는 3 각형의 각 정점부에 1 성분이 다른 2 성분을 어느정도 용해하여 고용체를 만들므로 초정으로서는 고용체를 정출하게 된다.

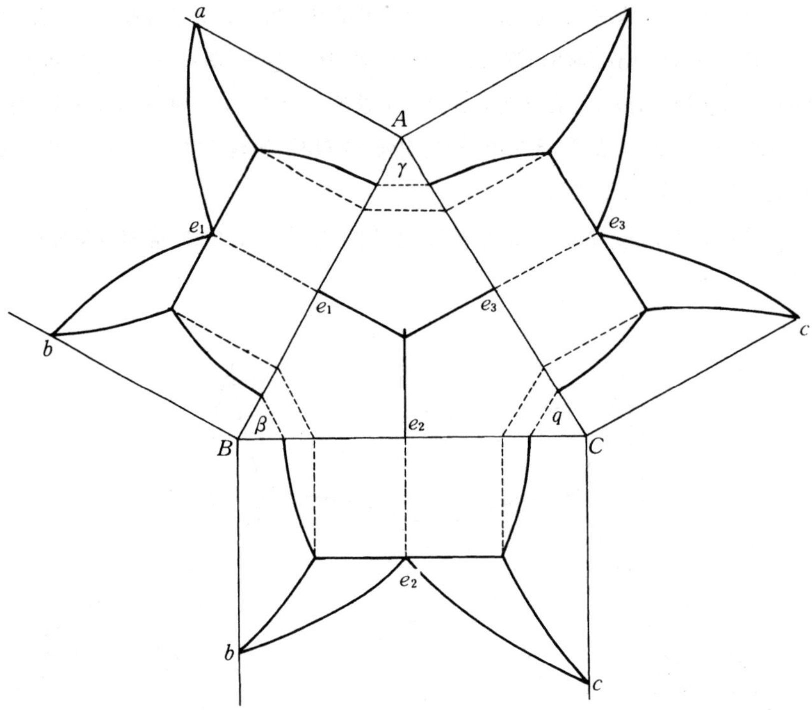

그림 11-38

4. (A) 2 원계 및 3 원계에서 모두 화합물을 형성하지 않고

(B) 융체에서 용해도에 한계가 있고 고체에서는 전혀 불용해이던가 또는 용해도에 한계가 있는 경우

설명을 간단히 하기위해 3 조의 2 원계 A-B, B-C, C-A 중의 1 조 A-B가 그림 11-39 와 같은 상태도(편정반응형)를 가지며 다른 2 조는 그림 11-40 의 상태도(공정형)를 한다면 고체에서는 전혀 용해되지 못하는 경우를 설명하기로 한다. B-C계에 있어서 B와 C는 융체에 있어서 어느 구간에서는 서로 용해하지 않으나 이에 A 원소 금속을 가함으로써 C도 B도 공히 A에 용해하고 A의 양이 많아지면 완전한 단일 액상이 된다. 이와 같은 경우의 액상면을 그림 11-41 에 표시하였다.

por 구역에서는 2 액상이 공존하게 되며 일반적으로 온도가 높아짐에 따라서 이 면적은 차차 작아진다. 즉 2 액상이 공존하는 부분은 상부는 좁고 마침내는 산형(山形)과 같이 되어있다.

지금 그림 11-41 에 표시된 M 농도의 합금이 융체상태로부터 고체에 이르기까지의 과정을 설명하면 고온도에서의 균일한 융체가 온도가 떨어지면 B를 정출하기 시작하고 더욱

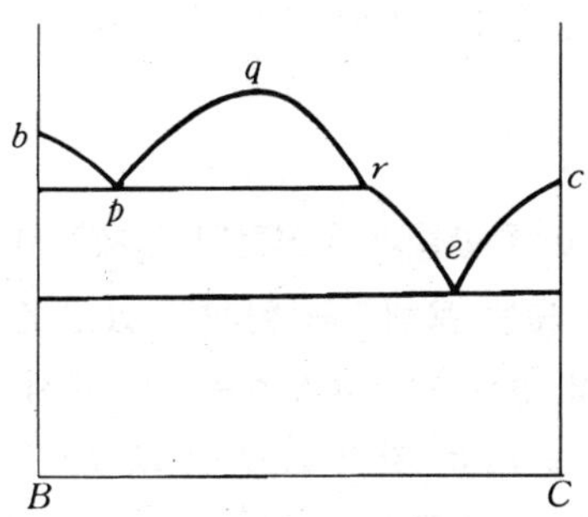

그림 11-39

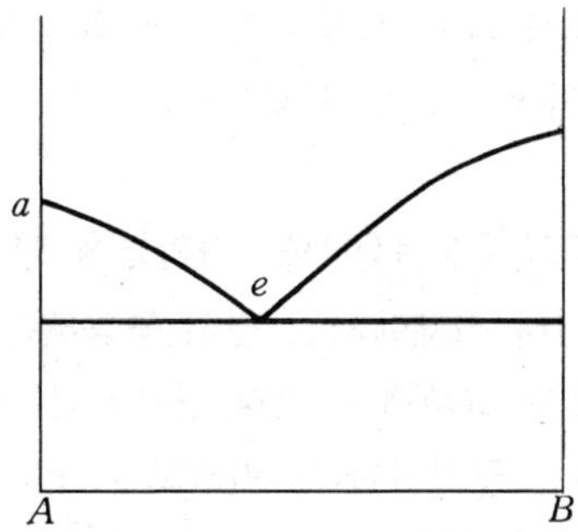

그림 11-40

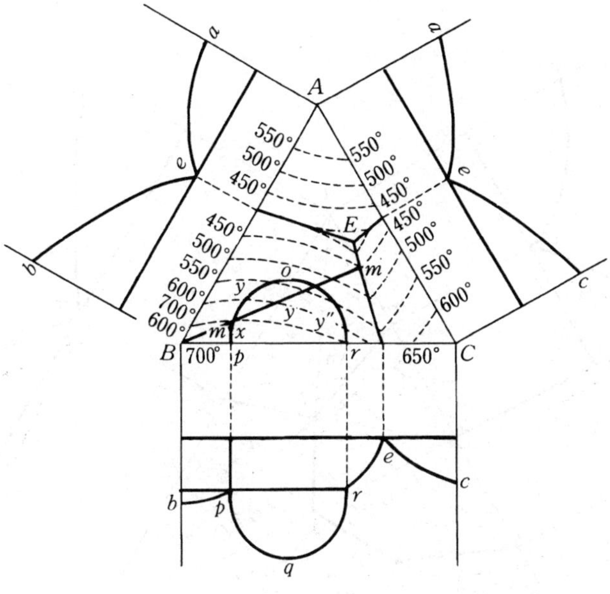

그림 11-41

온도가 떨어지면 B의 정출이 계속되고 잔액은 Mm 선에 따라서 m의 방향으로 농도가 변화하여 x(이 면에서 650℃를 표시함)에 도달하면 제 2 의 액상이 분리하기 시작한다. 이때 제 2 의 액상의 농도는 x와 같은 온도 즉 x와 동일한 높이의 위치에 존재하고 상대되는 곡선상의 x'가 된다.

온도가 강하함에 따라 B성분은 계속 정출하며 또한 이와 동시에 2 액상은 각각 곡선 po, ro를 따라서 O의 방향으로 농도가 변이하여 가며 y(600℃)에 도달하면 2 액은 y'와 y''로 되고 양 액의 양 비는 $yy'' : yy'$가 된다.

또한 계속 B성분을 정출하여 z에 도달하면 2 액은 모두 z농도로 되어 균일한 단일 액으로 된다.

B의 정출로서 m에 도달하여 $C+B$공정을 정출하고 E에 도달하여 $A+B+C$의 3 원계 공정이 되어 응고는 완료된다.

5. (B) 1조의 2원계에서는 화합물을 형성하고 화합물과 3성분이 융체에서 완전히 용해되나 고체에서는 전혀 불용해이던가 또는 용해도에 한계가 있는 경우

그림 11-42는 고체에서 전혀 불용해인 경우의 상태도를 표시하는 것으로서 즉 A-B계에서 J화합물을 구성한다. 그러므로 e, e_1, e_2, e_3, e_4는 각각 A-J, J-B, B-C, C-A, J-C에서의 2원 공정 또한 E 및 E_1은 각각 A-J-C 및 J-B-C에서의 3원 공정이다. 이하는 전술한 내용을 잘 이해한다면 쉽게 납득할 수가 있을 것이다.

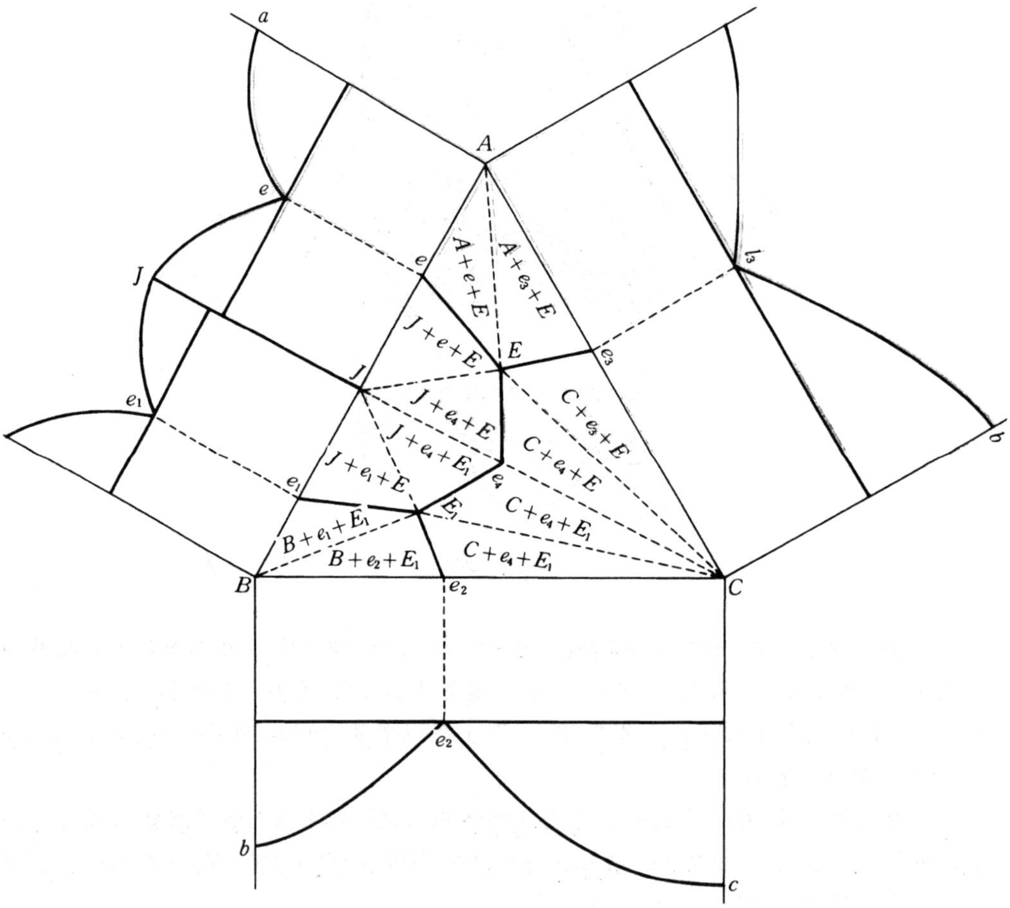

그림 11-42

6. (C) 수종의 2원 화합물을 형성하고 이들 화합물과 3성분이 융체에서 완전히 용해하나 고체에서는 전혀 불용해하던가 또는 용해도에 한계가 있는 경우

지금 A-C계에 있어서 $J(A_2C)$ 및 $K(AC)$의 2가지 화합물을(그림 11-43) 또한 B-C계에서는 $L(BC)$인 화합물을 형성(그림 11-44)하고 고체에서는 서로 전혀 불용해하는 경우를 가정하여 이에 대해 설명하여 보자.

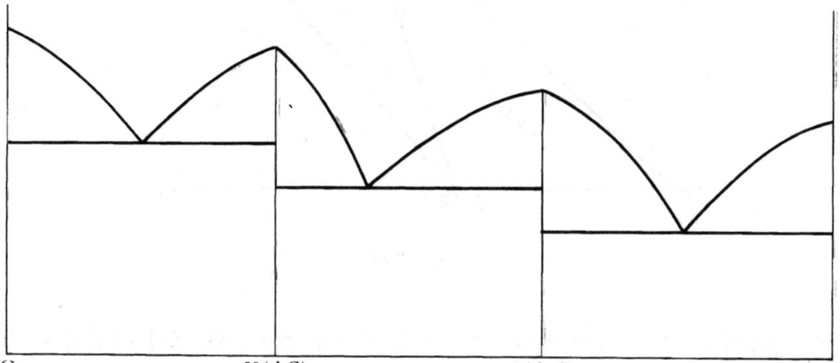

그림 11-43

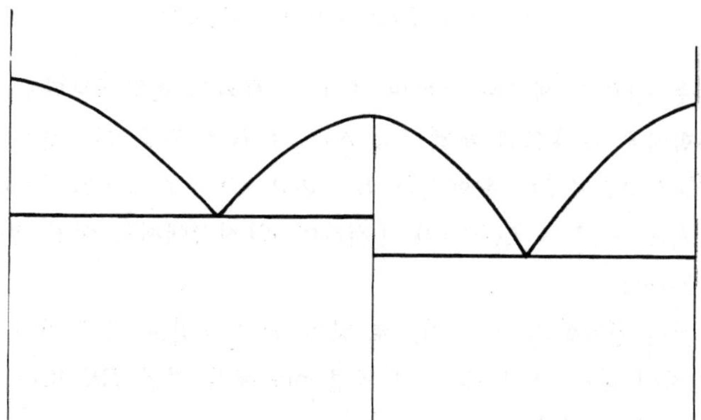

그림 11-44

그림 11-45와 같이 각 화합물간 또는 각 화합물과 각 성분금속과의 사이를 각각 직선으로 연결하자. 이렇게 하면 AL선상에서는 금속 A와 화합물 L이 평형상태로서 공존하게 된다. 동일하게 BJ선상에서는 B와 J가 공존하게 된다.

이렇게 하면 이 2직선의 교점 X에서는 금속 A와 B, 화합물 L 및 J의 4종의 상이 평형상태로서 공존하게 된다. 그러나 어느 온도범위내에서 4종류의 상이 평형상태로 존재한

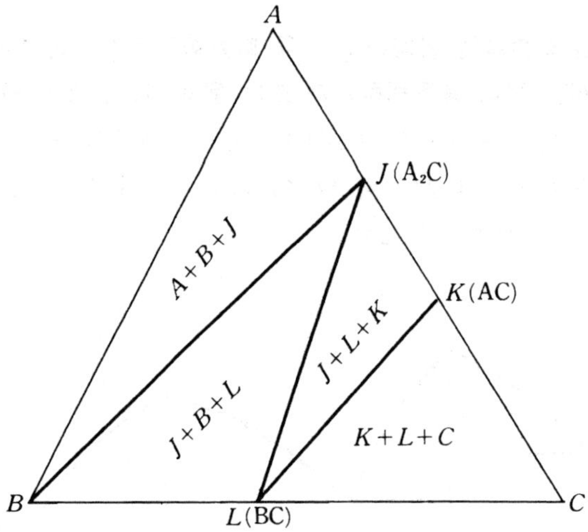

그림 11-45

다는 것은 상률적으로는 불합리하다. 그러므로 당연히 어느 한 선이 성립하지 않는것으로 생각해야 한다.

지금 직선 AL이 소멸하여 BJ가 성립하는 것으로 하면 이 때는

$$2A + L(BC) = B + J(A_2C)$$

의 반응이 일어나는 것으로 생각한 것이며 즉 C는 B와의 친화력보다도 A와의 친화력쪽이 크므로 BC화합물은 A 때문에 분해되어 A_2C와 B로 됨을 의미하게 된다. 이와 같이 하면 Ax간 즉 BJ선상으로부터 위에서는 $B + J(A_2C) + A$, Lx간 즉 BJ선에서부터 아랫쪽에서는 $B + J(A_2 + C) + L(BC)$가 존재하며 BJ선상에서는 어떤 점에서는 $B + J(A_2C)$가 존재하여야 한다.

이와 같이 AL선이 성립하지 않는 것으로 하면 Y의 교점도 또한 자연적으로 없어진다.

다음에 Z의 교점에 대해 생각해보면 동일한 이유에서 직선 BK 또는 LJ의 어느 것인가가 성립하지 않는 것이 된다.

지금 직선 BK가 성립하지 않고 직선 LK가 성립하는 것으로 하면 이 때는

$$B + 2K(AC) = L(BC) + J(A_2C)$$

즉 AC가 B 때문에 분해되어 BC와 A_2C로 되는 것을 의미하며 KZ간에서는 $L(BC) + J(A_2C) + K(AC)$, BZ간에서는 $L(BC) + J(A_2C) + B$가 존재하며, JL선상에서는 $J(A_2C) + L(BC)$가 존재하는 것이 된다.

이상을 종합하면 결국 그림 11-46 과 같이 4 개의 3 각형으로 대별된다.

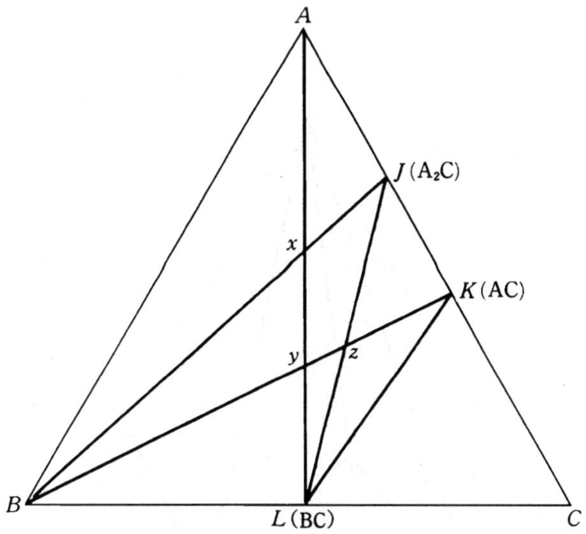

그림 11-46

대별된 각 3각형내에 3원 공정 등이 형성됨은 이미 설명한 바와 같다. 그러나 이들을 도시하면 복잡하게 되므로 이는 여기서는 생략하기로 한다.

7. (D) 3원 화합물을 형성하고 화합물과 3성분이 융체에 있어서는 상호완전히 용해하나 고체에서는 전혀 불용해하던가 또는 용해도에 한계가 있는 경우

3성분 중의 2성분간에 화합물을 형성하지 않고 다만 3원 화합물만을 형성함은 일반적으로는 있을 수 없으며 보통 3원 화합물을 생성하는 경우는 2원 화합물도 생성하며 이를 고려한 상태도는 대단히 복잡하다.

한편 원리를 설명하는 데는 위에서와 같이 단지 1개의 3원 화합물을 형성하는 것으로 하고 또한 3성분 및 화합물이 상호 고체에 있어서 전혀 불용되는 경우를 고려하여도 충분하며 작도도 간단하게 된다. 이 때의 상태도를 그림 11-47에 표시하였다. 즉, J는 3원 화합물의 조성을 표시하는 것이다. 2원 화합물을 형성하고 혹은 고체에서 일찍 상호용해하는 경우의 상태도는 앞에서 설명한 것으로부터 용이하게 이해될 것으로 생각된다.

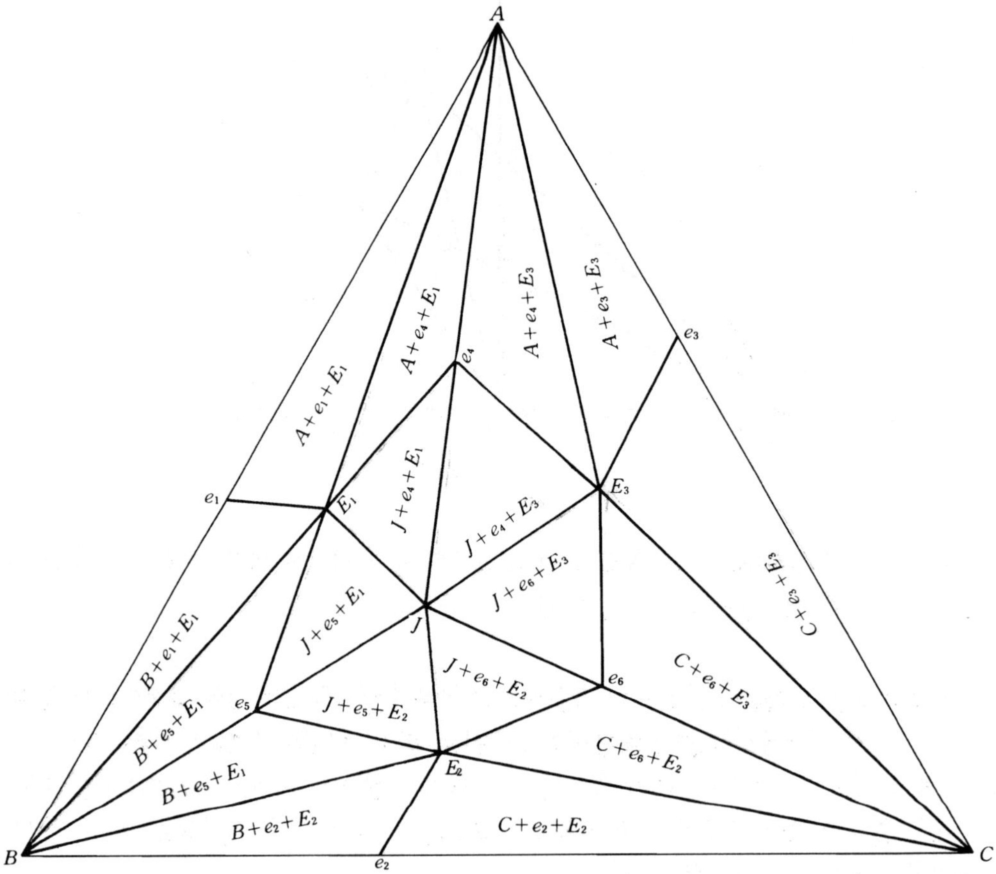
A
A+e₁+E₁
A+e₄+E₁
A+e₄+E₃
A+e₃+E₃
e₃
e₄
e₁
E₁
J+e₄+E₁
E₃
J+e₄+E₃
J+e₆+E₃
C+e₃+E₃
J+e₅+E₁
J
B+e₁+E₁
J+e₆+E₂
e₆
C+e₆+E₃
B+e₅+E₁
e₅
J+e₅+E₂
C+e₆+E₂
B+e₅+E₁
E₂
B+e₂+E₂
C+e₂+E₂
B
e₂
C

그림 11-47

제 12 장
Fe-C계 합금 상태도와 이에 나타나는 조직

강재를 취급하는 사람들에게 지침이 되는 것은 Fe-Fe_3C 계의 상태도와 이에 나타나는 여러 가지 상의 성질을 알아 두는 것이다. Fe_3C(Cementite)인 탄화물은 준안정한 상으로 생각되며 이는 Fe와 흑연으로 분해되며 강재에 있어서 흑연이 나타나는 경우라면 알루미늄(Al)으로 killed한 보일러용 강판의 장기간 사용 중 또는 규소강판 및 일종의 가단주철이라 할 수 있는 흑연강에서 볼 수 있을 정도이며 기타는 대단히 드물다. 그러므로 여기서는 안정계라 할 수 있는 철과 흑연과의 상태도에 관하여 기술하여 보기로 하자.

12-1 Fe-Fe_3C 계의 상태도

그림 12-1은 Fe-C계 합금 상태도로서, 실선으로 표시한 것이 Fe-Fe_3C상태도이다. 즉 온도 약 1600 ℃ 이하 탄소량 약 6.67 % 이하의 상태도이다. 탄소량 6.67 %는 Fe_3C라고 하는 화합물(탄화물)로서 백색의 침상결정이며, 이를 **cementite**라 한다.

순철은 온도변화에 따라서 결정의 내부구조 즉 원자배열 양식이 체심입방격자 또는 면심입방격자로 된다(다형과 동소변태 참조). 상온에서의 순철은 체심입방격자형이며 강자성을 지니며 이를 α **철**(ferrite)이라 한다. α철을 가열하여 온도를 높여가면 차차 자성은 감소하여 500 ℃ 부근부터 그 감소정도가 커지며 700 ℃ 부근에서부터는 감소정도가 더욱 커져 770 ℃에서 강자성은 완전히 소실된다.

이 강자성을 소실하는 온도를 A_2점이라 하며, A_2점 이상의 철을 β **철**(지금은 이런 명칭을 사용하지 않음)이라 한다. β철의 결정구조는 역시 체심입방격자이므로 A_2점은 변태점은 아니다. 즉 α와 β는 동소체이며 β는 α의 강자성을 잃은 것이다. β철을 계속 가열하면 910 ℃에서 급속히 그의 원자배열을 변화하여 면심입방격자가 된다. 즉 변태를 하게 된다. 이 점을 A_3점이라 하며 A_3온도 이상의 철을 γ**철**이라 한다. 이 γ철을 다시 계속하여 가열하면 1400 ℃에서 원자배열을 또 한번 변화하여 체심입방격자로 변태한다. 이 때의 온도를 A_4점이라 하며 이 체심입방격자의 철을 δ **철**이라 한다. 이 δ철은 1539 ℃에서 융체로 되어 원자배열은 완전히 흐트러진다.

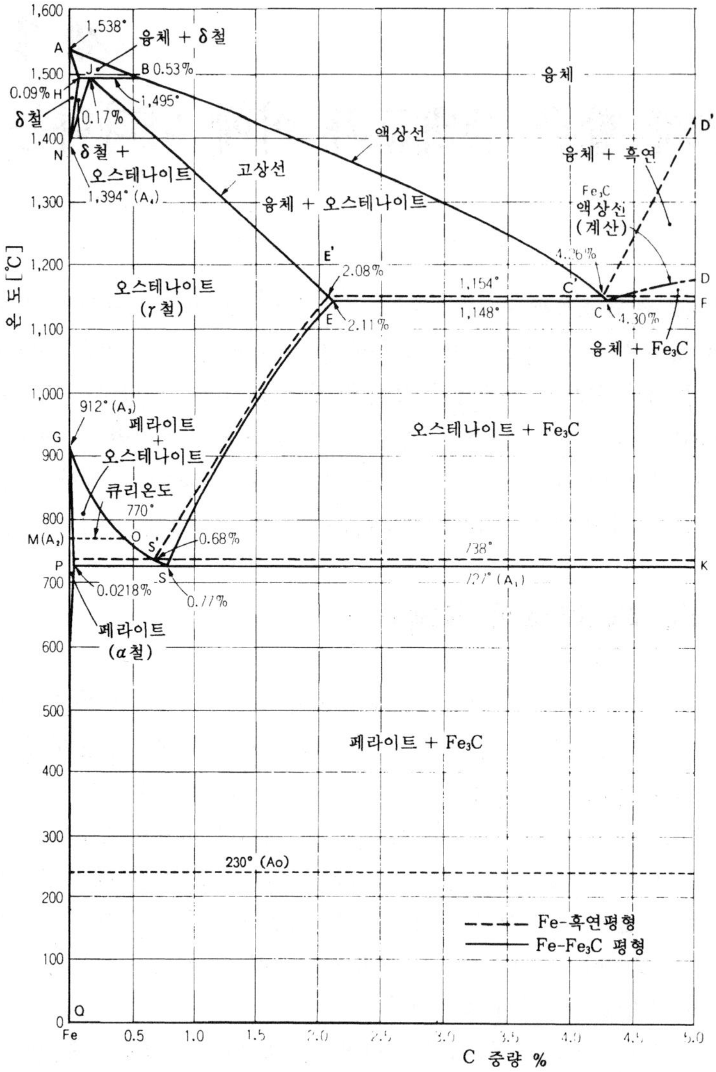

그림 12-1 **Fe-Fe_3C 상태도**(복평형도)

상태도에 있어서의 각 구역내의 상, 각각의 점, 곡선, 수평선의 성질을 표 12-1 에 표시하였다.

表 12-1

A	순철의 융점(1538 ℃)
N	순철의 A_4 점(1400 ℃)
G	순철의 A_3 점(912 ℃)
$M(A_2)$	순철의 A_2 점(770 ℃)
AB	δ 고용체에 대한 액상선(δ 고용체의 초정선)
AH	δ 고용체에 대한 고상선 (δ 고용체의 완정선)
HN	δ 고용체부터 Austenite 의 초정선
JN	δ 고용체부터 Austenite 의 완정선
HJB	포정선(1495 ℃)
BC	Austenite 에 대한 액상선(Austenite 의 초정선)
JE	Austenite 에 대한 고상선(Austenite 의 완정선)
CD	Cementite 에 대한 액상선(Cementite 의 초정선)
E	γ 철 중에 있어서의 Cementite 의 포화점(1148 ℃, 2.11 % C)
C	공정점(1148 ℃, 4.3 % C) (공정을 Ledeburite 라 한다)
EC	공정선(1148 ℃)
ES	Austenite 부터 Cementite 의 초정선(γ 철 중에서의 Cementite 의 용해도 곡선)
GS	Austenite 부터 Ferrite 의 초석선(A_3)
P	α 철 중에서의 Cementite 의 포화점(727 ℃ , 0.0218 % C)
GP	농도 0.0218 % C 이하의 합금에서의 Austenite 부터 Ferrite 의 완석선
S	공석선(727 ℃, 0.77 % C) (공석점을 Pearlite 라 부른다)
PS	공석선 (A_1) (727 ℃) (농도 0.0218 % C 이상의 합금에서의 Austenite 부터 Ferrite 의 완석선)
PQ	α 철 중에서의 Cementite 의 용해도 곡선
MO	A_2 선(α 철의 자기변화를 일으키는 온도)
A_0	Cementite 의 자기변화를 일으키는 온도선

주 : A_2 선과 A_0 선은 변태가 아니므로 점선으로 표시

이상의 내용으로 알 수 있는 바와 같이 철-탄소 합금은 ferrite 와 cementite 만이며 유리상태의 탄소 즉 흑연은 존재하지 않는 것으로 되어 있다. 그러나 보통주철은 조직 중에 흑연이 개재되어 있다. 이는 주로 규소(Si)가 동시에 합금성분으로서 존재하기 때문이며 만약 규소가 없더라도 탄소가 많은 합금을 용융상태로부터 서서히 냉각하면 흑연이 석출하여 냉각속도가 작을수록 흑연의 발달은 커진다.

이 사실을 설명하고자 학자들 사이에는 여러 가지 논의가 있으며 용융상태로부터 응고할 때는 우선 cementite 가 정출하고 이것이 곧 분해하여 흑연을 석출한다. 즉 흑연은 제 2 차적 생성물이라고 하는 주장과 냉각속도의 대소에 의해 제 1 차적으로 흑연이 정출하던가 혹은 cementite 가 정출하는 것이라고 하는 주장이 있으며, 후자에 의하면 상태도에 흑연에 대한 상태도도 필요하게 된다. 즉 2 종 상태도를 필요로 하므로 상태도에는 이 관계를 점선으로 표시하고 있다.

이상에서 설명한 변태는 가역적이며 따라서 가열의 경우와 냉각의 경우도 항상 일정한 온도에서 변태가 일어나야 하나 실제로는 가열의 경우는 냉각의 경우보다 약간 고온도를 가리킨다. 그리고 가열냉각속도가 클수록 이 차는 크며 Ni 및 Cr 등이 첨가되면 그 차는 더욱 커진다. 이 변태는 원자의 배열을 변화시키는 것이므로 상당한 시간을 필요로 하므로 항상 변태는 온도보다 늦어지는 기미가 있다. 특히 Ni, Cr, Mn 등이 첨가되면 더욱 변태에 시간이 걸리게 된다. 그러므로 착실하게 이들 점을 표시하는 데는 가열의 경우는 Chauffage(가열)의 C를 써서 Ac_1, Ac_3 등으로, 냉각의 경우는 Refroidssment(냉각)의 r을 써서 Ar_1, Ar_3 등으로 표시하게 되어 있다.

가열냉각속도가 느리면 느릴수록 Ar, Ac가 접근하고 결국은 일치하는 것으로 생각하여 보통 A_1, A_3 등으로 표시한다.

철-탄소 합금에는 이와 같이 고체의 범위내에서 변태를 하며 변태전후에 있어서의 성질은 대단히 틀리므로 급냉(퀜칭)과 같은 열처리에 의해 여러 가지로 성질변화가 일어나게 되는 것이다. 즉 고온도부터 급속히 냉각하여 변태에 필요한 시간없이 상온으로 도달시키면 고온에서만 안정한 상태를 상온까지 가지고 올 수가 있으며 일단 상온이 되면 금속의 점성이 커지므로 변태는 일어나기가 어렵게 되고 상온에서 어떤 경우는 고온의 상태를 그대로 보존할 수 있고 또는 중간상태를 얻을 수도 있다.

12-2 서냉 조직

그림 12-1의 상태도의 각 구역을 조직적인 도형으로 표시한 것이 그림 12-2이다.

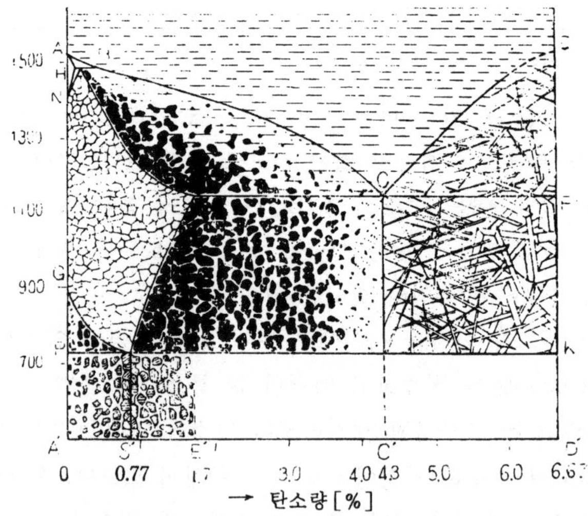

그림 12-2 Fe-Fe₃C 계 상태조직 모형도

서냉상태의 조직을 보면 *P* 점부터 *S* 점까지는 탄소함량이 증가함에 따라서 ferrite의 양은 감소하며 반대로 pearlite의 양은 증가한다. *S* 점의 조성강에서는 초석정으로서의 ferrite나 cementite 모두 나타나지 않으며 A_1 변태만에 의한 pearlite가 100 % 로 된다.

S 점 이상에서 탄소함량이 증가함으로써 초석정으로서 cementite가 증가하고 이에 따라서 pearlite 양이 감소한다.

S 점의 강을 **공석강**(eutectoid steel)이라 부르고 *S* 점보다 탄소농도가 낮은 강을 **아공석강**(hypoeutectoid steel)이라 한다. 또한 *S* 점보다 탄소농도가 높은 강을 **과공석강**(hypereutectoid steel)이라 부른다.

그림 12-3은 Fe-Fe_3C 합금의 서냉조직과 C % 와의 관계를 표시한 것으로서, 예로 0.5 % C의 강을 austenite 상태로부터 서냉하면 우선 *GS* 선과의 교점 *a* 점에서 ferrite를 석출하기 시작하고 austenite의 조성은 *GS* 선상을 *a* 점부터 *S* 로 향해 변화하고 여기서 A_3 변태에 의해 pearlite를 생성한다.

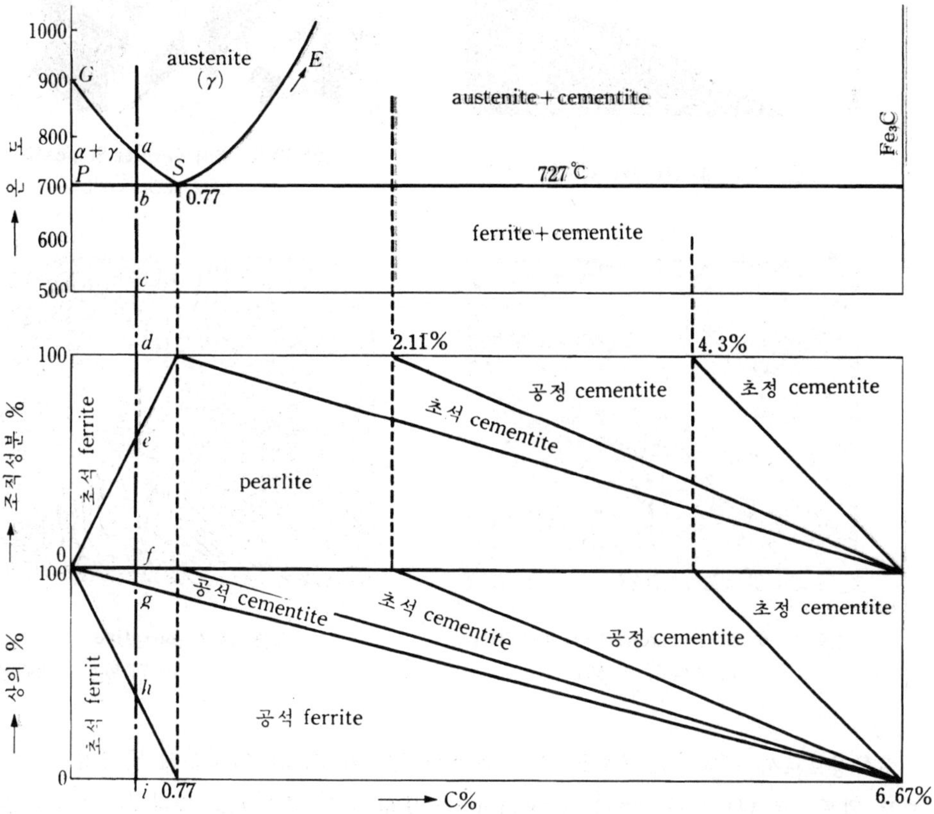

그림 12-3 탄소 % 와 서냉조직의 표시

이 합금에서 초석 ferrite 와 pearlite 량의 비는 *PS* : *Pb* 이다. 이 관계는 *de* : *ef* 로도 표시된다. pearlite 인 조직성분은 공석 ferrite 와 공석 cementite 와의 혼합물이므로 이 합금의 서냉상태의 상의 양적비는 초석 ferrite *ih*, 공석 ferrite *hg*, 공석 cementite *gf* 와 같이 된다.

그림 12-4 는 austenite 조직을, 그림 12-5 는 0.2 % C 의 아공석강의 서냉조직을 표시하였다. 그림 12-6 은 1.2 % C 의 과공석강의 조직으로서 흑색부분은 ferrite 와 cementite 가 층상으로 석출한 pearlite 부분으로서 그림 12-7 의 공석강에서 볼 수 있는 조직이다.

그림 12-4 **Austenite 조직**(× 100)

그림 12-5 초석 **ferrite 와 pealite**
(0.2 % C, ×600)

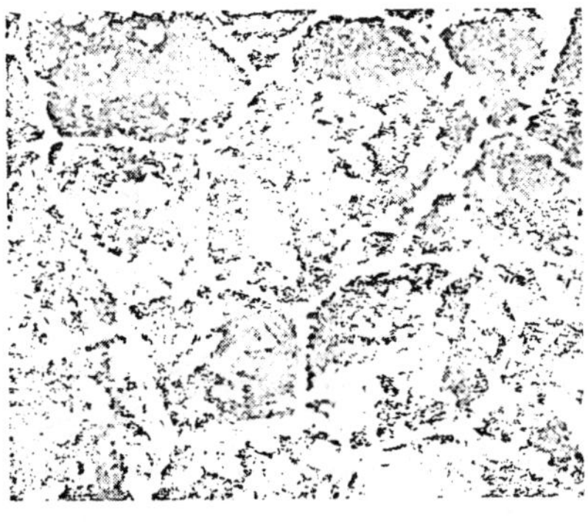

그림 12-6 초석 **cementite 와 pearlite**
(1.2 % C, ×130)

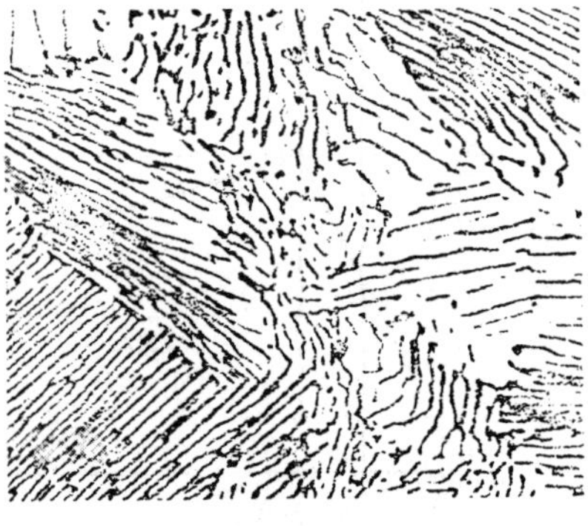

그림 12-7 **pearlite**
(0.77 % C, ×1000)

초석정으로서 석출하는 ferrite 와 cementite 는 피크린산 알코올액 등으로 부식시키면 모두 백색으로 나타나나 독자는 cementite 가 망상 또는 침상으로 나타나기 쉬우므로 구별이 된다. 그러나 공석조성에 가까운 아공석강에서는 ferrite 또한 망상으로 되므로 cementite 와의 구별은 어렵게 된다. 이 때는 연마한 시료를 피크린산소다액(피크린산 2 g, 가성소다 25 g, 물 75 cc)에 넣고 수분간 끓이면 cementite 는 흑갈색으로 착색되며, ferrite 는 착색되지 않으므로 구별이 가능하게 된다.

그림 12-8 은 1.2 % C 의 과공석강을 피크린산소다로 초석 cementite 를 흑색으로 출현시킨 조직이다. 아공석강에서는 Ar_3 점에서 ferrite 를 초석하고 Ar_1 점에서 pearlite 를 공석하며 이들 변태는 길이 변화로서 관찰하면 그림 12-9 와 같이 2 단팽창으로 됨을 알 수가 있다.

과공석강에서는 cementite 가 초석된 후 Ar_1 점에서 pearlite 변태를 하며 austenite 부터 cementite 가 초석되는 변태는 그림 12-10 과 같이 수축으로 나타난다.

공업용 탄소강은 Mn, Si, P, S, Cu 등의 원소를 다소 함유하고 있으며 이들 원소의 존재로서는 서냉조직은 거의 영향이 없다. Austenite 상태로부터의 서냉조직을 검사함으로써 그 강의 탄소함량을 비교적 정확히 추측할 수가 있다.

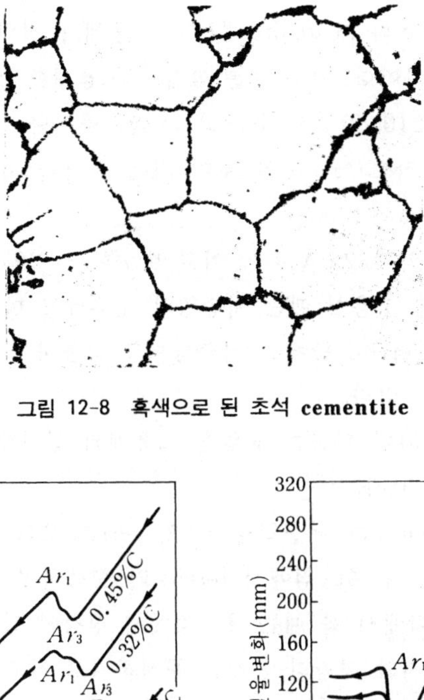

그림 12-8 흑색으로 된 초석 **cementite**

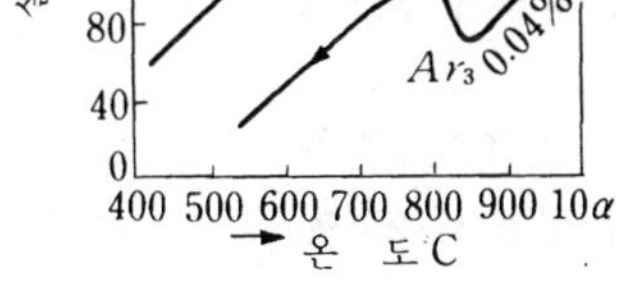

그림 12-9 아공석 탄소강의 노냉시의 팽창곡선

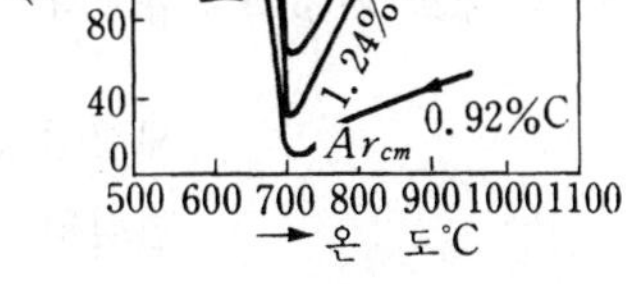

그림 12-10 과공석 탄소강의 2℃/min의 서냉시의 시차팽창곡선

12-3 상과 조직과 성질

Fe-Fe_3C 계 상태도에는 오스테나이트, 페라이트, 시멘타이트 등의 상이 단독으로 나타나며 이외에 페라이트와 시멘타이트와의 혼합물인 펄라이트가 나타난다.

강의 성질은 이들 각 상의 양 또는 혼합분포양상에 의해 결정된다. 그러므로 이들 조직성분의 성질에 관해 설명하여 보기로 하겠다.

1. Austenite 와 Ferrite

고용체의 결정격자에는 용매원자가 만드는 결정격자의 격자점이 용질원자와 치환된 소위 치환형 고용체와 용질원자의 결정격자내의 빈곳에 용질원자가 들어간 침입형 고용체가 있다.

어떤 고용체에서도 용질원자가 존재하는 위치는 통계적으로 균일하며 또한 불규칙적인 분포를 하고 있다. ferrite 와 austenite 에서도 고용체가 침입형이 될 때의 용질원자의 원자반경은 대체로 1 Å 이하이다. 이와 같은 침입형 고용체를 만드는 용질원자는 탄소(0.77 Å), 질소(0.71 Å), 산소(0.60 Å), 수소(0.46 Å) 등이다.

결정격자내의 간격은 작으므로 이와 같이 작은 원자가 아니면 침입형 고용체가 될 수 없다.

철원자의 원자반경은 약 1.25 Å 로서 이와 비슷한 크기인 Ni, Cr, Mn 등의 원자는 오스테나이트나 페라이트에 고용할 때는 치환형의 고용체를 만든다.

붕소(0.97 Å)원자는 ferrite 중에는 치환형으로 고용하나 austenite 중에서는 치환형인지 침입형인지를 알 수는 없다.

탄소원자가 철에 고용되어 만드는 침입형 고용체의 원자배열과 이들의 고용체 중의 탄소의 용해도를 생각하여 보자.

면심입방구조인 austenite 는 체심입방구조인 ferrite 보다도 원자가 조밀하게 집합되어 있다. 이는 Fe 를 가열할 때 Ac_3 점에서 ferrite 가 수축하여 austenite 로 변화하는 것으로도 명백히 나타난다. 냉각에서 볼 때는 Ar_3 점에서 팽창이 일어나는 것이다.

결정격자에서 여러 가지의 결합의 존재는 무시하기로 하고 철원자를 압축할 수 없는 구로 보고 이들 두 개의 결정격자형에서의 공간부분을 계산하면

체심입방정의 공간 = 32 %

면심입방정의 공간 = 25 %

가 된다.

앞서 설명한 바와 같이 어떤 격자에서도 탄소원자는 침입형으로 즉 격자의 공간에 위치를 점하고 있으나 공간의 넓이를 생각하면 ferrite 내에 고용되는 탄소원자의 수가 austenite 내에 고용되는 것보다도 많을 것으로 생각된다. 그러나 실제로는 austenite 에는 최대 2.11 % C 인 데도 불구하고 ferrite 중에는 0.0218 % C 만 고용된다. 이는 체심입방정의 원자배열을 갖는 ferrite 는 결정격자의 공간의 총용적은 크나 타원자의 침입이 가능한 하나하나의 공간은 작다. 이에 대해서 austenite 에서는 공간의 총용적은 작으나 타원자의 침입가능한 공간은 큰 것이다.

그림 12-11 에서 ferrite 인 체심입방격자는 입방정의 면상에 가장 큰 공간을 갖고 있다. 이 공간의 중심은 면의 중심에 있는 것이 아니라 그림의 체심점인 *c* 점보다 전면에 수선을 그리고 전면과 같은 거리에 있는 체심점 *c′* 를 구하면 4 개의 점 *d*, *e*, *c′*, *c* 에서부터 같은 거리에 있는 *s* 점을 얻을 수 있으며 이것이 그 공간의 중심이 된다.

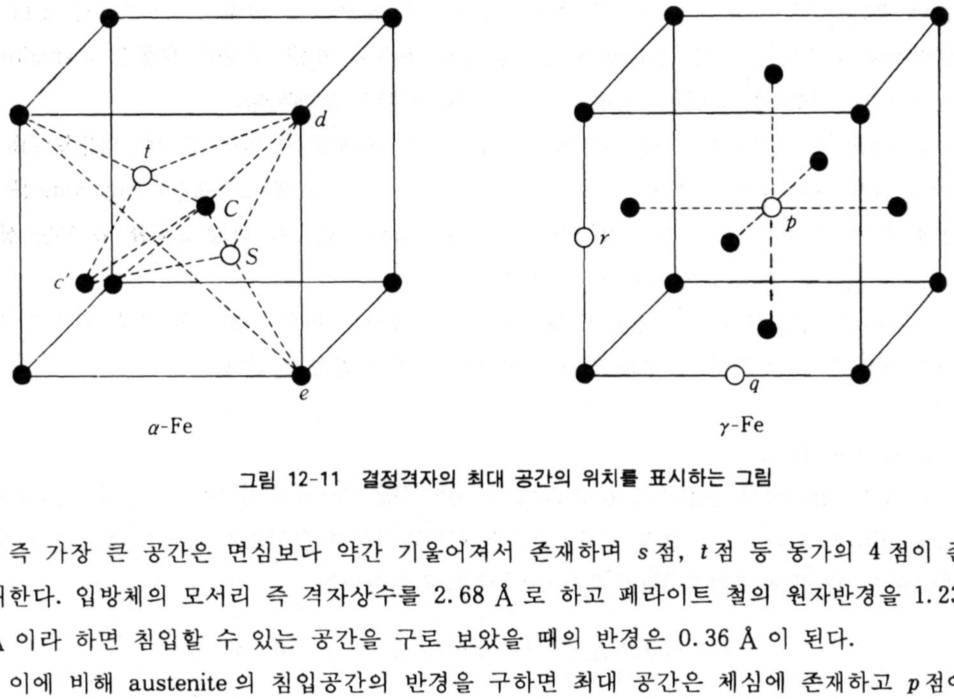

그림 12-11 결정격자의 최대 공간의 위치를 표시하는 그림

즉 가장 큰 공간은 면심보다 약간 기울어져서 존재하며 *s* 점, *t* 점 등 동가의 4 점이 존재한다. 입방체의 모서리 즉 격자상수를 2.68 Å 로 하고 페라이트 철의 원자반경을 1.23 Å 이라 하면 침입할 수 있는 공간을 구로 보았을 때의 반경은 0.36 Å 이 된다.

이에 비해 austenite 의 침입공간의 반경을 구하면 최대 공간은 체심에 존재하고 *p* 점이 된다. 이와 동가의 점은 *r* 점, *q* 점 등이다. 이 침입공간의 반경은 격자상수를 3.64 Å, 오스테나이트 철의 원자반경을 1.36 Å 이라 하면 0.52 Å 이 된다. 즉 오스테나이트 철의 공간에 침입할 수 있는 구의 크기는 ferrite 의 것 보다도 약 50 % 크다. 이는 austenite 내에 고용할 수 있는 탄소농도가 크게 되는 원인이 된다.

그림 12-12 는 체심입방격자와 면심입방격자에서 공간에 침입할 수 있는 구의 크기를 도시한 것이다.

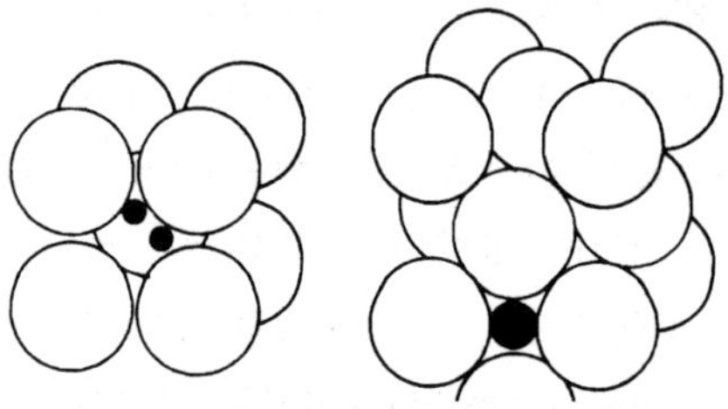

그림 12-12 체심입방구조(왼쪽)와 면심입방구조(오른쪽)에서의 최대 공간을 흑색구로서 표시함

이상으로서 침입구의 크기는 추측되었으나 다이아몬드의 결정으로부터 탄소원자의 크기를 구하면 그의 반경은 0.77 Å 정도의 것이므로 이것이 고용될 때는 austenite 격자의 공간이라 할지라도 탄소원자를 수용하기에는 작으므로 여기에 탄소원자가 들어가기 위해서는 다소 공간을 밀어서 넓이면서 들어가야 한다. 그러므로 austenite의 격자는 변형을 받으며 공간의 약 10 % 정도까지만 충만되는 것으로 계산된다. 이것이 중량으로서 2.11 % C 까지의 용해도가 된다. ferrite 에서의 탄소의 용해에 의한 격자의 변형은 austenite 의 경우보다는 훨씬 큰 것이며 그 용해도도 현저히 제한을 받게된다.

austenite 는 탄소강의 경우 고온에서만 안정하게 존재할 수 있는 상이며 냉각속도를 높이면 일시과냉상태에서 저온으로 가져올 수가 있다. 그러나 탄소강에서는 austenite 를 실온까지 가져온다는 것은 거의 불가능하다. austenite 는 탄소를 다량 고용할 수 있는 상이며 그의 성질은 연하고 인성이 있는 점이다.

Ferrite 는 탄소를 거의 고용하지 않으며 탄소강에서는 미량의 Mn, Si 기타 원소를 고용하고 있는 것이 보통이다. 이는 연하고 마모에 약하고 인성이 있다.

2. Cememtite

Fe-C 계 합금에서 중량으로 6.67 % C 인 곳에 HB 600-650 인 경하고 취약한 탄화철인 cementite 가 있다. 그의 결정구조는 단순한 사방격자이며 단위격자 중에는 철원자 14개와 탄소원자 4개를 함유하고 Fe_3C 로서 표시된다. 격자상수는

$$a = 4.517\ \text{Å}, \qquad b = 5.079\ \text{Å}, \qquad c = 6.730\ \text{Å}$$

이다. 비중은 7.74, 항장력은 3 kg/mm^2 정도로 추정된다. 또한 연신율은 전혀 없어서 강중에서는 대개 판상의 깨지기 쉬운 결정으로서 나타난다. 상온에서는 비교적 강한 자성을 가지며 가열하면 210 ~ 215 ℃ 에서 상자성체가 된다. 이 자기변태점을 A_0 점이라 부른다.

그림 12-13 은 cementite 의 원자배열을 표시한 것이다.

Fe-Fe_3C 계 상태도에서 Fe_3C 는 거의 순수한 ferrite 와 평형으로 공존하므로 A_0 변태를

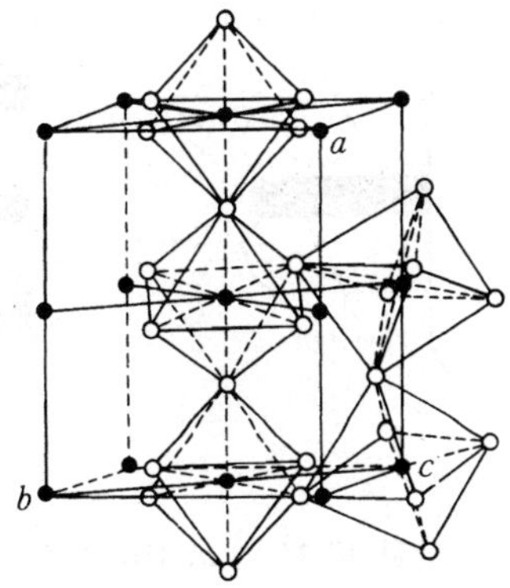

그림 12-13 **cementite 의 결정격자**

표시하는 수평선은 Fe_3C 부터 100%Fe 까지 그려져 있다.

Cementite 는 Cr, Mo, Mn 등의 합금원소를 고용한다. 이들 원자는 철원자를 치환하여 각각 $(Fe, Cr)_3C$, $(Fe, Mo)_3C$, $(Fe, Mn)_3C$ 를 만든다. 이로서 Cementite 는 한층 더 안정하고 경하게 되며 A_0 점은 온도를 강하한다. 이에 대해 Ni, Si 는 cementite 에 거의 고용되지 않는다. 또한 안정도는 이들 원소의 존재로 떨어진다.

탄소강, 합금강의 기계적 성질은 ferrite 소지 또는 austenite 소지 중에 나타나는 cementite 의 양과 분포에 의해 영향을 받는다.

압연 및 단조는 강 중의 cementite 를 분쇄하여 균일하게 분포시키므로 동일 탄소농도의 강이라도 강의 기계적 성질을 개량하는데 도움이 된다. 또한 열처리에 의해서도 이 cementite를 미세하게 또한 균일하게 분포되도록 하여 재질을 개량한다.

3. Pearlite

Fe-Fe_3C 계 합금을 노중에서 서서히 냉각하여 얻는 pearlite 는 ferrite 와 cementite 의 두 상이 층상으로 혼합한 조직으로서 그의 평균조성은 0.77 % C 이다. 이의 기계적 성질은 혼합된 두 상의 중간적인 것으로서 cementite 보다 연하고 인성이 있다. 또한 ferrite보다는 경하고 강하다.

pearlite 집단(pearlite colony)이 austenite 로부터 어떻게 형성되는가를 살펴보면 austenite 가 서냉으로 Ar_1 점에 도달하면 우선 cementite 의 핵이 austenite 의 결정립 경계에 발생한다. 탄소원자가 이 cementite 의 핵을 향해 주위의 austenite 로부터 확산하여 이 탄화물은 성장하여 작은 판을 형성한다.

Cementite 의 C % 는 모상 austenite 의 C % 보다 높으므로 이 판상결정에 접하는 ausenite 에는 탄소가 부족하여 ferrite 가 생성된다. 이와 같이 하여 cementite 는 두 개의

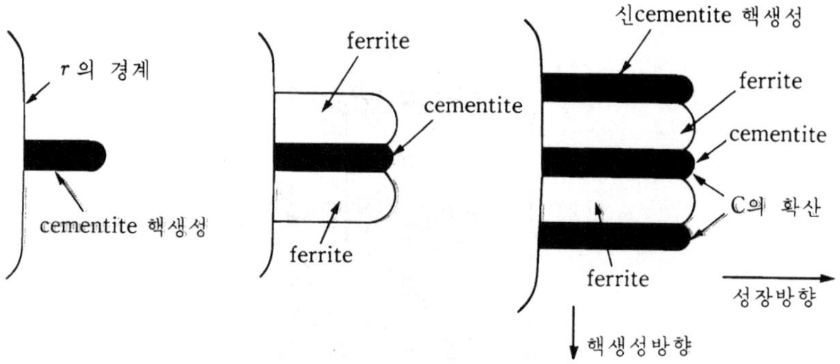

그림 12-14 **pearlite 의 생성기구**

ferrite 판 사이에 끼게 된다. 즉 pearlite 집단은 입계의 cementite 핵의 생성에서 시작하여 이것이 성장하고 그 양측에 ferrite 를 생성하고 다시 ferrite 에 접하여 입계에 cementite 를 생성하게 된다. 그림 12-14 는 이 변태의 진행을 설명한 것이다.

탄소강을 서냉하였을 때의 ferrite 의 항장력을 30 kg/mm^2, 신율 40 %, HB = 90 으로 하고 pearlite 의 이들 값을 각각 90 kg/mm^2, 15 %, 200 으로 하면 ferrite 와 pearlite 로 된 아공석조성의 강의 기계적 성질은 다음 식으로 대략적으로 계산할 수가 있다.

$$\text{항장력}[\text{kg/mm}^2] = 30 \times (\text{ferrite } \%) + 90 \times (\text{pearlite } \%)$$
$$= 30 \times ((0.77 - \text{C } \%)/0.77) + 90 \times (\text{C } \%/0.77)$$

여기서 C % 라 함은 그 강의 탄소농도이다. 동일하게

$$\text{연신율 } \% = 40 \times ((0.77 - \text{C } \%)/0.77) + 15 \times (\text{C } \%/0.77)$$
$$\text{HB} = 90 \times ((0.77 - \text{C } \%)/0.77) + 200 \times (\text{C } \% /0.77)$$

이다. 실제 탄소강에서는 이들 계산식은 반드시 정확한 수치를 나타내지는 못한다. 그 이유는 ausenite 의 결정립의 크기에 따라서 초석 ferrite 의 양이 동일하더라도 그 분포가 다르던가 미량의 비금속개재물이 존재하기 때문이다. 또한 윗식은 단조상태의 것, 냉각속도가 큰 것 및 단조압연에 의한 가공조직이 존재하는 것에는 적용할 수가 없다.

강의 austenite 는 노내 냉각부터 공중서냉까지 냉각속도가 빠를수록 그 변태조직은 미세하게 된다. 공석강에서 말하면 pearlite 의 층상조직은 차차 미세하게 되며 조대 pearlite 때 HB = 200 정도의 것이 미세한 pearlite 가 되면 350 까지도 된다.

공석 탄소강을 austenite 상태부터 Ar_1 점 – 550 ℃ 의 온도로 급랭하여 이 온도에서 변태를 진행시키면 austenite 의 과냉도가 클수록 즉 저온일수록 변태속도가 빨라지며 pearlite 조직은 더욱 미세하게 된다. 그러나 이 온도 범위에서는 항상 pearlite 의 층상조직이

되므로 Ar_1 ~ 550 ℃ 의 온도범위를 **pearlite 영역**이라 부른다.

아공석강 또는 과공석강이 되면 austenite 부터 pearlite 로 변태하기 이전에 ferrite 또는 cementite 의 석출이 있으나 냉각속도가 노냉, 공랭 등으로 차차 빨라지면 초석정의 양은 현미경하에서 차차 적어진다. 이렇게 되면 변태는 상태도로부터 약간 밀려나서 아공석강에서는 그 평균탄소농도 0.77 % C 보다 적어지며 과공석강에서는 평균탄소농도는 0.77 % C 보다 많아진다.

12-4 철의 변태

Fe 에는 체심입방격자인 α - Fe 와 δ - Fe 및 면심입방격자인 γ - Fe 인 2 종의 동소체(allotropy)가 있다. 이들 Fe 의 변태는 다음과 같다.

$$\alpha\text{-Fe(bcc)} \underset{A_3\ 910\ ℃}{\rightleftarrows} \gamma\text{-Fe(fcc)} \underset{A_4\ 1392\ ℃}{\rightleftarrows} \delta\text{-Fe(bcc)}$$

α - Fe ⇄ γ - Fe 변태를 A_3 변태, γ - Fe ⇄ δ - Fe 변태를 A_4 변태라 한다. 이들 변태는 결정구조의 변화를 가짐으로써 변태시 급격한 팽창 또는 수축을 수반한다. 즉, α - Fe → γ - Fe 에서는 수축을, γ - Fe → δ - Fe 에서는 그 역의 변화가 일어난다. 위의 변태온도는 평형상태에서의 것으로 실제의 가열과 냉각에서는 비평형상태이므로 다소의 온도차가 있다. 따라서 가열시는 A_3 는 Ac_3 로, 냉각시는 Ar_3 로 구별하여 표시하며 특히 평형상태에서의 온도를 Ae_3 로 표시할 때도 있다.

또한 Fe 는 실온에서 강자성체이나 이 때 자성은 온도상승에 따라 차차 저하하여 770 ℃ 부근에서 급격히 감소한다. 이 급격한 변화를 **자성변태** 또는 A_2 변태라 하며, 770 ℃ 를 **큐리점**(Curie point)이라 한다. A_2 변태는 결정구조의 변화가 없는 변태이므로 A_3, A_4 변태와는 완전히 이질적인 것이다. 그림 12-15 는 격자변태를 나타낸 것이다.

12-5 Fe - C 계 평형상태도

Fe 에 α - Fe, γ - Fe 가 있듯이 Fe - C 합금계에도 결정구조를 달리하는 몇 개의 상이 있다. Fe - C 합금계의 평형상태도는 이들 각상의 영역, 변태온도 등을 표시한 것이다(그림 12-16).

Fe - C 합금계에는 여러 가지 상이 있으나 강(steel)만에 관해서는 기본적인 상이 페라이트(ferrite), 오스테나이트(austenite), 시멘타이트(cementite)의 3 개 상이 있다.

페라이트상은 α - Fe 에 C 를 고용한 것으로 최대 고용량은 727 ℃ 에서 약 0.02% 이며, α - Fe 와 같이 bcc 구조로서 α 상(α - phase)이라고도 부른다.

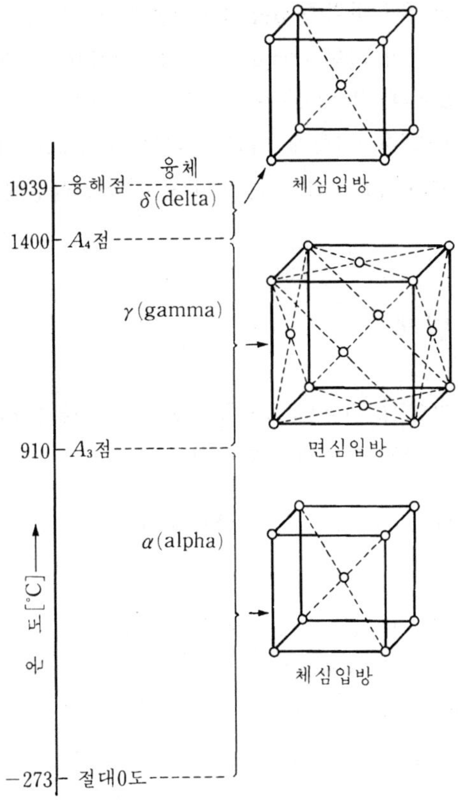

그림 12-15 Fe 의 동소변태

오스테나이트는 γ-Fe 에 C 를 고용하고 있는 것으로서 최대 고용량은 2.11%(1148 ℃)로서 fcc 의 구조를 가지며 이를 γ 상이라 부른다.

시멘타이트는 Fe 와 C 원소가 일정한 비율로 결합한 금속간 화합물이다. 화학식으로 Fe_3C 로 표시되며, 정사방구조(rhombic structure)를 가진다.

그림 12-16 에서 *GPQ* 안이 α 상 영역, *NJESG* 안은 오스테나이트 영역이다. 시멘타이트는 항상 일정한 조성이므로 1 선으로 표시되고 있다.

페라이트 ↔ 오스테나이트의 변태는 그림에서 *GS* - *GP* 사이에서 일어난다. 이 변태를 α-Fe ↔ γ-Fe 변태와 같이 A_3 변태라 한다. 단 Fe - C 계에서의 A_3 변태는 순철의 경우와는 달리 어떤 온도범위에서 진행한다. 냉각시를 생각하면 *GS* 선에서 A_3 변태가 시작되고 *PS* 선에서 완료되며, 이 *GS* 선을 A_3 선이라 부른다.

탄소량이 *S* 점 이상의 경우는 *ES* - *KS* 선 구간에서 오스테나이트 ↔ 시멘타이트 변태가 일어나며, 이 *ES* 선을 Ac_m 선이라 하고, 이 변태를 Ac_m **변태**라 한다. 이 때 *ES* 선을 오스테나이트의 탄소 고용곡선으로 보아도 된다. *S* 점은 **공석점**(eutectoid point)이라 하며,

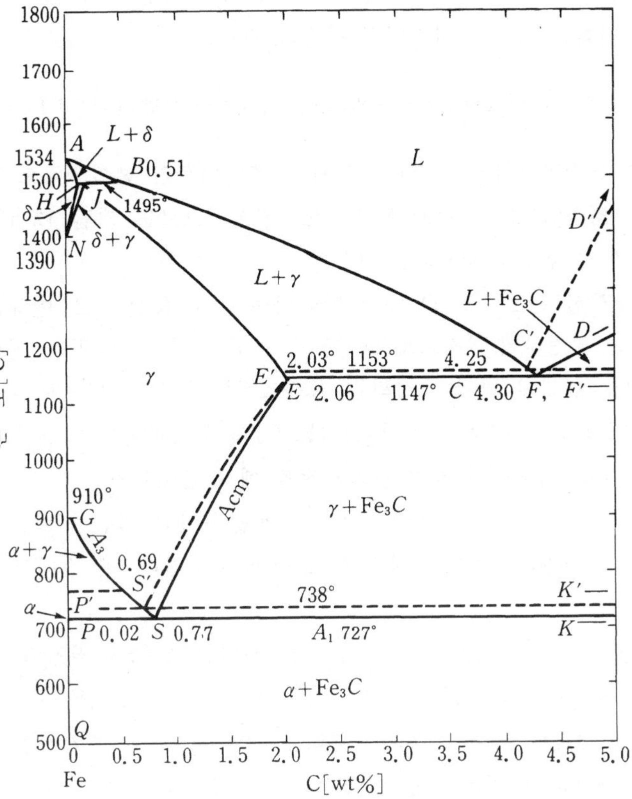

그림 12-16 **Fe - C계 평형상태도**

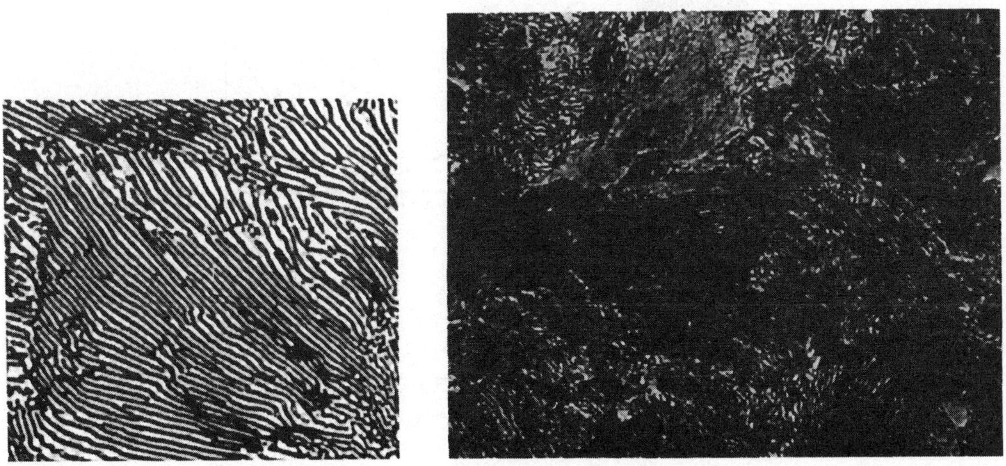

그림 12-17 펄라이트 조직

PK 선은 **공석선**(eutectoid line)이라 한다. 즉 *S* 점의 조성은 공석온도에서 공석변태를 가지며, 이 때의 변화를 식으로 나타내면 다음과 같다.

$$\text{오스테나이트}(\gamma) \leftrightarrow \text{페라이트}(\alpha) + \text{시멘타이트}(Fe_3C)$$

즉 공석변태는 오스테나이트가 페라이트와 시멘타이트의 혼합조직으로의 변화를 말하며, 이 혼합조직을 **펄라이트**(pearlite)라 부르며, 전형적으로는 그림 12-17 과 같이 페라이트와 시멘타이트가 층상으로 공존하는 것이다.

공석변태는 *PK* 선(온도 727 ℃)에서 일어나며, 이 *PK* 선을 A_1 **변태선**이라 한다. 이 공석조직의 조성은 일정하며 *S* 점으로 표시되는 조성 즉 0.77 % 이다. 이는 강의 조성이 0.3 % C 라 하더라도 변태에 의해 생성되는 공석조직의 C 량은 0.77 % 임을 뜻하며, 또한 공석조직에서의 페라이트(α)와 시멘타이트(Fe_3C)의 혼합비율은 일정함을 뜻하게 된다.

지금 이 상태도를 이용하여 강의 변태과정을 예로 들어보자.

즉 0.2 % 조성의 것을 a_0 온도에서 극히 서냉했을 때는 다음과 같은 상변화를 일으킨다(그림 12-18). 즉 온도 a_1 까지 서냉되면 A_3 선과 마주친다. 이 점에서 γ 의 α 로의 변태가 시작한다.

페라이트(α)는 그림 12-18 과 같이 처음 오스테나이트(γ) 결정립계에 석출한다. 온도가 더욱 떨어지면 γ 에서 α 로의 변태량은 증가한다. 온도 a_1 에서 시작한 $\gamma \rightarrow \alpha$ 로의 변태는 온도 a_3 까지 계속한다. 온도강하로 페라이트의 변태량이 증가하면 남은 오스테나이트의 C 농도는 높아진다. 이것은 저탄소 조성의 α 석출로 C 가 남은 γ 에 농축되기 때문이며 상태도상에서 이 γ 의 C 농도변화는 *GS* 선으로 표시된다.

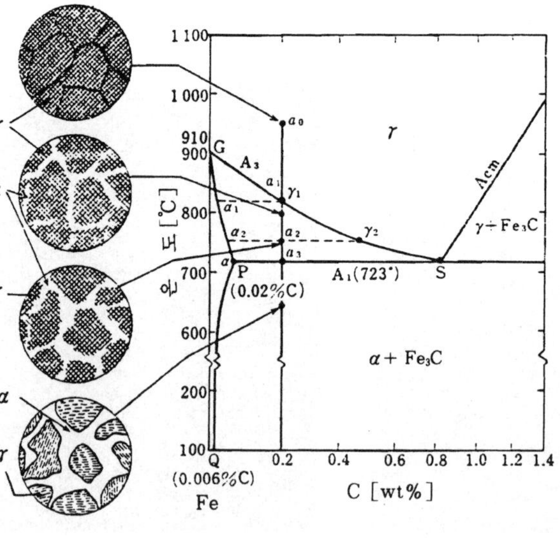

그림 12-18 Fe-C 상태도의 오스테나이트로부터의 페라이트 변태 양상

예로서 온도 a_1에서는 γ의 C 농도는 γ_1 즉 0.2 % 이나 온도가 강하하여 a_2가 되면 γ_2 즉 약 0.5 %가 된다. 이와 같이 하여 이 변태가 끝나는 온도 a_3에서 남은 γ는 S 즉 0.77 %로 된다. 또한 γ의 조성변화와 같이 석출한 α(ferrite)의 농도도 변화한다. 이 변화는 GP선에 따라 변화한다. 이 때 $\gamma \rightarrow \alpha$의 변태량은 상태도에서 다음과 같이 구할 수 있다. 즉 온도 a_2까지 강하시의 γ와 α의 양적비는 $\overline{\alpha_2 a_2} : \overline{a_2 \gamma_2}$로서 γ 약 45 %에 대해 α 약 55 %이다.

동일하게 온도 a_3에서는 $\gamma : \alpha = \overline{P\alpha_3} : \overline{\alpha_3 S} = 25 : 75$이다. 결국 0.2 % 탄소강을 온도 a_0에서 아주 서냉할 때 온도 a_3까지의 사이에서 75 %만 α로 변태하고 나머지 25 %는 γ 상태로 남게 된다. 이 잔류 γ의 조성은 S 즉 0.77 % C이다. 온도 a_3는 공석변태점이므로 25 % γ는 이 온도가 공석변태에 의해 전부 페라이트(ferrite)로 된다. 따라서 α_2 % 탄소강은 γ에서 서냉시 상온에서의 최종 조직은 75 %의 초석 α와 25 %의 펄라이트(P) 조직으로 된다. 0.77 % 탄소강을 γ 상태에서 서냉할 때는 바로 공석변태점에서 모두 펄라이트로 변태한다.

또한 1.2 % 탄소강에서는 γ 상태에서 서냉하면 Ac_m선에서 우선 시멘타이트(Fe_3C)를 석출한다. 온도가 공석변태점까지 강하하면 이 점에서 Fe_3C로 변태하지 않는 잔류 γ가 전부 펄라이트로 변태한다. Fe_3C의 석출에 따른 잔류 γ의 C 농도는 Ac_m선에 변화한다. 이 때의 상온에서의 조직은 초석 Fe_3C와 펄라이트로 이루어진 조직이 된다.

이상과 같이 공석조직을 경계로 하여 변태과정이 변화함으로써 공석조직 이하의 강을 **아공석강**(hypo-eutectoid steel), 공석조직의 것을 **공석강**(eutectoid steel), 공석조직 이상의 것을 **과공석강**(hyper-eutectiod steel)으로 구별하기도 한다.

12-6 탄소강의 표준조직과 성질

탄소강을 상태도의 GSE선 이상(γ 영역)부터 극히 서서히 냉각하면 비교적 평형상태에 가까운 조직을 얻을 수 있다. 이 때의 조직을 **표준조직**(normal structure)이라 하며, 이 표준조직에 관해 설명해 보자.

우선 아공석강의 경우 C 함량이 증가할수록 초석 α량이 증가한다. 과공석강에서는 C 함량이 증가할수록 초석 Fe_3C 량은 증가한다. 그림 12-19, 12-20은 표준상태의 각종 탄소강의 조직의 예이다.

아공석강에서 백색조직은 초석 α, 흑색조직은 펄라이트(P) 또한 과공석강에서의 백색조직은 초석 Fe_3C, 흑색조직은 펄라이트(P)이다.

이 펄라이트를 다시 고배율로 관찰하면 층상조직으로 되어 있음을 알 수 있다. 탄소강의 표준상태에서의 조직성분 중 α(페라이트)는 대단히 연하고 인성과 연성이 양호하다.

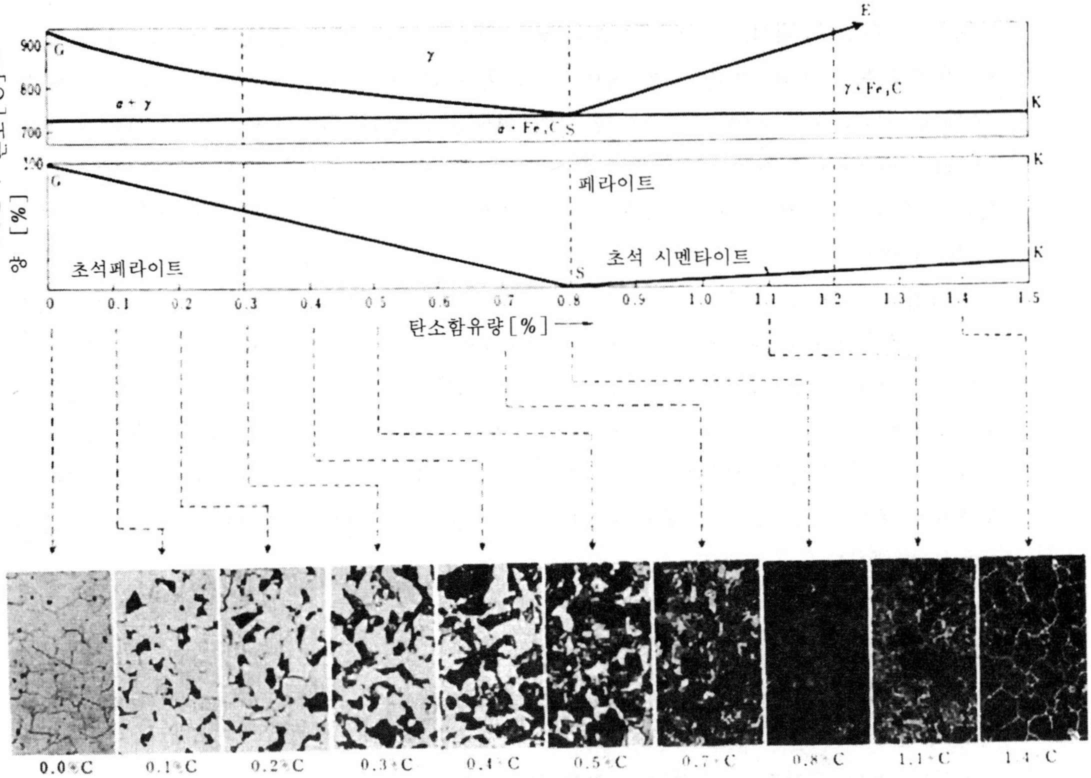

그림 12-19 탄소강의 표준조직의 변화(×200)

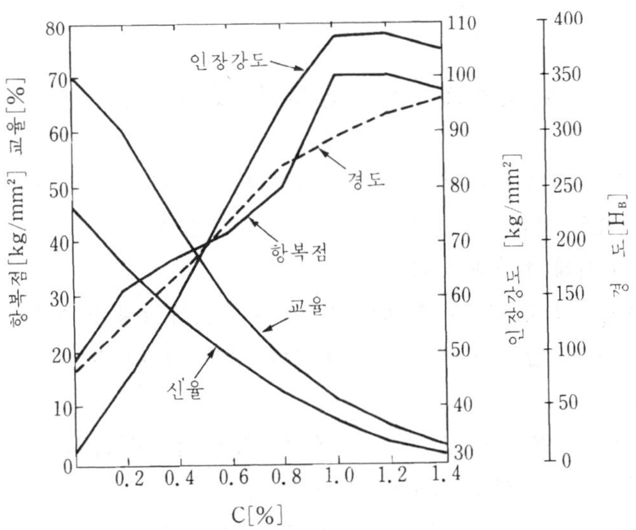

그림 12-21 표준상태의 탄소강의 기계적 성질

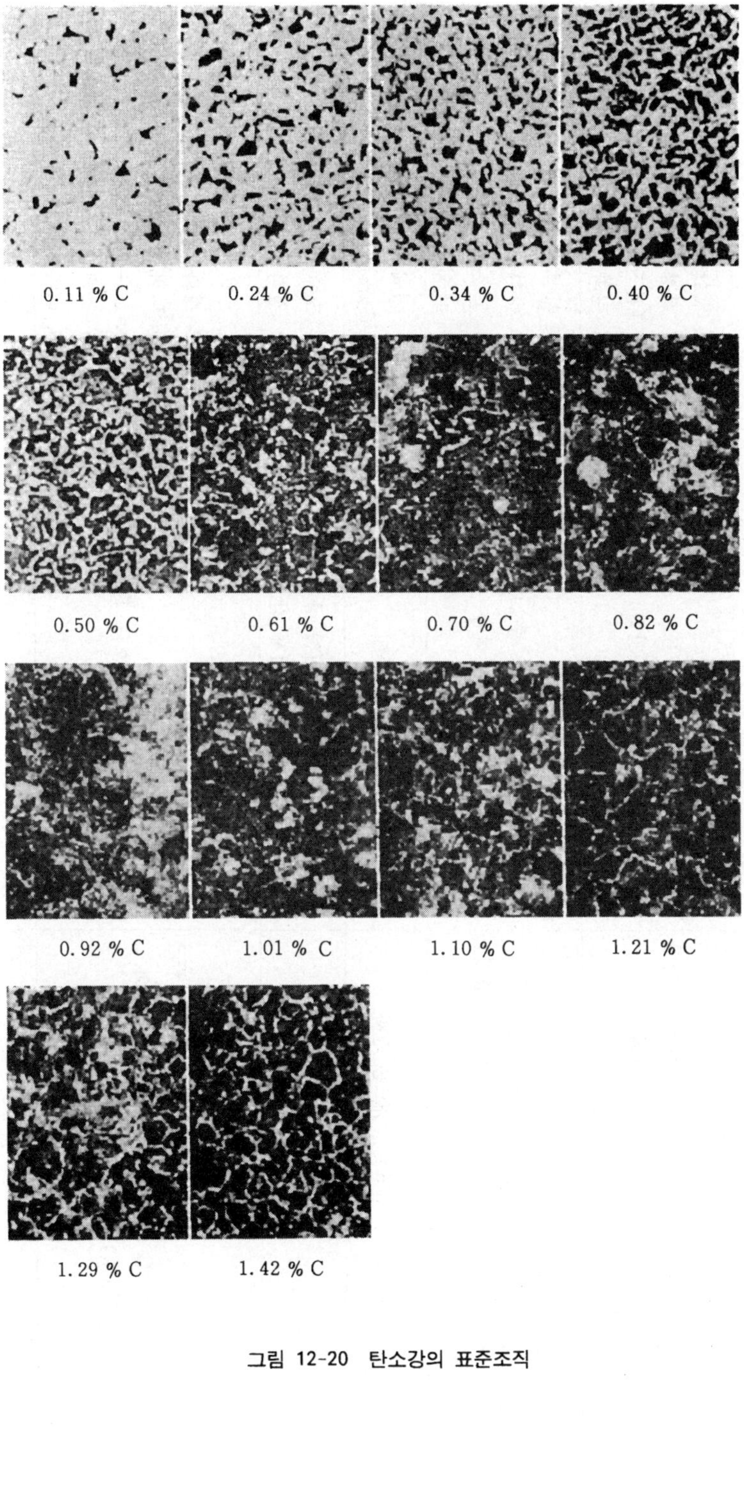

그림 12-20　탄소강의 표준조직

표 12-1 강 중의 합금원소의 효과 비교

원소	용해도		α에 미치는 영향	γ에 미치는 영향	탄화물로서의 영향		중요 작용
	γ-Fe	α-Fe			탄화물 생성경향	템퍼링 중의 작용	
Al	1.1 % (C에 의해 증가)	36 %	고용체로서 상당히 경화	γ에 고용하여 약간의 경화능 증가	음 (흑연화)	—	1. 탈산에 유효 2. 결정립 생성억제 (분산화물, 질화물의 형성에 의함) 3. 질화강에의 합금원소
Cr	12.8 % (0.77 % C에서 20%)	전율고용	약간 경화 (부식저항 증가)	중간정도로 경화능 증가	Mn보다 큼 W보다 적음	연화를 약간 방지	1. 부식 및 산화저항 증가 2. 경화능 증가 3. 고온강도 증가 4. 고 C에서 내마모성 증가
Co	전율고용	75%	고용 경화	고용으로 경화능 감소	Fe와 동일	고용체에 의해 경도유지	1. 경화 페라이트에 의해 적열경도에 기여
Mn	전율고용	3%	경화 큼 소성 감소	중간정도로 경화능 증가	Fe에 의해 증가 Cr에 의해 감소	보통함량으로는 극히 미소	1. S에 의한 탈화방지 2. 경화능 방지
Mo	3% (0.3% C에서 8%)	37.5% (저온서 감소)	고 Mo-Fe 합금에서 시효경화, 발생	경화능 증가 (Mo > Cr)	강 (Cr보다 큼)	2차 경화에 의한 경화방지	1. γ에 의한 조대화 온도 상승 2. 경화능 증가 3. 템퍼취성방지 4. 고온강도, 크립강도, 적열경도 증가 5. 스테인리스강에서 부식저항 증가 6. 내마모성 입자 형성
Ni	전율고용	10% (C량에 무관)	고용체로서 강화 인성 증가	경화능 증가 C증가로 오스테나이트 잔류	음 (흑연화)	소량으로는 작음	1. 퀀칭없이 어닐링한 강을 강화 2. 저온에서 펄라이트, 페라이트강을 강화 3. 고 Cr-Fe 합금을 오스테나이트화 함

표 12-1 (계 속)

원소	용해도		α에 미치는 영향	γ에 미치는 영향	탄화물로서의 영향		중 요 작 용
	γ-Fe	α-Fe			탄화물 생성경향	템퍼링 중의 작용	
P	0.5%	2.8% (C 량에 무관)	고용체에 의한 강한 경화	경화능 증가	없 음	—	1. 저탄소강의 강도 증가 2. 부식저항 증가 3. 기계가공의 개량(쾌삭성)
Si	2% (0.35% C 에서 9%)	18.5% (C에 의한 변화 무)	소성감소, 경도증가 (Mn < Si < P)	중간정도로 경화능 증가	음 (흑연화)	고용체에 의해 경도유지	1. 탈산제 2. 전자기 작용 3. 산화저항 개량 4. 비흑연화 원소함유 강의 경화능 증가 5. 저합금강의 강도 증가
Ti	0.75% (0.25% C 에서 1%)	6% (저온서 감소)	고 Ti-Fe 합금에서 시효경화 발생	고용강화 큼 탄화물의 영향은 경화능 감소	최 대 (0.2% Ti는 0.5% C강을 경화 못함)	약간의 2차 경화	C는 TiC로 고용되며 (a) 중 Cr 강의 마텐사이트 경도 및 경화능 감소 (b) 고 Cr 강에서는 오스테나이트 생성 방지 (c) 장시간 가열에 의한 스테인리스강 중의 Cr의 국부적 감소 저지
W	6% (0.25% C 에서 11%)	33% (저온서 감소)	고 W-Fe 합금에서 시효경화 발생	소량으로 경화능 증가	강 함	2차 경화로 연화 방지	1. 공구강에서 경한 내마모 입자 형성 2. 고온 강, 경도 증가
V	1% (0.2% C 에서 8%)	전율고용	고용체로서 중간 정도로 경화	고용강화 경화능 증가	대단히 강하나 Ti, b보다 작음	2차 경화에 대해 최대	1. 오스테나이트 조대화, 온도 상승 2. 경화능 증가 3. 템퍼링에 또는 강한 2차 경화 부여
Cu	8% (1% C 에서 8%)	1% 700℃ 0.2% 실온	고용체범위에서 내산화성 증가	약간 경화능 증가	음	약한 2차 경화	1. 내산화성, 강도 증가 2. 고합금 내산 강의 성능 향상

Fe_3C(시멘타이트)는 경하고 취약하다. 따라서 α와 Fe_3C가 서로 층상으로 존재하는 펄라이트(P)는 상당한 경도, 강도, 인성, 연성 등을 가진다. 강에서는 C 함량에 따라 3종의 조직성분의 양적비율이 변화하므로 조직적 성질도 변화한다. 그림 12-21은 이 기계적 성질의 변화를 표시한 것이다.

이 그림에서 공석조성(0.77%)어느 이상에서는 항복점과 인장강도의 저하를 가져오는 이유는 결정립계에 Fe_3C가 망상으로 석출하여 입계파단을 일으키기 때문이다.

Fe-C계에 여러 가지 금속원소가 가해지면 여러 가지 의미에서 성질변화가 따른다. 표준조직 중 대표적인 조직성분인 페라이트(α)에 대한 금속원소의 영향을 표 12-1에 표시하였다.

일반적으로 페라이트(α)는 ⓘ 탄소의 고용도가 작고, ⓘⓘ Fe와 탄소의 원자직경의 차가 크며, ⓘⓘⓘ Fe와 결정구조가 다른 원소를 고용한 경우에는 강도가 증가한다.

12-7 과냉 오스테나이트(Austenite; γ)의 변태

(1) 개 설

A_3 또는 A_1과 같은 변태는 격자내의 원자간의 원자가 완전히 그들의 배열을 변화시켜 모상과는 결정학적 조연성(coherency)을 가지지 않는 새로운 상으로 변화하는 변태이다.

이 때의 변태과정은 모체결정부터 원자가 확산하여 새로운 상의 핵이 되고 다시 이 핵이 성장하여 새로운 상을 형성하는 것으로 이 변태는 순간적으로 완료되는 것이 아니다. 따라서 냉각속도가 빨라지던가 하면 변태할 수 있는 시간적 여유가 적어져 변태가 일어나기 어려워진다.

상태도에 관해 설명하면 원래 변태해야 할 온도 즉 A_3점 또는 A_1점에 도달하여도 변태가 일어나지 않고 이들 변태점보다 더욱 낮은 온도(과냉)에서 변칙적으로 변태가 일어나게 된다. 이와 같은 경우 오스테나이트는 본래의 안정영역 이하의 온도로 과냉되고 나서 변태하게 되므로 이를 일반적으로 **과냉 오스테나이트 변태**라 한다.

냉각속도가 극히 크게 되면(수냉 또는 유냉 등) 변태에 요하는 시간적 여유가 전혀 없으므로 A_3 또는 A_1 변태는 일어날 수 없다. 이 때는 **마텐사이트 변태**(martensite transformation)라고 하는 별개의 변태가 일어난다.

오스테나이트(γ)의 변태가 냉각속도에 의해 어떻게 변하는가를 보자.

그림 12-22는 공석강을 γ상 영역으로 가열한 후 여러 속도로 냉각할 때의 길이 변화를 표시한 것이다. 강은 변태시 이상팽창 또는 수축을 일으키므로 이 그림에서 강의 변태양상을 이해할 수가 있다.

즉 곡선 (a)와 같이 서냉의 경우는 변태는 상태도에 표시되는 변태온도와 거의 차가

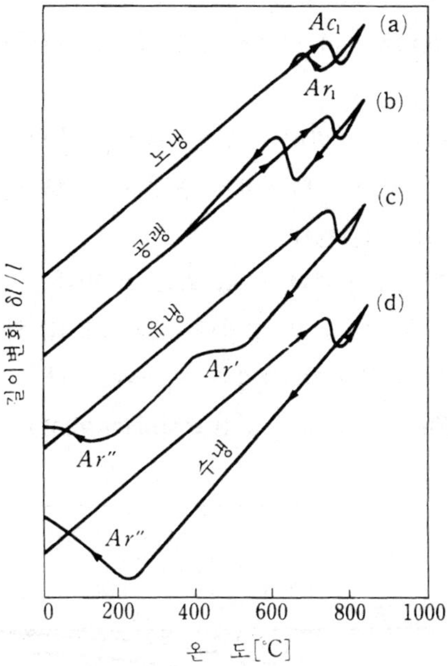

그림 12-22 공석탄소강의 냉각에 따른 열팽창 곡선의 변화

없이 일어난다. 따라서 실온까지 냉각되었을 때의 조직은 표준적인 펄라이트(P)가 된다.

냉각속도가 곡선 (b)와 같이 약간 빨라지면 상태도상의 A_1 점보다 약간 낮은 온도에서 일어나게 된다. 이 때는 변태온도가 낮아지고 조직의 구성성분인 페라이트 및 시멘타이트의 성장도 불균일하므로 미세한 페라이트와 시멘타이트의 혼합조직 즉 미세 펄라이트(P) 조직이 된다. 이 조직은 표준 펄라이트와 조직성분이 같으나 겉보기가 다르므로 **소르바이트**(sorbite)라 부른다.

유냉과 같은 냉각속도에서는 (c) 곡선과 같이 A_1 변태는 더욱 늦어지며 400℃ 부근에서 일어난다. 또한 이와 같은 냉각속도에서는 400℃ 부근과는 별도로 200℃ 부근에서도 변태가 일어난다. 이와 같이 과냉 오스테나이트가 2단으로 변태하는 경우 400℃ 부근의 변태를 Ar' **변태**라 한다. Ar' 변태가 일어나는 경우는 냉각속도가 빠르므로 (b) 곡선의 경우보다 **페라이트(F)**와 시멘타이트(Fe_3C)의 성장이 늦어진다. 따라서 하나하나의 α와 Fe_3C 격자는 광학현미경으로 식별이 어려울 정도로 미세한 펄라이트(P) 조직이 된다.

이와 같은 조직은(혼합조직) **트루스타이트**(troostite)라고 부른다. 그러나 위의 소르바이트나 트루스타이트의 본질은 펄라이트이므로 최근에는 이들을 구별없이 통칭 **미세 펄라이트**라고 부르고 있다. 또한 Ar' 변태가 일어날 수 있는 온도 또는 냉각조건에서는 C의 확산이 어려우므로 400℃ 부근에서 Ar' 변태가 시작되더라도 냉각되는 사이에 변태가 정지해 버린다.

즉 오스테나이트의 부가 미변태된 상태에서 더욱 과냉된다. (c) 곡선에서의 200 ℃ 부근의 변태는 이 미변태 오스테나이트가 마텐사이트(M)로 변하는 것이다. 이것을 Ar'' **변태**라 한다.

(d) 곡선 즉 수냉의 경우에는 A_1 변태와 같은 확산을 수반한 변태는 일어나지 않는다. 따라서 이 때는 200 ℃ 부근에서의 마텐사이트 변태만 일어난다.

(2) 과냉 오스테나이트(γ)의 등온변태

강을 오스테나이트 상태로부터 급랭하면 A_3 또는 A_1 변태는 완전히 저지되고 저온의 마텐사이트 변태만 일어난다. 그러나 γ 상 영역에서의 온도를 일정하게 유지하면서 시간에 따른 조직변화를 관찰해보면 지금까지 설명한 변태와는 다른 변태가 일어난다. 이 때의 변태를 오스테나이트의 **등온변태**(isothermal transformation)라 한다.

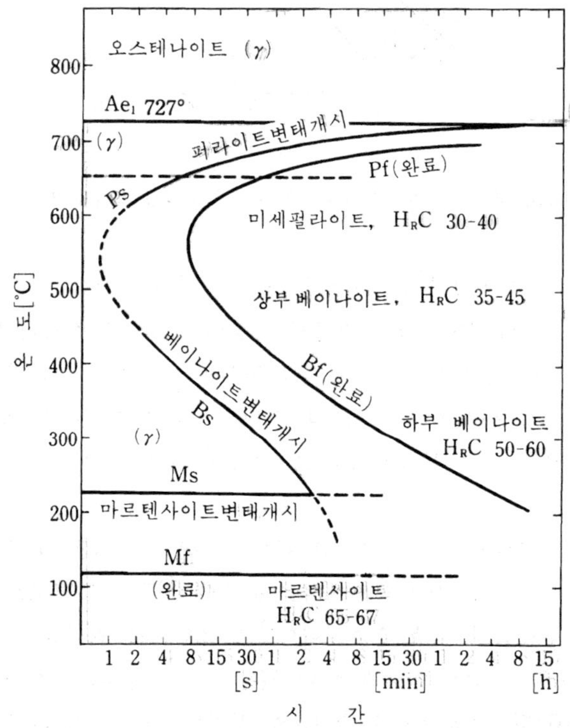

그림 12-23 공석강의 항온변태도(0.8 % C, 0.7 % Mn강)

이 변태는 유지하는 온도에 따라 양상이 변한다. 이를 그림으로 표시한 것이 **등온변태도**(isothermal transformarion diagram)이다. 일반적으로는 세로축에 유지온도를, 가로축에 유지시간을 표시하고 각 온도에서의 변태개시와 완료구간을 표시한다. 따라서 등온변태도를 **TTT도**(time-temperature transformation diagram)라고도 한다.

공석강을 γ 상 영역에서 급랭하여 550 ℃로 등온 유지하는 경우 약 1초에서 변태가 시작한다. 유지시간의 경과에 따라서 오스테나이트는 변태하여 약 10초 후에 변태는 완료된다(그림 12-23).

그림에서 짧은 시간쪽의 곡선($Ps \sim Bs$)을 변태개시 곡선, 긴 시간쪽의 곡선($Pf \sim Bf$)을 변태완료 곡선이라 한다.

그림에서 알 수 있는 바와 같이 공석강에서는 550 ℃ 부근에서 가장 빨리 변태가 일어나며 이 온도보다 높던가 낮으면 변태는 늦어진다. 변태가 가장 빨리 일어나는 부분, 즉 Ps 곡선의 돌출부를 **코**(nose)라 부른다. 이 코보다 고온에서는 $\gamma \rightarrow$ P 변태가 일어나며, 이 온도가 높을수록 α와 Fe_3C의 층상간격이 넓고(조대), 그리고 온도가 낮으면 이들 층상간격이 좁아진다(미세).

등온유지에 의한 $\gamma \rightarrow$ P 변태는 전형적인 핵발생-성장과정에 의한 것으로, 이 과정을 다음 그림 12-24에 표시하였다. 즉 γ의 결정립계에서 그림 12-24 (a)와 같이 Fe_3C의 핵이 발생하며, 이 핵의 성장은 그림 12-24 (b)와 같이 α를 석출한다. 그리고 그림 12-24 (c) ~ (e)와 같이 성장발달하여 펄라이트를 형성한다. 등온변태에 의해 생성되는 펄라이트는 본질적으로 A_1 변태에서 생성되는 펄라이트와 같다.

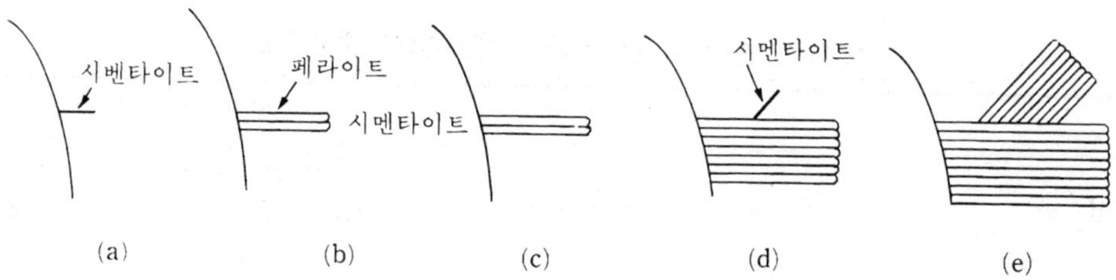

그림 12-24 항온변태에 따른 펄라이트 형성 과정

코(550 ℃)보다 낮은 온도에서 등온유지한 경우는 펄라이트보다 다른 조직으로 변태한다. 이 조직을 **베이나이트**(bainite) 또는 **중간단계 조직**이라 한다. 베이나이트는 그 생성 온도에 따라 **고온 베이나이트**(상부 베이나이트, upper bainite)와 **저온 베이나이트**(하부 베이나이트, lower bainite)로 구분되며 조직양상도 대단히 다르다.

그림 12-25와 같이 상부 베이나이트는 페라이트(α)와 탄화물이 평행직선상으로 진행하여 위드만스테텐(Widmanstatten)상 페라이트와 탄화물로 구성된 조직 또는 익모상(새

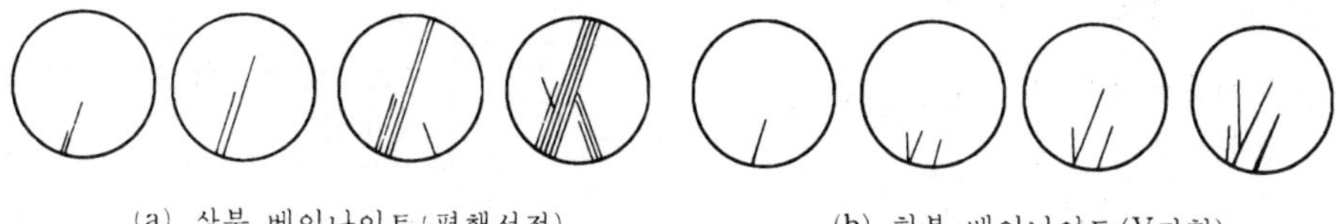

(a) 상부 베이나이트(평행선적)　　(b) 하부 베이나이트(V자형)

그림 12-25 베이나이트의 생성(표면 기복에 따른 관찰)

털모양) 페라이트와 초미세 탄화물로 된 조직(feathery bainite)이 된다. 하부 베이나이트는 그림 12-25 (b)와 같이 변태가 일정각도로 V 자형으로 진행하여 침상 페라이트와 초미세 탄화물로 구성된 조직(acicular bainite)으로 템퍼드 마텐사이트(tempered martensite)와 유사한 양상을 가진다.

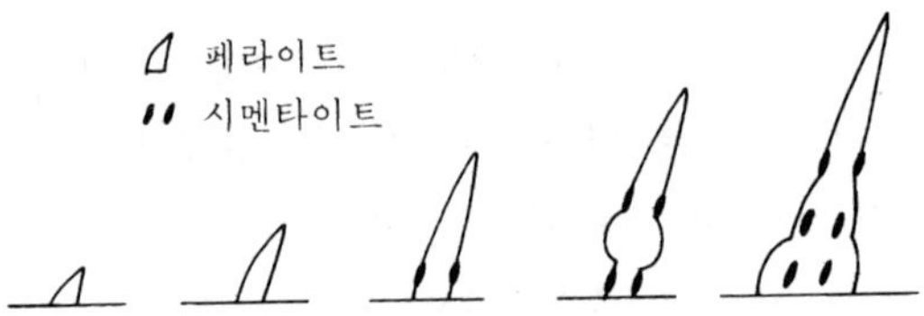

그림 12-26 베이나이트의 생성 과정

즉 그림 12-26 과 같이 베이나이트 변태의 생성과정은 펄라이트 변태와는 달리 처음에는 페라이트 핵이 발생한다. 이것이 성장함에 따라 주위의 오스테나이트의 C 농도가 증가하여 탄화물이 형성되나 그 사이를 다시 페라이트가 성장하는 것으로 생각되고 있다.

표 12-2 는 펄라이트 변태와 베이나이트 변태의 특성을 비교한 것이다.

표 12-2 펄라이트 변태와 베이나이트 변태의 특성 비교

	펄라이트 변태	베이나이트 변태
생성기구	Fe_3C 를 핵으로 발생 성장	페라이트를 핵으로 하고 확산에 의해 지배되는 일종의 슬립 변태
모재와의 결정학적 관련성	오스테나이트에 대해 있음	오스테나이트에 대해 없음
변태에 따른 용질 원자의 분포	변태에 따라 C 원자, 합금원소원자가 함께 이동하여 분포상태를 바꿈	C 원자만 이동하고 합금원소 원자는 모재에 남는다.
조직내에 포함되어 있는 탄화물	변태초기에는 반드시 Fe_3C 가 나타나나 후기에는 조성에 따라 특수 탄화물 등으로 변화한다.	변태온도 구역(고온)에서 Fe_3C, 저온구역에서는 천이 탄화물이 존재
변태에 따른 오스테나이트 입자의 영향	입자가 작으면 변태 촉진	비교적 무관
변태에 대한 탄화물 형성원소의 영향	변태를 현저히 억제	펄라이트 변태와 같이 저지효과가 크지 않음
변태에 대한 고용원소의 영향	변태를 억제함	펄라이트 변태와 같은 정도임

12-8 강의 표준조직과 그 해설

(1) 페라이트(ferrite)

α-Fe 또는 순철을 조직학상 페라이트라 한다. 탄소강은 탄소함유량이 0.01 ~ 2.11 % 이나 페라이트의 C 함유량은 상온에서 0.008 % 정도이다.

이 조직에서는 C가 페라이트에 용해되고, 고용체인 페라이트 결정립과 이들의 경계만이 나타난다. 흑색선은 결정립계이고 입계로 둘러싸인 부분이 페라이트 결정이다. 이 입계에는 불순물 등이 모이기 쉬우며 부식되기 쉽다. 판재에서는 이 페라이트 결정립도가 냉간가공성, 프레스 성형 등 드로잉 가공(drawing work)성에 크게 영향을 준다.

냉간가공으로 다소 경화되나 어닐링으로 다시 연화되며 이 때 재결정(가공도 8 ~ 10%, 어닐링 온도 600 ~ 900 ℃ 에서 현저함)으로 결정립의 이상성장이 일어나는 경우도 있다 (그림 12-27).

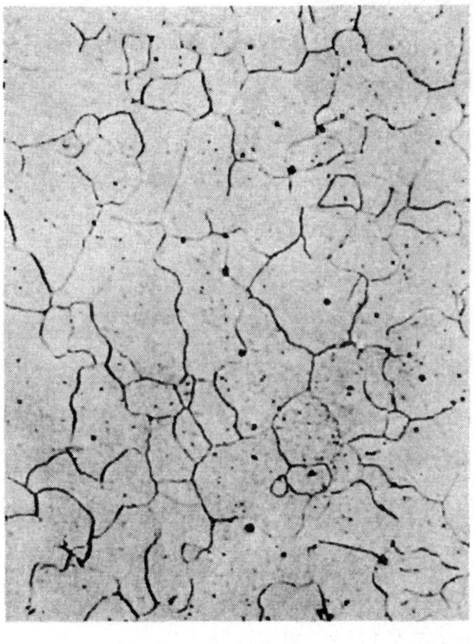

그림 12-27 조 직 : 전체적으로 백색 기지는 페라이트이고,
흑색의 미세한 선이 페라이트 입계를 나타낸다.
배 율 : ×120
부 식 액 : 3 % 나이탈 용액
조 성 : C 0.03%, Si 0.33%, Mn 0.22%, P 0.014%, S 0.012%
열 처 리 : 950 ℃
경 도 : H_B 40 ~ 70
인장강도 : 22 ~ 32 kgf/mm^2
신 율 : 40 ~ 50 %

(2) 펄라이트(pearlite)

펄라이트는 페라이트(α)와 시멘타이트(Fe_3C)의 층상조직으로 되어 있으며 공석강(0.77 % C)을 γ 구역에서 서냉하면 A_1 변태점에서 100 % 펄라이트로 변한다(발생기구는 그림 12-24 참조).

펄라이트 조직은 피크린산 또는 질산의 알코올 용액으로 부식하며, 이 때 페라이트는 시멘타이트에 비해 부식하기 쉬우며 Fe_3C 는 부식되지 않아 페라이트와의 경계에 그늘이 져 흑색으로 보인다. 따라서 펄라이트는 폭 넓은 백색 페라이트층과 폭이 좁은 흑색 그늘에 있는 Fe_3C 가 층상으로 보인다(그림 12-28, 29).

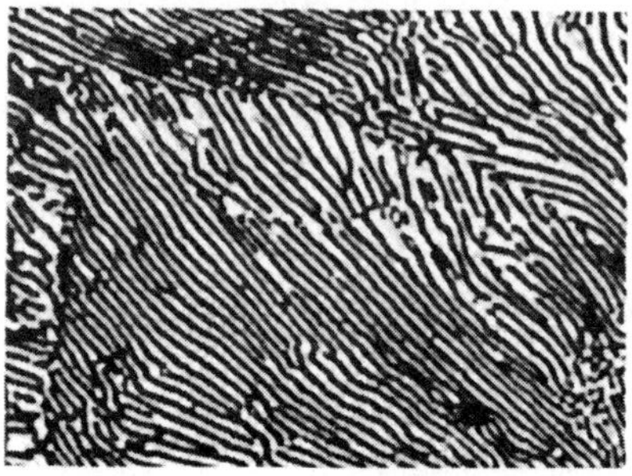

그림 12-28 조　직 : 펄라이트　배　율 : ×800
부 식 액 : 3 % 나이탈
조　성 : 0.86 % C (탄소공구강)
열 처 리 : 950 ℃ 어닐링

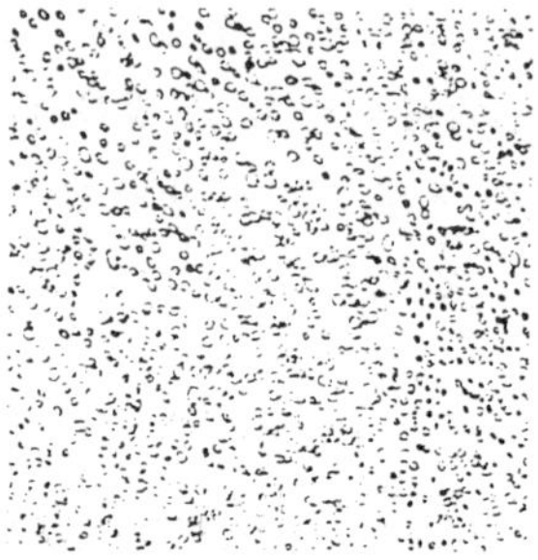

그림 12-29 조직 : 구상 펄라이트

(3) 펄라이트(pearlite)와 페라이트(ferrite)

Fe 에 0.1 % C 이상 함유되면 페라이트 외에 펄라이트가 나타나며, 이 펄라이트의 양은 C 에 비례한다.

상태도에서는 공석강(0.77 % C)에서 100 % 펄라이트가 되며, 펄라이트의 양에 따라 경도, 인장강도는 증가하고 연신율과 충격값은 떨어진다. 펄라이트는 흑색으로 부식되기 쉬우며 고배율의 광학현미경으로는 층상조직이 관찰된다.

아공석강을 γ 상태에서 서냉하면 A_3 변태점에서 초석 페라이트, A_1 점에서 남은 오스테나이트는 펄라이트로 변태(공석)하게 된다.

0.25 % C 이상의 아공석강은 급랭(quenching), 템퍼링 처리로 기계적 성질이 향상되며 강인성이 증가한다(그림 12-30).

(4) 망상 시멘타이트(network cementite)

과공석강에서 어닐링시 Fe_3C 는 오스테나이트의 입계에 망상으로 석출하여 오스테나이트 기지는 펄라이트가 된다. C 의 증가로 Fe_3C 량도 증가하므로 경도, 인장강도는 증가하나 신율, 충격치 등 연성 및 인성과 관계되는 성질은 감소한다(그림 12-31, 32).

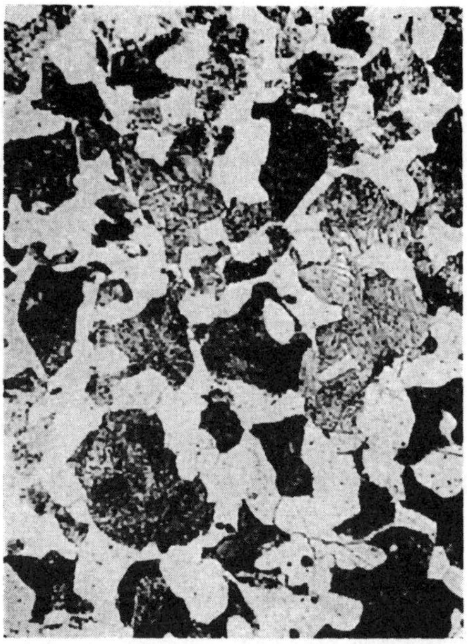

그림 12-30 조 직 : 백색부분은 페라이트,
흑색의 층상은 펄라이트.
배 율 : ×250
부 식 액 : 3 % 나이탈 용액
조 성 : C 0.44 %, Si 0.19 %,
Mn 0.73 %, P 0.022 %, S 0.011 %
열 처 리 : 930 ℃ 어닐링
경 도 : H_B 150 ~ 200
인장강도 : 55 kgf/mm^2
신 율 : 22 %

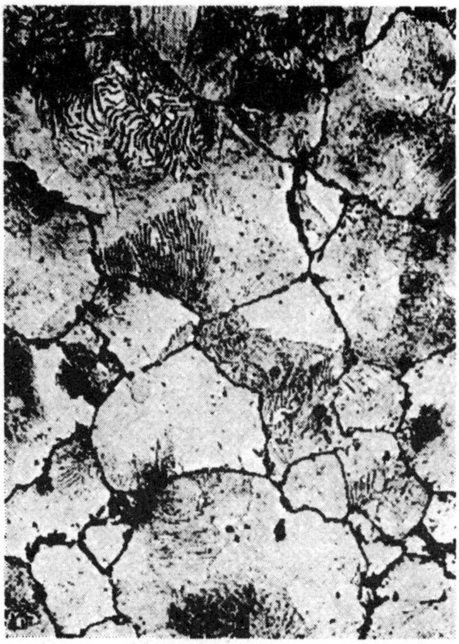

그림 12-31 피크린산 소다 수용액에 부식

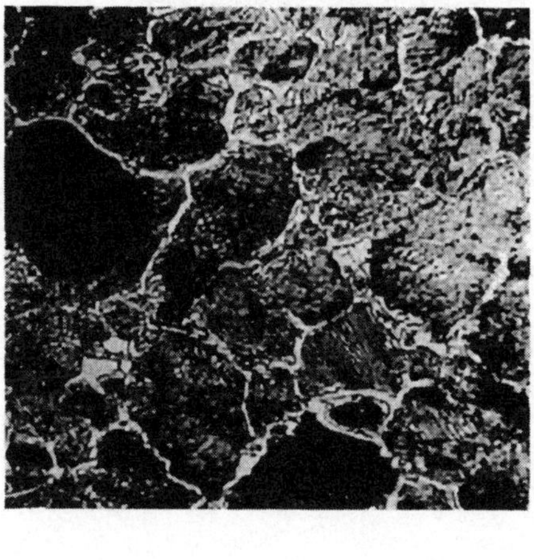

그림 12-32
조 직 : 백색 망상 시멘타이트와 펄라이트.
배 율 : ×250
부 식 액 : 3 % 나이탈 용액
조 성 : C 1.13 %, Si 0.17 %, Mn 0.45 %,
P 0.022 %, S 0.009 %
열 처 리 : 900 ℃ 어닐링
경 도 : H_B 220 ~ 250

1.2 % C 이상에서는 망상 시멘타이트는 낮은 배율로서도 관찰된다. 0.6 ~ 0.8 % C의 어닐링 조직에서 망상으로 나타나는 페라이트를 보기에는 피크린산 소다와 액 중에서 가열하면 좋다. 이 때 망상 시멘타이트는 사진과 같이 다갈색에서부터 흑색으로 착색되나 페라이트는 착색되지 않는다. 이 망상의 시멘타이트는 급냉처리(quenching)시 균열의 원인이 된다.

(5) 구상 시멘타이트(globular cementite)

과공석탄소강의 표준조직은 펄라이트가 망상 시멘타이트로 둘러싸인 것이 일반적이다. 그러나 이와 같은 조직의 강재의 기계적 성질을 개선하기 위해 시멘타이트를 구상화시킨다. 이는 다음 조직사진에서와 같이 백색 페라이트 기지에 구상 또는 불규칙형 구의 시멘타이트가 유리상태로 산재하고 있다. 이는 펄라이트 성분의 시멘타이트와 망상의 시멘타이트가 구상화 열처리에 의해 모두 미세하게 분산되어 표면장력에 의해 구상화된 것이다 (그림 12-33, 34).

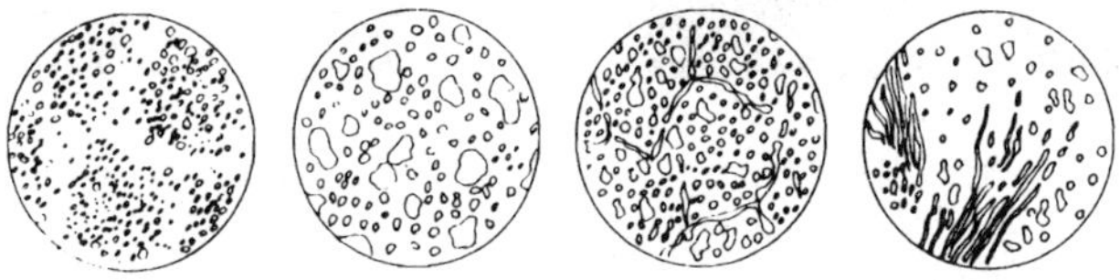

그림 12-33 불완전한 구상 시멘타이트의 예(약 250 배)

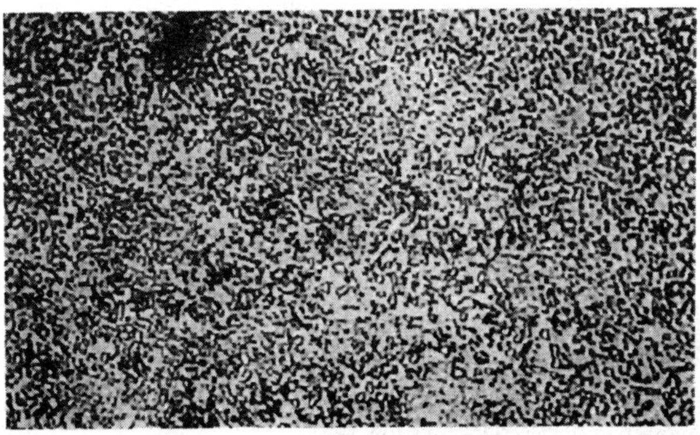

그림 12-34 조 직 : 백색 입상이 시멘타이트, 기지는 페라이트.
배 율 : ×400
부 식 액 : 3 % 나이탈 용액
조 성 : C 1.13 %, Si 0.17 %, Mn 0.45 %, P 0.022 %, S 0.009 %
열 처 리 : 어닐링한 후 780 ℃ 에서 가열 후 노냉
경 도 : H_B 160 ~ 210
인장강도 : 60 ~ 75 kgf/mm^2
비 고 : 피크린산 소다액으로 부식하면 시멘타이트가 착색된다. 구상 시멘타이트의 조밀은 탄소함유량 및 열처리 조건에 따라 변화한다.

(6) 상부 베이나이트(upper bainnite)

강재를 오스테나이트부터 Ar', Ar'' 사이의 일정 온도에서 등온변태시키면 Ar' 부근에서 익모상 베이나이트 조직이 된다. 이 때 변태온도가 낮을수록 경도는 높다.

이 때 조직사진은 약간의 트루스타이트가 혼재한 상부 베이나이트로서 유지시간을 더 길게 하면 하부 베이나이트가 된다. 그러나 침상의 특징을 명백히 하기 위해 짧은 시간 처리하여 기지를 마텐사이트로 하였다.

베이나이트는 앞에서 설명한 바와 같이 페라이트와 탄화물의 혼합물이나 저온 펄라이트와는 달리 상부 베이나이트는 평행한 판상의 페라이트와 탄화물의 혼합이다. 베이나이트를 얻기 위해서는 그 강재의 등온변태도로부터 변태개시, 완료온도와 시간관계를 잘 알아두어야 한다(그림 12-35).

그림 12-35 조　　직 : 백색 마텐사이트 기지에 익모상 베이나이트, 일부 트루스타이트가 혼합되어 있다.
배　　율 : ×300
부 식 액 : 3 % 나이탈 용액
조　　성 : C 0.84 %, Si 0.29 %, Mn 0.40 %, P 0.012 %, S 0.008 %
열 처 리 : 930 ℃ 에서 400 ℃ 의 염욕 중에 소입하여 40 초간 등온유지 후 수냉

(7) 하부 베이나이트(lower bainte)

하부 베이나이트는 공석강에서 300 ℃ 부근의 등온변태에 의해 발생한다. 상부 베이나이트와는 달리 침상을 이루고 있으며, 템퍼드 마텐사이트(tempered martensite)와 유사하게 부식이 쉬운 침상조직이다.

변태온도가 낮을수록 현미경조직에서는 마텐사이트와 구별하기 어렵다. 마텐사이트보다 강도는 낮고 인성이 좋다. 이는 페라이트와 탄화물의 혼합물인 것은 상부 베이나이트와 같으나 형태가 다소 다르다(그림 12-36).

그림 12-36 조　　직 : 하부 베이나이트(흑색의 침상으로 부식된 부분). 백색부분은 마텐사이트 + 잔류 오스테나이트

배　　율 : ×400

부 식 액 : 3 % 나이탈 용액

조　　성 : C 0.74 %, Si 0.44 %, Mn 0.76 %, P 0.021 %, S 0.058 %

열 처 리 : 880 ~ 890 ℃ 에서 290 ~ 300 ℃ 의 염욕 중에 퀜칭하여 15 분간 등온유지 후 수냉

경　　도 : H_RC 50 ~ 55

제 13 장
마르텐사이트(Martensite) 변태

13-1 마르텐사이트의 일반 개념

금속의 변태기구를 크게 두 가지로 나눈다면 핵발생 성장기구와 마르텐사이트 기구가 된다.

마르텐사이트는 강을 급냉할 때 발생하며, 경도가 높은 특징을 가지고 있다. 그리고 이는 철강재에서만 발생하는 것으로 알려졌으나 그후의 많은 연구에 의해 비철금속을 비롯한 많은 기타 합금에서도 발생하고 경도가 높다는 것은 마르텐사이트의 특징이 아니라 단지 하나의 성질에 불과함이 알려졌다.

그러므로 마르텐사이트란 무엇인가 하는 정의가 문제시되나 먼저 마르텐사이트가 어떻게 발생하는가 하는 것을 설명하는 것이 알기 쉽다. 일반적으로는 금속의 변태에 있어서는 원자가 이동하여 새로운 위치를 점유하는 것이 원칙이나 마르텐사이트 변태에서는 많은 원자가 협동적으로 일시에 운동하여 새로운 원자위치를 자리잡게 되므로 소위 원자확산이 수반되지 않는다. 따라서 마르텐사이트 변태를 **무확산변태**라고도 한다.

확산이 없으므로 냉각속도를 아무리 빨리하여도 변태를 저지할 수가 없고 또한 변태개시 온도를 떨어뜨릴 수도 없다. 확산이 없다는 것은 모상(母相)과 마르텐사이트의 조성이 동일함을 뜻하며, 이는 규칙격자가 마르텐사이트 변태를 일으키면 역시 같은 규칙격자를 형성하는 사실로 확인되고 있다.

마르텐사이트 변태는 열활성으로 일어나는 것이 아니라 다수의 원자가 음속에 가까운 큰 속도로 협동적으로 움직이므로 극히 낮은 온도에서도 변태는 빠른 속도로 진행한다. 그러므로 모상과 마르텐사이트의 형상은 크게 변화하며 따라서 큰 변형을 유발한다.

마르텐사이트는 고온에서부터 냉각되는 동안 어떤 온도에 도달하여 자연적으로 진행하여 각각의 온도에서 일정한 변태량을 나타낸다. 그러므로 변태량을 그 이상 진행시키기 위해서는 온도를 떨어뜨려 구동력을 증가시켜 주어야 한다. 이와 같은 성질의 반응을 **비열적 반응**(athermal reaction)이라 한다.

마르텐사이트 반응과 관련되는 특정 온도로서는 다음과 같은 것을 생각할 수 있다.

M_d점 : 마르텐사이트가 존재할 수 없는 한계의 최고 온도

M_s점 : 마르텐사이트 반응이 시작하는 온도 M_s점은 M_d점보다 낮은 온도이다. 즉 마르텐사이트 반응이 시작하기 위해서는 $(M_d - M_s)$만큼 과냉상태에 들어가야 한다.

M_f점 : 마르텐사이트 반응이 완료되는 온도

다음에 마르텐사이트 반응의 특징이라고도 할 수 있는 여러 현상을 간단히 설명하자.

1. 변태량의 시간적 변화

변태량이 시간에 따라 어떻게 증가하는 가에 관해서는 2종류의 마르텐사이트가 존재하는 것으로 생각된다. 하나는 변태량이 시간에 따라 증가함이 없다. 즉 일정온도에서 모상의 일부가 급속히 변태를 완료하고 그후는 시간이 경과하여도 변태량은 증가하지 않는 전형적인 마르텐사이트이며, 이를 **비열적 마르텐사이트**(athermal martensite)라 한다.

둘째는 변태량이 일정온도에서 시간의 흐름에 따라서 증가하는 마르텐사이트로서 이를 **등온 마르텐사이트**(isothermal martensite)라 하며, 이는 마르텐사이트의 특별한 경우이며, 일반적으로 말하는 마르텐사이트는 위의 비열적 마르텐사이트를 말한다.

2. 변태의 온도 의존성

비열적 마르텐사이트의 경우는 변태량은 온도에만 의존하며, 변태속도는 온도에 의존되지 않는다. 즉 어떤 온도에서도 변태속도는 일정하나 그 속도는 대단히 빠르다. 강의 마르텐사이트의 성장속도는 $10^2 \sim 10^5$ cm/sec 로 알려져 있다.

변태는 M_s점에서 자발적으로 시작하여 온도가 강하함에 따라 변태는 진행하여 M_f점에서 완료한다. M_s와 M_f점 사이의 온도에서 냉각을 정지시키면 반응도 정지한다. M_d와 M_s점 사이에서는 모상이 준안정상태로서 이 온도구간에서는 마르텐사이트가 나타날 가능성이 있다. 따라서 소성가공 등으로 외력에 의해 M_d와 M_s 사이에서 마르텐사이트가 발생한다.

3. 변태의 가역성, 역변태

마르텐사이트 변태는 엄격히 말하면 비가역반응이지만 일반적으로는 가역적으로 취급된다. 즉 모상의 온도를 떨어뜨려서 일정량만 마르텐사이트 반응을 시킨 것을 다시 가열하면 마르텐사이트는 없어지고 원래의 모상으로 되돌아 간다.

또한 결정학적으로 보아도 치수, 형상, 방위도 모상으로 돌아간다. 따라서 열역학적으로

취급되는 경우 단상에서 단상(單相)으로의 가역변화로 볼 수가 있다. 이와 같은 역변태의 경우에도 M_d, M_s, M_f점에 해당하는 온도를 고려하게 되며, 이때는 이들 점을 A_d, A_s, A_f 점이라 부른다. 단 역변태에는 온도이력이 있으며, A_s점은 보통 M_s점보다 높다.

현상적으로는 역변태가 일어나지 않는 것처럼 보이는 일도 있으나 이는 외부 요인에 의한 조건의 교란이 있는 경우로서, 예를 든다면 강재의 마르텐사이트의 역변태가 일어나지 않는 경우는 가열시 템퍼링 현상이 일어남으로써 마르텐사이트가 이미 다른 상으로 변화한 경우가 되겠다.

4. 반응에 대한 응력의 영향

소성가공 등에 의한 응력의 영향은 다른 변태의 경우에 비해 대단히 크다. 마르텐사이트 변태 중 어떤 단계에서 소성변형을 가하면 변태속도가 빨라지고 이 소성변형만으로 변태가 완료되는 일도 있다. M_s점 이상 M_d점 이하에서는 보통 마르텐사이트 반응이 일어나지 않으나 소성변형을 가하면 마르텐사이트가 발생한다.

5. 마르텐사이트의 조성, 형상 및 방위관계

마르텐사이트의 조성은 모상과 같은 조성이다. 예를들면 모상이 Fe-C의 고용체라면 마르텐사이트도 Fe-C의 고용체이다. 마르텐사이트의 결정은 보통 렌즈(lens)상, 또는 평판(平板)상이며, 이들 하나 하나는 단결정(single crystal)이며, 결정방위는 모상의 결정과 특정한 관계를 유지하고 있다. 또한 마르텐사이트는 모상의 특정한 결정면에 생성되기 쉬우며, 이 결정면을 **결정벽면**(habit plane)이라 한다.

6. 반응의 안정성

앞에서 설명한 바와 같이 소성변형은 반응을 촉진하나 한편 반응을 저지하는 인자도 있다. 예로서 마르텐사이트 반응을 일으킨 온도에서 반응을 정지시켜 어느 시간동안 유지하고 다시 냉각하여 마르텐사이트 반응을 일으키면 처음부터 냉각한 경우에 비해 반응의 진행이 어렵게 된다. 이 현상을 **오스테나이트의 안정화**(stabilization of austenite)라 한다. 이 안정화는 정지시키는 온도에서의 유지시간이 길수록 크다.

13-2 급냉된 강(鋼)의 조직 : 마르텐사이트

급냉된 강은 서냉된 강에 비해 대단히 강하다. 또한 강을 먼저 가열하고 이를 냉수 속에서 급냉하면 아주 경한 재료가 얻어진다는 것은 오래전부터 알려져 있는 사실이다.

일반 강재를 먼저 오스테나이트화 한 후 급냉하면 마르텐사이트로서 알려진 침상조직(보통 acicular 라 기술되나 보다 엄밀히 말하면 needle-like 를 뜻한다. 그러나 실제로는 마르텐사이트 결정은 렌즈상의 판이다. 이 렌즈의 단면이 침상으로 보인다.)이 얻어진다(그림 13-1).

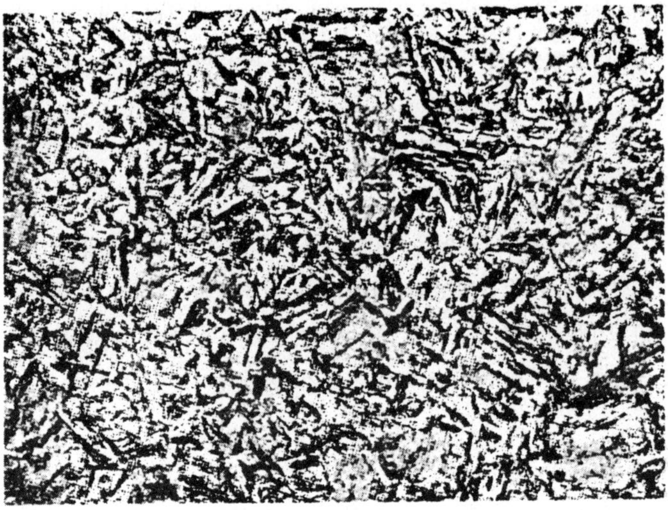

그림 13-1 0.6 % 탄소강을 900 ℃ 에서 수냉한 경우에 생성된 마르텐사이트(× 1800)

이는 미처 변태하지 못한 오스테나이트(잔류 오스테나이트)를 가지고 있다. 그러나 일반 강에서는 이 잔류 오스테나이트는 높은 탄소농도의 경우에 잘 보인다. 이 잔류 오스테나이트(γ_R)는 Ni 또는 Mn 의 농도가 증가하면 급격히 증가한다. 이는 Ni 와 Mn 는 강력한 오스테나이트의 안정제로 작용하기 때문이다. 따라서 합금강에서는 완전히 오스테나이트만의 조직을 얻을 수 있으나 일반 강재의 경우는 급냉으로 순수한 오스테나이트 조직을 얻을 수는 없다. 일반 강의 냉각속도를 크게 변화시켜가면 다음과 같은 특징적인 조직이 얻어지는 것으로 생각하였다.

Pearlite → Sorbite → Troostite → Martensite → 잔류 Austenite

그러나 그 후 sorbite 는 층간격이 대단히 좁은 pearlite 에 지나지 않으며 본질적으로는 pearlite 와 cementite 의 혼합물임이 밝혀졌다.

한편 Martesite 는 Fe 원자의 체심 정방격자 속에 탄소원자가 과포화로 고용되어 있음이 또한 밝혀졌다. 이리하여 일반 강의 Martensite 결정의 축비는

$$c/a = 1 + 0.0467 \times \text{중량 \% C}$$

로, C량에 따라 변화한다는 사실이 Kurdjumow에 의해 제시되었다.

여기서 단순화를 위해 austenite의 분해가 단일 단계의 과정인 경우만을 생각하고 초석 분해(初析分解)가 일어나는 경우는 고려치 않기로 하겠다. 일반 강재를 이 조건하에서 차차 온도를 떨어뜨리면서 각 온도에서 등온변태를 진행시켰을 때의 반응생성물은 다음과 같다.

Pearlite → 상부 Bainite → 하부 Bainite → Martensite → 잔류 Austenite

여기서 상부 bainite와 하부 bainite는 ferrite와 탄화물의 혼합물이다.

Kelly와 Nutting에 의하면 급냉으로 얻은 저탄소강에서는 martensite는 장축방향이 ⟨111⟩에 평행한 얇은 판으로 되어 있다(그림 13-2).

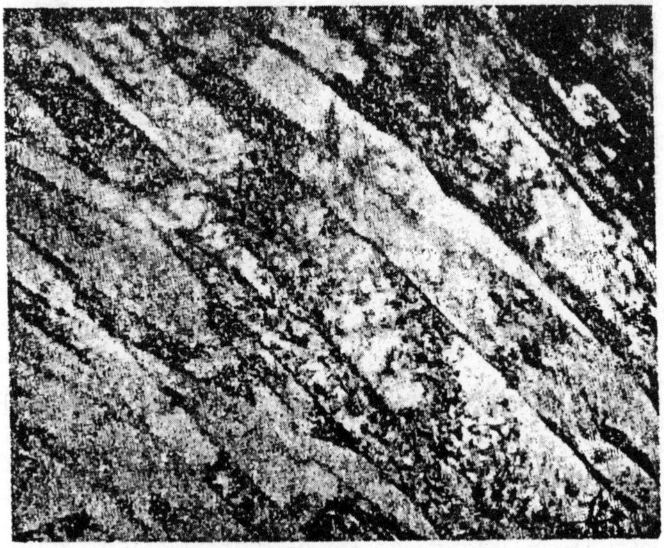

그림 13-2 0.1 % C강을 급냉으로 얻은 마르텐사이트(× 64,000).
침상의 생성물이 보이나 마르텐사이트판 내부에 쌍정은 없다.

이에 반해 고탄소농도(1.0 ~ 1.4 % C)의 martensite는 그림 13-3과 같이 쌍정대의 좁은 띠(band)를 내포하는 판으로 이루어진다.

Martensite의 관면은 모상 austensite의 {225}면에 근사적으로 평행하며, 쌍정면은 martensite의 {112}면이다. 이 종류의 martensite에서는 판상 martensite와 모상 austensite 사이의 상호 방위관계는 Kurdjumow와 Sachs의 관계가 성립하고 있다.

이 Kurdjumow와 Sachs의 관계란 다음과 같다.

그림 13-3 1.0 % C강을 급냉으로 얻은 마르텐사이트
마르텐사이트판 내부에 쌍정이 보인다(× 64,000).

Kurdjumow-Sachs 관계 $\left[\begin{array}{l}[111]_{\gamma} /\!/ \{110\}_{\alpha} \\ \langle 110\rangle_{\gamma} /\!/ \langle 111\rangle_{\alpha}\end{array}\right.$

즉 2개 격자의 최조밀 열(列)과 최조밀 면(面)은 평행하며, 계면은 일반적으로 비정합(incoherent)이라 하나 실제적으로는 반정합 관계에 있을 것으로 보여진다.

Martensite의 근사적 결정벽면(habit plane) {225}란 유일한 것은 아니며, 고탄소농도의 강(1.4 ~ 1.8 % C)에서는 근사적으로 {259}가 된다. {225} 벽면을 예외로 생각하면 대개의 경우 벽면은 무리수로 표시되고 위의 면지수 및 방위관계는 단순한 근사치에 불과하게 된다. 또한, 결정벽면은 온도에 의존하며 저탄소강에서는 온도강하에 따라 {225}부터 {259}로 변화하는 경우도 있다. Martensite 변태는 결정벽면에 수직한 방향으로 약 9 %의 팽창을 가진다. martensite는 모상 austenite와 정합을 유지하여 형성되는 것으로 알려져 있다. 그러나 양쪽 구조는 완전한 정합을 유지하기에는 차가 크므로 계면은 반정합이라고 생각하는 것이 좋겠다. 반정합 계면은 가느다란 쌍정의 적층, 또는 그림 13-4에 표시된 것보다는 월등히 복잡한 전위(dislocation)로 이루어진 것으로 생각된다.

그러나 이 배열방법은 아직 추측에 지나지 않는다.

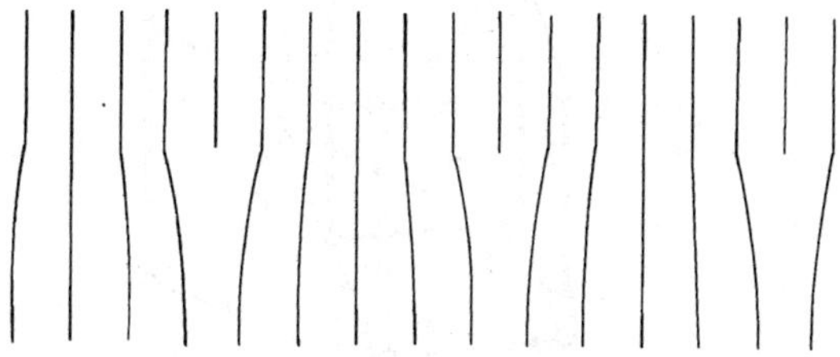

그림 13-4 반정합 계면(semi-coherent boundary). 이 때 어긋남은 인상전위의 계열로서 적용된다. 일반적으로 입자가 큰 경우는 정합계면, 전위간격이 큰 경우는 반정합계면이 된다.

13-3 침입형 마르텐사이트의 정방정구조

Martensite 는 4°K 의 낮은 온도에서도 극히 빠른속도로 형성되며, 그 형성 과정은 무확산(diffusionless)으로 이루어진다. 침입형 용질원자가 없는 경우는 martensite 는 입방격자(cubic) 구조를 가지며, 탄소 또는 질소가 침입형으로 고용되는 경우에는 정방격자(tetragonal)로 된다. 이는 다음과 같이 생각하면 쉽게 이해할 수가 있을 것이다.

그림 13-5 는 면심입방구조의 단위격자를 표시한 것으로서, 좌측에 인접하는 단위격자 내의 2 개의 원자도 함께 표시해 놓았다.

이 그림에서 면심입방구조는 축비가 1.414 인 체심입방격자와 같음을 알 수 있다.

Frank 의 표시법에 따라 면심입방 단위격자와 체심입방격자의 각축에 x_F, y_F, z_F와 x_I, y_I, z_I의 기호에 따라 표시하였다.

그림 13-5 의 구조가 수직하게 눌렸을 때를 가상하면 어떻게 체심정방정이 체심입방격자가 될 것인가? 또한 압축이 불충분한 경우는 약간의 정방정의 구조가 될 것인가가 이해될 것이다.

그림 13-5 의 a, b, c 는 체심단위격자의 8 면체형 격자간 위치(p 31. 간단한 결정구조 참조)를 표시한 것으로, 이중 c 만이 공유되는 면심단위격자의 8 면체형 격자간 위치로 되어 있다. 탄소원자가 면심입방격자의 8 면체형 격자간의 어느 위치에 있을 때 압축이 급하게 일어나면 탄소의 확산이 일어날 수 없고 전체 탄소원자는 c 의 위치에 그대로 머무르게 되어 체심입방정의 수직방향에 변형을 일으켜 체심정방정(bct) 구조를 형성하게 된다.

Austenite 로부터 martensite 로의 변화는 실제적으로는 돌발적인 선단기구에 의해 일어나며, 이 때의 방위관계는 근사적으로 앞에서 언급한 Kurdjumow 와 Sacks 의 관계에 있게 되며, austenite 의 조밀면 $\{111\}_F$ 및 조밀방향 $\langle 111\rangle_F$는 각각 체심구조의 조밀면

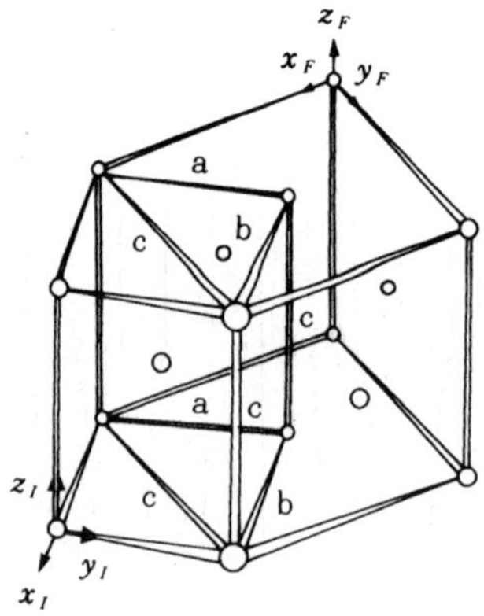

그림 13-5

$\{110\}_I$ 및 조밀방향 $\langle 111\rangle_I$에 평행하다. 기하학적 사고로서는 이들 방위관계는 위에서 설명한 압축기구로서도 얻어지며 또한 모든 체심입방체의 균일팽창에서도 얻어진다. 이를 우리는 **Bain 의 변형**이라 부른다.

그림 13-5 에서 탄소의 확산시간이 없으면 탄소원자가 체심입방체 내의 단 1개의 8면체 공간을 점하게 되며, 그럼으로써 정방격자의 변형을 가지게 된다.

여기서 정방정 내의 원자위치를 살펴보기로 하자.

Martensite 가 체심정방정을 가짐은 이미 1926 년에 Fink 와 Campbell 에 의해 확인되었으며, 처음에는 Fe 원자는 체심정방정으로 격자점과 체중심에 있는 것으로 생각되었다. 그 후 Lipson 과 Parker 에 의한 정밀 연구에 의해 martensite 는 Fe 원자가 C 축 방향으로 약간 변위될 수 있음을 알았다.

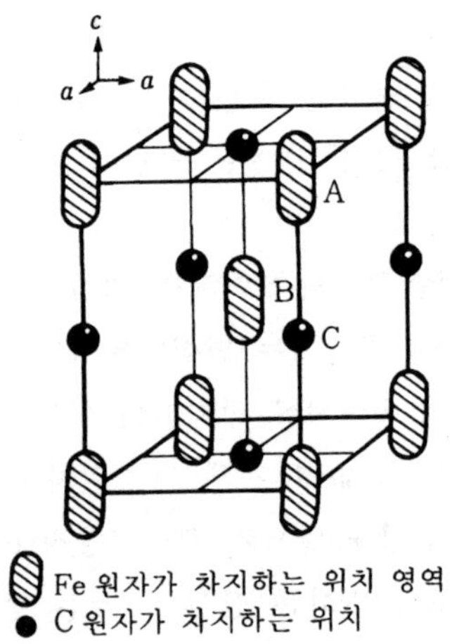

그림 13-6 Lipson 및 Parker 에 의한 마르텐사이트 구조

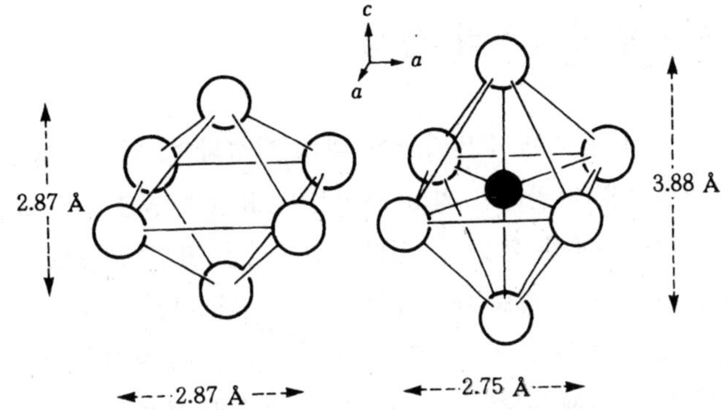

그림 13-7 Jack 의 마르텐사이트 구조. 좌측은 b.c.c 에서의 정상적 배열. 우측은 C, 또는 N 원자가 침입함으로써 변형된 경우임. 마르텐사이트 구조는 강한 변형구역에 의해 결합된 이들 두개 단위를 포함하는 것으로 본다. ○ : Fe 원자 ● : N 원자

그림 13-6 은 이를 표시한 것이다. 즉 Fe 원자의 위치가 수직방향으로 변동될 수 있음을 나타내고 있다. 탄소원자가 정방정적인 변형을 일으켜 2 개의 Fe 원자를 변위시켰다고 보아도 좋을 것이다. 이 그림에서는 탄소원자가 고려될 수 있는 8 면체 격자 위치를 모두 점하고 있는 경우를 표시하였으며, 이로 인해 단위격자는 수직방향으로 팽창하고 있다. 그러나 2 % C (중량농도)인 고농도 강이라 하더라도(γ-Fe 중의 C 의 최대 고용도) 실제로는 탄소원자로 점유되었다고 생각되는 것은 8 면체 위치 내의 약 1/10 에 지나지 않는다.

Jack 에 의해 제창된 martensite 의 다른 한 가지 생각을 그림 13-7 에 표시하였으며 정상적인 단위격자를 C 축에 대해 늘리고 여기에 약간의 변형이 발생하였음을 보여준다. 이는 martensite 구조는 강한 국부적 변형을 내포하고 있음을 강조하고 있다.

그림 13-8 은 다른 방향에서 본 것으로서, 면심입방정 내의 $(111)_I$, $[01\bar{1}]_F$ 방향이 체심입방정 내의 $(101)_I$, $[11\bar{1}]_I$ 방향에 어떻게 대응하고 있는 가를 표시하고 있다.

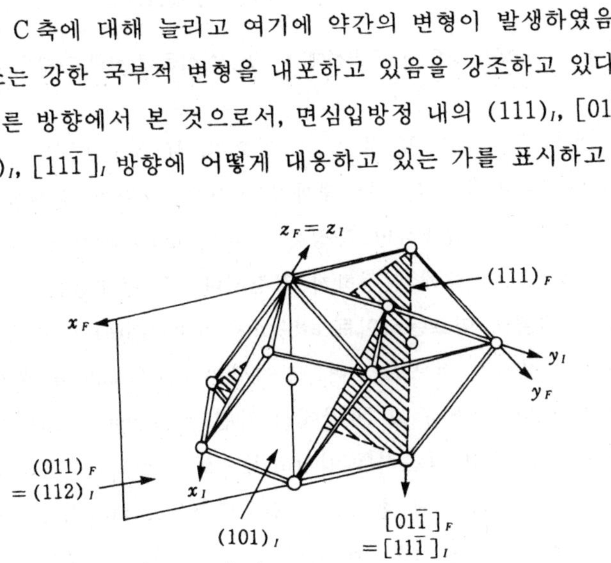

그림 13-8

13-4 마르텐사이트의 형성

Martensite 는 급냉시 급격한 선단기구에 의해 형성되며, 이 때 형상 변화를 수반한다. 고온현미경으로 연마면을 관찰하면 침상 생성물이 표면에 돌출되어 있음을 알 수 있으며, 또한 "딱"하는 소리도 분명히 들을 수 있다. 이 소리는 표면에 새로운 기복이 형성되었음을 의미한다. 침상 생성물은 재료 내에서 음속(音速)과 같은 속도로 전파되며, 이 속도는 액체 He (4 K) 에서도 유지된다. 이 침상, 또는 판상의 생성물의 전파는 austenite 의 입계나 다른 침상 생성물에 의해 저지된다. 그러므로 최초에 형성된 것이 최대로 되는 경향이 보이나 martensite 의 결정립은 모상 austenite 의 결정립보다는 작다. austenite 가 martensite 로 변태할 때는 조성의 변화는 없다.

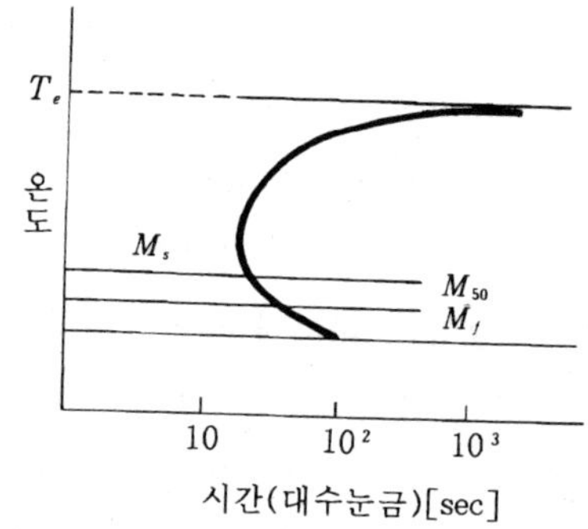

그림 13-9 TTT 곡선에 M_s 및 M_f 선을 표시한 그림

각 강재에는 그들의 특정온도 M_s 와 M_f 가 있으며, M_s 온도 이상에서는 변태는 없다. 또한 M_f 온도 이하에서는 변태가 완료할 때까지 진행한다. 일반 강재를 austenite 화 한 후 M_s 와 M_f 사이의 온도까지 급냉하면 특정한 비율의 martensite 가 순간적으로 형성된다. 이 때 반응량은 일정온도에 대해 일정하게 결정된다. 즉 변태량은 온도의 함수로 일어난다. 이와 같은 것을 **비열적 마르텐사이트**(athermal martensite)라 부르고 있다. 1 차적으로는 이 상태는 반응이 정지된 것으로 보며 그 이상의 martensite 를 형성하기 위해서는 온도를 더 떨어뜨려야 한다. 그러나 고 Ni 강에서 어떤 것은 martensite 가 보통의 비열적 과정으로 형성되기도 하고 또한 등온적(isothermal)으로 형성되는 것도 있다. 또한 외부 응력으로 M_s 이상에서 martensite 가 형성되는 경우도 있다. 비열적 martensite 가 형성되는 경우에는 M_s 와 M_f 온도는 그림 13-9 와 같이 TTT 도 내에 수평선으로 표시하며 경우에 따라서는 25 %, 50 %, …… 의 martensite 의 양적비에 대응시켜 수평선을 그릴 때도 있다.

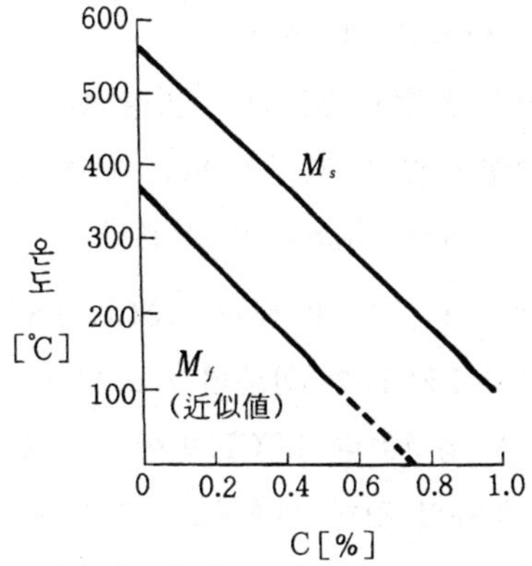

그림 13-10 탄소강의 M_s 및 M_f 온도에 미치는 탄소농도의 영향

일반 강재 또는 Fe-C 2원 합금에서는 C 농도가 증가함에 따라 M_s와 M_f점은 떨어진다. 그림 13-10에 이의 전형적인 예를 표시하였다.

실온이 M_s와 M_f 사이에 해당되는 경우는 냉수에 급냉하여도 완전한 martensite 조직을 얻을 수 없다. 따라서 약간의 austenite가 남게 된다.

실용면에서는 M_s점을 낮게 하기 위해 austenite화 온도를 높여주는 경향이 있으나 이 효과는 대개의 경우 다음의 사실에 근거를 두고 있다. 즉 저온에서 austenite화 하면 완전한 균일 austenite가 얻어지지 못하며, 따라서 저탄소 농도인 부분에서는 재료 전체 농도에 대응하는 M_s점보다 높은 온도에서 martensite 변태가 시작한다. 또한 austenite화 온도가 낮으면 잔류 austenite의 존재비도 증가한다. 이것은 고탄소 농도의 부분은 급냉으로 martensite로 변화하기 어렵기 때문이다.

이상의 설명은 냉각속도가 대단히 빠르기 때문에 martensite가 일단 형성된 후에는 냉각 도중의 변화는 없는 것으로 가정한 설명이다.

그러나 martensite를 tempering하면 탄화물이 석출한다. austenite 조직의 큰 재료를 급냉하는 경우에는 냉각속도가 늦어지므로 martensite의 auto-tempering(자연 템퍼링)이 일어나며, 이로 인해 탄화물 입자가 석출한다. 이 때 입자는 마르텐사이트판(板)의 쌍정계면에서 처음 석출하게 된다.

13-5 마르텐사이트 변태

martensite 변태는 Fe 합금에서만이 아니라 비철합금에서도 나타난다. 이 변태의 일반적 정의는 다음 2가지 조건을 만족해야 한다.

(1) 조성의 변화를 수반하지 않으면서 변태가 일어나야 한다. 이는 하나의 원자는 한 원자간 거리 이상 이동해서는 안됨을 의미한다.

(2) 거시적으로 변태는 균일 변형에 대응하는 형상 변화를 수반해야 한다. 즉 변태 생성물의 계면이 근사적으로 변형이 없고 회전이 없는 상태로 되어 있어야 한다. 이 종류의 변형은 **불변면 변형**(invariable plane strain)이라 부른다.

Bilby 와 Christian 에 의하면 그림 13-11 에서 ABCDLMNO 를 martensite 의 결정립(덩어리)으로 표시하고, 이는 평면 EFGH 와 만나며 AB 및 CD 를 축으로 하여 기울어진 기복면을 이룬다. ABCD 표면은 평면이나 EFGH 면에 그려진 직선 SS′ 는 3 개 부분 ST, TT′ 및 T′S′ 로 꺽인다. 이 종류의 형상 변형은 균일 변형으로 취급되고, 평면은 평면으로 직선은 직선으로 변형한다. martensite 변태에서 관찰되는 표면 기복은 이 종류에 속하는 변형에 따른 것이다.

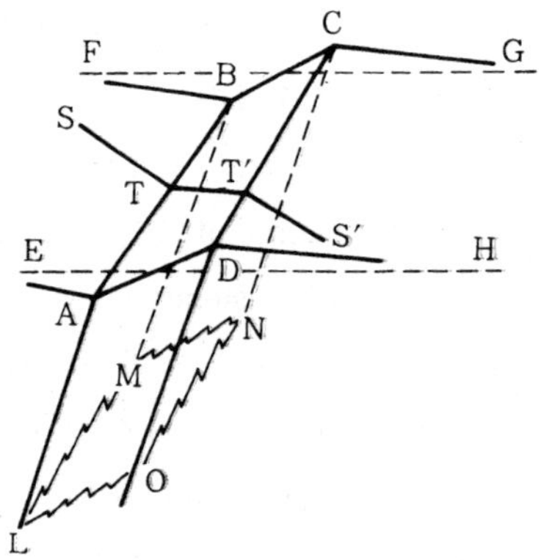

그림 13-11 마르텐사이트의 형성에 따라 생성되는 형상 변형(Mackenzie)

계면에 따라 틈이 형성되지 않는다고 하면 변태진행에 따라 martensite 판이 성장하여도 계면 ABML 과 DCNO 는 회전할 수 없게 된다. 또한 선 AB 는 각도로서도 5~6 분 이상의 회전은 없는 것이 관찰되고 있다. 또한 계면에 따라 모든 방향에 균일하게 팽창, 또는 수축하는 가능성이 있으나 이것도 실험적으로는 5~6 % 이상은 되지 않는 것으로 알려졌다. 그러나 계면 ABML 에 수직한 방향에 팽창, 또는 수축이 일어남으로써 전체적으로는 체적변화가 있을 가능성이 있다.

강의 martensite 변태를 결정학적으로 취급한 몇 가지 이론은 외적 변형에 관한 성질을 어떻게 가정하는가에 따라서 다소 다르다. 예로서 계면에 약간의 팽창이 있느냐 없느냐 하는 차이다. 그러나 모든 이론은 계면 ABML 이 근사적으로 변형이 없고 회전이 없는 상태로 하는 균일 변형을 생각하는 점에서는 모두 일치하고 있다.

이 변형은 근사적으로는 invariant plane strain(不變面變形)이고 면 ABML(변화없음)에 작용하는 단순 전단변형(simple shear)이 이 면에 수직인 방향으로 팽창, 또는 수축이 일어난 것과 동일한 것으로 취급된다.

철합금의 martensite에 의해 형성된 표면 기복을 측정, 해석하면 형상이 변하는 결정구조의 변화 즉, 면심입방(f.c.c)→체심정방(b.c.t)의 변태를 설명할 수가 없다. 따라서 변태에는 외관상 관찰되는 형상 변화와 관찰할 수 없는 제2의 변화가 존재함을 알 수 있다. 그러나 이것은 해석을 위해, 또는 기술의 편의를 위한 분류방식이며, 이 두 과정이 따로따로 일어난다는 뜻은 아니다.

우선 형상 변화 즉 제1의 선단 변형이 일어나고 이에 이어서 외형 변화로 슬립(slip), 또는 쌍정(雙晶)에 의해 완화시키는 제2의 선단 변형이 일어나고 있다고도 한다.

관찰되지 않는 변화가 존재한다는 가정을 도출하기 위한 기초가 되는 생각은 Bilby와 Christian에 의한 그림 13-12에서 이해가 될 것이다.

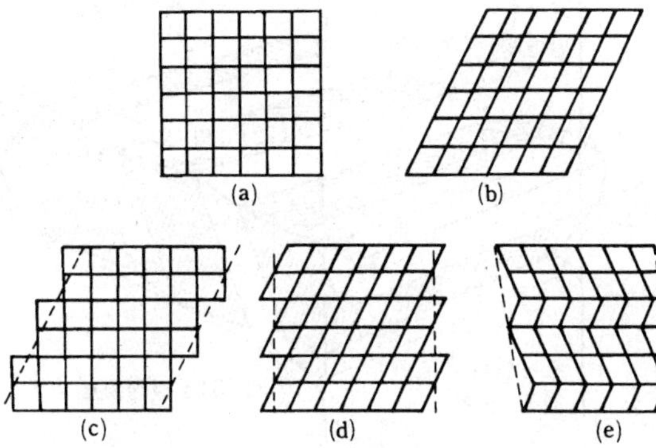

그림 13-12 마르텐사이트 변태에서의 변형 꼴

(a) 변형 전의 결정괴. (b) 격자변형. (c) 슬립에 의한 전위. (d) 변형과 불변형이 조합되어 외적 변형이 제로가 된 것. (e) 부분적 격자변형에 기인하는 외형 변형. 이와 같이 현미경으로는 보이지 않는 쌍정이 낮은 배율로서 보이지 않는 변화를 유발한다.

그림 (a)는 변형이 없는 격자를, (b)는 격자변형이 일어남으로써 단위격자의 형이 바뀌고 또 동시에 전의 형상 변형도 일어나고 있다. (c)는 격자 불변변형(格子 不變變形)을 나타낸 것으로서, 전체 형상은 변형되고 있으나 격자의 단위격자의 변형은 없다. 즉 이것은 슬립(slip)을 수반하고 있다.

(d)와 (e)에서는 (b)의 형상 변형이 슬립과 쌍정에 의해 각각 완화된 상태를 표시하였다. 이들 변형이 극히 미소 규모로 일어난다고 하면 하나하나의 변형은 전자현미경으로 관찰할 수 있을지도 모르나 광학현미경으로는 물론 볼 수 없을 것이다.

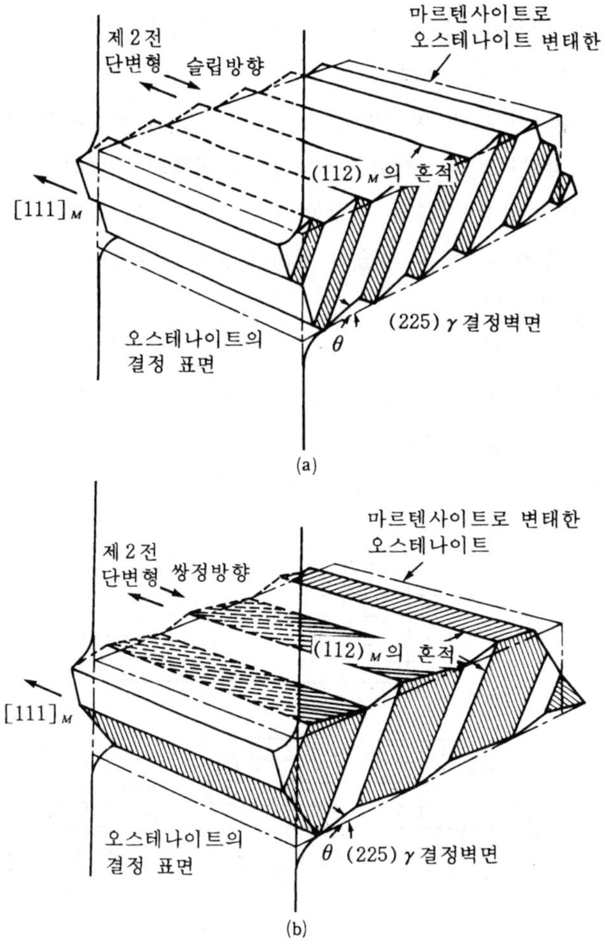

그림 13-13 (a) 슬립 및 (b) 쌍정에 의해 제 2 선단 변형이 일어난 마르텐사이트의 형성기구
(P. M. Kelly 및 J. Nutting 에 의함)

그림 13-13 은 Kelly 와 Nutting 에 의해 슬립과 쌍정에 의해 제 2 의 선단 변형이 일어나고 있는 martensite 의 형성기구를 설명한 것이다.

그림에서 austenite 의 결정의 표면은 수직면으로 표시하였다. martensite 의 형성에 수반되는 표면 기복은 모상 austenite 의 벽면(habit plane) {225} 에 평행한 선단 변형으로 발생한다. 제 2 의 선단 변형은 martensite 결정의 {112} 면에 평행하게 표시하였다. 그림 13-13 (a) 와 (b) 는 각각 실제 나타나는 형상 변화와 어떻게 슬립, 또는 쌍정 변형으로 완화되며, 그 결과 관찰되지 않는 변형이 일어나는가를 도시하고 있다.

18 % Ni, 8 % Cr 스테인리스강 가운데는 조밀 6 방정(h.c.p)의 ε martensite(즉 Fe 원자로 구성된 조밀 6 방격자 내에 탄소가 과포화된 고용체)가 처음 형성되며, 이것이 일반적인 체심정방의 martensite로 변화한다는 설이 최근 제창되고 있다.

Goldman, Robertson 및 Koss는 Fe + 15.1 % Cr + 11.7 % Ni의 순합금에서는 변태가 $\gamma \rightarrow \varepsilon + \alpha$ (martensite)의 진행으로 표시하는 것이 가장 적합하며, ε은 martensite와 동시에 형성되는 것임을 제시하였다. 그러나 현재로는 일반 강에서 이 종류의 현상이 일어나는 것을 증명하지는 못하고 있다.

일반 강에서는 일반적으로 정방정 martensite가 austenite로부터 직접 형성되는 것으로 생각되고 있다.

또한 ε martensite의 형성은 austenite의 적층결함(stacking fault) 에너지가 Cr에 의해 저하한다는 사실과 관계되며, 따라서 Cr은 면심입방 → 조밀 6방의 변화를 쉽게 해주고 있다.

13-6 오스테나이트-마르텐사이트 계면

Austenite와 martensite 계면은 전위 열(dislocation array)로 이루어졌다고 보고 있다. 이 전위 열은 격자를 변형시키고 이것이 불변면 변형(invariant plane strain)의 형상 변형을 일으킨다는 조건을 만족시켜야 한다.

또한 변태속도가 크므로 평활이동(glissle) 계면(非熱活性變態)이 요구된다. 이것은 전위의 슬립(또는 glide)면은 계면 내에서 모서리와 모서리가 서로 만남을 의미한다. 그리고 전위선의 방향은 면의 공유방향이라야 한다. 이는 그림 13-4의 반정합 계면(semi-coherent interface)과 대비된다.

반정합 계면에서는 계면이 칼날전위(edge dislocation)의 슬립면이며, 계면이 이동하기 위해서는 전위의 상승(clime)이 있어야 한다.

그림 13-14는 Frank에 의해 제안된 간단한 계면모양이다. γ 격자와 martensite 격자가 접하고 있는 계면은 순수한 나선전위(screw dislocation)를 가지고 있다[그림 13-13 (a)를 함께 보라]. 이 그림에서 수직한 몇개의 면들은 $(011)_F$ 면이며, 그림 13-8의 수직면과 같은 것이다. 접촉계면에서의 미소한 기울기는 그림에 표시되어 있지 않다. 위의 면은 γ 내에서는 $(11\bar{1})$면이며, α(martensite) 내에서는 계단상의 면이 된다. 이것은 단순화된 모형이며 가장 일반적으로는 버거스 벡터(Burgers vector)는 계면 내에 포함되는 것이 아니라 계면에서 돌출됨으로 이 상태를 그림으로 표시한다는 것은 대단히 어려운 일이다.

또 다른 모형은 계면에서의 비정합(incoherent)이 쌍정의 배열이 도입된 것으로 취급되는 것으로서 그림 13-15는 Christian에 의한 이들의 계면구조를 표시한다. 이것은 일반적인

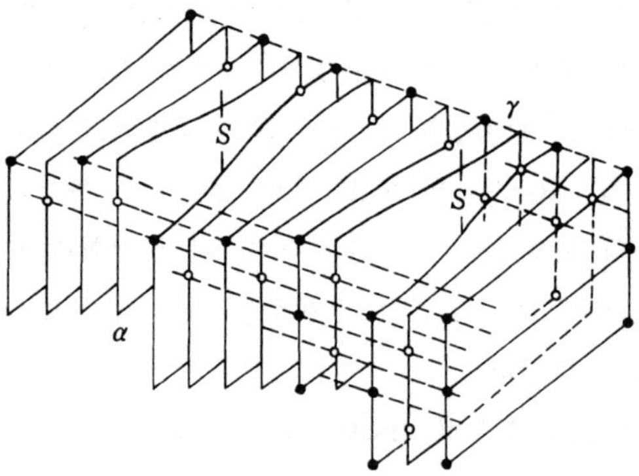

그림 13-14 Frank에 의해 제창된 오스테나이트-마르텐사이트 계면의 모델.
여기서는 계면이 순수한 나선전위를 내포하고 있다.

경우를 표시한 것으로서 엄밀하게는 {225} 벽면(habit plane)에 관한 것은 아니며, 양쪽 조밀면이 서로 평행하지 않은 것을 강조하기 위해 그림에서는 도면이 이루는 각도를 과장하여 표시하고 있다[그림 13-13 (b) 도 함께 참조].

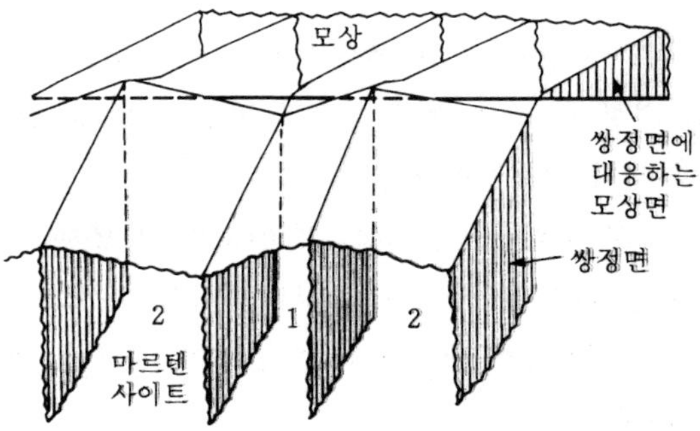

그림 13-15 부정합이 쌍정의 배열에 의해 나타날 수 있는 오스테타이트-마르텐사이트 계면

13-7 마르텐사이트 조직의 구성

Martensite 조직은 실용 강재의 급냉조직으로서 재료의 강인화(強靭化)를 기하기 위한 모재로서 중요한 기본 조직이다.

라스(lath)* martensite(α')의 광학현미경 조직은 복잡하고 특징적인 양상을 지니나 Marder 등은 이 조직 구성을 명백히 하였으며, 그림 13-16은 이들의 논문에서 인용된 라스 martensite(α')의 조직 구성을 표시한 것이다.

* 미세한 나무편(木熠)의 모양을 말함.

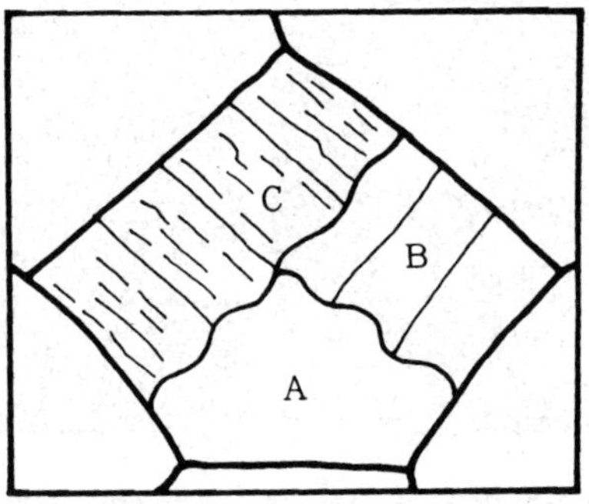

그림 13-16 오스테나이트 입자 내에서의 라스 마르텐사이트의 구성.
A : 패킷 B : 패킷 내의 블록
C : 패킷의 블록 내에서 배열된 하부구조

한 개의 austenite 입자는 수 개의 A에 표시한 것과 같은 패킷으로 분할된다. 이는 평행하게 배열된(결정벽면과 같음) 라스(lath)의 집단으로 된 구역이다. 각 packet은 다시 B와 같이 몇 개의 블록영역으로 분할된다. 한 개의 블록 내에는 C로 표시한 것과 같은 평행하고 같은 방향(모상과의 결정방향 관계가 같은 variant의 것)의 라스의 집단으로서 블록같은 상호관계는 고경각(高傾角)을 이루고 쌍정관계를 가지는 경우가 많다.

그림 13-16은 Fe-15-25 % Ni 합금의 라스 martensite의 조직관찰에서 얻은 것이다. 저탄소강에서의 lath martensite의 경우도 본질적으로는 이와 같다는 것이 확인되었다.

이와 같은 조직 구성이 강재의 강인성, 특히 인성과 밀접한 관계에 있는 것이 알려졌다.

13-8 라스 마르텐사이트의 조직 구성에 미치는 여러 가지 인자의 영향

1. 탄소량의 영향

탄소량에 의해 lath martensite 조직은 변화한다. 우선, lath α' 형태에 관해서 보면 0.6 % C까지는 lath α' 만이 형성되나 0.8 % C가 되면 그림 13-17 (e)의 화살표로 표시한 것과 같이 극히 적은 양이기는 하나 렌즈(lenticular) α'가 혼합된다. lens α'는 1개의 α' 입이 크고 그 내부에는 간혹 미세균열이 관찰된다. 따라서 lath α' 와는 쉽게 식별된다.

즉, C의 증가에 따라 라스부터 렌즈(lenticular)로 서서히 변화하는 것이 아니라 갑자기 형태가 다른 렌즈 α'이 혼입되게 된다. α'의 C량에 따른 변화에 관해서는 Marder와 Krauss에 의해 자세히 연구되었으며, 약 0.6 % C 이하에서는 라스 α'가, 약 1.0 % C

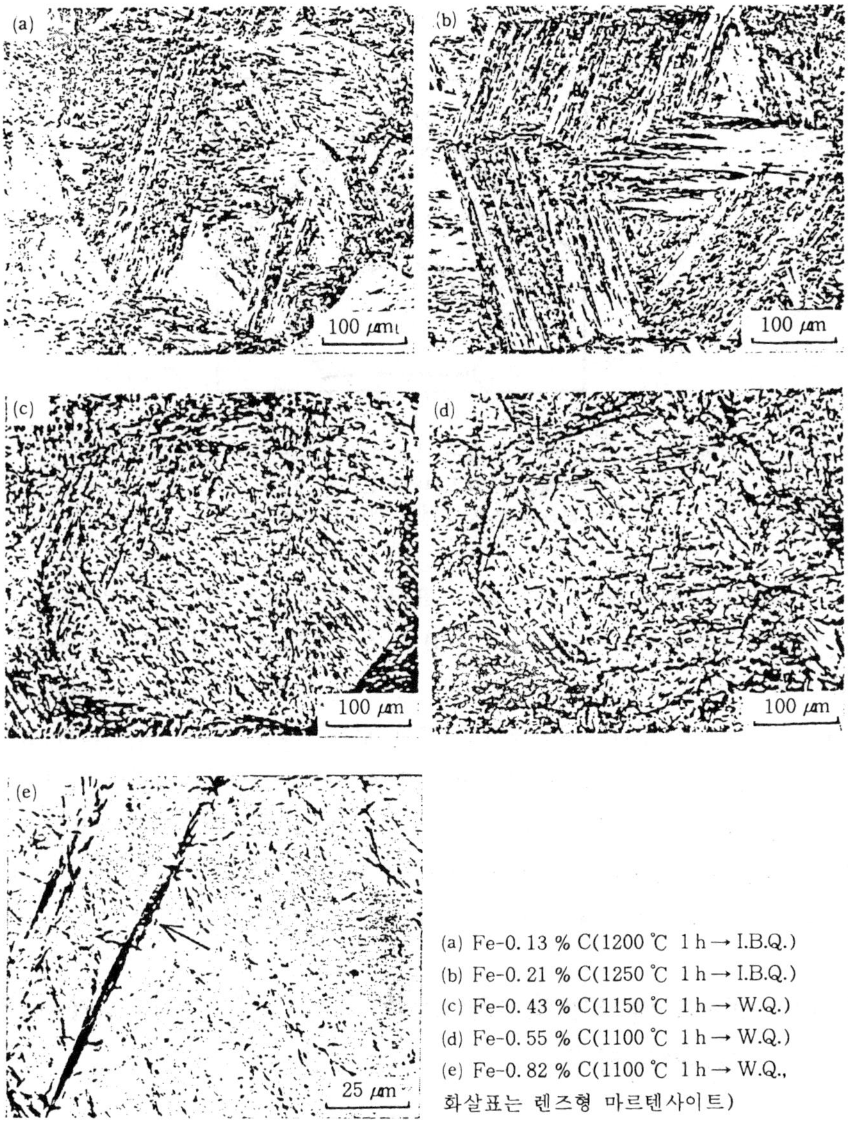

(a) Fe-0.13 % C(1200 ℃ 1 h → I.B.Q.)
(b) Fe-0.21 % C(1250 ℃ 1 h → I.B.Q.)
(c) Fe-0.43 % C(1150 ℃ 1 h → W.Q.)
(d) Fe-0.55 % C(1100 ℃ 1 h → W.Q.)
(e) Fe-0.82 % C(1100 ℃ 1 h → W.Q., 화살표는 렌즈형 마르텐사이트)

그림 13-17 탄소함량에 따르는 Fe-C 합금에서의 라스 마르텐사이트 조직.

(a) ~ (d) 2 % 나이탈 부식, (e) 5 % 피크랄과 2 % 나이탈에 의한 2 중 부식

이상에서는 렌즈상 α', 0.6~1.0 % C 사이에서는 라스 α' 와 렌즈상 α' 의 혼합(공존)하고 있음을 명백히 하였다.

또한 0.1~0.2 % C 에서는 조직적으로는 거이 차가 없으며 [그림 13-17 (a), (b)], 특히 패킷 및 블록이 존재한다. 0.43 % 에서는 [그림 13-17 (c)] 평행한 라스의 집단인 패킷은

비교적 큰 영역으로 존재하며, 패킷 내의 블록은 거이 관찰되지 않는 것이 특징이다. 0.55 % C [그림 13-17 (d)] 은 라스 α′ 의 조직 구성이 크게 변화하여 명백한 경계를 가지는 패킷과 블록의 영역은 확인하기 어렵게 된다. 전반적으로는 방향이 다른 라스가 혼합하는 영역이 많아지며 조직은 보다 복잡해진다. 그러나 작은 영역을 보면 평행한 라스가 배열된 패킷에 대응하는 영역도 존재하나 이와 같은 영역은 대단히 미세하게 되어 있다.

0.82 % C 에서는 [그림 13-17 (e)] 렌즈 α′ 가 일부 생성되나 라스 α′ 부에서는 0.55 % C 의 조직과의 차가 거의 확인되지 않는다.

약 0.5 % C 이하에서는 패킷이 존재하나 블록영역이 C 량의 증가에 따라 소멸되는 점이 큰 특징이다.

이상의 탄소량에 따른 라스 α′ 조직을 그림으로 표시한 것이 그림 13-18 이다.

Carbon Content (wt %)				
0.1~0.2 %	0.3 %	0.4 %	0.6 %	0.8 %
		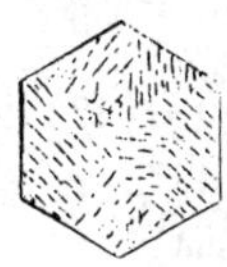	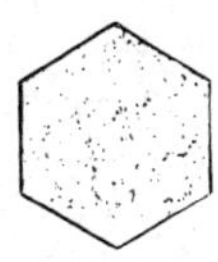	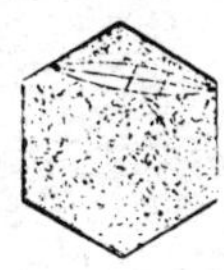

그림 13-18 Fe-C 합금에서 C % 에 따른 라스 마르텐사이트의 구조 변화

2. 합금 원소의 영향(Fe-0.2 % C)

Fe-0.2 % C 합금에 합금 원소로서 Mn, Si, Ni, Cr, Mo 을 각각 약 1 % 를 단독으로 첨가한 합금의 α′ 조직을 조사해보면 모든 경우에 패킷과 블록이 관찰된다. 이는 앞에서 관찰한 Fe-C 합금의 것과 거의 같은 조직(그림 13-17)을 가지며, 적어도 1 % 정도의 합금원소 단독첨가로서는 조직 구성에 큰 변화는 없는 것으로 생각된다. 그러나 조직의 출현 방식에는 다소 차이가 있는 것 같으며, 특히 Mo 첨가시 블록의 경계가 명백히 나타나는 경향이 보이고 있다(그림 13-19).

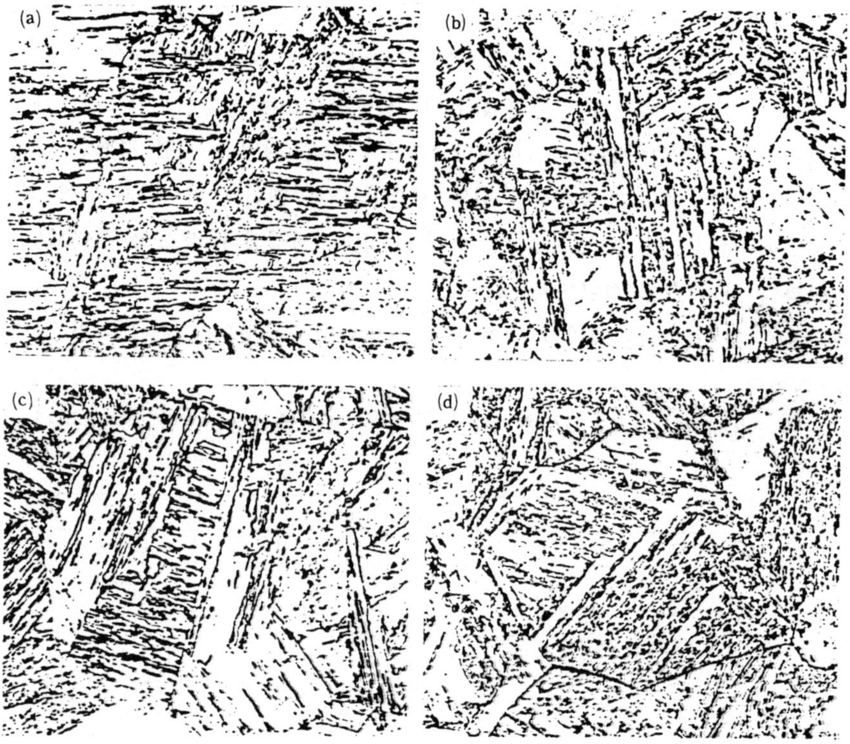

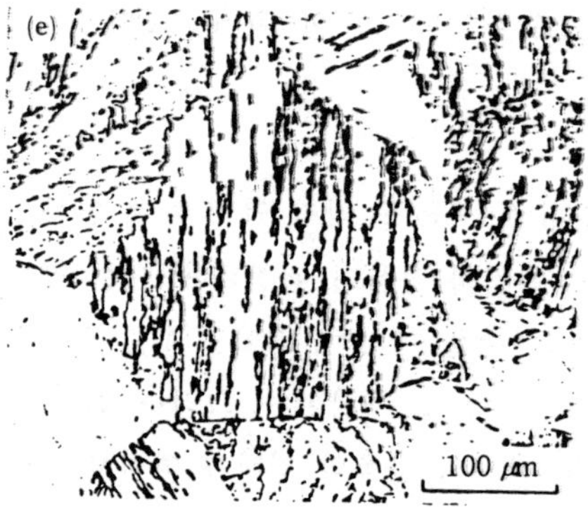

(a) Fe-0. 20 % C → 1. 6 % Mn
(1230 ℃ 1 h → I.B.Q.)
(b) Fe-0. 12 % C → 0. 9 % Si
(1100 ℃ 1 h → I.B.Q.)
(c) Fe-0. 19 % C → 1. 0 % Ni
(1100 ℃ 1 h → I.B.Q.)
(d) Fe-0. 15 % C → 1. 7 % Cr
(1100 ℃ 1 h → I.B.Q.)
(e) Fe-0. 21 % C → 1. 1 % Mo
(1100 ℃ 1 h → I.B.Q.)

그림 13-19 Fe-0.2 % C 합금에서의 라스 마르텐사이트에 미치는 제 3 원소의 영향(2 % 나이탈 부식).

찾 아 보 기

[ㄱ]

[ㄴ]

[ㄷ]

[ㅁ]

[ㅂ]

[ㅅ]

[ㅇ]

[ㅈ]

[ㅊ]

[ㅋ]

[ㅌ]

[ㅍ]

[ㅎ]

<저자약력>

· 서울대학교 금속공학과 졸업
· 서울대학교 이학박사
· 한양대학교 교수
· 연세대학교 공과대학 교수
· 현 연세대학교 명예교수

증보판
금속조직학

2007년 2월 20일 증보판 3쇄 인쇄
2007년 2월 25일 증보판 3쇄 발행

지은이 | 김문일
발행인 | 김병계
발행처 | 도서출판 보문당
등록 | 1990년 6월 15일(제1-1066호)
주소 | 서울시 마포구 신수동 448-6 우)121-110
전화 | 704-7025/704-0635
팩스 | 704-2324
홈페이지 | www.bomoondang.co.kr(보문당)
전자우편 | bmdpub@naver.com

값 18,000원

ISBN 978-89-8413-133-0